博碩文化

U0086857

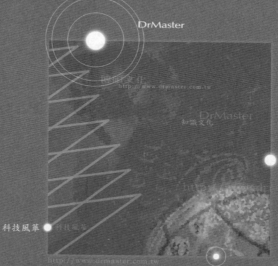

DrMaster

知識文化

科技風華

深度學習資訊新領域

DrMaster

深度學習資訊新領域

 http://www.drmaster.com.tw

Excel 2013
資料分析與市場調查

關鍵講座

林宏諭 博士 著

Excel 2013
資料分析與市場調查關鍵講座

作　　者：林宏諭
責任編輯：Ivenss、劉亞蓁
企劃主編：曾梓翔
設計總監：蕭羊希
行銷企劃：黃譯儀

總 編 輯：古成泉
總 經 理：蔡金崑
顧　　問：鐘英明
發 行 人：葉佳瑛

出　　版：博碩文化股份有限公司
地　　址：221 新北市汐止區新台五路一段 112 號 10 樓 A 棟
　　　　　電話 (02) 2696-2869　傳真 (02) 2696-2867

郵撥帳號：17484299　戶名：博碩文化股份有限公司
博碩網站：http://www.drmaster.com.tw
讀者服務信箱：DrService@drmaster.com.tw
讀者服務專線：(02) 2696-2869 分機 216、238
（周一至周五 09:30 ～ 12:00；13:30 ～ 17:00）

版　　次：2014 年 1 月初版一刷

建議零售價：新台幣 520 元
I S B N：978-986-201-862-0（平裝）
律師顧問：劉陽明

本書如有破損或裝訂錯誤，請寄回本公司更換

國家圖書館出版品預行編目資料

Excel 2013 資料分析與市場調查關鍵講座 / 林
宏諭著 . -- 初版 . -- 新北市：博碩文化，
2014.01

面；　公分

ISBN 978-986-201-862-0(平裝)

1.EXCEL 2013(電腦程式)

312.49E9　　　　　　　　　102027979

Printed in Taiwan

歡迎團體訂購，另有優惠，請洽服務專線
(02) 2696-2869 分機 216、238

博 碩 粉 絲 團

推薦序_吳若權

管理大師林宏諭博士的精采鉅作
誠心推薦《Excel 2013 資料分析與市場調查關鍵講座》

事隔多年，再談起 Excel 這套電子試算表軟體時，我的心中還是存在「與有榮焉」的喜悅。它是我在 Microsoft 台灣微軟公司擔任產品行銷經理時，所負責的產品，在此之前，沒有人聽過它的名字。當時，為了將它以中文化的版本介紹給台灣的使用者，我肩負起相當大的責任，幸好有林宏諭博士從旁協助，才能順利成功地將 Microsoft Excel 中文版上市。

在我的認知裡，林宏諭博士可以算是國內電子試算表的第一把交椅。Microsoft 在美國剛剛推出英文版的 Excel 時，他就是先趨使用者。那時，台灣根本沒有幾個人聽聞過 Excel。如今，Microsoft Excel 已經多次更新版本，而林宏諭博士的功力，更是與時俱增。

這次推出全新改版的《Excel 2013 資料分析與市場調查關鍵講座》，透過範例及隨堂練習，並結合理論與實務，尤其是完整的市調分析個案，絕對是市面上最完整的 Microsoft Excel 學習指南及應用大全。

擁有管理科學博士學位及實際經營企業經驗的林宏諭博士，對電子試算表的鑽研甚深，從最早期 Microsoft 推出第一個英文版的 Excel 開始探索，到 Microsoft 在台灣推出中文版本的 Excel，林宏諭博士參與整個 Excel 產品中文化的研究發展過程，將他的經驗與智慧，貢獻給這套應用軟體，也曾擔任 Microsoft 的顧問及講師，讓國內使用者對 Excel 的應用成果有了深度與廣度兼具的成效。

　　和坊間其他類似的參考書籍比較之下，《Excel 2013 資料分析與市場調查關鍵講座》最明顯的特色是：全書內容詳實完整，由淺入深，好讀易懂。既適合初學者、也能滿足高階應用者的需求，就像一部 Excel 的寶典，有基本招數、也有武林秘笈。

　　如果你想要將 Microsoft Excel 學到透徹、並且成為統計分析的高手，《Excel 2013 資料分析與市場調查關鍵講座》絕對是唯一的最佳選擇！讀者將發現：原來，用 Excel 做分析數字、管理資訊、掌握趨勢，是這麼簡單的事。

　　更值得一提的是，本身擔任教學工作多年的林宏諭博士，深知學習 Excel 的要領，特別在《Excel 2013 資料分析與市場調查關鍵講座》中設計精采範例以及隨堂習題，除了上班族練習進修之外，也很是適合高中職、大專院校的教師採用，作為同學們的上課教材或課後參考書，是電腦教學與學習的一大福音！也是我目前在坊間觀察所有 Excel 電腦應用書籍中，學習與應用效果最佳的一本書。如果你想成為 Excel 進階級高手，一定要好好精讀這本書，讓你功力倍增。

（本文作者吳若權，為資深行銷管理顧問暨作家）

PREFACE

自序_林宏諭

本書的完成，當然要感謝很多人。首先，當然是這幾年來各階層對本人支持與建議的讀者。您的鼓勵是本書最大的驅動力。

首先感謝本書上一個版本書籍的共同作者--姚瞻海老師。姚老師於統計專業領域，不論是研究或是教學，都有相當的成就。其次要感謝景文科技大學國貿系雅萍助教，提供相關的電腦設備讓我可以順利完成此書。

最後要感謝博碩文化，在目前出版業面臨高度艱辛挑戰的時候，願意出版此書。感謝總編輯古成泉先生、主編曾梓翔先生，以及資訊經理楊朝陽、財務經理曾慧惠小姐，楊雅雯小姐與李琬茹小姐，在本書編撰期間給予的協助與支持。

最後要感謝我的老婆玉玲與兒子—宸旭與宸佑，本書編寫期間，少了很多陪伴他們的時間。

林宏諭

關於本書

本書內含的範例、隨堂練習與習題，並且包含一完整的市場調查個案研究。希望能以「應用與學習效果最佳」的訴求，帶領讀者進入 Excel 的應用世界。

全書分為 10 章。第 1 章說明如何「建立 Excel 工作表模式」，包括基本 Excel 工作表的技巧與資料輸入的議題、如何「使用公式與函數建立分析模式」、活頁簿的應用，與其他建構大型分析模式所需的 Excel 基礎。

第 2 章主要介紹「Excel 資料分析的基礎」，主要介紹如何在 Excel 中與其他常用軟體進行資料的交換、使用文字轉取精靈匯入文字檔案、與 HTML 之間的檔案轉換，以及學習直接擷取大型資料庫中的資料、取得外部資料等技巧。

第 3 章則提到「活頁簿與合併報表」，包含以大綱來管理報表，並且進行多報表的合併彙算，也會介紹活頁簿參照位址與工作群組的概念，並且介紹資料驗證的技巧，以便建立分析模式。

第 4 章說明「資料清單管理與應用」，包含學習資料清單排序、建立自訂清單與自訂排序、介紹自動與進階篩選，以及小計與自動篩選的應用。

第 5 章則介紹「Excel 重要資料分析函數」。第 6 章則完整介紹「樞紐分析表與統計圖」的應用，從淺而深入，甚至包含了以 Excel 建構 OLAP 分析模式的應用方式。

第 7 章則專章討論 Excel 的「數量化分析模式」，包含目標搜尋、損益平衡、規劃求解、What-If 分析、運算列表等等，也包含了幾個整合性的分析個案；第 8 章與第 9 章則說明了運用 Excel 特有的「資料分析與統計應用」功能，以解決各種初級統計的問題，包含敘述統計、評比與百分位、直方圖、共變數與相關係數、機率分配與隨機變數產生、常態性假設的評估、抽樣與

檢定、單(雙)因子變異數分析、簡單與多元迴歸分析應用範例、時間數列分析與統計推論等等。

　　第 10 章則以一實務市場調查個案為範例，從市場調查的概念、問卷的製作、整理、編碼，再利用 Excel 中的功能進行市調資料庫編碼轉換的、群組分析、兩母體平均數差異的 t 檢定、卡方檢定與變異數分析、多變數的樞紐分析，最後以回歸分析模式得到消費行為的概觀。

如何使用本書

　　使用本書時，倘若沒有電腦隨身操作，可以使用書中的豐富的圖例作為學習的參考。但由於要能善用如 Excel 等 Office 商業軟體工具，除了有清晰與明確解決實際問題的思考外，還要有熟能生巧的操作技巧與熟悉度。因此，建議使用本書時，可以針對每一章節，閱讀完內容說明後，啟動範例檔案，依據書中範例的操作步驟，「Step by Step」的練習。

　　透過本書，主要目的是希望讀者可以從個案中學習更完整市調的理念與 Excel 應用。本書適合 Excel 進階應用的使用者，包括一般管理階層、幕僚，以及所有從事數字運算、財會作業、資料分析、市場調查等相關人員，用以提升工作效率的工具書。當然，更適合使用於「高中職以上商管科系」學生，或企業電腦研習班做為教材與參考書籍之用。

範例檔案

　　本書的範例檔案中，分別放置於範例檔案中的「範例」與「參考解答」兩個資料夾中。因此本書範例檔案的架構如下：

範例檔案

① 範例

② 參考解答

範例檔案的使用，主要是用於進行練習使用。本書相關範例檔案請到博碩文化網站 http://www.drmaster.com.tw/Bookinfo.asp?BookID=IN21316 的「下載專區」中下載。

CONTENTS

目錄

第 1 章 Excel 基本操作

第 2 章　Excel 資料分析的基礎

第 3 章　活頁簿與合併報表

第 4 章 資料清單管理與應用

第 5 章　Excel 重要資料分析函數精解

第 6 章 樞鈕分析圖表的應用

第 7 章 數量化決策輔助

第 8 章 資料分析與統計應用(一)

Excel 基本操作

本 章 重 點

連線至博碩文化網站下載
CH01 建立基本分析模式

1-1 | 建立 Excel 基本模式

　　本書主要的重點在於「進階」的統計資料分析與市場調查等商業應用。在進行本書的所有課程前，應該已經裝妥 Office 或 Excel。本章將配合範例說明，介紹建立 Excel 分析模式所需要的基礎功能。對於已經熟悉 Excel 基礎功能的讀者可以略過本章。

由於本書使用到許多「進階」的統計分析功能，而這些分析功能多屬於「增益集」功能，因此，若希望有完整的 Excel 分析功能，則請以「完整安裝」或「自訂安裝」來進行安裝。如圖 1-1。目前一般使用者電腦的硬碟空間都相當足夠，筆者建議可以使用「完全」安裝。「完全安裝」也會安裝最新的輸入法與「手寫」輸入法，甚至包含「語音輸入法」，若使用者不習慣這些輸入法，或是需要移除某些已安裝的功能，只需經由上述步驟進入圖 1-1 中，將這些輸入法或是其他功能「移除」即可。

此外，微軟公司也會不斷提供各版本的更新檔與增益集，合法使用者可以透過 Office 各程式下的「說明/檢查更新」指令進行檢查。

圖 1-1

新增或移除
各項功能

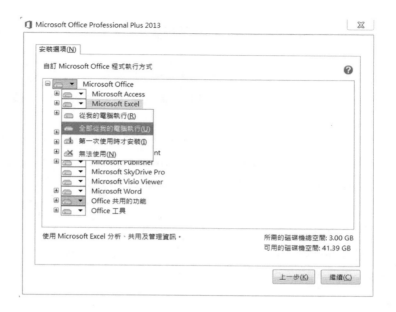

1-1-1 活頁簿基本概念與操作

在 Excel 裡的檔案，我們稱它為【活頁簿】。啟動 Excel 後，活頁簿中預設有一份空白的工作表(sheet1-sheet3)，以及在 Office XP 版本以後才有的「工作窗格」。若想增加活頁簿的預設工作表數量，則可進入「檔案/選項/一般」內修改。若希望開啟另一個空白活頁簿，可利用「檔案/新增」指令。

在活頁簿檔案中，工作表的選定是最基本的處理動作。要選定單一工作表，只需以滑鼠指向該工作表標籤，按下滑鼠左鍵選取即可。若要進行「工作群組」的處理，則必須進行「多重工作表選定」。

所謂「工作群組」是指一次針對數張工作表，一起進行相同的處理。例如：同時列印或是設定一個活頁簿檔案內多個工作表，或是同時將幾個工作表複製與搬移到其他檔案中。

1-1-2 了解儲存格與資料編輯

　　活頁簿中可以存放至少一張或多張工作表，而每一張工作表又是由許多格子所組成。每個「格子」稱為**儲存格**，是輸入資料、設定公式或函數的地方。

　　要進行資料輸入或修改，請先以滑鼠或方向鍵，選取某一儲存格。被選定的儲存格，相對的欄名(A、B、…XFD)與列號(1、2、…1048576)會反白(如圖 1-2 的 C 欄與第 5 列)。另外，工作表左上角也會顯示由欄名與列號組成的「儲存格位址」(例如：C5，就是「作用中的儲存格」)，讓使用者更清楚知道所選定儲存格的位址，如圖 1-2。而「儲存格位址」便是此一「格子」的定位位址。

圖 1-2

清楚地顯示了
選定儲存格的
位址

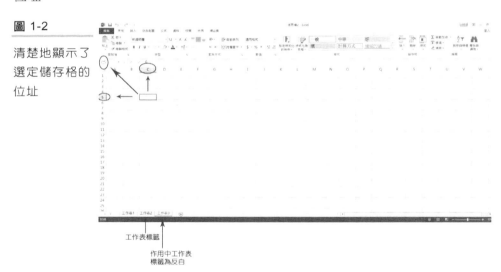

工作表標籤

作用中工作表
標籤為反白

　　每張工作表中，共有 16,384 欄與 1,048,576 列，在主記憶體足夠的情形之下，可在這 16,384 × 1,048,576 個儲存格中處理資料。每一儲存格為一獨立單位，可以處理文字、數字、邏輯值、陣列等不同形態的資料，也可與其他不同活頁簿、不同工作表間的儲存格進行運算。

在工作表上,若不了解顯示格式與實際值的分別,可能會產生很多疑問,以圖 1-3 中的乘法公式做說明。(請參考「CH01 建立基本分析模式」檔案中的「格式與實際值的分辨」工作表)

圖 1-3

顯示值與實際
值的分辨範例

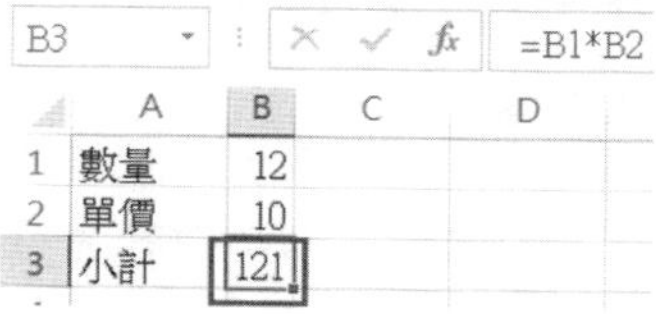

從意義上來看,「小計」的結果應該等於「數量」乘上「單價」,也就是 B3 儲存格的值,是等於 B1*B2,結果應為 120,而圖 1-3 的公式設定雖然無誤,但結果卻是 121。究竟是怎麼回事?關鍵就是在於「顯示值」與「實際值」的不同。在圖 1-3 中,因 B 欄的寬度太小,以至於無法完整顯示 B1 儲存格的實際值 12.1,因此讓人誤以為答案不正確。

圖 1-4

實際值會出現
在「資料編輯
列」上

從意義上來看

技巧 簡單地說,Excel 計算的時候,是以實際值為主,但顯示的時候,會因為資料的狀況與使用者自訂的格式,而有所不同。

附註 在「格式與實際值的分辨」工作表中,在 E1:F6 儲存格上,另有兩個範例,可以了解相同的值,在不同格式中的顯示結果。

1-1-3 輸入工作表中的資料與修改

要建立一份 Excel 的工作表文件，就必須學習如何輸入這些最基本的資料，包括：**文字**、**數字**，與作為運算用途的**公式**或**函數**。資料的基本類型，大約可分為下列兩種：

- ▶ **常數**：自行輸入的資料，不會自動改變。

- ▶ **公式**：用來計算的計算式或函數。

秘訣　**常數**，包括文字、日期、時間、貨幣、百分比、分數或科學記號等。除非使用者自行修改，否則常數資料並不會在處理資料的過程中自動改變。

公式，是指將數值、儲存格參照位址、名稱等，以 Excel 中的運算符號或函數，經由計算而得到的結果。公式所參照的儲存格，若其數值有所更改，則立即反應到計算結果。

在儲存格中輸入資料後按下 Enter 鍵表示確認。在預設的狀態下，作用儲存格會往下移動，以便輸入下一個輸入項。在按下 Enter 鍵之前，儲存格都是處於資料編輯狀態。

圖 1-5

直接在儲存格中輸入資料

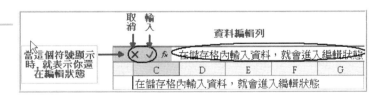

技巧　「快速存取工具列/復原」指令不只可用於取消輸入時使用，也可用在其他編輯或格式化處理，是一個「覆水可收」的功能。讓使用者進行錯誤的處理步驟後，可以立刻更正。可以使用「多重復原」功能，回復前 20 個動作。如圖 1-6 所示。

圖 1-6

使用「復原」
工具取消資料
的輸入

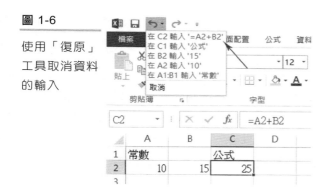

儲存格資料的修改有二種方法：

▶ 選取儲存格後，直接輸入正確資料來取代舊資料，通常用在簡單數字上的修改。

▶ 只修改儲存格的部分內容可使用以下三種方式來進行：

❶ 在儲存格上輕按滑鼠左鍵兩下。

❷ 選取儲存格後按 F2 功能鍵。

❸ 選取儲存格後按資料編輯列，用前面任一方法後，將游標移到欲修改的位置進行修訂。

1-1-4 建立各種常數類型的資料

最常見的常數資料包括**數字**、**日期與時間**、**一般文字**三種。每一種資料型態的輸入，都有一些小技巧。

1-1-4-1 輸入數字資料

數字除了 0 到 9 及其構成的數值外，還可以包含以下的特殊符號：

+、-、()、,、/、$、%、.、E、e

配合這些特殊符號，使用者便可以直接以貨幣、百分比、科學記號等特定數字格式來輸入資料，例如：輸入**$12,000**、**2.36%**等數字。

一般數字資料的輸入，最常產生的錯誤的是「分數」輸入。分數的格式為【整數 分子/分母】，例如：分數**三又三分之一**應輸入為 **3 1/3**，3 與 3 之間要空一格，若要輸入**三分之一**，應輸入 **0 1/3**。若是沒有輸入整數部分，則會自動判定以日期格式顯示。

輸入數字時，在預設狀況下，資料將往儲存格的右邊對齊。這點可作為數字資料輸入是否正確的判斷標準。此外，輸入數字資料有以下幾點需要注意：

▶ 以數字與文字組合的資料，都會視為文字來處理。例如：在儲存格中鍵入 100kg，則會視為文字而無法計算。(在數值的後面加上單位，必須使用「常用/儲存格/格式/儲存格格式)指令來設定)。

▶ 輸入純數字時，會將數字顯示成整數、小數，或是當數字長度超出儲存格寬度時，以科學記號表示。數字長度(位數)超過為 11 位數(千億)時便會自動以科學記號法表示。

▶ 若要將輸入的數字視作為文字，例如：文件編號、座號……等，簡單的方法就是在儲存格上先輸入一個單引號「'」或是設定儲存格的格式為「文字」格式後，再輸入數字。

1-1-4-2 輸入日期與時間資料

Excel 在日期時間的計算上，是使用「日期數列」為基準，將日期和時間視為數字來處理。其中是以 1900 年 1 月 1 日設定為日期數列 1，以每一天的「日期數列」為 1、1/24 為一小時來作為計算的標準。因此，兩個日期與時間的儲存格是可以進行運算。例如：以今天的日期減去到職日的日期，便可以算出到職的天數。

　　輸入年份的時候，都是以「西元」年份為基準。例如：你希望輸入**民國 93 年 2 月 14 日**，則必須輸入 **04/2/14** 或是 **2004/2/14**。年份與日期的輸入前後順序，則透過「控制台」下的「地區及語言選項」來設定。

技巧

假設現在是 2013 年，若在鍵入資料時省略輸入「年」，例如：只輸入 1/1 時，系統自動加上電腦上的年份，而成為 2013/1/1。

若希望以民國年份顯示，則需要以西元日期格輸入後，再選取「常用/儲存格…」指令來修改日期的顯示方式。若要輸入今天的日期與目前的時間，可使用下列快速鍵來完成：

> 輸入今天的日期，請按 [CTRL]+;
> 輸入目前的時間，請按 [CTRL]+[SHIFT]+;

　　若要輸入時間資料時，可按照「時:分:秒」的形式來輸入，其中以冒號(:)作為分隔符號。例如：**下午 3 時 12 分 34 秒**，應輸入 **15:12:34**。

技巧

不論是日期或時間，若要以不同的格式來顯示，建議先以最簡單的格式輸入後，再選取「常用/儲存格/格式/儲存格格式/數值」指令，設定所需要的顯示格式。

　　無論所輸入或顯示的日期或時間的格式為何，Excel 都將以「日期數列」來儲存日期與時間資料。因此，兩個日期或是時間的相減，可以得到兩個日期或時間的差距。

　　若要將日期或時間的資料顯示成「日期數列」，請先選取包含日期或時間資料的儲存格，再選取「常用/儲存格/格式/儲存格格式/數值」指令，將資料設定成「通用格式」選項即可。

圖 1-7

日期與通用格式的差異

	D	E
8	日期格式	G/通用格式
9	2003/12/19	37974
10	表示從1900/1/1 到2003/12/19日	
11	共37974天	

注意 Excel 在計算時，若是兩個日期格式資料相減，得到的格式會以「日期格式」當成預設格式，若是要以標準天數來顯示，則必須將格式設定方式改為通用格式顯示。

1-1-4-3 輸入文字資料

任何輸入儲存格的資料，只要不是數字、公式(函數)、日期、時間、邏輯值或錯誤值，則一律當成文字解釋。輸入文字時，在預設狀況下，文字資料將往儲存格的左邊對齊，單一儲存格最多可以存放 32,767 個字元(約 16,000 多個中文字)。

一般狀況下，輸入文字會自動向左對齊，若文字長度大於欄位寬度，會顯示在右邊的儲存格上，如圖 1-8 中的 A1 儲存格。但如 A2 儲存格，因為右邊 B2 儲存格中已包含資料，此時 A2 即無法顯示所有資料。

圖 1-8

文字輸入範例

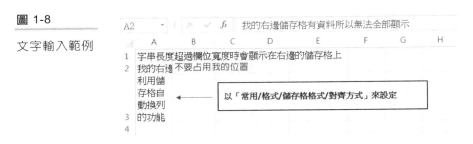

若儲存格中的文字長度很長，則可選取「常用/格式/儲存格格式/對齊方式」指令，設定以「自動換列」方式來顯示所有資料，如圖 1-8 中的 A3 儲存格。

1-1-5 快速建立數列資料

「數列」資料是一群具有某一規則的資料集合。例如：等差(如 3、6、9、12……)或等比(如 2、4、8、16……)所產生的數列，或以星期一、星期二……星期日所產生的日期數列等等。廣義地說，只要符合某一規則順序的都稱為「數列」資料。例如：對一個全國主要城市都有分公司的企業來說，「台北」、「桃園」、「新竹」、「台中」、「台南」、「高雄」這一依地理位置所形成的順序，也可以稱為**數列**。

針對特定順序的數列資料，有下列各項快速輸入的方法。

▶ 產生數字及日期數列

▶ 產生簡易的預測和趨勢數列

▶ 智慧型自動填滿

▶ 自訂型自動填滿

數列的輸入方法，主要是在「常用/編輯/填滿/數列(S)」指令的對話方塊中來設定，如圖 1-9 所示。

圖 1-9

使用「數列」對話方塊完成數列資料的建立

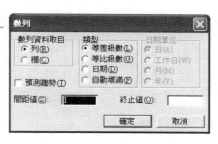

除了使用「常用/編輯/填滿/數列(S)」指令來產生數列外，也可直接利用滑鼠的拖曳動作來完成。

如果所要建立的是等差為 1 的數字型態資料數列，而初始值只有一個，則可於儲存格內輸入初始值後，將滑鼠放在該儲存格的右下角控制點上，按住 [CTRL] 鍵，以滑鼠向下拖曳即可；反之，若沒有按住 [CTRL] 鍵，則會以「複製」方式進行。

1-1-5-1 智慧型自動填滿

在建立工作報表時常會用到特定的數列，例如：中英文的季節(Q1、Q2……或第一季、第二季……)、月份(Jan、Feb……或一月、二月……)、星期(Mon、Tue……、或星期一、星期二……)日期，甚至國人常使用的「天干」、「地支」等最常被用來作為欄列的項目名稱。Excel 的「智慧型自動填滿」功能，就是針對此需求而產生。

使用「智慧型自動填滿」功能來產生特定的數列，先輸入初始值再選取要填入的範圍後，在數列的「類型」下選取「自動填滿」選項，Excel 就會根據所選擇的儲存格資料特性來產生數列。例如：圖 1-10 中的 A2 初始值為「第二季」，則可依序產生第三季、第四季、第一季、第二季...數列。

圖 1-10

以數列產生
自動填滿

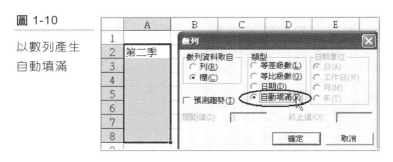

第二種快速建立數列的方式，是將游標到儲存格右下方的填滿控點上，待游標由「箭號」變成「加號」時，再進行拖曳來產生特定數列。在拖曳的過程中，會出現目前位置應填入的資料，作為使用者的提示。

圖 1-11

自動填滿後
於右下角會
顯示智慧標
籤

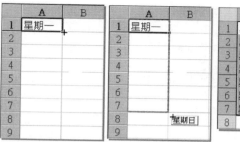

①將滑鼠選定 A1 儲存格右下角的拖曳控點
②往下拖曳，此時會顯示黃色標籤以顯示將產生的數值
③放開滑鼠完成自動填滿，並顯示「自動填滿」選項

　　使用滑鼠拖曳填滿控點來產生數列資料，除用於前面所提的一般日期或
數字外，也可用在這些已建在自訂清單的自動填滿項目，例如：季節或是月
份資料。

1-1-5-2 自訂資料清單與自訂型自動填滿

　　在預設的狀況下，「自動填滿」只包含了一些共通的資料數列，例如：
星期、月份、季節、天干地支……等。

　　但是在不同組織企業、不同單位、不同使用者，都會有產生一些特別的
數列資料需求。若希望這些特別的資料，也可藉由「自動填滿」的功能自動
完成。例如：「十二生肖」、「星座」、「春夏秋冬」、「北中南區域」或
部門名稱……等特定邏輯需求的數列，首先得先建立「自訂資料清單」才行。

 技巧

建立「自訂資料清單」的好處，除了快速產生自訂的資料數
列外，還可用來進行自訂順序的排序。有關「自訂排序」的
應用，請參考「4-2-3-1 自訂排序」一節說明。

建立「自訂資料清單」的兩種方式：

▶ 從工作表中既存的資料進行轉取

▶ 直接在「自訂清單」對話方塊中輸入

範例 建立自訂清單

▶ 以「CH01 建立基本分析模式」活頁簿中「自訂清單練習」工作表為例，使用已存在的星座資料，建立自訂的「星座」數列清單，數列依序標準的星座順序，如範例中的 A2:A13 所示。

Step1: 切換到「自訂清單練習」工作表，選取 A2:A13 的 12 個儲存格。

Step2: 選取「檔案/選項/進階/編輯自訂清單」指令，開啟「自訂清單」對話方塊。

Step3: 按下「匯入」功能鍵，即可將選取的 12 個資料加到自訂「清單項目」中，如圖 1-12 所示。

圖 1-12

使用「自訂清單」功能建立清單

Step4: 選取「確定」功能鍵即可完成自訂清單的加入。

附註	第二種作法為直接在圖 1-12 對話方塊中輸入資料。例如：想建立一組「台北、桃園、新竹、台中、台南、高雄」的地區性自訂數列，只要於「清單項目」中，依序輸入台北、桃園、新竹、台中、台南、高雄等資料，最後按下「新增」功能鍵即可。

　　建立了自訂的清單數列之後，就可以使用前面章節所介紹的方式，利用滑鼠來產生自訂數列。

範例　*依自訂清單進行自動填滿*

▶ 依續上例，於「自訂清單練習」工作表中，使用拖曳填滿控點的方式，選定 B2:C2 後，向下拖曳至第 13 列，以產生自訂數列的資料。

Step1:　在工作表中選定 B2:C2 儲存格。

Step2:　滑鼠移到右下角填滿控點上，按下滑鼠向下拖曳至第 13 列放開滑鼠即可完成，如圖 1-13 所示。

　　相同的，針對「自訂型自動填滿」，也會顯示「智慧標籤」以供進一步的處理作業。

圖 1-13

使用「自訂清單」建立清單後，配合自動填滿產生自訂數列

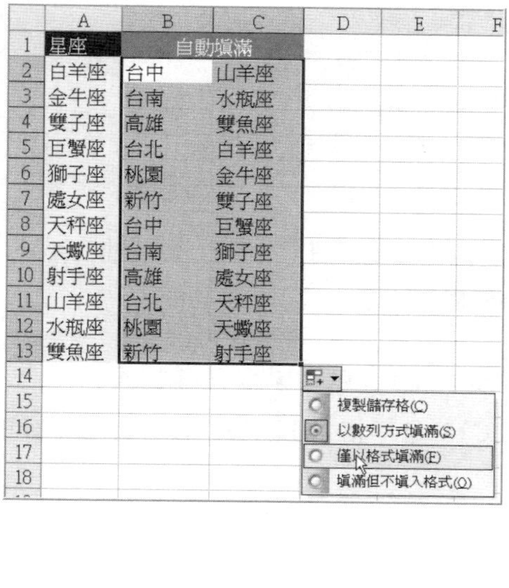

	A	B	C	D	E	F
1	星座	自動填滿				
2	白羊座	台中	山羊座			
3	金牛座	台南	水瓶座			
4	雙子座	高雄	雙魚座			
5	巨蟹座	台北	白羊座			
6	獅子座	桃園	金牛座			
7	處女座	新竹	雙子座			
8	天秤座	台中	巨蟹座			
9	天蠍座	台南	獅子座			
10	射手座	高雄	處女座			
11	山羊座	台北	天秤座			
12	水瓶座	桃園	天蠍座			
13	雙魚座	新竹	射手座			
14						
15				○ 複製儲存格(C)		
16				◉ 以數列方式填滿(S)		
17				○ 僅以格式填滿(F)		
18				○ 填滿但不填入格式(O)		

使用範例檔案中「學生成績」工作表上的人名資料 B2:B12，建立自訂清單。

1-1-6 產生簡易的預測和趨勢數列

在 Excel 的環境中，使用者可根據一組數字產生直線迴歸或成長趨勢數列，以進行預測。其方法如同填入數列一般，接著以範例來說明如何產生簡易的預測和趨勢數列。有關迴歸預測部分，請參考第 9 章的說明。

▌範例 產生簡易的預測和趨勢數列

▶ 以「股價」工作表資料為例，假設某公司股價之長期趨勢為直線，根據上半年的股價(如圖 1-14 所示)，預測下半年之股價趨勢。

圖 1-14

利用「趨勢」
數列預測股價
走向

	A	B	C
1		歷史資料	最小平方法
2	1月10日	33.4	33.4
3	2月10日	37.5	37.5
4	3月10日	46.3	46.3
5	4月10日	42.8	42.8
6	5月10日	41.7	41.7
7	6月10日	44.7	44.7
8	7月10日		
9	8月10日		
10	9月10日		
11	10月10日		
12	11月10日		
13	12月10日		

產生預測趨勢數列的方式上，也有指令與滑鼠兩種方式。首先是利用指令來完成兩種不同方式的預測。

Step1: 選擇要產生數列資料區域(包括原來存在的資料所在的儲存格)，如圖 1-14 中的 C2:C13 儲存格，其中 C2:C7 為已存在的歷史資料。

Step2: 選擇「常用/編輯/填滿/數列(S)」指令，在「數列」對話方塊中，開啟「預測趨勢」核取方塊，如圖 1-15 所示。

圖 1-15

利用「數列」
對話方塊預測
股價走向

Step3: 選擇「確定」功能鍵即可產生最後的結果。

在圖 1-15 中「數列」對話方塊的「間距值」方塊中，顯示出「1.87428571428572」一值，這是 Excel 根據既存的資料(C2:C7)所計算出來的「間距值」。同時，在步驟二中開啟「預測趨勢」核取方塊，則系統便會以「最小平方法」來進行處理，原儲存格中的所有資料都會被新值取代。若關閉「預測趨勢」核取方塊，則不會取代第一個儲存格(C2)，也就是仍維持 33.4。第二種方式為使用滑鼠拖曳「填滿控點」，其步驟如下：

Step1: 選擇觀測值所在的儲存格，範例的 B2:B7 儲存格。

Step2: 以滑鼠自 B7 儲存格右下的填滿控點，向下拖曳至 B12 儲存格。

Step3: 放開滑鼠即可完成。

使用此兩種方法，對於下半年所得到的預測是一樣的。而使用滑鼠直接拖曳，是不會取代使用滑鼠拖曳填滿控點所產生趨勢的數列，只能使用於產生「等差」數列。

1-2 名稱的定義與使用

建立分析模式時，常會使用大量的公式或函數。而建立公式與函數時，通常會以「位址」代表處理的對象，使用者可以使用滑鼠或是自行填上儲存格位址的方式來設定。但如果指定的資料區域範圍太大或太多時，例如：要指定區域 C100:F102，用滑鼠選擇範圍時必須不時地捲動捲軸，若選取為多重區域時，則是會更加的不方便。

另外一方面，單以「位址」作為函數的參數，比較無法充份地表達出該函數的意義。例如：在工作表中，有一連續的區域中(B2:B182)放置銷售資料，若以 SUM()函數來統計銷售資料，用「位址」來表示可寫成：

=SUM(B2:B182)

若將 B2:B182 區域命名為「銷售」，則上述的函數便可寫成：

=SUM(銷售)

因此，使用「名稱」的另一個好處是可使公式或函數易讀易記。

1-2-1 名稱的定義

以名稱來取代儲存格位址時，不僅簡化了函數參數的設定，也可使所建立的公式較具有實際上的意義。要開始使用名稱前，必須先定義名稱，其建立方式有三種：

▶ 使用「公式/定義名稱」指令

▶ 直接命名

▶ 快速命名

1-2-1-1 使用「公式/定義名稱」指令

最常使用的命名方式為使用「公式/定義名稱」指令，接著就以範例來說明其各項操作。

範例 *名稱的設定*

▶ 以「名稱」工作表為例，選取「公式/定義名稱」指令將 F3:F9 命名為「中信」。

Step1: 選取 F3:F9 儲存格。

Step2: 選取「公式/定義名稱」指令，產生「新名稱」對話方塊。

圖 1-16

直接進行名稱
設定

Step3: 在「名稱」文字方塊下填上代表選定區域的名稱。例如：「中信」
(因所選取的資料上方欄位名稱就是中信，因此系統預設值便會自
動顯示中信)。

Step4: 按下「確定」鍵或 ⌨ENTER 鍵即可。

若要針對目前已設定的資料區域再賦予另一新的名字，或刪除其中的命名時，就使用「名稱管理員」對話方塊中的「編輯」功能鍵來執行。

1-2-1-2 直接定義名稱

「直接定義名稱」即是利用「名稱位址」文字方塊來完成。選定要命名的區域後,直接在「名稱位址」文字方塊中填入所要的名稱,按下 Enter 鍵即可。

▎範例 *直接命名*

▶ 持續上一範例,以「直接命名」方式,將 B3:F3 命名為「台北」。

Step1: 選取 B3:F3 儲存格。

Step2: 直接在如圖 1-17 的「名稱位址」方塊中填上代表選定區域的名稱 **"台北"**,再按下 Enter 鍵即可。

圖 1-17

使用直接命名
的方式來命名

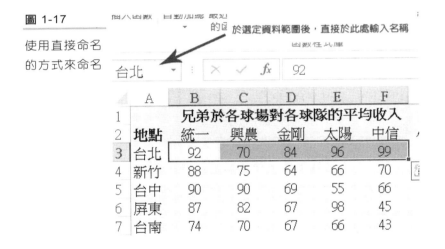

1-2-1-3 快速命名

在一般的應用上,針對表格資料來說,資料的項目名稱都置於該資料區域之**頂端列**或**最左欄**,而此名稱實際上亦適合取代為該區域(欄或列)名稱。接著,可選取「公式/已定義之名稱/從選取範圍建立」指令來快速定義名稱。

範例 *快速建立名稱*

▶ 以「名稱」工作表為例，使用「快速命名」為 B3:F9 的所有欄列資料，依欄列標題命名。

Step1: 選取 A2:F9 儲存格。(選定時必須將用來作為名稱參考的欄列項目一起選定)

Step2: 選取「公式/已定義之名稱/從選取範圍建立」指令，產生「以選取範圍建立名稱」對話方塊。

Step3: 於「以選取範圍建立名稱」的群組方塊下，選定「頂端列」與「最左欄」核對方塊。

圖 1-18

快速定義名稱

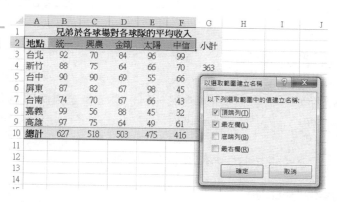

Step4: 按下「確定」鍵或 [ENTER] 鍵即可。(若是有些區域位址已經命名，因此，系統若詢問是否要取代這些名稱，只要按下「是」功能鍵即可。)

技巧

除了針對儲存格區域進行命名外，Excel 也可針對常數或是特定公式命名，例如：設定一名稱為「最大值」，用來反映出所有統計儲存格(B3:F9)中最大的收入數值，則可以於圖 1-19 中的「參照到」直接鍵入某一「常數」，或是直接鍵入「公式」而予以命名。

圖 1-19

使用者可以針
對公式或是常
數進行命名

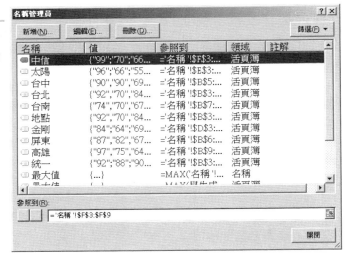

1-2-2 名稱的使用

當定義名稱後，可在活頁簿中的任何一張工作表中使用該名稱，而要使用已命名的名稱，有以下三種方式：

▶ 使用「公式/已定義之名稱/用於公式」指令

▶ 直接按功能鍵 [F3]

▶ 直接輸入名稱

有時，在某些公式或函數中使用一般位址作為參數，而在隨後的處理中才對這些位址命名。那麼可使用「公式/已定義之名稱/定義名稱/套用名稱(A)」指令來將選擇區域中的參照位址取代成為相關的名稱。

在工作表中，有些公式是使用位址來建立，當設定好「名稱」之後，我們便可以使用「套用名稱」的功能將這些位址以相關的名稱取代。

範例　*以名稱取代公式中的位址*

▶ 以「名稱」工作表為例，使用「公式/已定義之名稱/定義名稱/套用名稱」指令，將表格中已建立好的函數或公式(總計與小計)以名稱代替其位址的使用。

Step1：　以多重選取的方式，選取總計與小計儲存格 B10:F10 與 G3:G9。

Step2：　選取「公式/已定義之名稱/定義名稱/套用名稱」指令，產生如圖 1-20 的「套用名稱」對話方塊。

Step3：　於「套用名稱」方塊下，選取要套用的名稱。

Step4：　按下「確定」或 [ENTER] 鍵即可。

圖 1-20

將公式中所使用的位址以名稱取代

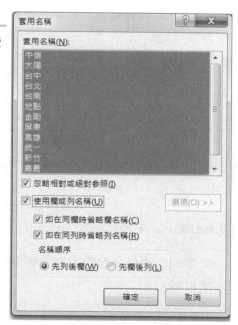

| 附註 | 在圖 1-20 的對話方塊中，可按下「選項」功能鍵顯示更多的功能選項，其主要是在套用名稱時，若欄列名稱有衝突時，究竟以欄或列為優先。 |

1-3 公式與函數的設定

Excel 最主要的目的之一是用來作為「計算」，用來建立兩種反映問題模式的運算方式，分別為「公式」與「函數」。

技巧 簡單地說，單純的「公式」是直接藉由運算符號、位址(名稱)的組合而成；「函數」則是藉由 Excel 所內建的程序，賦予一所需的引數以求得所要的資訊。在應用上，我們可以將「函數」視為公式中的一個運算的對象，而形成廣義的公式定義。

以「學生成績」工作表為例，於 G2 儲存格上計算學生四科成績的總和，G2 的值是由 C2、D2、E2、F2 四個位址的值以「加總」的方式構成。在 Excel 中可分別以「公式」與「函數」表達如下：

▶ **公式**：＝C2＋D2＋E2＋F2

▶ **函數**：＝SUM(C2:F2)

此外，我們更常用的廣義公式，是將函數為公式中的一個運算對象，例如，我們想要計算 G2 總分另外加分 20 分的結果。

▶ 函數為公式中的一個運算對象：＝SUM(C2:F2)+20

當然，在實際的應用上所需要的公式或函數都不會這樣單純，接著就說明一般公式與函數的設定與注意事項。

1-3-1 設定一般公式與函數

不論公式或是函數都是以「=」(等號)作為開頭。要計算的對象(我們稱之為「引數」)可為位址、名稱或常數等。設定「函數」時,可直接使用「插入函數」或自行輸入來完成。

簡易的公式是位址配合許多「運算符號」所構成。而廣義的公式是由「運算符號」、「位址」與「函數」所構成。

在 Excel 中作為運算的「運算符號」與一般算術中的「運算符號」一樣。但因針對不同的資料進行運算,因此可分成三大類來介紹。

▶ 數學運算符號

+	加法	/	除法
-	減法(或在數字前為負號)	%	百分比
*	乘法	^	指數或次方

▶ 比較運算符號

比較運算符號主要是比較兩個數值,得到的運算結果為邏輯值「TRUE」或「FALSE」,其相對的數值是 1 與 0。比較運算符號包括有:

=	等於	>=	大於等於
>	大於	<=	小於等於
<	小於	<>	不等於

▶ 文字連結符號

數字型態的資料,可用四則運算符號,但文字資料則只可用連結符號「&」來結合。文字連結符號可將儲存格位址所代表的文字資料及文字常數組合成一個新的文字資料。若所參照的儲存格內含有數學運算公式,則文字連結符號會將此公式所產生的數值,加入文字資料以結合。

例如，若是 A1 與 A2 儲存格分別是【陳偉忠】與【老師】，A4:A6 都是 100，則我們可以在 A3 進行如下設定，可以得到相對的結果。

A3 設定公式	結果
=A1&A2	陳偉忠老師
=A1&"先生"	陳偉忠先生
="總共是"&SUM(A4:A6)	總共是 300

 技巧

=(等號)後不管是位址(如 A1)或函數(如 SUM)，只要是與文字結合，不論是放在前面或後面，都是用 "&" 符號來連結。

在資料編輯列中鍵入右括弧時，Excel 會以粗體字強調出相對的左括弧。如此可用以審核相對括弧個數是否正確。當使用鍵盤輸入，或將插入點移動經過一個括弧時，會暫時將一組相對應的括弧用粗體字加以顯示。當有多個括號時，也會以顏色區分相對的括號。若是遺漏了右括號，Excel 具有「公式自動校正」功能，會自動補上右括號。

當公式建好時，在儲存格中所顯示的為運算後所得的數值，「公式」則顯示在資料編輯列。有時在處理大型模式時，若想直接由工作表中觀看「公式」的設定，或是以多重視窗同時檢視公式與值的比較(如圖 1-21 所示)，則應進行公式與運算結果的切換。其方式有下列三種：

▶ 同時按下 [CTRL]＋`(反單引號)

▶ 選取「檔案/選項/進階/在儲存格顯示公式，而不顯示計算的結果」指令

▶ 選取「公式/公式稽核/顯示公式」指令

上述任何一種顯示公式的方式都只適用於作用中的工作表。

圖 1-21

以多重視窗同
時檢視公式與
值的比較

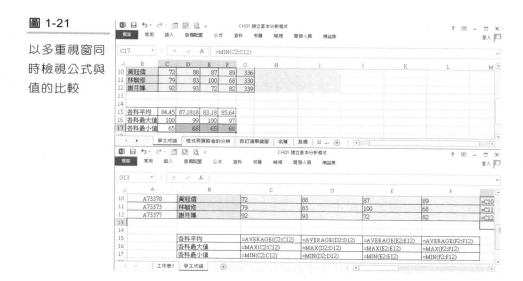

1-3-2 在公式中輸入文字

為了讓公式更具彈性，在某些應用上，可能會將文字加在公式中。要把文字加在公式裡，請用雙引號將文字字元括住，必要時亦請加上文字運算的連接符號「&」。例如，計算圓周率的函數為 PI()，配合文字建立為：

="圓周率的大小是"&PI()

則 Excel 會顯示出如下的結果：

圓周率的大小是 3.14159265358979

多數公式與文字的整合應用，都是直接以「&」來連接即可。但有些時候，使用者必須進行一些變化。例如：要在儲存格中利用 TODAY()函數，建立「今天日期是：XX 年 XX 月 XX 日」時，便必須進行變化。針對此一需求，兩個構成要件

固定文字：今天日期是：

日期函數：TODAY()配合中式日期「XX 年 XX 月 XX 日」。

這樣的概念是，將固定文字利用「&」與 TODAY()函數連結，應寫成：

="今天日期是："&TODAY()

就 1-1-4-2 節針對日期資料輸入的說明，Excel 的日期是以「日期資料數列」作為計算標準。當 TODAY()函數與一般文字混合使用時，會以「日期資料數列」，直接顯示，而不是以日期格式來呈現，如下：

今天日期是：37914

其中 37914 表示使用 TODAY()函數產生的當天日期(筆者的電腦日期現在是 2003/10/20 日)，也就是此日期的「日期資料數列」。此時，應配合 TEXT()函數將「日期資料數列」轉為一般文字，最後與「今天日期是：」進行連結。標準的寫法應寫成如下函數：

="今天日期是："&TEXT(TODAY(),"EE 年 MM 月 DD 日")

這樣的函數表達，是一種「巢狀函數」結構。此一範例使用「巢狀函數」的做法來完成，請參考 1-4-2 節的範例。

1-3-3 位址的表達

「位址」是用在 Excel 中表達「儲存格」的最常見方法，另一常用方式則為「名稱」。在 Excel 中，對單一儲存格的定位，會直接以欄名與列號來交叉定位。如為連續區域、不連續區域，或想表達幾個區域中的聯集，則應對位址進行「運算」。位址運算有三種方式，分別為**範圍**、**聯集**與**交集**。表 1-1 即是這三種「運算」方式的表達。

表 1-1　位址「運算」符號

符號	意義	說明	範例
「 ： 」 (冒號)	範圍	位於兩個參照位址之間所有的儲存格	C2:F2 代表由 C2 至 F2 這一矩型區域的範圍。
「 ， 」 (逗號)	聯集	兩個或兩個以上指定的參照位址	C2:C12,E2:E12 代表 C2:C12、E2:E12 兩區域的儲存格。
「　　」 (空格)	交集	兩個或兩個以上的參照位址共同的儲存格	C6:F6 C2:C12 代表 C6:F6 與 C2:C12 兩區域的儲存格的交集，也就是 C6。

1-3-4 相對位址與絕對位址

基本上儲存格位址可區分二種形式：

▶ 相對位址與絕對位址

■ 相對位址：直接以欄名列號的組合呈現，例如：A1。

■ 絕對位址：也是以欄名列號來組合，但需在欄名及列號前在加上一貨幣符號($)即是絕對位址，例如：$A$1。

▶ 混合位址

在「相對位址」與「絕對位址」的表示法，是以「 $ 」(錢號)作為區別，若這其中兩參數的位址表示法不同，則構成了「混合位址」。如$A1 或 A$1。

使用「相對位址」的公式或函數，在進行複製時，公式中的位址會隨複製方向的位置移動而改變。例如：在「學生成績」工作表中的 G2 儲存格，計算第一位學生四科加總的公式為=C2+D2+E2+F2 或=SUM(C2:F2)，當你將公式往下複製到 G3 時，就意義上，是要計算下一位學生成績的總和，因此整體公式會便成為=C3+D3+E3+F3 或=SUM(C3:F3)。這便是所謂「相對」的觀念。

附註

「相對」概念，就是表格的概念。例如：在一般的表格中，如果第一欄是「一月」，相對的第二欄是「二月」。因此，當我們一月份的加總公式複製到二月份時，表示要計算二月份的加總。

使用「絕對位址」時，表示所代表的資料，在工作表上的位置是「固定」，不會隨著公式在不同儲存格位置上移動而改變。主要的用途在於當公式必須使用到一個「固定常數」時，則通常會以「絕對位址」來表達，以避免在進行公式的複製時，改變公式中儲存格的位址。

技巧

若我們想在不同的參照位址中更改參照類型，除了可直接輸入或編修以加上貨幣符號外，較快的方式則在選定了位址後直接按下 F4 鍵即可。

1-4 函數的使用與編輯

在前面已簡單的提過，所謂「函數」是一個 Excel 預先寫好的特殊公式，可讓使用者得以設定引數後，迅速而簡易完成複雜運算。簡單的說，函數的功能就是將一個或多個引數(即是要處理的對象)執行運算，然後處理的結果傳回。我們在進行資料分析時，除了使用 Excel 內建功能來完成外，也會大量使用函數來建構分析模式。在第 5 章，我們也會介紹 Excel 一些重要而常見的函數及其應用。

技巧

「函數」的目的除了「簡化運算」外，也提供單純公式無法提供的功能。例如：透過 TODAY()函數，取得今天日期，透過 ROUND()函數進行四捨五入運算，或進行其他的「查詢」與「判斷」。

1-4-1 函數基本概念

在 Excel 中所提供了 400 多個內建函數，包括商業常用之統計、財務資料庫、日期(時間)、工作表資料、邏輯與查詢等不同類型之函數。

使用狹義的「公式」(只使用運算符號與位址)來處理大量儲存格的運算時，有時候會相當複雜。相對的，函數最大功用就是簡化複雜的公式輸入。

函數基本上由二個部分所組成，分別為**函數名稱**及**引數**。所謂「函數名稱」即代表此函數的意義，例如：求加總的 SUM、計算平均數之 AVERAGE、最大值的 MAX、求「淨現值」之 NPV……等；而「引數」則告訴 Excel 所要執行的目標儲存格、名稱或數值。例如以「加總」的使用範例：

=SUM(B6:B9)

「**SUM**」為函數的名稱，而「**B6:B9**」則為函數的引數。

1-4-1-1 函數引數的概念與設定

「引數」是 Excel 函數據以產生結果的基本資訊，必須置於函數名稱後方的括號中。在同一函數中的引數個數與總長度是有限制的。使用引數時，須注意其資料型態，若型態不符，則 Excel 會傳回一錯誤值，例如：SUM() 函數是針對數值資料加總的函數，若給予非數值型態的引數，如 =SUM(1,2,3,4,"Apple")，則會傳回錯誤值「#VALVE」。引數可由數字、位址、名稱、文字、邏輯值、陣列或錯誤值或其他公式與函數所組成。如果函數的引數就是另一函數，此稱為「巢狀函數」。例如：

=AVERAGE(SUM(A1:A10),SUM(C1:C10),SUM(E1:E10))

函數在設定上有以下主要的準則：

- 每一函數至少包含一組括弧。指出 Excel 函數引數開始和結束的位置。在括弧前後都不可以有空格。括弧中主要設定引數，但如 TODAY() 函數則只有括弧而不需要引數。

- 所有的引數都需以正確的次序和資料類型輸入。若要省略引數，仍須輸入逗號作為預留位置。

- 在必須有引數的函數中，一定要指定引數。部分函數接受選擇性的引數，表示非必要的引數。

注意

建立的函數若發生錯誤時，Excel 有智慧標籤可以隨時提示使用者應進行的步驟，因此當產生錯誤時，可由智慧標籤所產生的「更正選項」中的指令來了解並更正錯誤。

圖 1-22

當輸入函數產生錯誤時，會顯示智慧標籤以提醒錯誤的來源或是進行錯誤追蹤

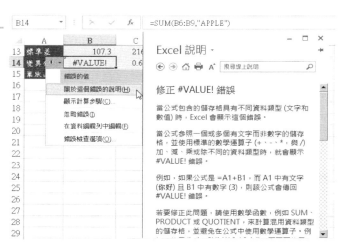

自行輸入函數時，若函數名稱無誤，在鍵入左括弧後，會自動出現引數提示標籤，告訴你有哪些引數是必要的，這些引數的型態為何，哪些是選擇性的，以及可以連結到該函數的說明主題。

在圖 1-23 中，顯示 STDEV()函數的主要引數是「數值」型態的資料，其中有中括號的[xxxx]為選擇性引數，表示可有可無，其餘則為必要引數不可省略。

圖 1-23

有些函數具有選擇性的引數，表示使用者若省略則表示使用預設值來計算

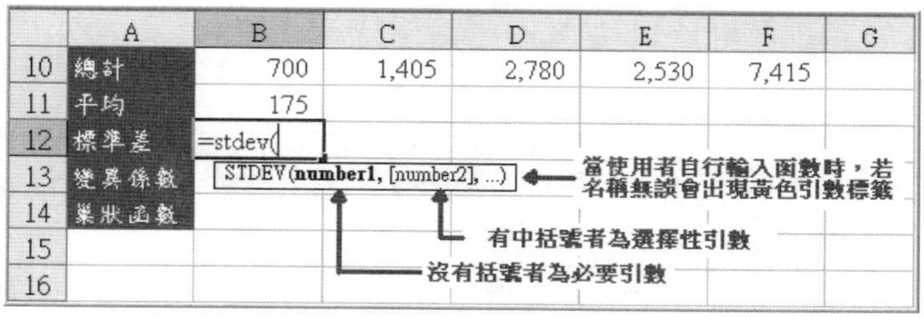

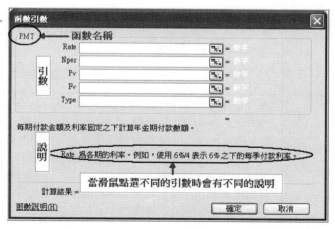

以「插入函數」來建立函數時，選定函數後，會開啟「函數引數」對話方塊，Excel 將各引數分項予以顯示，並對引數進行說明，透過此一對話方塊，除了可以知道引數的順序、資料型態等意義外，還可以了解每一個引數的意義，如圖 1-24 所示。

圖 1-24

在「函數引數」對話方塊中，可以檢視函數引數的順序、型態、意義與用途

1-4-1-2 函數引數的類型

了解了引數的基本概念後，以表 1-2 簡單描述引數的型態。

表 1-2 引數類型

型態	描述
數值 (Number)	如 SUM()、VAR()等函數中，會使用數值型態引數來進行運算。這些數值引數可包含正、負符號並可擁有小數。例如： =VAR(12,20,32,-10,7,12) 在一般的處理中，通常會以區域位址或名稱來取代一個個的數值，例如 VAR(C4:C11)，函數中的 C4:C11 儲存的必需都是數值型資料。
文字 (Text)	針對文字型態的引數，需以「雙引號」標出，例如在計算字串長度時所使用的 LEN()函數，須寫成： =LEN ("長庚大學電算中心") 若忽略雙引號「" "」，則 Excel 便會將「長庚大學電算中心」當成「名稱」(Name)來處理。此時，若事先沒定義該名稱，則會出現錯誤值「#NAME?」。
邏輯值 (Logical Value)	邏輯值本身只有「真」(True)與「假」(False)二種。使用邏輯值引數時，可直接鍵入 True 或 False，或者也可用運算式來取代其中的引數。例如：使用 AND 函數判斷多個敘述是否全為真，則可寫成： =AND (5+8=12，2×3>5，TRUE)
錯誤值 (Error Value)	在 Excel 中共有七個錯誤值：#DIV/0!，#N/A，#NAME?，#NULL!，#NUM!，#REF!與#VALUE!。以錯誤值來做引數時，可直接鍵入上述七個錯誤值之一，但這麼做通常沒有意義。因需以「錯誤值」來做為引數值的函數，一般而是作為嘗試判斷某一儲存格是否有錯，例如：ISERROR()。因此，針對此錯誤值，我們可能以某一儲存格位址來取代。例如：在 A1 儲存格中鍵入錯誤的 SUM()函數。 =SUM (1,2,"PEN") 然後在 A2 儲存格以 ISERROR()函數來判斷 A1 儲存格的正確性，因 A1 所傳回值為#VALUE!，因此在 A2 中可寫成： =ISERROR(A1)

型態	描述
	即傳回值為「True」(真)。 B1　　　　　ƒx　=ISERROR(A1) 　　A　　　　B　　　　C　　　　D 1　#VALUE!　TRUE
位址	引數可以「位址」來取代。如 B3、\$B\$3、\$B3 等皆為 Excel 合法的位址，因此，以位址來代表一引數時，可用絕對、相對或混合位址來代表單一儲存格、區域儲存格或多重區域。
名稱	為了讓函數更具意義，並容易維護，通常也會以「名稱」來取代位址而成為函數的引數。
其他函數或公式	使用由其他函數或公式傳回的「值」做為函數引數，而不論其「值」為那一種型態。例如：計算半徑分別為 3 與 5 的二個圓面積和，可寫成： 　　=SUM (PI()*5^2,PI()*3^2) 其中，「PI()」為一計算圓周率 π 的函數，而「PI()*5^2」則為計算圓面積的公式，此型態也是所謂的「巢狀函數」。
陣列 (Array)	有些函數的使用必須以陣列(ARRAY)的引數型態。譬如計算迴歸之 TREND()函數、計算反矩陣之 MINVERSE()、計算相對次數分配的 FREQUENCY() 與轉置矩陣的 TRANSPOSE()函數等皆會用到陣列(ARRAY)型態的引數。要建立陣列函數或公式，須先將公式建立，並選定好要顯示資料的區域，然後在公式編輯狀態下，同時按下 Ctrl+Shift+Enter 三鍵來完成。簡單地說，所謂的「陣列公式」就是在一次會在多個儲存格中產生結果的公式。完成後的公式，會以大括弧括住原先設定的公式，例如： 　　{=FREQUENCY(C2:E41,J2:J7)}
混合型態	最後一種引數型態是以「混合」型態來完成，可包括上述介紹的任一種 Excel 可接受之引數型態，例如： 　　=AVERAGE(VAR(A1:A3), \$G\$5, 6*5, 學生成績區域) 其中「學生成績區域」為已定義的名稱。

當然，也有些函數並不需要引數或不能有引數，例如：計算圓周率之 PI()、傳回 TRUE 值的 TRUE() 與傳回現在時間或日期的 NOW() 與 TODAY() 等。

1-4-2 建立函數

在前面已經提過，使用函數時，可以自行鍵入，或是使用「插入函數」對話方塊來進行。其中，可以透過三種方式啟動「插入函數」對話方塊，因此使用函數的方式可由：

(▶) 自行鍵入

　　對函數熟悉的使用者，可以直接由鍵盤輸入函數。

(▶) 啟動「插入函數」對話方塊

　　❶ 選取「公式/插入函數」指令。

　　❷ 按下公式編輯列左方的「插入函數」工具 f_x。

　　❸ 在公式編輯列中打上等號，然後於左側的「函數」下拉選框中選取「其他函數」選項。

在自行輸入函數的部分，是針對熟悉函數的使用者，或是常用函數來進行。針對大部分的初學者或是不常用函數，建議使用「插入函數」對話方塊來設定函數。

使用「插入函數」來建立函數，不僅可省去強記函數名稱的時間，也可輕易建立正確的函數引數。「插入函數」來建立函數有兩個步驟：

Step1:　在「插入函數」對話方塊中選定函數。

Step2:　在「函數引數」對話方塊中設定引數。

當啟動「插入函數」功能後，會出現「插入函數」對話方塊，如圖
1-25 所示。

圖 1-25

使用「插入函
數」對話方塊
可加速函數
的建立

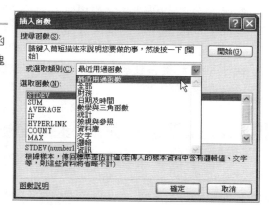

函數的選取方式有兩種，一是直接於「搜尋函數」中，以口語化的方式
鍵入想要處理的功能，以便讓 Excel 協助尋找適合的函數，或是於「或選取類
別」中，選取函數的類別。

要使用「搜尋函數」的功能，使用者只需要鍵入口語化的查詢文字，Excel
便會提供相關的函數建議。例如：想計算會計上的「折舊」，則只需要鍵入
「折舊」兩字，Excel 便會傳回可用於完成折舊計算工作的相關函數「建議清
單」，如圖 1-26 所示。

圖 1-26

直接以口語
話的方式來
詢問

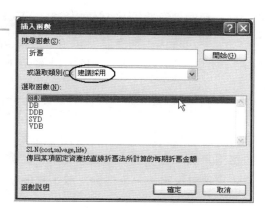

在「插入函數」對話方塊中,所提供的類別有「**財務**」、「**日期與時間**」、「**數學與三角函數**」、「**統計**」、「**檢視與參照**」、「**資料庫**」、「**文字**」、「**邏輯**」、「**資訊**」、「**工程**」、「Cube」、「Web」等十二個類別,另加上「**最近用過函數**」與「**全部**」以因應不同的需求。

選定函數後,按下「確定」功能鍵,便會進入「函數引數」對話方塊,如圖 1-27。

圖 1-27

「函數引數」
對話方塊提供
使用者建立函
數的指引

技巧　若「函數引數」對話方塊擋住你希望選取的資料區域,可將「函數引數」對話方塊移開,或是按下 ▦ 鈕,啟動「摺疊式對話方塊」,然後再於工作表中選定要處理的資料。

以圖 1-27 建立「平均數」範例進行說明,當使用者在 AVERAGE()函數中的 Number1、Number2……引數方塊上,輸入有效值後,函數「暫時」計算出來的結果數值,會出現在「函數引數」對話方塊的「計算結果」中。

技巧　當游標移到某一引數設定的文字方塊設定引數時,應隨時注意下方的說明。因為有些引數可能是非必要引數,有些引數則有特殊的應用方法。在「插入函數」或是「函數引數」對話方塊中選取「函數說明」,會啟動「線上說明」。

　　所謂的「巢狀函數」是指將一函數作為其他函數的引數。我們在上一節中，曾經介紹包含一般文字字串與日期函數串聯的公式，基本上，那也是一個比較複雜的巢狀函數公式。本節便以該範例說明如何使用「插入函數」建立巢狀函數。

範例　*巢狀函數的輸入*

▶ 請在「公式與函數」工作表中，於 B15 儲存格，利用 Today() 函數，自動產生「今天日期是：中華民國 XX 年 XX 月 XX 日　星期 X」。

附註

所謂的「自動」，意味著公式所產生的日期會隨實際的電腦日期而自動調整。但此一結果並不會隨時自動更新，而會在檔案開啟時，或是 Excel 有進行自動重算時(如按下 　　 鍵)，才會又更新到最新的日期狀態。

　　本例主要是說明用「插入函數」的方式來建構「巢狀函數」，針對此一需求的操作步驟如下：

Step1:　將游標選定於 B15 儲存格。鍵入 **="今天日期是："&**。

Step2:　接著按下「插入函數」工具 **fx**，啟動「插入函數」對話方塊。

Step3:　於「或選取類別」中選取「文字」，於「函數名稱」中選取 TEXT() 函數。

Step4:　選定函數後，按下「確定」功能鍵，即會出現如圖 1-28 的畫面。

圖 1-28

設定巢狀函數的步驟

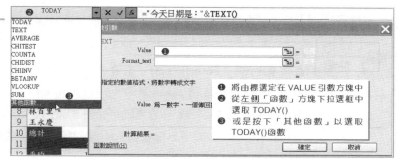

39

Step5: 將游標移到「Value」處,因此處的「Value」要的是 TODAY()函數,主要是利用資料編輯列左側「函數」方塊,選定 TODAY()函數。

Step6: 利用「函數」插入 TODAY()函數後,會出現如圖 1-29 的畫面,因為,所要建立的巢狀函數並未完成,**此時請不要直接按下「確定」鍵或是按下 [ENTER] 鍵**;必須以滑鼠輕按一下 TEXT,以便回到如圖 1-28 的狀態,繼續設定另一引數。當然,若是在圖 1-28 中的「Value」引數上,自行填上 TODAY(),便不會有此問題。

圖 1-29

以「插入函數」建立巢狀函數時,內完成內層的函數,必須注意外層函數是否也已經設定完整

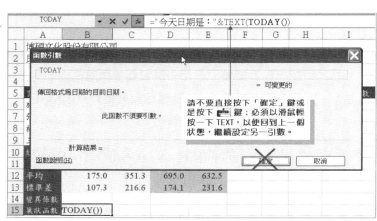

Step7: 繼續將游標移到「Format_Text」處,此處應設定希望顯示的「日期格式」,請輸入 ggge 年 mm 月 dd 日 aaaa。

Step8: 按下「確定」功能鍵或 [ENTER] 鍵,即可於 B15 儲存格完成所要的結果。而設定的公式如下:

="今天日期是:"&TEXT(TODAY(),"ggge 年 mm 月 dd 日 aaaa")

 注意

在本範例的「Format_Text」文字方塊引數中我們主要是填入 ggge 年 mm 月 dd 日 aaaa,其中,geee、mm、dd、aaaa 都是 Excel 的日期格式的參數,若想以不同的格式來顯示,請於「Format_Text」文字方塊中填入不同的時間日期格式。

本範例使用 Today()來表達「今日日期」，若想顯示現在時間，則可使用 Now() 函數來替代。相同的，可在「Format_text」文字方塊中給與不同的格式。例如：

> ="現在的時間是："&TEXT(NOW(),"gee 年 mm 月 dd 日-aaaa-上午/
> 下午 hh 時 mm 分 ss 秒")

依續上例，請在 B16 儲存格，利用巢狀函數功能建立一函數，顯示「現在的時間是：民國 XX 年 XX 月 XX 日-XXX-下午 XX 時 XX 分 XX 秒」。

1-4-3 條件式自動加總精靈

在常用函數中，有一類「判斷」函數，如 IF()函數，它可以讓我們根據工作表上的「數值」，進行有條件的處理。例如：以本章「條件式加總」工作表為範例(如圖 1-30)，若要計算「陳玉玲的小計總和」，使用 IF()函數，必須配合 SUM()函數與「陣列公式輸入」，而以下列的公式來完成：

> {=SUM(IF($B$3:$B$20="陳玉玲",$G$3:$G$20,0))}

如果以 SUMIF()函數來進行，看起來會簡單一點其公式如下：

> =SUMIF(B3:B20,"陳玉玲",G3:G20)

不論是使用哪一種公式，總需要一點功力，對於初學者來說，可能都是困難的。更何況，若將條件複雜化，改為計算「銷售員為陳玉玲且銷售量大於或等於 20 的小計總和」，則使用 SUMIF()函數並沒有辦法完成。而使用 IF()函數則必須寫為：

> {=SUM(IF($B$3:$B$20="陳玉玲",IF($F$3:$F$20>=20,$G$3: $G$20,0),0))}

注意 上面公式的外層兩個大括號，是代表以「陣列」公式輸入。其實，要處理類似需求的另一種更簡易的做法是使用「自動篩選」配合 Σ 工具來進行。

在 Excel 提供了「條件式自動加總」功能，可以快速進行有條件的加總處理。不過此功能只有在 Excel 2007 之前的版本才可使用。

範例　「增益集」功能的加入與「條件式加總」練習

▶ 先由「增益集」中將「條件式加總」的功能加入。再以「條件式加總」工作表為例，利用「條件式加總」功能，於 G21 儲存格計算「銷售員為陳玉玲且銷售量大於或等於 20 的小計總和」。

圖 1-30

條件式自動加
總範例

	A	B	C	D	E	F	G
1	博碩產品銷售清單						
2	日期	銷售員	產品	區域	單價	銷售量	小計
3	92年10月22日	陳玉玲	EXCEL 2002	台北	20.00	15	$300.0
4	92年10月30日	李婉茹	Word 2002	台中	16.00	20	$320.0
5	92年11月1日	熊漢琳	Word 2002	高雄	16.00	24	$384.0
6	92年11月8日	萬衛華	PPT 2002	台北	16.00	25	$400.0
7	92年11月16日	萬衛華	EXCEL 2002	高雄	25.00	21	$525.0
8	92年11月18日	陳玉玲	PPT 2002	台北	25.00	16	$400.0
9	92年11月23日	李婉茹	EXCEL 2002	台中	20.00	15	$300.0

 注意 「條件式加總」屬於增益集功能，且只能在 Excel 2007 之前的版本才可使用。若是無法選取「公式/條件式加總」指令，則表示電腦並沒有完整安裝增益集功能。

Step1:　選取「Office 按鈕/Excel 選項/增益集」指令，接著在管理裡選擇「Excel 增益集」並按下執行按鈕，產生圖 1-31 的「增益集」對話方塊，加入「條件式加總精靈」項目。

圖 1-31

利用增益集對
話方塊加入其
他功能

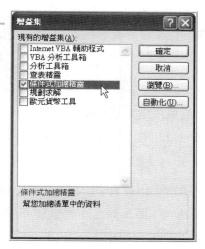

Step2:　開啟「條件式加總」工作表,將游標選定於 G21,選取「公式/條
件式加總」指令,產生如圖 1-32 的對話方塊。

圖 1-32

「條件式加
總精靈-步驟
4 之 1」一設
定加總資料
區域

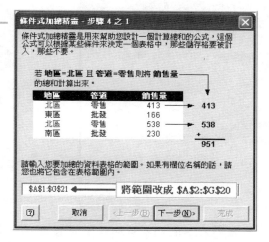

Step3:　在圖 1-32 的對話方塊中設定資料區域。在本範例中,應選取
A2:G20,否則下一步驟會出現錯誤。按「下一步」功能鍵,產生如
圖 1-33 的對話方塊。

注意 ─── 基本上，Excel 會幫你自動選取區域。但如本範例所選取的區域會自動包含第一列，因此需自行更正，否則在第二步驟中會有錯誤。

Step4: 在圖 1-32 中，Excel 會根據所選定區域中第一列的資料，作為欄位名稱。首先你必須在圖 1-32 的「加總欄位」中選定您要加總的欄位，在本範例為「小計」。

Step5: 接著在「測試欄位」中選取「**銷售員**」，在「比較」中選取「=」，在「測試值」中選取或輸入「**陳玉玲**」。然後按下「新增條件式」功能鍵，將條件新增到下方的空格內。

Step6: 重複上一步驟，加入第二個條件，如圖 1-33 所示。

圖 1-33

「條件式加
總精靈-步驟
4 之 2」─設
定加總欄位
與條件

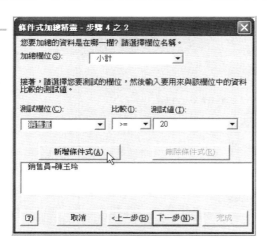

Step7: 請確認兩個條件都已在下面的空格內。接著按「下一步」功能鍵，產生如圖 1-34 的對話方塊。

圖 1-34

「條件式加
總精靈-步驟
4 之 3」－決
定要顯示的
資料

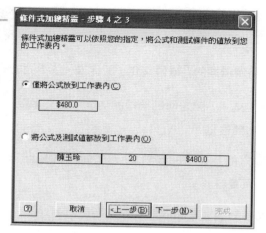

Step8: 在本範例中，只要顯示「最終結果」即可。因此，直接按「下一步」
功能鍵，進入「步驟 4 之 4」，將結果設定在 G21 的儲存格後按下
「完成」功能鍵即可，如圖 1-35 所示。

圖 1-35

條件式自動
加總範例最
後結果

	G21		▼	fx	{=SUM(IF($B$3:$B$20="陳玉玲",IF($F$3:$F$20>=20,$G$3:$G$20,0),0))}			
	A	B	C	D	E	F	G	H	I
16	92年12月25日	萬衛華	EXCEL 2002	台中	25.00	15	$375.0		
17	92年12月30日	陳玉玲	PPT 2002	高雄	25.00	18	$450.0		
18	93年1月3日	熊漢琳	EXCEL 2002	台北	20.00	15	$300.0		
19	93年1月3日	陳玉玲	PROJECT 2002	台北	25.00	18	$450.0		
20	93年1月6日	李婉茹	PROJECT 2002	高雄	16.00	15	$240.0		
21							$480.0		

經過選定，Excel 自動以 If 函數配合陣列公式將「條件式加總」的結
果求出。

1-5 習題

1. 開啟「CH01 習題」範例檔案的「博碩文化」工作表，依下列方式輸入資料。

　① 請將 A2 儲存格的文字，設定自動換行的功能，使文字顯示於 A2 儲存格中，而不落於 B2 儲存格。

　② 利用一般資料輸入的方式，在 C5 到 C9 五個儲存格填上 1500、245、200、720 與 110 等數字資料。

　③ 在 A10 與 F4 儲存格填上總和與合計等文字資料。

　④ 利用一般資料輸入的方式，在 B3 儲存格填上日期 1 月 3 日。

　⑤ 在 B12 儲存格中輸入八五年的營業額為 $7650。

　⑥ 以阿拉伯數字於 B13、B14 等儲存格填上三分之一、一又四分之一等資料。

　⑦ 請在 B15 儲存格中利用 Ctrl + ; 鍵來輸入今天的日期，並於 B16 儲存格中，計算 B15 與 B3 相差的天數。如果計算出來的天數是日期格式，請改為通用格式以顯示天數。

　⑧ 利用智慧型自動填滿，利用 B4 資料，以滑鼠拖曳，於 C4、D4、E4 儲存格產生第二季、第三季、第四季等資料。

　⑨ 利用智慧型自動填滿，依前兩欄 (B、C) 的資料，以等差的方式產生 D、E 兩欄的資料。

　⑩ 利用選取「常用/編輯/填滿/數列(S)」指令，以 H5 的日期資料為起點，在 H6:H10 中產生一日期數列，顯示出每月 20 日的日期，也就是依序產生 1 月 20 日、2 月 20 日、3 月 20 日……。

　⑪ 依續上例，使用「自動完成」功能完成在 I10 儲存格中輸入「陳玉玲」的作業。

⑫ 依續上例，使用「從下拉式清單挑選」功能完成在 J10 儲存格中輸入「曾慧惠」的作業。

⑬ 直接使用滑鼠，以 K1 資料為初始值，使用滑鼠於 K1:K10 之間，產生公差為 1 的等差數列。

⑭ 以任何一種方式完成 F4:F10 與 B10:E10 的加總。

⑮ 使用 A4:E9 表格區域，依據欄列項目，自動建立名稱。

⑯ 以「名稱」取代所有加總的公式。

⑰ 由 L1 儲存格開始往下填入，自 92 年 1 月 1 日至 93 年 12 月 31 日的「工作日」。

⑱ 於 M1 上填上 10，往下建立一等比數列，初始值為 10、公比為 4、終止值為 100000。

2. 建立一自訂清單依序為「水手、勇士、洋基、巨人」，然後在空白工作表上的任一儲存格，填入「洋基」，並且拖曳產生自訂單數列。

3. 以「CH01 習題」範例檔案中「基本模式」工作表為例，完成以下的練習：

① 使用「函數」完成 B10:E10 的每一季總計。

② 以「自動加總」工具，於 F5:F10 儲存格中，完成總和的計算。

③ 利用「函數精靈」，於 B11:B13 儲存格中分別計算「五位業務」第一季 (B5:B9)的平均數、最大值與最小值。其中，平均數請配合 ROUND()函數計算到小數點第一位。

④ 將 B11:B13 中所設定的第一季相關函數複製到 C11:F13 儲存格中。

⑤ 在 A14 儲存格中，利用 A1 與 F10 兩個位址中的資料，與文字連接符號、固定文字，產生「博碩文化股份有限公司全年度業務業績總和為新台幣 10291 元整」的結果。

⑥ 在 A3 儲存格中產生「現在的日期是:民國 XX 年 XX 月 XX 日星期 X」的今天日期資料。

⑦ 使用 IF() 函數,於 G 欄產生「加權」的數值。其中,判斷的標準為:「若『總和』業績低於 1850,則為 0;「總和」業績高於 2200,則為 6%;若界於兩者之間,則為 4%。」以 G6 為例,=IF(F6<1850,0,IF(F6>2200,0.06,0.04))。

⑧ 依續上例,利用「加權」與「總和」兩欄資料,計算「獎金」。獎金的計算為「加權」與「總和」相乘,並取小數點位數到 2 位。以 H6 為例,=ROUND(F6*G6,2)。

⑨ 依續上例,使用 COUNTIF() 函數,以 500 為標準,計算每一業務每一季節營業額超過 500 的個數。以 I6 為例,=COUNTIF (B6:E6,">500")。

4. 根據「公式與函數練習」工作表,進行以下練習操作:

① 以「自動填滿」的功能,完成 C3:E3 的月份資料。

② 在 A2 儲存格完成「現在的時間是:xx 月 xx 日(星期)(上午/下午)xx 時 xx 分 xx 秒」。(提示:使用文字連接符號&、TEXT() 與 NOW() 函數)。

③ 完成 F4:G10 的總和與平均。

④ 使用函數,在 B11:E14 儲存格中,完成各月份的平均數、標準差、最大值與最小值。

⑤ 在 B15 中計算全部票數的總平均。

⑥ 在「狀況」欄中,若該位球員的「平均」大於「總平均」(B15 儲存格),則顯示 "優良",否則顯示 "不佳"。(提示,使用 IF() 函數)

⑦ 在「低於 54 個數」欄位中,顯示得票不足 54 的月份個數,如三月到六月中有三個月得票數低於 54,則出現 "3"。(提示:使用 COUNTIF() 函數)

⑧ 以總平均為及格判斷標準，在「不及格☆」欄位中，以☆個數顯示每位球員「不及格」的得票（以「陳致遠」為例，若在 B5:E5 等四個月的資料中，有一個小於「總平均」，則出現一個☆，有兩個月份資料小於「總平均」，則出現兩個☆）。（提示：使用 COUNTIF()、REPT() 函數與文字連接函數）

⑨ 設計一以函數構成的公式，在「特優」欄位，若每位球員的每一個月份得票均超過 B15（總平均），則顯示「特優」，否則出現空白。此一函數可套用於 K 欄。（提示：以 J 欄為判斷標準，若沒有☆，則符合條件）

⑩ 練習以「自動計算」功能，求得全部票數（B4:E10）的平均數、個數，最大與最小。不必將值顯示於任一儲存格，只需將總平均與 B15 的值對照即可。

5.　根據「銷售業績」工作表中的資料，完成以下需求：

① 於 A15 儲存格，使用 SUMIF() 函數計算銷售總和大於 3000 之銷售總和的和。

② 於 A16 儲存格，使用 SUMIF() 函數計算銷售總和大於 3000 之一月份銷售的和。

③ 於 A17 儲存格，計算「直銷部門且為女生的銷售總和」，若為 Excel 2007 之前的版本可利用「條件式加總精靈」來計算。

④ 於 A18 儲存格，計算「男生且平均銷售量大於 900 的銷售總和」，若為 Excel 2007 之前的版本可利用「條件式加總精靈」來計算。

⑤ 建立自訂數列，依序為「直銷」、「經銷」、「外銷」。使用此一自訂數列進行「部門」欄位的排序。（自訂排序部分請參考 4-2-3-1 節說明）

⑥ 使用快速建立名稱的方式，將 A3:G13 中的資料，以上方的欄位名稱來命名，如 G3:G13 命名為「總和」。

⑦ 使用名稱於 G14 儲存格中，設定函數計算「總和」的平均。

筆記欄

Excel 資料分析的基礎

本 章 重 點

學習 Excel 與其他常用軟體的交換

使用文字轉取精靈

與 HTML 之間的檔案轉換

取得外部資料

學習直接擷取大型資料庫中的資料

連線至博碩文化網站下載

CH02 問卷資料庫(固定寬度).txt、CH02 匯入文字檔.txt、
CH02 問卷資料庫(分隔符號).txt、CH02 分隔欄位.txt、
CH02 轉換 HTML、CH02 互動式 HTML 轉換、書籍.mdb、
CH02 練習--分隔欄位.txt

運用 Excel 進行資料分析時，第一個前提是，要進行分析或用來建構模式的原始資料從哪裡來？在 Excel 的工作環境中，資料的輸入除了使用鍵盤外，還可以透過手寫辨識系統，或是語音輸入系統來輸入，以協助使用者在工作表中輸入資料建立分析模式。

以本書 Chap10 的市調範例來說，要使用 Excel 進行問卷分析的前提是，如何將大量的問卷資料建立於 Excel 中，以便運用 Excel 的強大模式與運算功能，基於統計理論，進行市場分析研究。

對於大量的資料或已存在企業體系中的資料，在 Excel 的應用面上，也可直接由其他應用軟體中匯入。例如：在 Excel 中可直接開啟以文字檔案型態呈現的資料庫。

Excel 也可以直接連結網際網路，讀取網頁的表格資料，或是快速地下載到 Excel 進行分析。因此進入 Excel 資料分析的領域中，首先要學會的是，如何將外部資料匯入到 Excel。

附註 如果您使用 Excel 2003 以後的版本，更可直接開啟或儲存成 XML(可延伸標記語言)或任何網頁格式的檔案，如此就能用瀏覽器來閱讀 Excel 檔案。

2-1 | 檔案格式的交換

多數電腦工作者的學習或是工作環境，都可能包含超過一種以上的應用軟體。例如學校、家裡與工作場合所使用的 Excel 版本就可能不同，甚至所需應用的檔案，還有如 Lotus 1-2-3 或 dBase 等，使用早期軟體所建立，或是一般的文字檔。

為讓資料能在不同的應用軟體間進行交流，必須進行檔案格式的交換。如何將 Excel 的檔案轉換成其他應用軟體的檔案格式，就是本節的重點。

技巧

> 在 Excel 中進行檔案格式交換，基本上就是利用「檔案/開啟舊檔」「檔案/另存新檔」的指令，選擇不同的「檔案類型」來處理。基本上，新版本軟體可以開啟舊版本的資料，但舊版本軟體，可能無法開啟，或是無法完整開啟新版本所建立的資料。

圖 2-1

檔案交換的原理，主要是使用「檔案/開啟舊檔」「檔案/另存新檔」指令下，選擇不同的「檔案類型」來處理

注意 若是活頁簿中有原有數個工作表，而轉存的檔案只能有單一工作表，如「文字檔」的檔案格式就是單一工作表，則只能選定的工作表，儲存成文字檔。系統也會警告，轉換後將會喪失許多 Excel 原有的功能。

　　除了標準檔案格式的轉換以後，在「開啟舊檔」「另存新檔」的對話方塊中，也可以用來開啟或是轉存 HTML 檔案。如圖 2-2。

 注意 不論開啟舊檔或是另存新檔，在「檔案類型」下可以選取的類型，決定於安裝 Excel 時所設定的項目。

圖 2-2

只要格式允許，Excel 可以直接開啟許多不同型態的檔案

 自我練習 開啟「CH02 轉換文字檔案練習」範例檔案，切換到「標準工作表模式」工作表，並將該檔案儲存成「以 TAB 分隔的文字檔」檔案格式，同時命名為 TEXTFILE。

2-2 　文字轉取精靈

　　在企業環境的資料處理中，有一些大型或迷你電腦上的檔案，或一些特定的應用軟體，如特定格式的「會計系統」，本身並沒有提供「匯出」的功

能，也不包含在 Excel 所支援的檔案格式中，無法直接將資料匯入到 Excel，或對於某些分析的資料，是以文字檔案格式儲存，此時，便須考慮以「文字檔」的方式來進行轉取。

技巧

有些系統可能也提供「匯出」成 Excel 格式的功能，如 Outlook 便提供將「通訊錄」的資料匯到 Excel 的功能。要匯入文字檔案的另一種方式是使用「資料庫查詢」。目前許多市售的會計資訊系統、ERP 系統，大都有提供直接將報表或是查詢資料轉存成 Excel 的功能。

要開啟「文字檔案」，可使用「檔案/開啟舊檔」的指令來進行；而針對已開啟的檔案，則使用「資料/資料工具/資料剖析」指令來進行。不論使用哪種方法，在轉取文字時，「匯入字串精靈」會協助我們選擇用何種字元來分隔文字欄位，並將每個分隔符號後面的文字置於不同的儲存格。開啟檔案時，若無法以字元分隔符號來分隔欄位，也可在檔案開啟後，再進行分隔或剖析。

交談式的「匯入字串精靈」共分三步驟：

Step1: 判斷資料的分隔方式是以「分隔符號」或「固定寬度」。

Step2: 決定「分隔符號」方式的符號或是「固定寬度」的每欄寬度。

Step3: 更改每一欄位的資料型態與決定是否要轉取該欄位。

2-2-1 判斷資料的分隔方式

Excel 會自行判斷應以何種方式來轉取，但也可自行選擇。其中「分隔符號」表示每一欄由特定字元，例如：逗號、分號、定位符號或空格分隔，甚至是自動的符號，而在同一欄的資料寬度可能不一樣；「固定寬度」則表示每一欄的資料寬度一致。

圖 2-3

判斷資料的分
隔方式

有些資料庫在最上方如標題或印表日期等資料，可能不是我們想要
的資料，那麼也可調整轉取資料的起始列號，以及選取因應多國語系的
檔案原始格式。

圖 2-4

設定資料的起
始列號

2-2-2 決定「分隔符號」或「固定寬度」

在步驟一，如選取「分隔符號」，則可進一步選取所用分隔符號。可以
選取一個以上的分隔符號，或鍵入自訂的分隔符號；若是選取「固定寬度」，
預覽方塊會顯示分欄線的建議配置。可以拖曳分欄線來調整欄寬位置。系統
若無法判斷欄寬時，則需自行在欄位間輕按一下滑鼠以建立分欄線；在分欄
線上輕按兩下則可清除，如圖 2-5 所示。

圖 2-5

選擇分隔符號或自行
設定分欄寬度

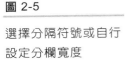

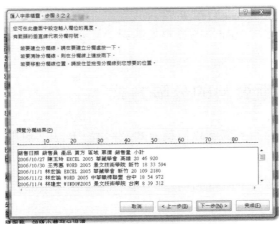

2-2-3 更改資料型態或轉取欄位

在這個步驟中，可以更改欄位的資料型態，包括：數字、文字和日期，也可在「欄位的資料格式」下，決定是否要轉取該欄位。如果是使用「資料/資料工具/資料剖析」指令，也可指定剖析後的資料轉放到工作表的位置。

圖 2-6

決定資料型態的轉換與不匯入的欄位

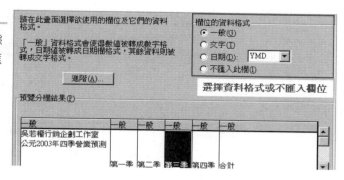

 在圖 2-6 的對話方塊中，另有一「進階」功能鍵，可以讓使用者決定千分位與小數點的格式。

範例　轉取「固定欄寬」的文字資料

請以「固定欄寬」的方式轉取「CH02 問卷資料庫(固定寬度).TXT」的問卷資料庫文字檔案，該資料庫檔案的前四列為一般標題列與空白列，因此不予轉取，另外，也不匯入「學歷」欄位。

圖 2-7

原始的「CH02問卷資料庫(固定寬度).TXT」問卷資料內容

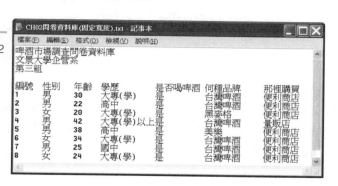

Step1: 在「檔案/開啟舊檔」對話方塊中，選定放置範例檔案的資料夾。並在「檔案類型」下拉選框中選取「文字檔案」。

圖 2-8

直接開啟文字檔

Step2: 開啟「CH02 問卷資料庫(固定寬度).TXT」。

Step3: 出現「匯入字串精靈-步驟 3 之 1」對話方塊。在「輸入資料類型」上選取「固定寬度」，在「起始列號」處選定 5。

圖 2-9

決定轉取的型態與起始的列號

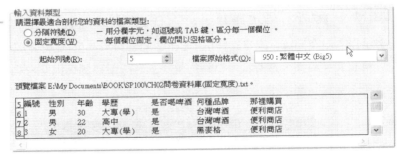

Step4: 按「下一步」功能鍵進入「匯入字串精靈-步驟 3 之 2」。

Step5: 如有需要，在「預覽分欄結果」中直接以滑鼠拖曳改變欄寬。以本範例而言，在預設的狀態下，前三個欄位並沒有顯示分欄線，請自行於各欄位之間輕按一下滑鼠，以進行分欄設定。

圖 2-10

直接以滑鼠拖曳欄寬或自行設定分欄線

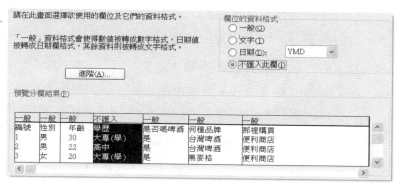

Step6: 按「下一步」功能鍵進入「匯入字串精靈-步驟 3 之 3」。

Step7: 於「預覽分欄結果」中選定「區域」欄位,在「欄位的資料格式」中選取「不匯入此欄」,如圖 2-11 所示。

圖 2-11

改變欄位格式與選取不要匯入的欄位

Step8: 請按下「完成」功能鍵完成轉取的動作。

 當轉取成功進入 Excel 後,因預設的工作表欄位寬度固定,可能造成有些欄位呈現「###」、有些欄位的顯示會被截斷。要快速處理欄寬問題,可選取全部的儲存格,然後在欄名交界處,輕按兩下滑鼠調整成「最適欄寬」。(如圖 2-12 就呈現出 E 欄位資料被 F 攔截掉)

 請以「固定欄寬」的方式轉取「CH02 固定欄寬.TXT」的資料庫檔案,但該資料庫檔案的前三列為一般標題列與空白列,因此不予轉取,另外,也不匯入「區域」欄位。

　　　對於事前無法以特定分隔符號決定某一格式的文字檔，Excel 提供了「資料/資料工具/資料剖析」的功能，以便於開啟該檔案或複製資料之後，繼續進行資料剖析，其概念與步驟與文字檔案轉取的方法相似。

範例　匯入分隔欄位文字資料，再進行資料剖析

▶ 將範例檔案「CH02 問卷資料庫(分隔符號).txt」先匯入 Excel 工作表中，再將「編號性別」欄位中的資料分開成兩獨立的欄。最後狀態如圖 2-14。

Step1:　由「檔案/開啟舊檔」對話方塊中，選定放置範例檔案的資料夾。並在「檔案類型」下拉選框中選取「文字檔案」，開啟「CH02 問卷資料庫(分隔符號).txt」。

Step2:　在「匯入字串精靈-步驟 3 之 1」對話方塊中以「分隔符號」方式，並設定以「空格」作為分隔符號，將資料匯入工作表(操作過程與上一範例相似，在此不在贅述)。匯入後的結果如圖 2-12 所示。

圖 2-12

直接匯入以空格為分隔符號文字資料的結果

	A	B	C	D	E	F	G
1	編號性別	年齡	學歷	是否喝啤	何種品牌	那裡購買	
2	1男	30	大專(學)	是	台灣啤酒	便利商店	
3	2男	22	高中	是	台灣啤酒	便利商店	
4	3女	20	大專(學)	是	黑麥格	便利商店	
5	4男	42	大專(學)	台灣啤酒	量販店		
6	5男	38	高中	是	美樂	便利商店	
7	6女	34	大專(學)	是	台灣啤酒	便利商店	
8	7男	25	國中	是	台灣啤酒	便利商店	
9	8女	24	大專(學)	是	台灣啤酒	便利商店	

Step3:　選定 B 欄，選取「常用/儲存格/插入/插入工作表欄(C)」指令，在 A 欄後面插入空白欄。此步驟相當重要，若是沒有新增空白欄，進行資料剖析之後，會蓋過下一個欄位。

Step4:　選定 A 欄中要進行資料剖析的資料範圍 A1:A9，選取「資料/資料工具/資料剖析」進入「字串剖析精靈-步驟 3 之 1」對話方塊。

Step5:　在「輸入資料類型」上選取「固定寬度」，按「下一步」功能鍵。

Step6:　以滑鼠在「1」與「男」之間輕按一下。

圖 2-13

將匯入工作表
上的資料分隔

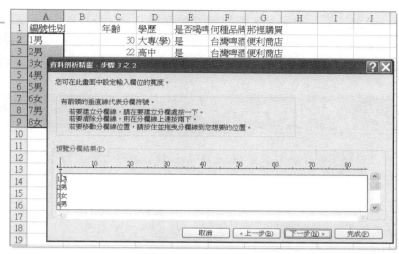

Step7: 直接按下「完成」功能鍵,便能完成「資料剖析」。

圖 2-14

「資料剖析」
結果範例

編號	性別	年齡	學歷	是否喝啤酒	何種品牌	那裡購買
1	男	30	大專(學)	是	台灣啤酒	便利商店
2	男	22	高中	是	台灣啤酒	便利商店
3	女	20	大專(學)	是	黑麥格	便利商店
4	男	42	大專(學)以上	是	台灣啤酒	量販店
5	男	38	高中	是	美樂	便利商店
6	女	34	大專(學)	是	台灣啤酒	便利商店
7	男	25	國中	是	台灣啤酒	便利商店
8	女	24	大專(學)	是	台灣啤酒	便利商店

Step8: 將 A1 與 B1 儲存格的欄位名稱資料進行調整(A1 儲存格中的「性別」兩字,搬到 B1),並將欄位寬度調到最適當寬度,最後如圖 2-14 所示。

以資料庫的概念,同一欄所代表的資料意義是相同的。在選取「資料/資料工具/資料剖析」指令之前,應先選定資料所在的一整欄。例如:要進行剖析的資料是置於第一欄,則應先選定第一欄,而不是一個儲存格。同時,要預留剖析後的放置資料的空間。但在特殊的應用上,可以選定幾個儲存格進行剖析。

將範例檔案「CH02 分隔欄位.txt」先匯入 Excel 工作表中，再將「買方」欄位中的區域資料分開成獨立的一欄。

2-3 與 HTML 之間的檔案轉換

　　要將 Excel 試算表轉換成 HTML 格式，在網路上公布是件很容易的工作，而在轉換檔案成為 HTML 格式之後，文件仍然可保留原始 Excel 試算表特性。意思是說：儲存成 HTML 格式後，重新於 Excel 中開啟 HTML 文件，仍能保有 Excel 的主要功能。

　　要將 Excel 轉換成 HTML 然後公布於 Web 伺服器，就如同將一般檔案儲存到區域網路伺服器那麼簡單。你並不需要了解複雜的 HTML 編寫技巧，或是如何使用 HTTP，只要使用熟悉的「檔案/開啟/儲存」的介面，配合「Web 資料夾」，或是「FTP」功能就能完成。

2-3-1 靜態 HTML 轉換

│範例│ *轉 Excel 檔案成 HTML 格式*

▶ 將「CH02 轉換 HTML」範例檔案中的「團員名單」工作表轉換成 HTML 格式，設定標題為「快樂旅行團團員名單」，Web 的檔案名稱為「Page1」，然後於瀏覽器中檢視。

Step1: 開啟「CH02 轉換 HTML」範例檔案。

Step2: 選取「檔案/另存新檔」指令，在「存檔類型」的下拉選單中，選擇「網頁」，如圖 2-15 所示。

Step3: 將檔案名稱改為 Page1，勾選「選取區:工作表」，並按下「變更標題」功能鍵，填上**快樂旅行團團員名單**，完成「變更標題」。

圖 2-15

使用簡單的儲
存指令便可以
將 Excel 工作
表轉換成
HTML

Step4: 按下「儲存」功能鍵即可完成。

Step5: 啟動瀏覽器。

Step6: 直接開啟儲存位置上的 Page1.htm 檔案及可以產生如圖 2-16
的狀態。

圖 2-16

將 Excel 工作
表轉換成
HTML 後顯示
於瀏覽器中

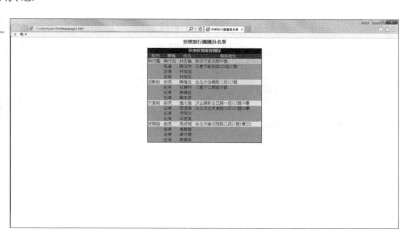

注意

若希望將活頁簿中的所有工作表都轉換成 HTML，則可以在圖 2-15 的「儲存」選項下選定「整本活頁簿」，則轉換成 HTML 後，於瀏覽器中也可以如活頁簿一般地切換工作表，如圖 2-17 所示。

圖 2-17

將包含多個工作表的活頁簿轉換成 HTML 後，顯示於瀏覽器中

 **技巧**

如果使用者的作業環境，具有網站伺服器的存取權限，則可以將檔案直接儲存到網站資料夾內。如圖 2-18，筆者將 Excel 轉換成 HTML 格式，透過 FTP 選項，直接送到筆者個人網站上。

圖 2-18

透過 FTP 直接將具有 HTML 格式的 Excel 檔案公布到網路

技巧

當我們將 Excel 檔案，透過選取「另存新檔/另存成網頁」指令，儲存成 HTML 格式，系統會將 Excel 儲存成一個 HTML 檔案，與一個資料夾(*.file)放置圖片等關聯物件。若我們希望一個 Excel 檔案直接轉換成單一網頁格式的檔案，則可以選取「存檔類型」中的「單一網頁檔案」。如圖 2-19。

圖 2-19

將 Excel 檔案儲存成單一網頁格式

2-4 取得外部資料

就 Excel 在整個辦公室自動化應用環境的角色來說，它可以扮演成連接後端資料庫的「前端」分析工具，以便保持與後端資料來源的連結。

在第二節中，曾說明使用兩種不同的檔案結構方式(固定欄寬與分隔符號)將文字檔案匯入。但匯入後，該文字檔與工作表中的資料都是獨立的。從應用角度來說，此一文字檔有可能是由另一應用程式(如會計系統或大型資料庫)匯出，資料庫中的資料因為經常更新，每次轉出的資料都可能不同。此時，若希望匯入到 Excel 中進行分析，則必須再重新執行一次。

Excel 根據這樣的需求，提供三種取得外部資料的方式，以便建立前端分析模式。以這三種方式取得外部資料後，隨時都可以在 Excel 中，以「更新」的方式傳回資料來源取得最新資料，而不必再重新執行匯入。

▶ Web 資料庫查詢

▶ 一般資料庫查詢

▶ 文字檔案查詢

2-4-1 Web 資料庫查詢

在 Excel 中可以很輕易地將 Web 上的表格資料，直接下載到 Excel 的工作表中，方法很簡單，只是在瀏覽器中「複製」表格或是一般資料，再貼到 Excel 工作表中即可。

然而，許多的網站所提供的資訊是「即時」的，也就是隨時會「更新」資料，此時，若只用單純的複製與貼上，將無法掌握最新的網路資訊。

Excel 提供了「Web 資料庫查詢」功能,讓我們設定下載資料的網址,並決定下載的格式。當選取「資料/取得外部資料/從 Web」指令時,便可以顯示如圖 2-20 的畫面。

範例　匯入 Web 上的動態股票資料

▶ 使用「Web 資料庫查詢」功能,於「PCHome 股市」資料庫中,下載當日「上市漲幅排行」的股市交易資料到 Excel 中,並設定成每 30 分鐘自動更新一次與保留 HTML 格式。(http://pchome.syspower.com.tw/rank/sto0/ock03.html)。

Step1:　選取「資料/取得外部資料/從 Web」指令,產生「新增 Web 查詢」對話方塊,並於「地址」中填上網址:http://pchome.syspower. com.tw/rank/sto0/ock03.html(上市漲幅排行),按下「到」功能鍵,如圖 2-20。

圖 2-20

設定要下載資料的網頁位置

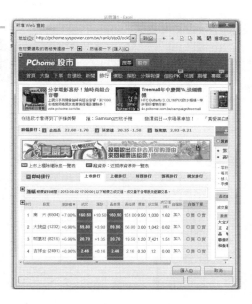

Step2:　在圖 2-20 中,會以瀏覽器預設的網頁來顯示。當使用者自行輸入網頁網址,然後按下「到」功能鍵,便會呈現如圖 2-20 的狀態。

Step3: 通常在一個網頁上，會有許多個表格，Excel 提供可以自行選取下載表格的功能。如在圖 2-20 中，可以看到許多表格的區段，在匯入之前先選定某一表格(如圖 2-20 的綠色符號)，再按下「匯入」功能鍵會出現如圖 2-22 的「匯入資料」對話方塊。

 技巧 在選取表格時，可以進行多重選取，選定後會變成「打勾」的狀態。

Step4: 但以本範例的需求，要求保留網頁上 HTML 的格式，因此按下「匯入」功能鍵之前，應先按下「選項」工具以顯示圖 2-21 對話方塊，便設定是否要保留 HTML 格式。

圖 2-21

設定是否要保留網頁上的 HTML 格式選項

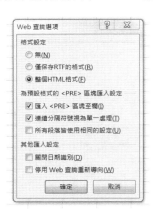

Step5: 於「格式設定」選項中，選定「整個 HTML 格式」後，回到圖 2-20 的對話方塊，再按下「匯入」功能鍵，顯示圖 2-22 的狀態。

圖 2-22

設定匯入資料的位置

Step6: 因為本範例要求每 30 分鐘自動更新一次，因此在圖 2-22 中，可以按下「內容」功能鍵，以便產生如圖 2-23 的「外部資料範圍內容」對話方塊。

圖 2-23

對 Web 查詢
進行自動更
新設定

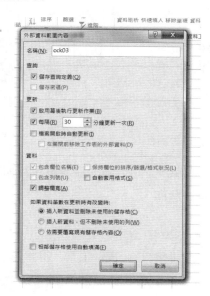

Step7: 在圖 2-23「名稱」處可以修改查詢的名稱，例如：將此次設定的網頁命名為「股市行情」；在「更新」的群組方塊中，設定多久時間更新一次資料，本範例為 30 分鐘。或重新開檔案時需不需要進行更新等等。

Step8: 最後按下「確定」功能鍵，便可以將股市資料庫下載到 Excel 中，並且每 30 分鐘會自動更新一次。如圖 2-24。

圖 2-24

下載到 Excel
的 Web 股市
資料

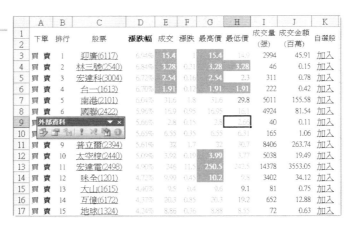

由於 Excel 可以接受 HTML 格式，因此下載的資料會保持原網頁的格式，若是含有超連結，也會呈現超連結狀態。

Web 查詢最重要的就是在圖 2-20 中選定網頁與表格，再加上圖 2-23 的相關設定後，就可按下圖 2-20 中「儲存查詢」 工具，將此 Web 查詢儲存，如圖 2-25 所示。下一次需要使用時只需選取「資料/取得外部資料/現有連線」指令，便可於如圖 2-26 的對話方塊中，選取要查詢的項目，進行資料查詢。

圖 2-25

將查詢儲存以
便下一次直接
開啟查詢

圖 2-26

儲存後,可以
直接選取以便
下載不同來源
的資料

附註　如圖 2-26,我們也可以選取預設的下載項目,如直接查詢美國
股市的股票交易情形。下載後如圖 2-26 對話方塊後面的狀態。

2-4-2 資料庫查詢

除了使用 Web 方式下載網頁上的資料外,作為前端分析工具的 Excel,
也同時具備連接後端資料庫、篩選並下載的功能,其中介機制便是 Microsoft
Query。

2-4-2-1 MS Query 與資料庫查詢

Microsoft Query 是一種用於將外部資料庫中的資料匯入 Excel 的工具程
式。使用 Query 可以將一定的規則篩選出企業後端資料庫和檔案中的資料,
並將它呈現於 Excel 工作表中。當資料庫更新資料時,也可自動更新 Excel
中的資料。

Microsoft Query 可以轉取的資料庫類型包括 Microsoft SQL Server、
Microsoft SQL Server OLAP Service、Microsoft Access、dBASE、Microsoft

FoxPro、Microsoft Excel、Oracle、Paradox、SQL Server 與文字檔案資料庫。同時也包含了其他支援 ODBC 的資料庫。使用 Microsoft Query 共有三步驟：

Step1: 建立資料來源以連接資料庫。

Step2: 使用[查表精靈]選取所需資料。

Step3: 將資料傳回到 Excel 或是進行進階處理。

2-4-2-2 資料庫查詢範例

當選取「資料/取得外部資料/從其他來源/從 Microsoft Query」指令時，便會啟動 MS Query，並進入如圖 2-27 的對話方塊。在圖 2-27 中，可以選取之前定義過的 ODBC 資料來源，若沒有設定，也可於查詢時在給予設定。如果，在區域網路或是本機中，有啟動 OLAP Service，也可以直接下載 OLAP 中的 Cube。

接著，直接以範例來說明使用「資料庫查詢」功能，將 Access 2003 資料庫中的資料匯入到 Excel 工作表。

範例 *使用 MS Query 下載 Access 資料庫中的資料*

 將 Access 範例檔案「書籍」中的「書籍」資料表匯入，同時，只要匯入作者為「林宏諭」，且不匯入「初版日」這個欄位。

Step1: 選取「資料/取得外部資料/從其他來源/從 Microsoft Query」指令，啟動如圖 2-27 的對話方塊。

圖 2-27

選擇資料來源

技巧

圖 2-27 的可選取項目，是根據自己電腦上所安裝的項目而定。你也可以在 Windows 控制台或系統管理工具中的「ODBC 資料來源」選項下，進行新增的設定如圖 2-28 所示。也可由圖 2-27 選定「新資料來源」，根據系統的指示設定。

圖 2-28

使用 ODBC 加入新的資料庫驅動程式與存取對象

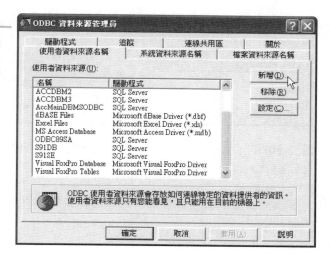

Step2: 在圖 2-27 中「選擇資料來源」對話方塊中選定「MS Access Database*」項目，啟動選取連接到 Access 資料庫的對話方塊。並選定放置範例檔案的資料夾。

圖 2-29

選定要連接的 Access 資料庫

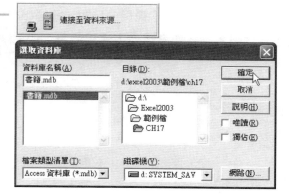

Step3: 選定「書籍.mdb」資料庫，按下「確定」功能鍵之後，開啟「查詢精靈」對話方塊，如圖 2-30 所示。

圖 2-30

啟動查詢精靈選取資料欄位

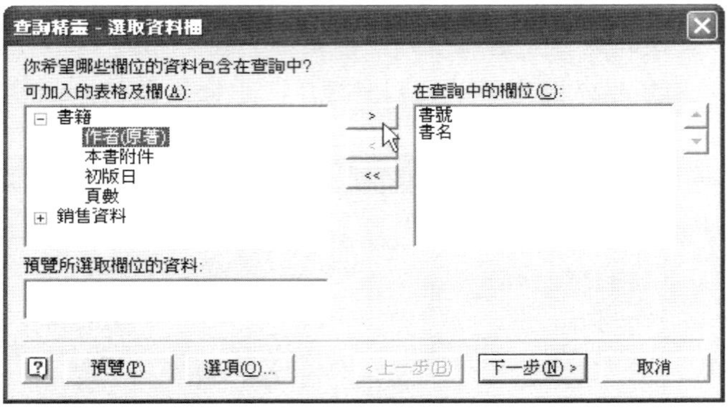

Step4: 在圖 2-30 中，會顯示資料庫中的所有表格，請按下要查閱表格前的「+」符號。

Step5: 在「書籍」表格中將「初版日」以外的欄位都移到右邊的「在查詢中的欄位」。

技巧 如果要預覽某一欄位中的資料，在選定該欄位後，按下「預覽」便可在「預覽所選取資料的欄位」中檢視到這些欄位。

Step6: 設定好欄位後，按「下一步」功能鍵，進入圖 2-31 的查詢精靈對話方塊來設定篩選條件。在本範例中只要求篩選出作者為「林宏諭」的資料，當然也包含該作者與他人合著的書，如圖 2-31 的設定。

圖 2-31

設定篩選的
規則

技巧　　這個簡單的篩選畫面可以使用「且」或「或」對等條件建構
三個以內的簡單條件。

Step7: 設定好規則後，按「下一步」功能鍵，啟動圖 2-32 查詢精靈的排
列順序對話方塊，在「主要鍵」下選取「書號」。

圖 2-32

設定排序鍵

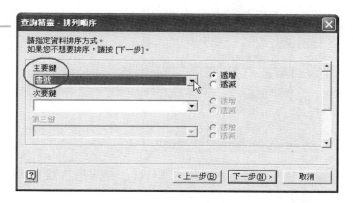

Step8: 按「下一步」功能鍵，便完成「查詢精靈」的步驟。最後查詢結果
可有二種呈現方式。而在此步驟中，一樣可以以將此查詢儲存，以便
下次要查詢相同規則的資料時，可以直接使用。

圖 2-33

完成查詢後，
可以使用二種
方式呈現查詢
所得的結果

Step9: 選定「將資料傳回到 Microsoft Excel」，按下「完成」功能鍵，出
現圖 2-34 的對話方塊。

圖 2-34

決定匯入資
料的形式及
位置

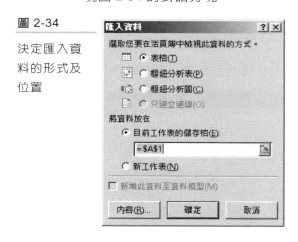

Step10: 在圖 2-34 中，可以設定匯到 Excel 工作表的位置，也可直接將資料
以「樞紐分析表」方式呈現。

Step11: 最後按下「確定」功能鍵，便可在工作表中取得資料，如圖 2-35
所示。

圖 2-35

最後的查詢結果

	A	B	C	D	E
1	書號	書名	作者(原著)	本書附件	頁數
2	DB20038	SQL 2000 與決策分析 -- OLAP 的建置與應用	林宏論	無	480
3	DB29038	SQL 2000與OLAP模式	林宏論	CD	477
4	HW20040	嗯!PC組裝DIY我也會Pro	林宏論	無	432
5	NE20163	HTML&JavaScript語法參考辭典	林宏論 林建宏	CD	624
6	NE29126	Internet玩翻天	林宏論 博士	無	689
7	NE29127	Internet聊翻天	林宏論 博士	無	560
8	NE29128	Internet 秀翻天	林宏論 博士	CD	386
9	NT0003	xDSL-全方位透視xDSL、創造高速雙向傳輸速率	熊漢琳 林宏論	無	176

　　另外，在圖 2-33 中，若選取「在 Microsoft Query 中編輯查詢或檢視資料」選項，則會啟動如圖 2-36 的 Microsoft Query 畫面。

圖 2-36

顯示
Microsoft
Query 畫面，
使用者可以新
增篩選規則或
顯示欄位

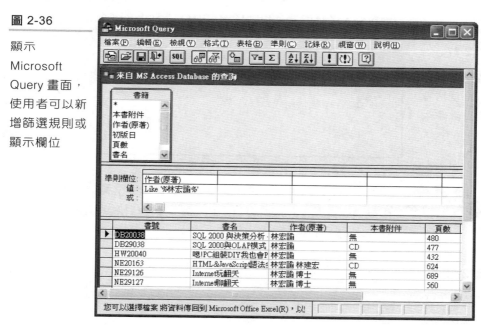

　　在圖 2-36 的畫面中，除了新增篩選規則外，也可新增或刪除要顯示的欄位。設定後可選取「檔案/將資料傳回到 Microsoft Excel 」指令，將資料傳回到 Excel 中。更詳細的相關操作請參考 Microsoft Query 的書籍或說明。

如果熟悉 SQL 語法的使用者，也可以在圖 2-36 中，按下 **SQL** 工具，以便產生如圖 2-37 的 SQL 對話方塊，使用者便可以根據 SQL 語法設定更複雜的查詢條件。

 在本範例中，因為在圖 2-27 中選取通用的「資料庫」型態，因此，在圖 2-29 中必須要進行資料庫選取。但也可在圖 2-28 設定 ODBC 選項時，直接指定某一特定資料庫，則可直接連結到該資料庫。這樣的觀念也同樣適合連結到 SQL 的資料庫。

圖 2-37

直接使用
SQL 語法設
定查詢條件

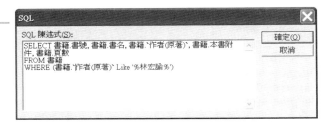

 將 Access 範例檔案「書籍」中的「銷售資料」資料表匯入，其中篩選條件為 2-6 月份資料。匯入後，進行月份與區域的「小計」樞紐分析。如圖 2-38。

圖 2-38

將 ACCESS 資
料庫匯入到
Excel 並進行
樞紐分析

2-4-3　匯入文字檔案

第三種匯入資料的方式是匯入文字檔案。

│範例│ *匯入文字檔*

▶ 以「新增資料庫查詢」的方式，下載範例檔案資料夾中的「CH02 匯入文字檔.txt」到 Excel 工作表中，並將這樣的查詢功能儲存，以便下一次使用。

Step1:　選取「資料/取得外部資料/從文字檔」指令，啟動如圖 2-39 的「匯入文字檔」對話方塊。

Step2:　選定要匯入的檔案「CH02 匯入文字檔」項目，並按下「匯入」功能鍵後，就會顯示如圖 2-40 的「匯入字串精靈」對話方塊。

圖 2-39

「匯入文字檔」對話方塊

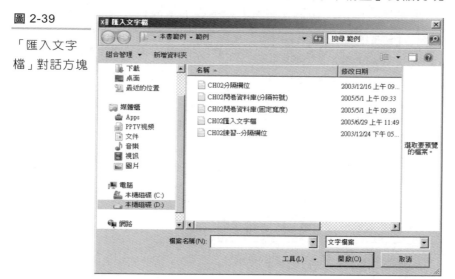

圖 2-40

「匯入字串精
靈」對話方塊

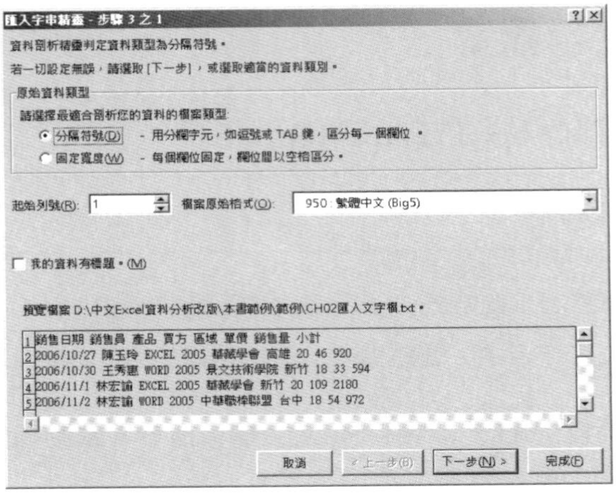

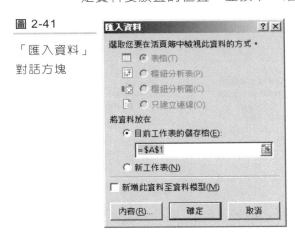

Step3: 在「匯入字串精靈」對話方塊中依需求一步步進行設定後，按下「完
成」功能鍵，就會顯示圖 2-41 的「匯入資料」對話方塊。在此選
定資料要放置的位置，並按下「確定」功能鍵即可將資料匯入。

圖 2-41

「匯入資料」
對話方塊

圖 2-42

使用「資料來源」的定義，將文字檔匯入 Excel 工作表中

	A	B	C	D	E	F	G	H
1	銷售日期	銷售員	產品	買方	區域	單價	銷售量	小計
2	2006/10/27	陳玉玲	EXCEL 2005	華藏學會	高雄	20	46	920
3	2006/10/30	王秀惠	WORD 2005	景文技術學院	新竹	18	33	594
4	2006/11/1	林宏諭	EXCEL 2005	華藏學會	新竹	20	109	2180
5	2006/11/2	林宏諭	WORD 2005	中華職棒聯盟	台中	18	54	972
6	2006/11/4	林建宏	WINDOW2005	景文技術學院	台南	8	39	312
7	2006/11/5	林建宏	PROJECT 2005	淡江大學管科所	高雄	25	76	1900
8	2006/11/8	陳玉玲	PROJECT 2005	華藏學會	新竹	25	115	220035
9	2006/11/11	王秀惠	EXCEL 2005	中華職棒聯盟	台北	20	117	2340
10	2006/11/13	林宏諭	PROJECT 2005	淡江大學管科所	台南	25	106	2650
11	2006/11/16	林建宏	WORD 2005	華藏學會	台中	18	111	1998
12	2006/11/19	陳玉玲	WORD 2005	景文技術學院	台南	18	31	558
13	2006/11/21	王秀惠	EXCEL 2005	景文技術學院	新竹	20	50	1000

注意

在匯入文字檔格式的資料庫時，除了必須知道，欄位分隔符號外，另一個關鍵就是文字資料庫的最上方一列，必須是欄位名稱，不可以有【標題】。

檔案內不可以有這一列的資料

必要的 →

自我練習

請利用匯入文字資料庫方式，將「CH02 文字匯入練習.csv」匯入 Excel。此一文字資料庫是以逗點符號進行分隔。

注意

在 Excel 2003 以後的版本，針對 XML 的應用，增加了多項功能：匯入、匯出、重新整理 XML 資料、XML 來源……等。若欲了解這部分，請參考 Excel 相關書籍。

2-5 習題

1. 請以「固定欄寬」的方式轉取「CH02 練習--分隔欄位.TXT」的資料庫檔案，但該資料庫檔案的前三列為一般標題列與空白列，因此不予轉取，同時，轉取的過程中不需有「小計」欄位。轉入之後，再以資料剖析功能，將「買方」資料分成區域與買方兩欄位。

2. 使用「CH02 習題」範例檔案進行以下檔案轉換練習：

   ① 將該檔案中的「IWILL」工作表儲存成「格式化文字(空白分隔)」檔案格式，同時命名為「格式化文字」，然後於「記事本」中開啟該檔案。

   ② 將「靜態 HTML」工作表轉換成 HTML 格式，設定標題為「艾崴電腦」，Web 的檔案名稱為「CH2-Page1」，然後於瀏覽器中檢視。

   ③ 將「CH02 習題」範例檔案中的四個工作表，使用單一檔案網頁的方式，將整本活頁簿轉成網頁格式，標題為「單一網頁格式」，檔名為「CH2-Page3」。

   ④ 利用「樞紐分析」工作表，建立一份分析不同地區銷售不同產品的銷售量樞紐分析表，然後將此樞紐分析表轉換成 HTML 格式，設定標題為「樞紐分析」，Web 的檔案名稱為「CH02-樞紐分析」。【有關樞紐分析表，請參考第 6 章說明】

3. 若使用者的電腦可以連上網際網路，請在 Excel 中設定一「Web 查詢」，查詢「http://tw.money.yahoo.com/fund」網頁之「國內基金近三個月績效排行」。

4. 將範例檔案中的「書籍」Access 資料庫中的「書籍」資料表匯入，同時，只要匯入業務員為「王冠翔」，且不匯入「區域」欄位，並以「小計」遞減排序。

5. 將範例檔案資料夾中的「CH02 匯入文字檔.txt」文字資料庫匯入到 Excel 工作表中。其中，「單價」欄位不匯入。

筆記欄

活頁簿與合併報表

工作表大綱處理
活頁簿參照位址與工作群組
報表合併
資料驗證

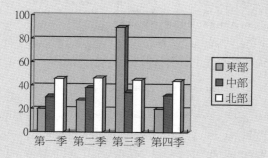

連線至博碩文化網站下載

CH03 大綱與工作表稽核、CH03 合併報表、
CH03 合併彙算-自我練習、CH03 活頁簿應用、
CH03 多重合併彙算

3-1 工作表大綱處理

　　「大綱」的功能最常出現於文書處理系統中，其主要目的是使文字資料的章節段落更為清楚，在 Word 和 PowerPoint 等 Office 應用程式就具備大綱的功能，如圖 3-1 所示，在 Word 以「文件引導模式」來檢視 Word 長文件，左邊的大綱資料讓整個文件的層次更清晰。

圖 3-1

文書處理軟體
中的大綱功能

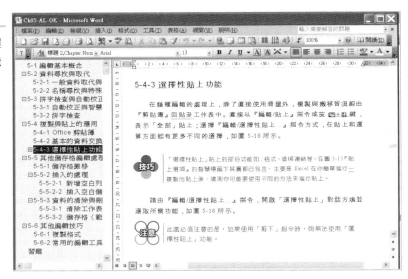

　　Excel「大綱」的功能，主要是處理具有階層結構性質的資料。在第 4 章所說明「排序」與「小計」功能，都與「大綱」環境有關，進行「小計」後，也會自動形成大綱環境。

3-1-1 大綱與資料的階層

何謂「資料的階層」？在 Excel 工作表中，所謂的階層是儲存格之間具有從屬關係，這些關係可能來自「公式或函數的設定」，或是使用者自行設定的。

本節將以「CH03 大綱與工作表稽核」範例檔案中的「大綱」工作表作說明。圖 3-2 是某企業的營業統計表，在上半年度以二個季節區分，先行統計每個季節的營業額，再統計整個企業的營業額。要完成上述的報表，只須以 SUM() 函數進行加總的處理，可選取「第一季」、「第二季」、「上半年」等列，再選取「自動加總」工具即可輕易完成。

圖 3-2

資料階層的示範

	A	B	C	D	E	F
1	博碩文化公司九九年上半年					
2	銷售統計					
3		直接經銷	大盤	教育市場	海外	總計
4	一月	$8,500	$4,200	$3,700	$5,600	$22,000
5	二月	$9,100	$7,900	$2,800	$4,300	$24,100
6	三月	$3,700	$5,900	$1,200	$8,200	$19,000
7	第一季	$21,300	$18,000	$7,700	$18,100	$65,100
8	四月	$9,100	$8,100	$8,600	$900	$26,700
9	五月	$7,900	$4,300	$8,400	$9,200	$29,800
10	六月	$5,000	$9,200	$8,900	$9,600	$32,700
11	第二季	$22,000	$21,600	$25,900	$19,700	$89,200
12	上半年	$43,300	$39,600	$33,600	$37,800	$154,300

有時，高階管理者並不需要全部的詳細資料，而只希望比較第一季與第二季中各市場的營業額統計表或統計圖，如圖 3-3 所示。要達成這樣的需求，得先隱藏不需要顯示的資料，然後，再繪製統計圖表。但這樣的做法沒有效率。

圖 3-3

彙總報表所產
生的統計圖形

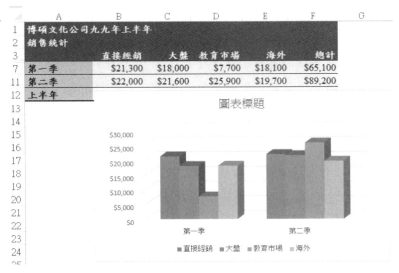

使用 Excel 的「大綱」功能，便可快速解決上述煩瑣的操作，並且可直接在明細及摘要資料間快速切換。

「大綱」型態的產生是依照資料的「階層性」來完成的。但在圖 3-2 中之類的報表中，又為何會產生資料的階層性？主要就是來自前面所提的函數或公式。

當某一儲存格是由其他儲存格運算而來，則前者為後者的「前導儲存格」；後者為前者的「從屬儲存格」。「從屬儲存格」在資料層級上便位於「前導儲存格」的上層。這就是函數或公式與大綱的關係。

在 Excel 中，可以選取『公式/公式稽核』指令下的各個功能，進行「前導儲存格」與「從屬儲存格」的追蹤。

舉例來說，在圖 3-2 中，B7 設定函數=SUM(B4:B6)，則(B4:B6)儲存格為「前導儲存格」，B7 儲存格為「從屬儲存格」，則 B7 儲存格在資料層級上便位於(B4:B6)儲存格的上層。

3-1-2 大綱環境的建立

要建立或產生大綱有兩種方式：「**自動**」與「**手動**」兩種。「自動」大綱的產生是根據函數或公式；「手動」大綱是以「強迫」的方式設定資料的階層性。每個大綱最多可有八個層級，每一工作表只能建立一份大綱。

3-1-2-1 自動產生大綱

當在 Excel 工作表中設定公式或函數時，會因「運算」關係而使儲存格間具備「階層」性。所以自動產生大綱時，系統便會依據此階層性來產生大綱。

範例 *自動建立大綱環境*

▶ 以「大綱」工作表為例，自動產生大綱環境，如圖 3-4 所示。

Step1: 本範例因已含有函數，所以只要將游標放置在資料區域(A3:F12) 儲存格之一內即可，並且只能選定一個儲存格。

 注意 只能選定在報表其中一個儲存格，不可以選取一個以上的儲存格，否則無法進行自動產生大綱。

Step2: 選取『資料/群組/自動建立大綱』指令即可完成。

圖 3-4

完成後的大綱
環境

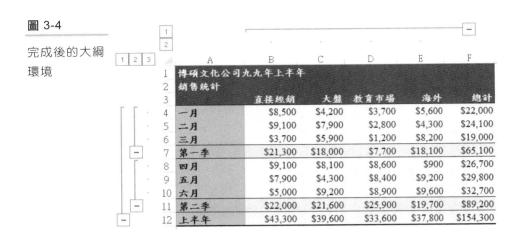

技巧 使用『資料/群組/自動建立大綱』指令是直接建立預設的大綱
環境。若希望能自行設定大綱的型態,例如:摘要資料要放
置在明細資料的上方,則可以按下資料索引標籤中「大綱」
群組右下的 ⌐,然後在「設定」對話方塊中設定後,按下「建
立」功能鍵即可。

圖 3-5

以「設定」對
話方塊設定大
綱環境

在建立大綱的過程中,若需要進一步的設定,可於「設定」對話方塊中
來進行,如圖 3-5 所示。有關「設定」對話方塊中所提供的各設定選項說明如
表 3-1。

表 3-1　大綱環境的進階設定說明

選項	說明
彙總列置於詳細資料的下方	指定大綱中摘要資料列的位置，此項目主要設定摘要資料列要位於明細資料列的下方，通常於自訂大綱中使用。
彙總欄置於詳細資料的右方	指定大綱中摘要資料欄的位置，此項目主要設定摘要資料欄要位於明細資料欄的右方，通常於自訂大綱中使用。
自動設定樣式	將內建儲存格「樣式」套用到大綱的摘要資料欄列上。
「建立」功能鍵	根據工作表上的公式，自動地建立大綱的層級。
「套用樣式」功能鍵	將欄列的層級的樣式，套用到大綱的選定部份中。

3-1-2-2　人工產生大綱

對於一些不具階層性質的資料(儲存格間不具運算關係的資料)，但在某些應用上卻也需要以階層的方式顯示。例如：一企業組織職務的資料顯示，因組織職務具「階層性」，但此「階層性」卻與「運算」無關；或在一活動中，對於專案任務的性質，並無「運算」關係，但也希望建立階層性以利管理或資料的顯示，這些情況下都需以「人工」方式來產生。

範例　人工建立大綱

▶ 以「人工大綱」工作表為例，其中，負責人置於第三列，並分為三個組別，各組組長置於第七、十一與十五列，其餘則為各組別下的成員，如八至十列的人員即「隸屬」第七列組長下。請以此邏輯建立大綱環境，最後結果如圖 3-7 所示。

要以人工方式產生大綱，首先必須瞭解「大綱」與「群組」的關係。若將某些欄列的資料設定成「群組」，則意味著組成「群組」後，將形成一種「彙總」項目。

所以要設定大綱，就是將每一彙總項目下的細項組成「群組」，來建立非關連性資料的層級。更直接的說，就是將資料組成「群組」，並決定摘要資料的位置。

Step1: 開啟「人工大綱」工作表，並按下資料索引標籤中「大綱」群組右下的 ⌐ ，開啟「設定」對話方塊，如圖 3-5 所示。

Step2: 因所有摘要資料都是置於明細列的上方，因此，在「大綱」對話方塊中，關閉「彙總列置於明細資料的下方」核對方塊，再選取「確定」功能鍵，回到工作表中。

Step3: 請選取第四到第十八列的整列資料。

Step4: 選取『資料/群組…』指令，即可完成第一階段的環境大綱設定，如圖 3-6 所示。

圖 3-6

完成第一階段
的大綱處理

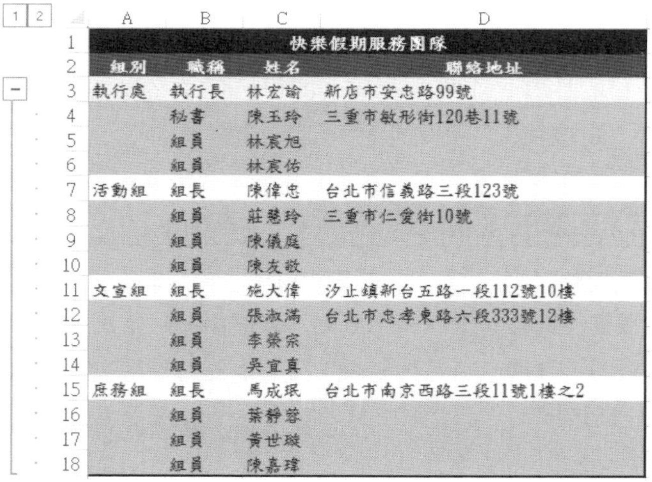

	組別	職稱	姓名	聯絡地址
			快樂假期服務團隊	
3	執行處	執行長	林宏諭	新店市安忠路99號
4		秘書	陳玉玲	三重市敏形街120巷11號
5		組員	林宸旭	
6		組員	林宸佑	
7	活動組	組長	陳偉忠	台北市信義路三段123號
8		組員	莊瑟玲	三重市仁愛街10號
9		組員	陳儀庭	
10		組員	陳友敬	
11	文宣組	組長	施大偉	汐止鎮新台五路一段112號10樓
12		組員	張淑滿	台北市忠孝東路六段333號12樓
13		組員	李榮宗	
14		組員	吳宣真	
15	庶務組	組長	馬成珉	台北市南京西路三段11號1樓之2
16		組員	葉靜蓉	
17		組員	黃世璇	
18		組員	陳嘉瑋	

Step5: 接著選定第八到第十列的整列資料，選取『資料/群組/列…』指令，完成「活動組」的大綱。

Step6: 重複上一步驟，完成「文宣組」與「庶務組」的大綱。(在操作上
可以選定組員資料後，按下鍵，以重複上一步驟「設定群組」。

Step7: 最後完成的大綱環境，如圖 3-7 所示。

圖 3-7

完成後的大綱
環境

組別	職稱	姓名	聯絡地址
快樂假期服務團隊			
組別	職稱	姓名	聯絡地址
執行處	執行長	林宏諭	新店市安忠路99號
	秘書	陳玉玲	三重市敏形街120巷11號
	組員	林宸旭	
	組員	林宸佑	
活動組	組長	陳偉忠	台北市信義路三段123號
	組員	莊慈玲	三重市仁愛街10號
	組員	陳儀庭	
	組員	陳友敬	
文宣組	組長	施大偉	汐止鎮新台五路一段112號10樓
	組員	張淑滿	台北市忠孝東路六段333號12樓
	組員	李榮宗	
	組員	吳宜真	
庶務組	組長	馬成珉	台北市南京西路三段11號1樓之2
	組員	葉靜蓉	
	組員	黃世璇	
	組員	陳嘉瑋	

上述的大綱建立過程中，在步驟一及步驟二中的選項設定，即是決定明
細資料列與摘要資料列之間的相對位置。若省略步驟一及步驟二中的選項設
定，在預的情況下，所有摘要資料列是位於明細資料列的下方，與我們的要
求不同。

注意 若在步驟三所選取不是一整列的儲存格，則在步驟四選取『資
料/群組及大綱/群組…』指令時，系統會開啟「組成群組」對話
方塊，主要是用來決定所要組成群組對象是列或欄。

3-1-3 大綱環境介紹與使用

前面的內容曾提到，利用大綱環境，能快速在摘要資料及明細資料間切
換，要適當的使用大綱來顯示資料，必須先認識大綱環境中各項符號的意義，
如圖 3-8 所示。

圖 3-8

大綱符號之介紹

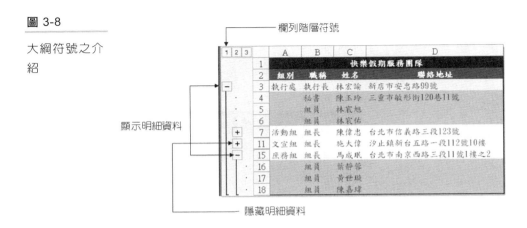

由圖 3-8 大綱中的符號，可直接操作大綱環境，其說明如表 3-2。

表 3-2　為大綱環境符號說明

符號	名稱	意義
1 2 3	欄列階層符號	用於指定顯示的階層。例如：以大綱將資料分成二個階層，按一下 2，將顯示第一階及第二階的內容。而按下 1 則只顯示第一階的內容。
+	顯示明細資料符號	顯示被隱藏的欄列細項。
−	隱藏明細資料符號	隱藏由「欄列層級軸」所標註的欄或列資料。
——	欄列層級軸	用來隱藏欄及列的詳細內容。

 技巧

在操作上只須要以滑鼠選按「顯示/隱藏明細資料符號」鈕或「欄列層級軸」符號即可達到層級資料的顯示或隱藏的效果。

3-1-4　大綱的顯示與清除

若要隱藏大綱符號，但又要保留工作的大綱結構，請選取『檔案/選項/進階…』指令後，關閉「若套用大綱，則顯示大綱符號」核取方塊。

在 Excel 中，可以移除所有大綱或部分資料的大綱。要清除工作表中的大綱，其步驟分別如下：

Step1: 選定要清除大綱的所在欄列。若是要清除全部的大綱時，則選擇其中一個儲存格即可。

Step2: 選取『資料/取消群組/清除大綱』指令，即可清除全部或部份資料的大綱。

3-2 活頁簿工作群組與參照位址

活頁簿的使用，除了在檔案管理面上提供了更有效率的處理外，若將活頁簿中的工作表組成「工作群組」，更可提高資料輸入、編輯和格式化的效率。

例如：在一份包含各個分公司營業報告的活頁簿中，若想針對每一張工作表進行相同的格式化處理，則可將它們設定為「工作群組」。設定成工作群組後，在任何一張工作表上所進行的任何處理，都會影響到群組中的每一張工作表。

同樣的運用在列印時也非常方便。例如：某人每天都要從活頁簿中列印其中幾張特定的日報表（工作表），若不使用工作群組，則他必須一張張的切換並選取列印指令來列印；設成工作群組則可透過一次指令便完成所有的列印。

在 Excel 中所謂的「群組」設定，其實就是「多重選取」。也就是說，當使用者設定了工作表的多重選取，其自動形成「群組」，在「視窗標題」處亦會出現「工作群組」字樣。

工作表群組可加速許多資料編輯、格式化或公式複製等的處理。若已啟動群組編輯，使用者在作用中工作表輸入的資料(文字或公式函數)都會同時輸

入其他群組中文件的相對位置。此外也可將原本已經存在工作表上的資料和
格式複製到群組中其他文件上。

圖 3-9

設定群組後，
可以一次列印
或是設定數個
工作表上的資料
料

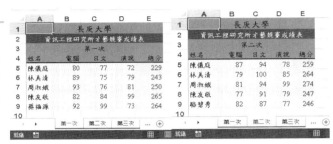

3-2-1 活頁簿位址

　　會放在同一活頁簿的資料，基本上可能存在著某些的相關性。例如：圖
3-9 的三次考試成績就是在同一活頁簿的三張工作表中。要進行運算時，就必
須跨越不同的工作表來進行公式或函數的設定。

　　在工作表中參照到其他工作表的儲存格時，稱之為「**外部參照**」。「外
部參照」的標準語法為：

> 工作表標籤名稱!儲存格參照位址

　　其中使用驚嘆號【！】將工作表標籤名稱與儲存格參照位址隔開。例如，
要表達圖 3-9「第一次」工作表中的 C5 儲存格：

> =第一次!C5

　　若要參照的是其他活頁簿中的儲存格，則「外部參照」的標準語法為：

> [活頁簿檔案名稱]工作表標籤名稱!儲存格參照位址

雖可以自行輸入「外部參照」來建立公式。但更為簡單的方式則是直接使用滑鼠選定來建立。

範例 建立外部參照公式

以「CH03 活頁簿應用」範例檔案，使用外部參照配合一般公式(加號)於「第一次」工作表中的 A12 儲存格，計算「陳儀庭日文成績三次總和」。

Step1: 將游標移到「第一次」工作表中的 A12 儲存格處。

Step2: 鍵入=。

Step3: 選取 C5 儲存格，再鍵入+（加號）。

Step4: 滑鼠按一下「第二次」標籤，切換到「第二次」工作表。

Step5: 選取 C5 儲存格，再鍵入+（加號）。

Step6: 再按一下「第三次」標籤，Excel 會自動幫你填入「第三次!C5」，萬一沒有再選取 C5。

Step7: 此時，資料編輯列上將呈現如 × ✓ fx =C5+第二次!C5+第三次!C5 。

Step8: 選取資料編輯列上的「打勾」或按下 ENTER 鍵回到第一次工作表上，結果如圖 3-10 所示。

圖 3-10

設定跨工作表的公式

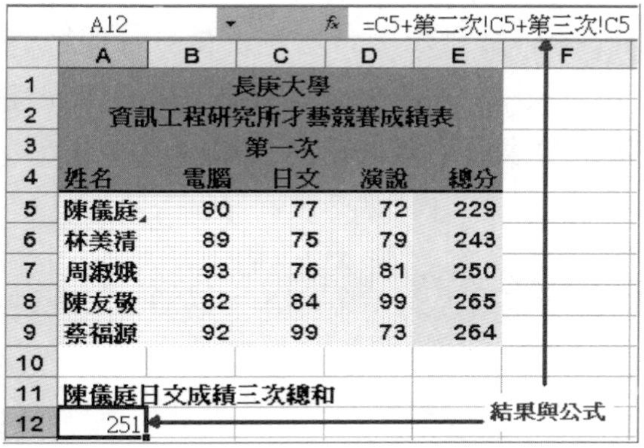
A12 fx =C5+第二次!C5+第三次!C5

	A	B	C	D	E	F
1	長庚大學					
2	資訊工程研究所才藝競賽成績表					
3	第一次					
4	姓名	電腦	日文	演說	總分	
5	陳儀庭	80	77	72	229	
6	林美清	89	75	79	243	
7	周淑娥	93	76	81	250	
8	陳友敬	82	84	99	265	
9	蔡福源	92	99	73	264	
10						
11	陳儀庭日文成績三次總和					
12	251					

技巧 設定不同活頁簿中的外部參照時，請善用「視窗」功能表來選取不同的活頁簿。

3-2-2 活頁簿立體公式

一般而言，我們都在同一個工作表上處理資料。也就是屬於「平面」的試算表。但 Excel 同時也是一個「立體試算表」。所謂的「立體」是指公式的運算，能突破平面的架構，而能跨越多個工作表來進行函數的運算。以上一個範例而言，若直接使用「外部參照」來建立運算公式，當涵蓋的工作表越多時（如一次要計算第一次到第二十次的考試成績），則公式的建立會變得複雜且沒有效率。因此就得使用「立體公式」（立體參照）來進行。

「立體參照」最主要的概念是參照的範圍超過單一工作表。要表達多張工作表範圍亦是以冒號【：】來表示。主要在工作表範圍的第一張和最後一張工作表的名稱之間加上一個冒號即可。例如：要表達第一次至第三次的 C5 儲存格，則可以如下方式表達：

第一次:第三次!C5

不同於上一公式(=C5+第二次!C5+第三次!C5　很明確的是要加總)的作法，這樣的表達「第一次:第三次!C5」並未指出是要作何種運算。因此，得配合函數，本範例中要求得「陳儀庭日文成績三次總和」的公式設定如下：

=SUM(第一次:第三次!C5)

範例 *使用立體函數*

▶ 依續上例,使用外部參照配合函數(SUM)於「第一次」工作表中的 A13 儲存格,計算「陳儀庭日文成績三次總和」。

Step1: 將游標移到第一次工作表中的 A13 儲存格處。

Step2: 鍵入=SUM(。

Step3: 選取 C5 儲存格。

Step4: 按下 Shift 鍵,再以滑鼠選取「第三次」標籤,即形成如圖 3-11 的狀態。

圖 3-11

設定跨活頁簿的公式

	A	B	C	D	E	F
	TODAY	▼ × ✓ ƒx	=SUM('第一次:第三次'!C5			
1			長庚大學			
2		資訊工程研究所才藝競賽成績表				
3			第一次			
4	姓名	電腦	日文	演說	總分	
5	陳儀庭	80	77	72	229	
6	林美清	89	75	79	243	
7	周淑娥	93	76	81	250	
8	陳友敬	82	84	99	265	
9	蔡福源	92	99	73	264	
10						
11	陳儀庭日文成績三次總和					
12	251					
13	=SUM('第一次:第三次'!C5					
14						

第一次／第二次／第三次／第一次統計圖／人工大綱／超連結

Step5: 鍵入) 或直接按下 ENTER 鍵完成整個公式的設定。

 技巧 從上述觀念衍生,儲存格部份亦可是選取一範圍,如「陳儀庭所有科目成績三次總和」的公式便可設定為:

=SUM(第一次:第三次!B5:D5)

在這裡應特別注意的是在上式「第一次:第三次」的表示式中，第一次與第三次必須是連續選取中的第一個工作表與最後一個工作表。也就是說，任何不須計算的工作表不得放在這兩個工作表之間，否則相對儲存格將一並計算。

　　而並非所有的函數都可以使用「立體公式」。可以使用「立體公式」的函數如下：SUM、AVERAGE、AVERAGEA、COUNT、COUNTA、MAX、MAXA、MIN、MINA、PRODUCT、STDEV、STDEVA、STDEVP、STDEVPA、VAR、VARA、VARP 和 VARPA。注意!立體參照不可用於陣列公式。

❶ 新增一張工作表放在「第三次」的後面，標籤名稱改為「總成績」。

❷ 將其中一次的成績工作表內容全部複製到「總成績」工作表上，保留「總成績」上的學生姓名和科目名稱，刪除數值與計算部份。

❸ 計算每位學生的各科三次成績平均，取到小數第一位，最後結果如圖 3-12 所示。

圖 3-12

計算學生三次成績的平均

	A	B	C	D	E
1			長庚大學		
2		資訊工程研究所才藝競賽成績表			
3			總成績		
4	姓名	電腦	日文	演說	總分
5	陳儀庭	89.0	83.7	79.0	251.7
6	林美清	79.7	85.7	82.7	248.0
7	周淑娥	83.3	80.3	85.7	249.3
8	陳友敬	82.7	91.3	89.0	263.0
9	駱碧秀	84.3	87.7	73.7	245.7
10					

第一次／第二次／第三次／總成績／第一次統計

3-3 | 報表的合併

　　「資訊」是企業各部門間溝通的要素。例如：編製一份年度的企劃書，其預估營業資料須來自營業或行銷部門，生產成本可能會由生產部門提供，其他費用則由財務部匯集相關單位的預算資料而成；學校教師需「合併」月考成績，以計算總分或總平均等都是合併彙算的實例。

　　要將各種置於不同區域或不同檔案型態的資料進行「合併」並「計算」，最簡單的思考角度就是將這些檔案或工作表都開啟，然後利用 Excel 的函數、公式，甚至上一節所提的「立體公式」功能進行計算。但這樣的方式通常都有些缺點，如公式設定的複雜度，或資料之間無法形成連結等。

　　在本節中就要說明如何所使用「合併報表」技巧，將不同範圍中的資料予以合併。其中資料可能包括來自不同的活頁簿檔案、工作表、區域範圍，甚至是儲存於非 Excel 中的檔案。總之，只要可由 Excel 中開啟的資料即可。合併報表製作，依操作方法與目的的不同共有四種方式：**『複製』與『選擇性貼上』指令、動態連結、與合併彙算**四種。本節將介紹其中最有效率「合併彙算」功能。並以「**立體運算**」公式加以驗證。

3-3-1 基本合併彙算

範例　　*單一合併彙算*

▶ 以範例檔案「CH03 合併報表」為例，某公司在台北與高雄各有分公司，今公司要合併彙總分公司的銷售報告成為總表，兩家分公司的報表格式如圖 3-13 所示。

圖 3-13

合併報表範例

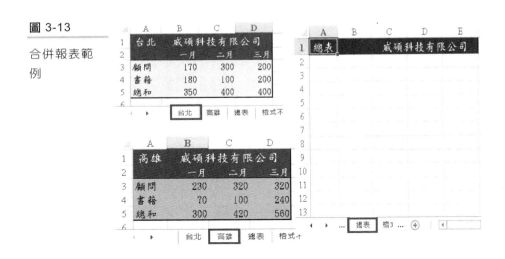

Step1: 開啟範例檔案後,將游標選定在要放置「結果報表」的「總表」工作表 A2 儲存格上。

Step2: 選取『資料/合併彙算…』指令,開啟「合併彙算」對話方塊,如圖 3-14 所示。

圖 3-14

「合併彙算」對話方塊

Step3: 在「合併彙算」對話方塊的「函數」選項中,選擇「加總」選項。

Step4: 將游標置於「參照位址」方塊中,再將游標移到「台北」工作表中至並選取 A2:D5 儲存格,則「參照位址」方塊便會出現來源文件之絕對參照位址,最後再選取「新增」功能鍵,將該位址加入至「所有參照位址」方塊中。

Step5: 重覆步驟四,再將另一個合併資料來源(「高雄」工作表的 A2:D5 儲存格),也加入至「所有參照位址」方塊中。

Step6: 於「標籤名稱來自」群組方塊中,開啟「頂端列」與「最左欄」核取方塊。

Step7: 最後再開啟「建立來源資料的連結」核取方塊。

Step8: 選取「確定」功能鍵,即可完成合併的工作,其合併彙算後的結果如圖 3-15 所示。

圖 3-15

合併彙算的
結果

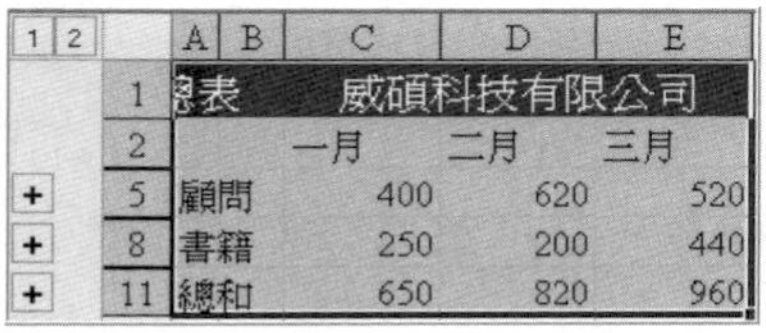

1 2		A B	C	D	E
	1	總表	威碩科技有限公司		
	2		一月	二月	三月
+	5	顧問	400	620	520
+	8	書籍	250	200	440
+	11	總和	650	820	960

　　由合併的結果(如圖 3-15 所示)來看,是以「大綱」狀態的方式來顯示,主要是 Excel 以「動態連結」的方式產生合併報表。若未開啟「與來源資料連結」核取方塊,則合併的結果不會有「連結」的關係,也不會產生「大綱」符號。另外,來源資料「一月」本應是在「B」欄,合併報表後則為「C」欄(向右退一欄),其主要是合併報表以「大綱」的方式產生低階資料,進行動態連結。

　　選擇「大綱」層級「2」來展開隱藏的低階資料,如圖 3-16 所示。原來「B」欄是記載著來源文件的檔案名稱,因本範例是合併同一活頁簿中兩張工作表的資料,因而「B」欄顯示相同的活頁簿名稱。在該列隨後的資料中以外部絕對參考位址的型態,連結著來源文件的相對儲存格。同時,再利用所連

結的相對儲存格，配合所選擇的運算元(圖 3-14 中的「函數」選項，本例我們選「加總」)進行運算處理。

圖 3-16

合併彙算報
表展開至低
階資料

顯示的層級

展開或隱藏

工作表名稱

活頁簿(檔案)名稱

合併彙算的主要概念可分「**目標區域**」及「**來源區域**」兩部份。「來源區域」是指獲得合併彙算資訊的其他(活頁簿)工作表與範圍；而「目標區域」指存放合併彙算結果的位置。以上一範例的操作來說明，「台北」及「高雄」工作表的之 A2:D5 儲存格即為其「來源區域」，而「總表」工作表的 A2:E11 儲存格即為「目標區域」。表 3-3 為「合併彙算」對話方塊中的選項說明。

表 3-3　「合併彙算」對話方塊的選項說明

項目名稱	說明
函數	決定在「合併彙算」時是以何種方式來「彙算」資料。包括有「加總」、「項目個數」、「平均值」、「最大值」、「最小值」、「乘積」、「數字項個數」、「標準差」、「母體標準差」、「變異值」與「母體變異值」等。
參照位址	當使用者選取資料來源區域時，其絕對位址會出現於「參照位址」方塊中，選取「新增」功能鍵，便將該資料來源區域加入至「所有參照位址」方塊中。
所有參照位址	「所有參照位址」方塊所呈現的是要進行「合併彙算」的資料，最多可容納 255 個資料來源。要刪除「所有參照位址」方塊上的位址時，先選取該址，再選取「刪除」功能鍵即可。

項目名稱	說明
標籤名稱來自	當來源資料之報表格式不一致時，開啟此功能可用「標籤名稱」(表格欄列名稱)來決定合併的準則。
建立來源資料的連結	若開啟此核取方塊則合併報表會與來源文件形成動態連結。
瀏覽	開啟「瀏覽」對話方塊，讓使用者開啟「來源檔案」。

在前面的範例中，由於合併報表的兩個「來源區域」(「台北」與「高雄」工作表)具相同的報表格式，即報表的「頂端列」與「最左欄」的欄位名稱與順序皆相同，因此進行合併彙算時，直接以欄位名稱作為合併的準則。

3-3-2 格式不一之合併彙算

在前面的合併彙算範例，由於其來源文件的報表格式相同，因此，即使在「合併彙算」對話方塊中，不開啟「標籤名稱來自」中的選項，Excel 也可以用相對位置來進行合併彙算。但假設來源文件的報表格式不一，又如何進行「合併彙算」呢？

範例 *格式不一合併彙算*

▶ 依續上例，以範例檔案「格式不一合併彙算」工作表為例，某公司在台北、台中與高雄各有分公司，今公司要合併這三家分公司的銷售報告成為總表，但此三家分公司的報表格式不一，如圖 3-17 所示。

圖 3-17

合併相對位置不一樣的報表範例

	A	B	C	D	E	F	G	H	I	J	K	L	M	N
1	台北	威碩科技有限公司				高雄	威碩科技有限公司				台中	威碩科技有限公司		
2		四月	二月	三月				一月	三月			一月	二月	四月
3	顧問	170	300	200		教訓		170	200		教訓	170	300	200
4	書籍	180	100	200		顧問		180	200		書籍	180	100	200

　　圖 3-17 這三份資料表分別代表不同區域的銷售記錄，但其「欄」「列」的數目與順序都不一樣。要進行此「格式不一合併彙算」工作表的「合併彙算」步驟：

Step1:　　插入新工作表後，選取欲貼上彙算結果的儲存格，例如 A1。

Step2:　　選取『資料/合併彙算…』指令，開啟「合併彙算」對話方塊，設定如圖 3-18。

圖 3-18

格式不一之合
併彙算設定

Step3:　　最後按下「確定」功能鍵便可以完成合併。如圖 3-19 所示。

　　「合併彙算」的設定步驟與前小節所述完全一樣，唯一須特別注意的是務必核取「標籤名稱來自」設定，如此才能依其「類別」予以「合併」並進行「彙算」。

注意　所選區域之類別（「頂端列」與「最左欄」）名稱務必一致。例如在語意上，「圖書」與「書籍」似乎同義，但電腦卻無法判斷。

　　完成後的報表如圖 3-19 所示。值得留意的是「空缺」的資料在「合併彙算」報表中乃以空白表示。

圖 3-19

格式不一之
合併彙算報
表

A	B	C	D	E	F
1		四月	二月	一月	三月
2	Ch03合併報表			170	200
3	Ch03合併報表	200	300	170	
4 教訓		200	300	340	200
5	Ch03合併報表	170	300		200
6	Ch03合併報表			180	200
7 顧問		170	300	180	400
8	Ch03合併報表	180	100		200
9	Ch03合併報表	200	100	180	
10 書籍		380	200	180	200

 自我練習　開啟「CH03 活頁簿應用」範例檔案，切換到「總分」工作表，
以合併彙算的方式，將三次的考試成績，合併到「總分」工作表。

3-3-3 多層次合併

　　合併彙算的概念並不限定於單一層次的合併，可因應不同的需求進行多
層次合併。舉例來說，企業的決策者想瞭解「全年度」營業狀況，此時便將
一至十二月份的營業資料合併即可。但若決策者想先瞭解「各季」的營業狀
況，最後再合併成「全年度」總表，則需進行兩次的合併處理，此即為多層
次合併。其概念如圖 3-20 所示：

圖 3-20

多層次合併概
念

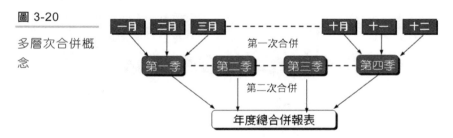

範例　　多重合併彙算

▶　以範例檔案中「CH03 多重合併彙算」活頁簿為例，某電子公司一至十二月
　份的銷售記錄存放在「一月」、「二月」：「十二月」各工作表中，如圖 3-21

所示。今該公司想了解其銷售是否受到季節不同的影響，因此須先將月份資料合併成季節資料，再將季節資料合併成年度資料。

圖 3-21

多層次合併
範例

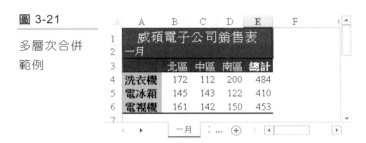

切換到「第一季」的工作表上，先建立其他文字性資料，如 A1、A2 上的資料。

Step1: 選定目的區域，如 A3 儲存格。

Step2: 選取『資料/合併彙算⋯』指令，開啟「合併彙算」對話方塊，並進行如圖 3-22「合併彙算」對話方塊的設定。(在本範例中，為了讓使用者可以更快速學習，預設值已經將這些參照位址設定好)

圖 3-22

多層次合併第
一階設定

Step3: 設定後按下「確定」功能鍵，完成第一季資料的合併，如圖 3-23 所示。

Step4: 重覆步驟一至步驟四,將其他三季的資料進行合併。

圖 3-23

多層次合併第
一階完成之結
果

1 2		A	B	C	D	E	F
	1	威碩電子公司銷售表					
	2	第一季					
	3			北區	中區	南區	總計
+	7	洗衣機		400	399	555	1354
+	11	電冰箱		479	481	374	1334
+	15	電視機		422	491	486	1399

Step5: 切換到「總表」的工作表上,並建立其他文字性資料。選定「總表」
的工作表目的區域,如 A3 儲存格。

Step6: 選取『資料/合併彙算…』指令,開啟「合併彙算」對話方塊,並
進行如圖 3-24 的對話方塊設定。

圖 3-24

多層次合併第
二階設定

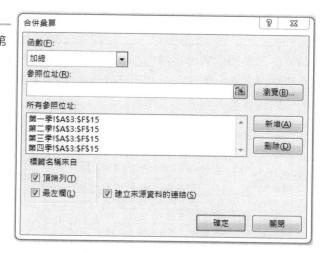

Step7: 設定後按下「確定」功能鍵,即可完成全年度資料的合併,如圖
3-25 所示。

圖 3-25

多層次合併最
終完成之結果

	A	B	C	D	E	F
1	威碩電子公司銷售表					
2	總表					
3			北區	中區	南區	總計
8	洗衣機		1810	1747	1792	5349
13	電冰箱		1864	1814	1701	5379
18	電視機		1932	1791	1807	5530

在本小節中提及，若進行報表分析的過程，是將數份報表「合併」，以進行資料的觀察，所謂的「數份」即為「樞紐分析表」中的「多重範圍」。因此也可以使用「多重範圍樞紐分析表」來處理類似上述的問題，此部份請參考第 6 章說明。

 開啟「CH03 合併彙算-自我練習」範例檔案，針對 7-9 月工作表的「得分」以如下的三種方法計算「得分」的加總，並將結果分別至於各個工作表中。

❶ 「動態連結」：例如＝七月!I3+八月!I3+...

❷ 「立體運算」：例如＝SUM(七月:九月!3)

❸ 「合併彙算」

 如果你已學過函數的用法，也可參考工作表以每個月的淨桿成績來排名次，並以名次來計算得分的函數用法(名次與得分的規則請參考「得分」工作表)。

圖 3-26

「CH03 合併彙算-自我練習」範例檔案

No	月份 姓名	OUT	IN	總桿	差點	淨桿	名次	得分
	地點： 八里國際				日期：	1998/7/8		
1	陳友敬	51	53	104	16.0	88.0	14	1
2	林宏諭	47	41	88	14.4	73.6	5	5
3	陳偉忠	45	43	88	12.8	75.2	8	1
4	林毓恆	46	47	93	8.8	84.2	12	1
5	陳玉玲	48	47	95	23.0	72.0	3	8
6	莊蕙玲	53	52	105	17.2	87.8	13	2
7	吳若權	37	41	78	12.8	65.2	1	12
8	張淑滿	48	47	95	20.0	75.0	7	3
9	施大偉	56	53	109	26.4	82.6	11	1
10	吳宜真	48	49	97	24.6	72.4	4	6
11	李榮宗	51	50	101	26.4	74.6	6	4

得分　七月　八月　九月　動態連結　立體運算公 ...

3-4 │ 資料驗證

　　在建立一個分析模式時，必須提供模式使用者可以自行輸入資料的機制，因此對於使用者輸入的資料有所限制是必須要的，且這些限制並不是只有單純的公式限制，還包括是針對資料「意義」上的限制。例如：學生成績的資料輸入區域中，成績應是介於 0 到 100 之間。

　　在 Excel 的應用中，如果需要對輸入的資料加以制，可以利用巨集或 VBA，或是「資料驗證」的功能來進行。「資料驗證」可以指定儲存格所必須輸入的資料型態，與指定輸入資料的區間範圍，也可設定儲存格資料的提示訊息，或當產生錯誤輸入時的訊息與指示。

3-4-1 資料驗證的範例

　　要設定資料驗證的相關訊息，請選取『資料/資料驗證⋯』指令，在「資料驗證」對話方塊中設定。

範例　*設定資料驗證*

（▶）「CH03 大綱與工作表稽核」活頁簿檔案「稽核與驗證」工作表中的 B2 儲存格為一機率因子，請在該儲存格中設定資料驗證，限制輸入的資料為介於 0 與 1 之間的實數，並設定相關的提示與錯誤訊息。

Step1:　選取要設定資料驗證的 B2 儲存格。

Step2:　選取『資料/資料驗證⋯』指令，在「資料驗證」對話方塊中，選取「設定」標籤，如圖 3-27 所示。

圖 3-27

「資料驗證」
對話方塊的
「設定」標
籤,設定資料
驗證的規則

Step3: 在「儲存格內允許」選取「**實數**」;「資料」選取「**介於**」;「最
小值」選取「**0**」;「最大值」選取「**1**」,如圖 3-27 所示。

Step4: 選取「提示訊息」標籤,先開啟「當儲存格被選取時,顯示提示訊
息」核取方塊,並輸入提示資料,其設定如圖 3-28 所示。

圖 3-28

「資料驗證」
對話方塊的
「提示訊息」
標籤設定提示
訊息

Step5: 在「資料驗證」對話方塊中，選取「錯誤提醒」標籤，先開啟
「輸入的資料不正確時顯示警訊」核對方塊，並在「標題」與
「訊息內容」中輸入產生錯誤資料時的警告與提示，其設定如
圖 3-29 所示。

圖 3-29

「資料驗證」
對話方塊的
「錯誤警告」
標籤設定警示
訊息

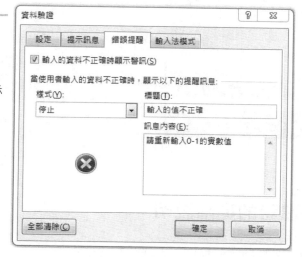

Step6: 選取「確定」功能鍵，完成「資料驗證」的設定。

接著，當我們將滑鼠移到工作表的 B2 儲存格時，便會顯示「提醒訊息」。
這些訊息與一般工作表訊息一樣，都可以在一般模式或是 Office 小幫手模式
下顯示。

圖 3-30

資料驗證的資
料輸入提示

　　若輸入的資料並不在「資料驗證」的設定範圍內，也就是說產生了錯誤時，會依據我們在圖 3-29「資料驗證」對話方塊的「錯誤警告」標籤中所設定的訊息，其結果如圖 3-31 所示。

圖 3-31

當產生資料輸
入的錯誤時，
會出現「錯誤
警告」標籤訊
息

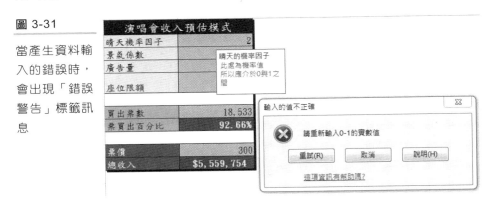

3-4-2 資料驗證的進階說明

　　為儲存格設定資料驗證的程序，大概分為四個階段：

▶ 設定資料驗證準則

▶ 設定資料輸入提示訊息

▶ 設定錯誤輸入警告訊息

▶ 設定輸入法模式

　　其中第一步，也就是設定「資料驗證準則」值得再進一步說明。在「資料驗證」對話方塊的「設定」標籤中，「儲存格內允許」的資料型態，共有**「任意值」**、**「整數」**、**「實數」**、**「清單」**、**「日期」**、**「時間」**、**「文字長度」**、**「自訂」**等型態。

圖 3-32

設定資料驗
證準則

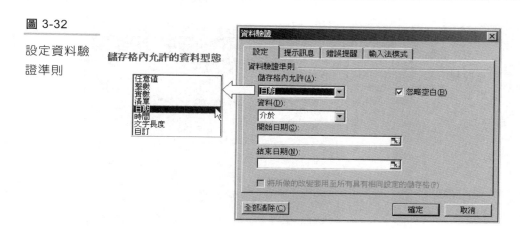

　　當選定某一資料型態後，底下會有不同設定選項，如圖 3-32 所示。例如：選定時間資料型態時，則可以設定起訖時間；這些「區間」比較值也都可以使用儲存格中的資料。

　　還有一種限制方式是，所輸入的資料一定要在工作表的某一個清單範圍。例如：學生的成績查詢是使用資料驗證準則的設定，讓學生姓名只能以下拉式選單方式來選取，再配合某些函數的應用，則可帶出相關的成績資料，如圖 3-33 所示。

圖 3-33

設定清單準則
的範例

	A	B	C	D	E	F	G	H
1	學生姓名	國文	英文	統計	平均		成績查詢	
2	吳宜真	83	89	72	81.33		選取姓名	張淑滿
3	李榮宗	87	97	65	83.00		國文	吳宜真 李榮宗
4	施大偉	65	82	92	79.67		英文	施大偉
5	張淑滿	95	99	90	94.67		統計	張淑滿 陳友敬
6	陳友敬	77	89	79	81.67		經濟	陳儀庭
7	陳儀庭	93	94	73	86.67		平均	

　　清單設定方法如圖 3-34 所示。將「儲存格內允許」設定為「清單」；來源設定成=A2:A7。當選取 H2 儲存格時，便可自右側下拉清單中選取。

圖 3-34

以工作表清單
作為資料的限
制標準

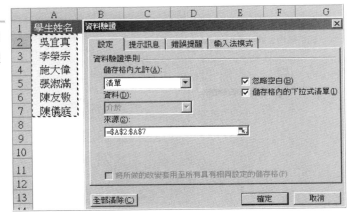

注意 在設定「資料驗證」時，可以一次選取多個儲存格，再進行區域範圍的設定。

在「資料驗證」對話方塊的「設定」標籤中的另一選項「將所做的改變套用至所有具有相同設定的儲存格」，主要的用意是將任何修正，同時套用到所有相同資料驗證的儲存格。同時，在「資料驗證」對話方塊每個標籤中，都有一個「全部清除」功能鍵，可清除各個標籤中的設定。

❶ 於「驗證練習」工作表中，將 B2:E7 儲存格設定為只能輸入介於 0-100 之間的整數；錯誤訊息請輸入「這個成績太奇怪了吧，請輸入 0-100 的數值」。

❷ 利用 VLOOKUP()函數完成 H4:H7 的成績查詢功能；有關函數功能請參考第 5 章。

3-5 習題

1. 以「CH03 習題」範例檔案中的工作表爲例

　① 在「CH03 習題」活頁簿中，以「公式」於「二月」工作表 D9 儲存格計算出二至五月北區洗衣機總和。

　② 在「CH03 習題」活頁簿中，以「函數」於「二月」工作表 D10 儲存格計算出二至四月全省電視機總和。

　③ 在「CH03 習題」活頁簿中，以「函數」於「二月」工作表 D11 儲存格計算出二至五月全省電視機平均。

　④ 在「CH03 習題」活頁簿中，於「合併報表」工作表中，以合併報表功能，合併彙算二月到五月的業績，並設定連結。

2. 以「CH03 習題」範例檔案中的「大綱」工作表爲例，進行大綱處理。

　① 自動產生大綱環境。

　② 選取大綱第二層資料，產生如下的統計圖。

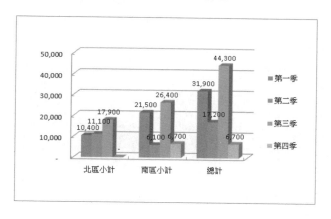

4. 以「CH03 習題」範例檔案中的「大綱」工作表為例，為「大綱」工作表中的 E4 儲存格，設定資料驗證，限制輸入的資料為介於 0 與 10000 之間的整數，並設定相關的提示與錯誤息。並將 E4 儲存格所設定的「資料驗證」，複製到 E5:E6 儲存格中。

資料清單管理與應用

本 章 重 點

瞭解資料清單的基本概念

練習以建立清單的新功能處理清單

學習新「清單」功能

學習資料清單排序

自訂清單與自訂排序的應用

學習自動與進階篩選

小計與自動篩選的應用

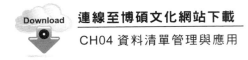

Download 連線至博碩文化網站下載
CH04 資料清單管理與應用

4-1 資料清單基本概念

　　Excel 應用的層面相當廣，除了可以作為各種模式的工具外，所處理的問題，也可能面臨大量(原始)資料的處理，如營業交易資料、客戶資料、學生成績、存貨資料等等的機會。如何管理這些大量資料、如何將這些資料以有效的方式排序、如何自龐大的資料量中「篩選」出想要的資料、如何以更適當的方式進行大量資料的分析與檢視等，都是 Excel 在資料分析上重要的應用範疇。Excel「資料庫」所提供的相關功能，即能迅速地解決上述的問題。

　　Excel 最大的強處，是在於能夠很有彈性地利用公式與函數建構一個運算模式，也能夠將這些數字資料以最有效率的方式，使用圖表來呈現。然而，Excel 因具備基本的資料處理與資訊查詢功能，如排序、篩選、小計與樞紐分析等等，也是優秀的資料處理應用軟體。

　　Excel 在產品定位上，不是一個正式的「資料庫管理系統」。Excel 在處理大量資料時也比其他資料庫管理系統效率差。不過由於 Excel 具有強大的資料分析功能與友善易用的使用者介面。在第 2 章中也說明了，可直接以開啟文字檔的方式開啟其他系統的資料；也可以直接連接上 Internet，自動更新與下載網路上的表格資料，同時包含一能與外部資料庫直接連結的工具－「MS Query」，可用來直接「連結」大系統的資料庫，而將資料篩選下載到 Excel，因此，就資料處理的角色，Excel 適合用來作為前端資料庫分析使用。

技巧　有關 MS Query 與其他資料庫轉取下載的應用，請參考第 2 章說明。而在做為前端資料分析的工具方面，Excel 最強大的功能之一，是下載資料的過程中，可以進行篩選，甚至直接轉換成樞紐分析格式，如此，可以突破 Excel 的總列數限制。

而在前端分析這一方面，Excel 可幫我們搜尋或查詢特定的資料、以遞增或遞減次序將資料排序、以所定義的篩選準則抽選資料庫、運用資料庫函數執行資料的統計計算等等。

Excel 中所要進行資料處理的對象，稱之為「表格(清單)」。「表格(清單)」簡化了資料庫的設定，是以二維陣列的方式來顯示，如圖 4-1 便是一問卷資料庫清單。

圖 4-1

資料清單的
意義與結構

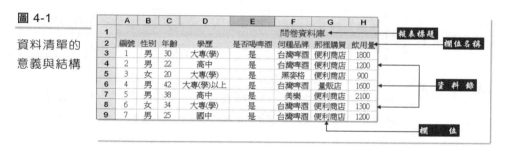

4-1-1 表格(清單)基本處理

不論是進行市調分析，或是其他資料庫處理，在進行表格(清單)處理時，你只需要將游標放置在表格(清單)的某一儲存格中即可。Excel 會自動以游標所在的儲存格，向外擴充至一矩形邊界，同時將矩形範圍的第一列視為「欄位名稱」，而選定整個表格(清單)。因此，以圖 4-1 為例，我們只要將滑鼠選定在任一個資料庫清單中的儲存格即可以進行資料庫的處理。

當 Excel 自動幫你選取某一資料清單範圍後，使用者要注意檢視所選取的是不是已經涵蓋了包含首列的資料庫的欄位名稱。

要在 Excel 中進行資料的分析，從前一章中了解，可以從其他系統中將資料載入，多半不會自行鍵入。若要自行建立表格(清單)，則必須遵循如表 4-1 的規則。

表 4-1　Excel 資料清單的建立規則

項目	規則
欄位名稱位置	表格(清單)的第一列必須包含欄位名稱。
資料欄位名稱	欄位名稱必須是文字或文數字型態，而不可使用數值、邏輯符號、空白格或公式作為欄位名稱。
欄位名稱的長度	欄位名稱最多為 255 個字元(127 個中文字)。但欄名應保持簡潔。
大小寫	若使用英文建立欄位或資料本身，可以使用大小寫。

 當 Excel 在尋找或排列清單資料時，只有在選定「大小寫視為相異」的排序選項，進行排序工作時，才會區分大小寫字母。否則會忽略大寫的存在。但使用中文資料時，則無大小寫區別。

對於資料清單的檢視，使用者可開啟多重視窗或將視窗進行分割，或使用『檢視/顯示比例…』指令來檢視，也可應用「凍結視窗標題」的功能，在瀏覽大量清單的內容，掌握各欄位所代表的實際意義。

範例 凍結視窗標題與調整清單顯示比例

以「CH04 資料清單管理與應用」範例檔案中的「銷售資料庫」工作表為例，進行以下的練習：

❶ 使用「凍結視窗標題」的功能，凍結 A 欄與第二列的欄列資料。

❷ 使用「顯示比例」功能，將資料清單縮小成 80%，以便檢視更多的資料區域。

Step1: 開啟「CH04 資料清單管理與應用」範例檔案，選定「銷售資料庫」工作表中的 B3 儲存格。

Step2: 選取『檢視/凍結窗格/凍結窗格』指令，此時 Excel 便會凍結前兩列與第一欄。

Step3: 向下並向右捲動，將游標選定到 SP0017 的「小計」欄位(I19 儲存格)，了解凍結後的結果。

圖 4-2

設定凍結窗格後，凍結的區域(A 欄與前兩列)都不會離開畫面

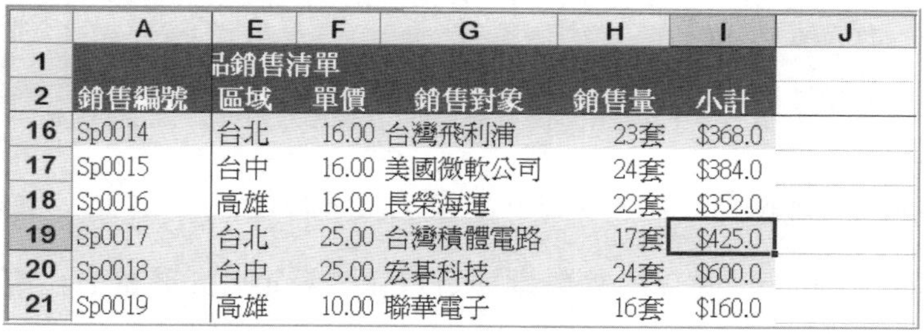

	A	E	F	G	H	I	J
1		品銷售清單					
2	銷售編號	區域	單價	銷售對象	銷售量	小計	
16	Sp0014	台北	16.00	台灣飛利浦	23套	$368.0	
17	Sp0015	台中	16.00	美國微軟公司	24套	$384.0	
18	Sp0016	高雄	16.00	長榮海運	22套	$352.0	
19	Sp0017	台北	25.00	台灣積體電路	17套	$425.0	
20	Sp0018	台中	25.00	宏碁科技	24套	$600.0	
21	Sp0019	高雄	10.00	聯華電子	16套	$160.0	

Step4: 選取『檢視/顯示比例』指令，出現「顯示比例」對話方塊。

圖 4-3

設定工作表縮
放比例

威碩科技產品銷售清單								
銷售編號	日期	銷售員	產品	區域	單價	銷售對象	銷售量	小計
Sp0001	95年1月1日	林宸佑	EXCEL 2003	台北	20.00	台灣飛利浦	16套	$320.0
Sp0002	95年1月3日	林毓修	Word 2003	台中	16.00	美國微軟公司	20套	$320.0
Sp0003	95年1月4日	林宸旭	Word 2003	高雄	16.00	長榮海運	24套	$384.0
Sp0004	95年1月4日	林毓倫	PPT 20			灣積體電路	25套	$400.0
Sp0005	95年1月5日	林毓倫	EXCEL			碁科技	21套	$525.0
Sp0006	95年1月5日	林宸佑	PPT 20			華電子	16套	$400.0
Sp0007	95年1月7日	林毓修	EXCEL			國微軟公司	15套	$300.0
Sp0008	95年1月7日	林宸旭	PROJE			榮海運	18套	$450.0
Sp0009	95年1月9日	林毓倫	Word			灣積體電路	15套	$240.0
Sp0010	95年1月11日	林宸佑	Word			碁科技	22套	$352.0
Sp0011	95年1月12日	林宸旭	EXCEL			華科技	24套	$480.0
Sp0012	95年1月12日	林毓修	PPT 20			華電子	29套	$580.0
Sp0013	95年1月12日	林毓倫	EXCEL			國微軟公司	42套	$840.0
Sp0014	95年1月13日	林宸旭	Word			灣飛利浦	23套	$368.0
Sp0015	95年1月14日	林宸旭	Word			國微軟公司	24套	$384.0
Sp0016	95年1月15日	林毓修	PPT 2003	高雄	16.00	長榮海運	22套	$352.0
Sp0017	95年1月17日	林宸旭	PROJECT 2003	台北	25.00	台灣積體電路	17套	$425.0
Sp0018	95年1月18日	林宸旭	EXCEL 2003	台中	25.00	宏碁科技	24套	$600.0
Sp0019	95年1月18日	林宸佑	EXCEL 2003	高雄	10.00	聯華電子	16套	$160.0
Sp0020	95年1月20日	林毓修	PPT 2003	台北	14.00	美國微軟公司	19套	$266.0
Sp0021	95年1月22日	林宸旭	EXCEL 2003	高雄	12.00	長榮海運	24套	$288.0
Sp0022	95年1月23日	林宸旭	PPT 2003	台北	12.00	台灣積體電路	12套	$144.0
Sp0023	95年1月26日	林宸佑	Word 2003	台中	16.00	宏碁科技	16套	$256.0
Sp0024	95年1月26日	林毓修	PPT 2003	高雄	16.00	宏碁科技	22套	$352.0
Sp0025	95年1月29日	林宸佑	Word 2003	台北	16.00	聯華電子	14套	$224.0
Sp0026	95年1月31日	林宸旭	Word 2003	台中	16.00	美國微軟公司	22套	$352.0
Sp0027	95年1月31日	林毓修	PPT 2003	高雄	16.00	台灣飛利浦	22套	$352.0
Sp0028	95年2月2日	林毓倫	Word 2003	台中	16.00	美國微軟公司	12套	$192.0
Sp0029	95年2月4日	林宸佑	PROJECT 2003	高雄	25.00	長榮海運	16套	$400.0
Sp0030	95年2月5日	林毓倫	EXCEL 2003	台北	25.00	台灣積體電路	13套	$325.0
Sp0031	95年2月7日	林宸旭	EXCEL 2003	台中	25.00	宏碁科技	16套	$400.0

顯示比例　　　　　？　╳

縮放比例
　○ 200%(0)
　○ 100%(1)
　○ 75%(7)
　○ 50%(5)
　○ 25%(2)
　○ 選取範圍最適化(F)
　● 自訂(C)：　80　%
　　確定　　　取消

Step5: 選取「自訂」項目，然後填上 80%。

Step6: 按下「確定」功能鍵即可以完成設定，此時畫面已經縮小，可以檢
視更多的資料。

技巧　在圖 4-3 中，還有一「選取範圍最適化」選項，主要的目的
就是將選定的資料區域放大或縮小到整個畫面。例如，進行
簡報時，可能只需要呈現如 A3:D6 的區域，此時，可以先選
定 A3:D6，然後選取圖 4-3 中的「選取範圍最適化」，Excel
便會自動將資料區域放大。相同的，以本範例，若我們希望
檢視所有資料庫，則可以選取全部的區域，然後選取圖 4-3
中的「選取範圍最適化」即可。

開啟「CH04 資料清單管理與應用」範例檔案，切換到「問卷資料庫」工作表，使用「選取範圍最適化」功能，以顯示 A1:K28 資料區域為原則，進行檢視大小的設定。

4-1-2 使用 Excel 的清單管理功能 Excel 2003 以後版本適用

在 Excel 2003 之後中有一新增的表格(清單)管理功能，可以協助使用者快速完成表格(清單)的管理，並提供工具，讓使用者可以快速將清單公佈到 SharePoint 伺服器上，並且可以匯入 XLM 格式。當游標選定於表格(清單)任何一處，選取『插入/表格』指令(Excel 2003 為『資料/清單/建立清單』)時，便會顯示如圖 4-4 的對話方塊。首先讓使用者決定表格(清單)的位置。

圖 4-4

確定清單來源以建立資料清單

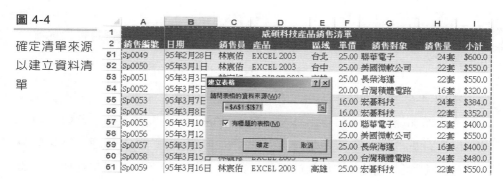

在圖 4-4 中，因為資料清單的範圍，不包含報表標題區域，因此應該更新範圍；同時所選取範圍的第二列，為欄位名稱，此為表格(清單)的標題，因此應該勾選「有標題的表格」。按下「確定」功能鍵後，原本的一般工作表範例便會顯示為清單形式，並且會新增一「設計」索引標籤。

圖 4-5

新增一「設計」索引標籤快速完成清單處理

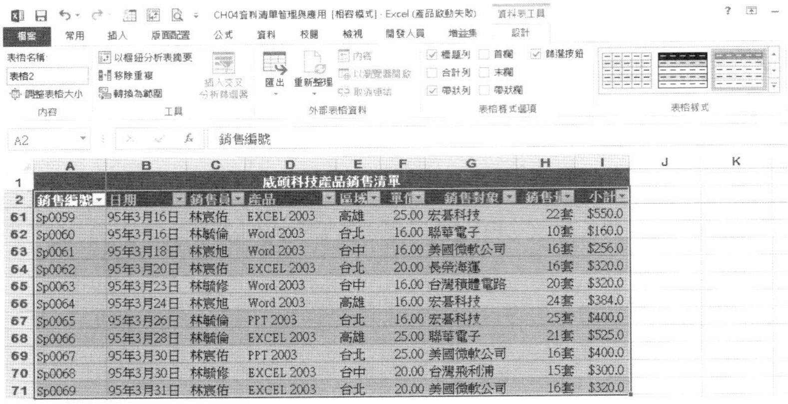

	銷售編號	日期	銷售員	產品	區域	單價	銷售對象	銷售量	小計
1	成碩科技產品銷售清單								
61	Sp0059	95年3月16日	林宸佑	EXCEL 2003	高雄	25.00	宏碁科技	22套	$550.0
62	Sp0060	95年3月16日	林毓倫	Word 2003	台北	16.00	聯華電子	10套	$160.0
63	Sp0061	95年3月18日	林宸旭	Word 2003	台中	16.00	美國微軟公司	16套	$256.0
64	Sp0062	95年3月20日	林宸佑	EXCEL 2003	台北	20.00	長榮海運	16套	$320.0
65	Sp0063	95年3月23日	林毓修	Word 2003	台中	16.00	台灣積體電路	20套	$320.0
66	Sp0064	95年3月24日	林宸旭	Word 2003	高雄	16.00	宏碁科技	24套	$384.0
67	Sp0065	95年3月26日	林毓倫	PPT 2003	台北	16.00	宏碁科技	25套	$400.0
68	Sp0066	95年3月28日	林毓倫	EXCEL 2003	高雄	25.00	聯華電子	21套	$525.0
69	Sp0067	95年3月30日	林宸佑	PPT 2003	台北	25.00	美國微軟公司	16套	$400.0
70	Sp0068	95年3月30日	林毓修	EXCEL 2003	台中	20.00	台灣飛利浦	15套	$300.0
71	Sp0069	95年3月31日	林宸佑	EXCEL 2003	台北	20.00	美國微軟公司	16套	$320.0

在「設計」索引標籤中，使用者可以調整表格大小、改變表格樣式，增加或刪除合計列、標題列等，而只要選取「設計」索引標籤中的「合計列」核取方塊，表格中就會顯示如圖 4-6 最下方一列的【合計】列，進行統計的處理。另外也可以利用「插入」索引標籤的圖表功能來將清單資料轉換成統計圖表顯示。

在圖 4-6 的【合計】列中，在預設情況，只以「加總」公式來進行【小計】欄位的加總處理。同時因為欄位寬度不足，而出現井字號。此時，使用者可以自行更改欄寬。若是想針對其他欄位進行不同的統計處理，只需要將游標移到【合計】列中的其他儲存格，然後自右方的下拉選框中選取處理的項目即可，如圖 4-6 所示。

圖 4-6

使用合計功能來統計其他欄位的資料

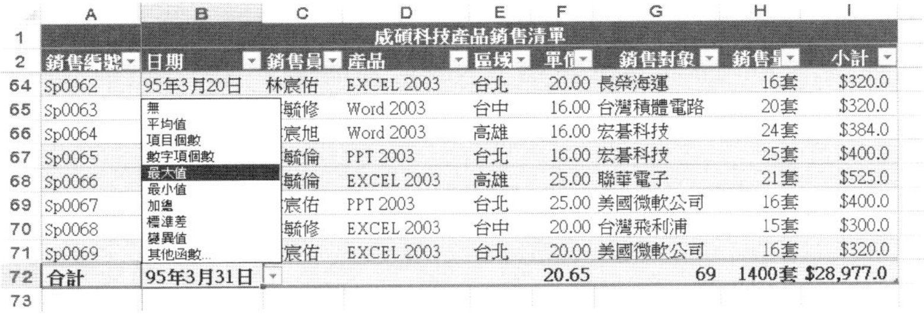

	銷售編號	日期	銷售員	產品	區域	單價	銷售對象	銷售量	小計
1	成碩科技產品銷售清單								
64	Sp0062	95年3月20日	林宸佑	EXCEL 2003	台北	20.00	長榮海運	16套	$320.0
65	Sp0063		毓修	Word 2003	台中	16.00	台灣積體電路	20套	$320.0
66	Sp0064		宸旭	Word 2003	高雄	16.00	宏碁科技	24套	$384.0
67	Sp0065		毓倫	PPT 2003	台北	16.00	宏碁科技	25套	$400.0
68	Sp0066		毓倫	EXCEL 2003	高雄	25.00	聯華電子	21套	$525.0
69	Sp0067		宸佑	PPT 2003	台北	25.00	美國微軟公司	16套	$400.0
70	Sp0068		毓修	EXCEL 2003	台中	20.00	台灣飛利浦	15套	$300.0
71	Sp0069		宸佑	EXCEL 2003	台北	20.00	美國微軟公司	16套	$320.0
72	合計	95年3月31日				20.65	69	1400套	$28,977.0

若需要離開上述的「表格(清單)」功能，只須選取『設計/轉換為範圍』指令即可。但是轉換後，合計欄位還會存在。為進行以下的說明，請先將【合計】列刪除。

如果使用者是使用 Excel 2003 以後的版本，請開啟「CH04 資料清單管理與應用」範例檔案，切換到「問卷資料庫」工作表，請為問卷資料庫的內容，設定資料清單功能，並針對每一欄位，建立【合計】列的統計項目。練習完成後，請記得選取『設計/轉換為範圍』指令，並將【合計】列刪除。

4-2 | 資料排序

　　在一個資料庫中，使用者可能建立數百筆甚至上千筆的資料，並會以許多不同的「角度」來重新組織或排列清單中的資料，此「角度」即為排序欄位的主要概念。而 Excel 的「排序」功能，即是讓清單中的資料，以符合你的需要來重新呈現。

　　而要進行資料排序的第一步即是選定排序的範圍。按照資料清單的概念，只要在表格(清單)中選定一儲存格，系統便會自動選取表格(清單)作為排序的範圍。在選定排序範圍後，執行「排序」指令，即可進行排序。在進行排序後，清單的資料以每一記錄為單位，按照指定的欄位及「**由最小到最大**」、「**由最大到最小**」的屬性，加以重新排列。以下針對不同型態的排序方式一一加以介紹。

4-2-1 一般資料的排序

　　在進行排序的處理時，通常需要決定三件事：

▶ **排序範圍**：除非特別選取，否則此即清單範圍。

▶ **排序標準**：決定依照那一資料欄位來排序，一次可排三鍵。

▶ **排序方式**：決定依照何種規則來排序。如由大到小，或由小到大。

　　當使用者要進行排序時，可有兩種方式來進行排序，一是選取『資料/排序』指令；另一是直接按「資料」索引標籤中的「**最低至最高**」↓工具或「**最高至最低**」↓工具來進行。

範例　*進行簡單排序*

▶ 依續上例，繼續以「銷售資料庫」工作表為例，進行以下排序。

❶ 使用「**最低至最高**」工具，以「**產品**」別進行排序。

❷ 使用「**最低至最高**」與「**最高至最低**」工具，依【「**銷售量**」**由最高至最低**、「**區域**」**最低至最高**】的條件進行排序。

❸ 以「**排序**」指令，依【「**小計**」**最高至最低**、「**銷售員**」**由最高至最低**、「**產品**」**最低至最高**】條件進行排序。

Step1: 啟動「清單管理」範例檔案中的「銷售資料庫」工作表，並選定在「產品」欄位上的任一儲存格，如 D3 儲存格。

 注意　若使用者是自行選定部分資料範圍，再進行排序。則排序的工作僅會在選定範圍中進行，將會造成資料的錯誤。所以，自行資料範圍時，應特別注意。

Step2: 按下「**最低至最高**」工具🔽，則可完成第一個排序需求。

Step3: 選定在「區域」欄位上的任一儲存格，如 E3 儲存格。

Step4: 按下「**最低至最高**」工具🔽，先進行「區域遞增」的排序處理。

Step5: 再選定在「銷售量」欄位上的任一儲存格，如 G3 儲存格。

Step6: 按下「**最高至最低**」工具🔽，則可完成第二個排序需求。

技巧　當以多鍵排序時，主要技巧為，「次要鍵」先排，「主要鍵」後排，如先排「區域」，再排「銷售量」。

Step7: 選定清單中的任一儲存格。

Step8: 選取『資料/排序…』指令進入「排序」對話方塊。

Step9: 於「主要鍵」的下拉式捲動列選方塊之中，會自動出現清單上的所有欄位名稱，請選取「小計」項目(最先排序)。

Step10: 選定「由最大到最小」選項，讓「小計」以由大到小方式排序。

Step11: 點選「新增層級」，於「次要排序方式」列選方塊中選取「銷售員」項目，然後選定「Z 到 A」。

Step12: 點選「新增層級」，於「次要排序方式」列選方塊中選取「產品」項目，然後選定「A 到 Z」。

圖 4-7

以「排序」對話方塊進行排序

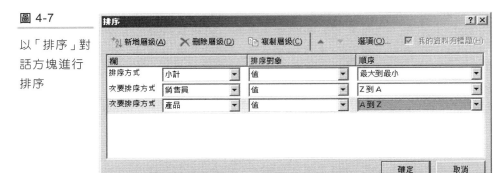

Step13: 設定完成後，按下「確定」功能鍵完成排序。

圖 4-8

使用「排序」功能進行三鍵排序後的結果

	A	B	C	D	E	F	G	H	I
1				威碩科技產品銷售清單					
2	銷售編號	日期	銷售員	產品	區域	單價	銷售對象	銷售量	小計
3	Sp0013	95年1月12日	林毓倫	EXCEL 2003	高雄	20.00	美國微軟公司	42套	$840.0
4	Sp0034	95年2月9日	林宸佑	PPT 2003	台中	25.00	長榮海運	25套	$625.0
5	Sp0046	95年2月22日	林宸旭	EXCEL 2003	台北	25.00	長榮海運	25套	$625.0
6	Sp0037	95年2月13日	林宸佑	EXCEL 2003	高雄	25.00	宏碁科技	24套	$600.0
7	Sp0044	95年2月20日	林宸佑	EXCEL 2003	台北	25.00	台灣飛利浦	24套	$600.0
8	Sp0049	95年2月28日	林宸佑	EXCEL 2003	台北	25.00	聯華電子	24套	$600.0
9	Sp0032	95年2月7日	林宸佑	Word 2003	高雄	25.00	聯華電子	24套	$600.0
10	Sp0018	95年1月18日	林宸旭	EXCEL 2003	台中	25.00	宏碁科技	24套	$600.0
11	Sp0041	95年2月17日	林宸旭	PPT 2003	台北	25.00	美國微軟公司	24套	$600.0
12	Sp0012	95年1月12日	林毓修	PPT 2003	台北	20.00	聯華電子	29套	$580.0
13	Sp0035	95年2月11日	林毓倫	PROJECT 2003	高雄	25.00	台灣積體電路	22套	$550.0
14	Sp0056	95年3月12日	林毓倫	Word 2003	高雄	25.00	美國微軟公司	22套	$550.0

注意

在多數的情形下，應該針對整個表格(清單)範例進行排序，因此，只須將游標選定在表格(清單)中的某一儲存格。倘若選定表格(清單)中的部分儲存格進行排序，則在 Excel 中會直接按照選定的區域進行排序，而忽略其他欄位。如圖 4-9 中，若是在排序前，選定 C3:G9 的範圍，則進行如遞增排序後，則只會針對 C3:G9 的範圍，以選定的「銷售員」進行由**最低到最高**排序，而第 3 到第 9 列的其他資料則不會變動。

圖 4-9

選定排序範圍進行排序的結果

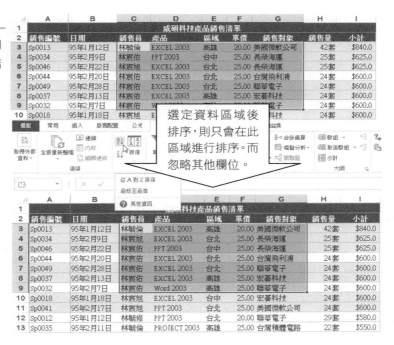

技巧

Excel 2003 以前的版本中若選取部份範圍來排序，Excel 會顯示警訊。另如果使用者已經選定『插入/表格』指令，而於表格(清單)的環境中進行排序，則不論使用者如何選取，都會根據全部的表格(清單)範圍進行排序。

在圖 4-7「排序」對話方塊中可以自行新增層級，所以一次可針對多個不同的欄位來進行排序，而每個排序鍵除了可設定「**最低到最高**」或「**最高到最低**」的屬性來進行排序工作，還能以「自訂清單」的方式來排序。另外，亦可利用「選項」功能來進行進一步的設定。

圖 4-10

「排序選項」對話方塊，可以進行進階排序

在「排序選項」的對話方塊中，提供進一步的排序設定，可以讓使用者以循欄或列的方式排序、以中文的注音符號排序。圖 4-10 各選項的說明如表 4-3。

表 4-3 「排序」與「排序選項」對話方塊的選項說明

項目	說明
大小寫視為相異	在英文排序時，開啟此核對方塊，則字母大小寫視為相異。當開啟該核對方塊並設定「**最低到最高**」屬性時，對英文資料會以先大寫字母再小寫字母來顯示。

項目	說明
方向	用以決定排序的方向，因清單資料大都以「欄」的方式排列，一般為「循欄排序」。但以時候我們排序的方向，不是「上下」方向，而改成「左右」方向，則需要以「列」的方式排序。
方法	讓使用者可以決定中文排序的方式，是以筆劃還是注音。

請以「銷售資料庫」工作表為基準，依據【銷售對象】欄位資料以注音順序**最低到最高**排序。

4-2-2 資料排序的原則

每個排序鍵可決定其以「**最低到最高**」或「**最高到最低**」的方式來完成。若是同一欄位中有不同的資料類別，其順序則如下：

1 數值　　2 文字　　3 邏輯值　　4 錯誤值　　5 空白

清單排序方式與一般工作表資料排序的概念相似，唯獨須特別注意的是清單的「欄位名稱」(第一列)除特殊需要外，不可列入排序的範圍之中，因該列始終須維持在資料庫的第一列上。資料排序的原則如下：

▶ **數字型態**：以該欄位的數值資料的大小來排序。

▶ **日期型態**：是以該欄位資料的日期數列來排序。日期較早者，其日期數列較小，例如："2001/1/1" < "2002/6/25"。

▶ **文字型態**：中文字在預設的狀態下是依筆畫來排序，也可以設定以「注音」來排序；而英文字的排序則是依據字母的順序而定，當第一個中文字(或字母)相同時，將以第二個中文字(或字母)為排序的依據，若前兩個中文字(或字母)相同時，再以第三個中文字(或字母)，以此類推。

▶ **特殊字元**：012345679(空白)!」#$%&'()*+，-./：；<=>?@[\]^_` {|}～，

■ 進行三排序鍵以上的排序時,將較重要的排序鍵留在較後一次處理。

■ 當目前所作的排序鍵比較值相同時,它會延續原來的或上一次排列順序結果。

▶ **邏輯值**:「偽」(False)排在前,而「真」(True)排在後。

▶ **錯誤值**:全都相等。

▶ **空儲存格**:通常都排序在最後。

4-2-3 進階排序

在前面的章節中,我們已經學會了一般排序,主要是以「排序工具」與『資料/排序』指令來完成即可。但在應用上,我們可能必須進行其他進階的排序。

4-2-3-1 自訂排序

在前面的排序範例中,其排序原則均按英文字母的先後順序,或中文字筆劃的多寡來依序排列。但在實際的應用上,不一定是按照排序原則來進行排序。例如:公司的個人資料,要依照職位的高低順序,作為排序標準時;或分公司的營業記錄,要按照區域的位置來作為排序標準,或以中文姓名的注音符號排序等。對於類似此特定要求的排序標準,在 Excel 中亦提供一特殊的排序方式,可解決使用者的問題。

當使用者要以特定的「順序」來排序,即是使用 Excel「排序」對話方塊的「自訂清單」來完成。以下藉由一範例,來說明「自訂清單排序」的功能。

範例 *自訂排序*

▶ 為 Excel 加上一自訂清單,其順序為「台北」、「台中」、「高雄」。並以上述的自訂清單為「主要鍵」進行「區域」遞減排序(也就是地理位置上由南到北排列)。

圖 4-11

先建立自訂清單

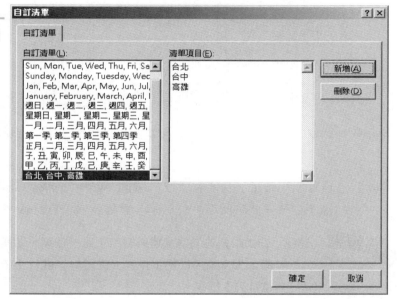

Step1: 選取清單範圍的任一儲存格,再選取『資料/排序…』指令進入「排序」對話方塊。

Step2: 於「主要鍵」的下拉式捲動列選方塊中,選取「區域」項目,並在「順序」裡選擇「自訂清單」。

Step3: 在「清單項目」中依序填入「台北」、「台中」、「高雄」後按下「新增」功能鍵,如此便完成自訂清單的建立。接著再選取剛完成的自訂數列。

圖 4-12

以「自訂清單」來進行自訂排序

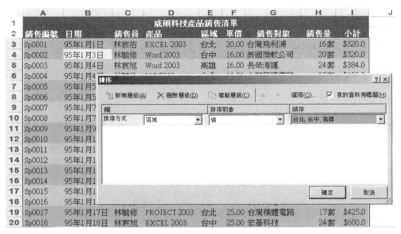

Step4: 選取「確定」功能鍵或按下 ENTER 鍵回到「排序」對話方塊,如圖 4-12 所示。

Step5: 再選取「確定」功能鍵或按下 ENTER 鍵即可完成依自訂清單順序的排序結果。此時所產生的結果,會依照區域自訂順序排列。

 開啟「CH04 資料清單管理與應用」範例檔案,切換到「橫式資料庫」工作表,針對工作表上的資料,進行【依照學生姓名昇冪排列】練習。

4-2-3-2 大綱資料排序

在前一章中,我們了解到「大綱」結構在 Excel 資料處理上的意義。於 4-4 節中,也會說明當我們執行完成「小計」處理後,便會形成「大綱」模式。重複前一章說明,「大綱」的形成來自於資料與資料彼此間具有「邏輯」關係,如當我們以「加總」來計算明細資料的總和時,彼此間便形成「階層」,也構成大綱的要件。例如:在圖 4-13,我們可以清楚地發覺,每一科的「平均」是來自於每一個該科學生分數的平均,因此,從資料的構成上,如 C7 的資料,是來自於 C3:C6,第七列的資料,可以說是第三列到第六列的「上一層」。在這樣的概念下,大綱的環境便形成。

圖 4-13

大綱的形成

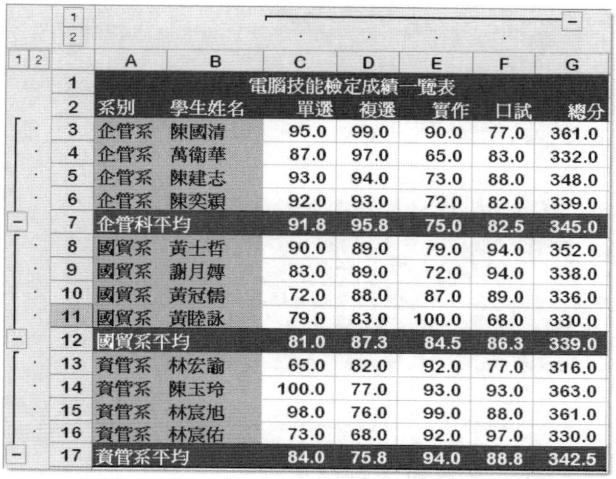

既然資料本身具有階層性，因此，在大綱資料進行排序時，高階群組(第一層群組)將按照排序的原則進行排序，而其細節資料將隨高階群組一起移動，請參考範例的說明。

範例 大綱排序

▶ 以「CH04 資料清單管理與應用」活頁簿中的「小計與大綱」工作表為例，進行以下處理。

❶ 將游標移到「總分」欄位中的任一儲存格，使用工具，由小到大排序。

❷ 觀察排序結果，然後復原排序處理。

❸ 建立大綱環境。

❹ 將游標移到「總分」欄位中的任一儲存格，使用工具，由小到大排序。並觀察排序結果。

Step1: 將游標移到「總分」欄位的任一儲存格，按下「最低至最高」工具 ⬇️，此時，Excel 將忽略資料的階層性，而以資料的大小來進行排序。

137

圖 4-14

不考慮階層性
的排序處理

	A	B	C	D	E	F	G
1			電腦技能檢定成績一覽表				
2	系別	學生姓名	單選	複選	實作	口試	總分
3	資管系	林宏諭	65.0	82.0	92.0	77.0	316.0
4	國貿系	黃睦詠	79.0	83.0	100.0	68.0	330.0
5	資管系	林宸佑	73.0	68.0	92.0	97.0	330.0
6	企管系	萬衛華	87.0	97.0	65.0	83.0	332.0
7	國貿系	黃冠儒	72.0	88.0	87.0	89.0	336.0
8	國貿系	謝月嫦	83.0	89.0	72.0	94.0	338.0
9	企管系	陳奕穎	92.0	93.0	72.0	82.0	339.0
10	國貿系平均		83.5	91.8	74.0	87.0	336.3
11	資管系平均		82.6	90.4	76.3	88.0	337.3
12	企管科平均		85.3	91.0	73.6	87.8	337.6
13	企管系	陳建志	93.0	94.0	73.0	88.0	348.0
14	國貿系	黃士哲	90.0	89.0	79.0	94.0	352.0
15	企管系	陳國清	95.0	99.0	90.0	77.0	361.0
16	資管系	林宸旭	98.0	76.0	99.0	88.0	361.0
17	資管系	陳玉玲	100.0	77.0	93.0	93.0	363.0

Step2: 按下 ↺ 工具，進行復原排序處理。

Step3: 選定在報表中的任一儲存格，選取『資料/群組/自動建立大綱』指令，此時會依據工作表所設定的公式建立大綱，如圖 4-13 所示。

Step4: 將游標移到「總分」欄位的任一儲存格，按下「最低至最高」工具 ↓，此時，Excel 會根據資料的階層性，針對第一階層的資料排序，細節資料將隨高階群組一起移動，如圖 4-15 所示。

圖 4-15

按照第一階層
排序後的結果

	A	B	C	D	E	F	G
1			電腦技能檢定成績一覽表				
2	系別	學生姓名	單選	複選	實作	口試	總分
3	國貿系	黃士哲	90.0	89.0	79.0	94.0	352.0
4	國貿系	謝月嫦	83.0	89.0	72.0	94.0	338.0
5	國貿系	黃冠儒	72.0	88.0	87.0	89.0	336.0
6	國貿系	黃睦詠	79.0	83.0	100.0	68.0	330.0
7	國貿系平均		81.0	87.3	84.5	86.3	339.0
8	資管系	林宏諭	65.0	82.0	92.0	77.0	316.0
9	資管系	陳玉玲	100.0	77.0	93.0	93.0	363.0
10	資管系	林宸旭	98.0	76.0	99.0	88.0	361.0
11	資管系	林宸佑	73.0	68.0	92.0	97.0	330.0
12	資管系平均		84.0	75.8	94.0	88.8	342.5
13	企管系	陳國清	95.0	99.0	90.0	77.0	361.0
14	企管系	萬衛華	87.0	97.0	65.0	83.0	332.0
15	企管系	陳建志	93.0	94.0	73.0	88.0	348.0
16	企管系	陳奕穎	92.0	93.0	72.0	82.0	339.0
17	企管科平均		91.8	95.8	75.0	82.5	345.0

4-2-3-3 隱藏資料的排序

若是在排序過程中，有些資料不希望參與排序，則此時必須先將這些資料與以隱藏。當資料被隱藏而進行排序時，被隱藏的資料將不會改變其位置，其餘的顯示資料，再按其排序鍵進行排序。整個操作過程與結果的變化，請參考下一個範例。

範例　隱藏資料的排序

▶ 繼續以「總分」由大到小排序，但「國貿系」的同學不參與排序。

Step1: 選取第三、四、五、六、七列的儲存格，再選取『常用/格式/隱藏及取消隱藏/隱藏列』指令，將前五筆資料(即「國貿系」資料)隱藏起來。

Step2: 將游標選定在「總分」欄位上的任一儲存格，按下「最高至最低」工具 ，此時，Excel 將完成如圖 4-16 的排序。

Step3: 選取第二至八列的儲存格，再選取『常用/格式/隱藏及取消隱藏/取消隱藏列』指令，再將前四筆資料顯示出來，最後的結果如圖 4-16 所示。

圖 4-16

隱藏的資料不排序，重新顯示後，便可以達成部分資料不排序的要求

	A	B	C	D	E	F	G
1			電腦技能檢定成績一覽表				
2	系別	學生姓名	單選	複選	實作	口試	總分
3	國貿系	黃土哲	90.0	89.0	79.0	94.0	352.0
4	國貿系	謝月嬅	83.0	89.0	72.0	94.0	338.0
5	國貿系	黃冠儒	72.0	88.0	87.0	89.0	336.0
6	國貿系	黃睦詠	79.0	83.0	100.0	68.0	330.0
7	國貿系平均		81.0	87.3	84.5	86.3	339.0
8	企管系	陳國清	95.0	99.0	90.0	77.0	361.0
9	企管系	萬衛華	87.0	97.0	65.0	83.0	332.0
10	企管系	陳建志	93.0	94.0	73.0	88.0	348.0
11	企管系	陳奕穎	92.0	93.0	72.0	82.0	339.0
12	企管科平均		91.8	95.8	75.0	82.5	345.0
13	資管系	林宏諭	65.0	82.0	92.0	77.0	316.0
14	資管系	陳玉玲	100.0	77.0	93.0	93.0	363.0
15	資管系	林宸旭	98.0	76.0	99.0	88.0	361.0
16	資管系	林宸佑	73.0	68.0	92.0	97.0	330.0
17	資管系平均		84.0	75.8	94.0	88.8	342.5

排序前，先將不想列入排序的資料隱藏，則可以進行部分資料排序

開啟「CH04 資料清單管理與應用」範例檔案,切換到「銷售資料庫」工作表,請將銷售清單根據小計欄位進行由大到小的排序,但其中二月份的資料不列入排序。

4-3 | 資料篩選

當使用者在清單中查看或運用資料時,並非每一筆資料都是必需的。若是清單中儲存著大量的資料,則檢視每筆資料將是一件非常煩瑣的工作。如能過濾掉一些不必要顯示的資料,則有助於提高工作效率。

在 Excel 中共提供了三種不同層次的篩選方式讓使用者來選擇使用:

▶ 自動篩選

▶ 進階篩選

▶ 樞紐分析表篩選

有關「樞紐分析表」的部份,將會在第 6 章中進行介紹。

4-3-1 自動篩選

4-3-1-1 簡單自動篩選

在資料清單中篩選資料時,如果要針對符合條件的資料,進行查閱、比較等處理,則 Excel 的「自動篩選」功能,則是你的最佳助手。基本上,「自動篩選」是直覺式「欄位」導向的篩選方法,只要使用者利用滑鼠即可完成一般簡易的篩選處理。

範例　*自動篩選*

 以「CH04 資料清單管理與應用」範例檔案的「銷售資料庫」工作表為例,進行以下的篩選處理。

❶　篩選出所有「林宸旭」的銷售記錄,觀察結果後再回復原狀。

❷　進行篩選出所有「對聯華電子的銷售量等於 24 套」的記錄,觀察結果後再回復原狀。

Step1:　啟動「銷售資料庫」工作表。

Step2:　選取『資料/篩選』指令。此時,在清單第一列的欄位名稱處便出現一指示向下拖曳的箭號方塊。

Step3:　自「銷售員」的下拉式選框中清除「(全選)」核取方塊後再選取「**林宸旭**」。

Step4:　按下「確定」功能鍵後即完成篩選處理,結果如圖 4-17 所示。

圖 4-17

篩選完成後,
符合條件的資
料的才會顯示
在畫面上

Step5: 自「銷售員」的下拉式選框中選取「全選」，按下「確定」功能鍵後即回復到原狀態。

Step6: 自「銷售對象」欄位右側的下拉式選框中清除「(全選)」核取方塊後再選取「**聯華電子**」。按下「確定」功能鍵後在畫面只有「聯華電子」的銷售紀錄。

Step7: 在「銷售量」的下拉式選框中只選取「**24 套**」核取方塊。按下「確定」功能鍵後即完成篩選處理而成為如圖 4-18 的狀態，只有兩筆資料符合資格。

圖 4-18

使用兩個條
件進行篩選

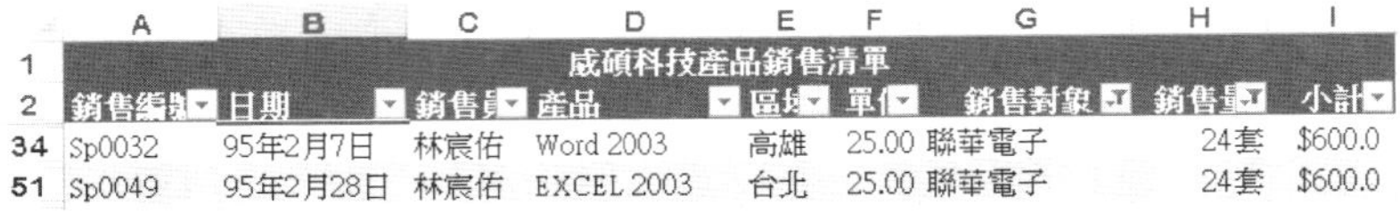

	A	B	C	D	E	F	G	H	I
1				威碩科技產品銷售清單					
2	銷售編號	日期	銷售員	產品	區域	單價	銷售對象	銷售量	小計
34	Sp0032	95年2月7日	林宸佑	Word 2003	高雄	25.00	聯華電子	24套	$600.0
51	Sp0049	95年2月28日	林宸佑	EXCEL 2003	台北	25.00	聯華電子	24套	$600.0

Step8: 分別自「銷售對象」與「銷售量」的下拉式選框中選取「全選」，如此便能回復到原狀態。

　　從圖 4-18 中，我們可以知道，篩選的結果會顯示在畫面上，同時，左側的「列號」會改變成藍色顯示，而有設定篩選條件的「欄位」名稱其右側的下拉方塊顯示符號也會隨之改變。

技巧　進行了「自動篩選」後，使用者仍然可以針對篩選的結果，進行「排序」與進行其他計算處理。而在排序的時候，只會針對篩選的結果的進行排序。從圖 4-17 中的下拉式選框中，使用者也可以選取排序的功能進行排序。

以「CH04 資料清單管理與應用」範例檔案的「銷售資料庫」工作表為例,進行以下的篩選與排序處理。

❶ 篩選出所有「林宸佑」的銷售記錄。

❷ 針對篩選出的資料,使用小計欄位進行降冪排序。

4-3-1-2 進階自動篩選

由以上範例的結果,可以知道當選取了「自動篩選」的欄位選項後,整個資料清單僅顯示符合欄位選項的資料,也就是使用「等於」某一項目的關係來進行。但在篩選的條件上不單單只有「等於」的關係而已,接著介紹幾種進階的篩選資料功能。

基本上,在 Excel 中所提供的「自動篩選」功能,是一直覺式「欄位」導向的篩選方法。除了直接選取項目外,尚有幾個選項,其說明如表 4-4。

表 4-4 自動篩選下的選項

項目	說明
從最小到最大排序或從 A-Z 排序	以該欄位進行清單的遞增排序。數字為從最小到最大排序,文字則為從 A-Z 排序。
從最大到最小排序或從 Z-A 排序	以該欄位進行清單的遞減排序。數字為從最大到最小排序,文字則為從 Z-A 排序。
清除篩選	進行篩選後,回復到原始未篩選狀態的選項。
自訂篩選	當要進行同一欄位雙條件或非「完全相等」的條件設定時使用。選定「自訂篩選」選項,便開啟「自訂自動篩選」對話方塊。
前 10 項	此選項可用來篩選資料清單中「數值」欄位的資料,只選取前或後數個項目或百分比。當選取該選項後,即開啟「自動篩選前十項」對話方塊。
「空格」選項	篩選資料清單中,該欄位的資料是空白者(此選項只會出現在該欄位中擁有「空白」資料)。

當使用者於欄位標籤右方下拉選框中選取「自訂」時，會產生如圖 4-19 的「自訂自動篩選」對話方塊。

圖 4-19

以「自訂自動篩選」對話方塊設定同一欄位的多重條件

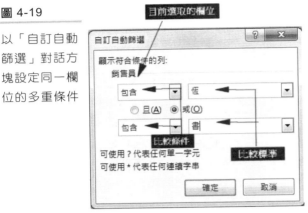

在「自訂自動篩選」對話方塊中，還有其他各選項說明如下：

- 在設定比較條件，有「**等於**」、「**不等於**」、「**大於**」、「**大於或等於**」、「**小於**」、「**小於或等於**」、「**開始於**」、「**不開始於**」、「**結束於**」、「**不結束於**」、「**包含**」、「**不包含**」等十二種屬性可供選取。

- 設定比較的對象，下拉選框中存在該欄位中不重複的「值」。但使用者也可因應不同需求自行填上。例如：在一包含有全省縣市名稱的欄位中，我們可以設定為「開頭以」、「台」來進行篩選，則如台北、台中、台東、台南等都會被篩選出來。

- 當上、下各組的篩選準則均需成立時，選取「且」選項；若篩選準則間的關係為任一成立均可時，選取「或」選項。

當使用者於欄位標籤右方下拉選框中選取「數字篩選/前 10 項」時，便會產生如圖 4-20 的「自動篩選前 10 項」對話方塊。

圖 4-20

「自動篩選前 10 項」對話方塊

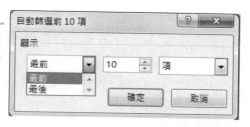

　　在「自動篩選前十項」對話方塊中的設定是由三個選項所組成。第一個選項為「最前」、「最後」，指定數值資料是由前面或後面算起；第二個選項為指定一數值；第三個選項為「項」、「%」，用來指定要篩選的項目是依「個數」(項)，或依「百分比」(%)來進行篩選。也就是說，利用圖 4-20 的對話方塊，可篩選「前(後)五名」或「前(後)百分之五」的資料。接著再以一範例說明。

 進階自動篩選範例

▶ 依續上例，進行以下的處理：

❶　進行篩選出所有「銷售量介於 10(含)套至 15(含)套間」，且「小計是倒數 15%」的記錄。

❷　然後請計算這些篩選過後記錄的「小計」與「銷售量」總和。

❸　觀察結果後再回復原狀。

Step1:　自「銷售量」欄位右側的下拉式選框中選取「**數字篩選/自訂篩選**」，產生如圖 4-21「自訂自動篩選」對話方塊。

Step2:　在「自訂自動篩選」對話方塊中，進行如圖 4-21 上方對話方塊的設定，主要是設定條件要大於等於 10 且小於等於 15。

注意　不可以自下拉選單中選取「10 套」或「15 套」，此處的資料一定要自行鍵入，而且鍵入的條件不可以加上單位。

Step3:　選取「確定」功能鍵或按下 ENTER 鍵即可完成第一步篩選結果。

Step4: 再繼續自「小計」欄位右側的下拉式選框中選取「數字篩選/前 10 項…」，放手後即產生如圖 4-21 下方的「自動篩選前十項」對話方塊。

Step5: 在「自動篩選前 10 項」對話方塊中，進行以下的設定。

圖 4-21

使用「自動篩選前 10 項」對話方塊進行特定排序資料的篩選

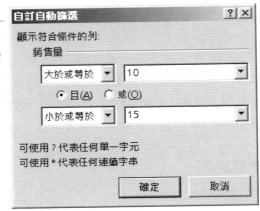

Step6: 選取「確定」功能鍵或按下 [ENTER] 鍵即可完成篩選結果。

Step7: 請將游標選定在 H72:I72 儲存格，即「篩選結果」的下一列空白列中的目標儲存格。

Step8: 按下「自動加總」工具 Σ 便可得到結果。

圖 4-22

利用篩選後的結果進行自動加總

H72					fx	=SUBTOTAL(9,H3:H71)		
	A	B	C	D	E	F	G	H	I
1				成碩科技產品銷售清單					
2	銷售編號▼	日期 ▼	銷售員▼	產品 ▼	區域▼	單價▼	銷售對象 ▼	銷售▼	小計▼
11	Sp0009	95年1月9日	林毓倫	Word 2003	台北	16.00	台灣積體電路	15套	$240.0
24	Sp0022	95年1月23日	林宸佑	PPT 2003	台北	12.00	台灣積體電路	12套	$144.0
27	Sp0025	95年1月29日	林宸旭	Word 2003	台北	16.00	聯華電子	14套	$224.0
30	Sp0028	95年2月2日	林毓修	Word 2003	台北	16.00	美國微軟公司	12套	$192.0
62	Sp0060	95年3月16日	林毓倫	Word 2003	台北	16.00	聯華電子	10套	$160.0
72								63.00	960.00

Step9:　分別自「小計」與「銷售量」的下拉式選框中選取「**清除篩選**」項目，放手後即回復到原狀態。

　　當你在「篩選」後的結果中，按下「自動加總」工具，Excel 會以 SUBTOTAL()的函數來進行計算。因此，若是此時使用者改變篩選條件，但第 72 列的公式不要移除，則每一次篩選後會產生新的結果。例如，當我們將「小計倒數 15%」的條件移除後，只保留「10-15 銷售量」，則會得到新的計算結果。

圖 4-23

設定
SUBTOTAL()
後，會根據篩選的結果自動產生新結果

	A	B	C	D	E	F	G	H	I
1				成碩科技產品銷售清單					
2	銷售編號▼	日期 ▼	銷售員▼	產品 ▼	區域▼	單價▼	銷售對象 ▼	銷售▼	小計▼
9	Sp0007	95年1月7日	林毓修	EXCEL 2003	台中	20.00	美國微軟公司	15套	$300.0
11	Sp0009	95年1月9日	林毓倫	Word 2003	台北	16.00	台灣積體電路	15套	$240.0
24	Sp0022	95年1月23日	林宸佑	PPT 2003	台北	12.00	台灣積體電路	12套	$144.0
27	Sp0025	95年1月29日	林宸旭	Word 2003	台北	16.00	聯華電子	14套	$224.0
30	Sp0028	95年2月2日	林毓修	Word 2003	台北	16.00	美國微軟公司	12套	$192.0
32	Sp0030	95年2月5日	林毓修	EXCEL 2003	台北	25.00	台灣積體電路	13套	$325.0
62	Sp0060	95年3月16日	林毓倫	Word 2003	台北	16.00	聯華電子	10套	$160.0
70	Sp0068	95年3月30日	林毓修	EXCEL 2003	台中	20.00	台灣飛利浦	15套	$300.0
72								106.00	1885.00

　　當使用者運用自動篩選進行分析後，若要進行新的分析時，應選取「**清除篩選**」選項，將清單還原後再進行。被設定成自動篩選的欄位，其後方下拉式方塊的顯示符號會有所改變。

技巧　進行自動篩選，當採取「非等號」的比較時，若所選取的項目非數值，針對文字與日期分別以筆劃的多寡與日期的「後前」作為大小的判斷，即筆劃多與日期較後(日期數列大)的為大。有關 SUBTOTAL(代碼,參照位址) 的應用，從圖 4-23 中可以發現，可以從設定的函數引數來決定是要進行何種的統計。如本範例代碼為「9」代表加總。在 Excel 中使用SUBTOTAL()共可設定 1~11 引數，每一個數字的意義如下表。

代碼引數	意義	函數	代碼引數	意義	函數
1	平均數	AVERAGE	7	標準差	STDEV
2	數字個數	COUNT	8	母體標準差	STDEVP
3	文字個數	COUNTA	9	加總	SUM
4	最大值	MAX	10	變異數	VAR
5	最小值	MIN	11	母體變異數	VARP
6	乘績	PRODUCT			

請針對「銷售資料庫」工作表，以自動篩選的方式，篩選出二月份的銷售資料，並以自動加總的工具，統計「銷售量」與「小計」兩個欄位的平均數。

4-3-2 進階篩選

使用「自動篩選」基本上已可以解決大部份的篩選問題，但至少有四種可能的需求，使用者必需進一步藉助「進階篩選」功能來完成：

▶ 不同欄位間，「或」條件的設定

▶ 同一欄位多重範圍的篩選

▶ 比較的對象是由欄位經處理後的結果

▶ 將資料設定不重複選取，並將結果送到清單以外的地方

進階篩選的主要方式是先設定一「準則」條件，接著自原始「資料庫」中，得到篩選的資料。整個進階篩選的簡意圖，如圖 4-24 所示。

圖 4-24

條件設定及資料篩選的簡意圖

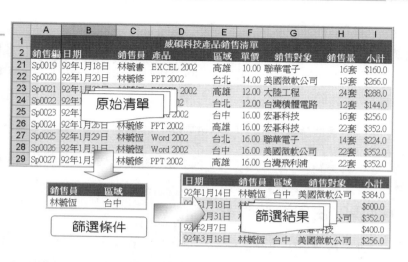

在使用進階篩選時，與自動篩選的明顯差異是設定「條件區域」，作為篩選的標準；而且可另設定位置放置篩選的結果，從圖 4-24 中可以發現，所篩選的資料欄位可以不與原始清單相同。在後續的內容，則先就「條件區域」的設定來介紹，再以篩選需求(自動篩選無法完成者)範例來說明。

4-3-2-1 條件區域(準則)的設定

由圖 4-24 的簡意圖可知道，在整個進階篩選中，設定「篩選條件」區域是整個進階篩選的關鍵。要作為篩選的標準，任何單擷取條件的設定，都是由兩個儲存格來完成。其中包含了三個基本的元素：《欄位名稱》、《比較元》、《比較值》，上方的儲存格放置「欄位名稱」，下方的儲存格放置由「比較元」與「比較值」所構成的比較式，如下圖 4-25 的說明。

圖 4-25

條件區域的設定

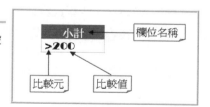

如同前面所提到的篩選設定一樣，這些篩選設定不單只有一個欄位，有時也包含欄位之間的設定。進行篩選條件間的關係設定，仍是以單一欄位設定為基礎，再加以延伸應用，主要的應用技巧如下列說明。實際的應用範例，請參考下一節。

- ▶ 當這些篩選條件為「且」的設定，請將各個單一條件置於同一「列」上。

- ▶ 當這些篩選條件為「或」的設定，請將各個單一條件置於不同「列」上。

4-3-2-2 使用進階篩選

進階篩選的結果有兩種，一是在原工作表中呈現符合條件的資料錄，一是將符合條件的資料錄顯示在其他區域，同時，若你是使用第二種方式，還可以決定顯示「欄位」。在完成條件區域的設定後，接著以一範例的實際操作，來解說進階篩選的過程。

| 範例 　　*進階篩選*

- ▶ 以範例檔案中的「銷售資料庫」工作表為例，進行如下的篩選：(若此「銷售資料庫」工作表在前一範例中有設定篩選或是自動加總結果，請清除再繼續以下操作)

  ❶ 在原工作表篩選出所有「銷售對象是「台灣」開頭」，或是「銷售數量大於 25」的資料，然後回復原狀。

  ❷ 篩選出所有「銷售數量介於 20-22」或是「銷售數量介於 10-12」的資料，並將資料放置於 M1 儲存格，然後回復原狀。

  ❸ 篩選出所有「小計大於平均小計」的資料，並將資料送到原工作表外，且只顯示「日期」與「小計」欄位，最後回復原狀。

Step1: 首先進行條件設定，在空白區域(如在 K2:L4 儲存格中)進行如下設定。

圖 4-26

設定兩個條件
且是「或」的
條件

	K	L
2	銷售對象	銷售量
3	台灣*	
4		>25

 注意

在圖 4-26 中，要設定「台灣」開頭的銷售對象，不論是否有使用通配字元，也就是在 K3 中設定「台灣」或是「台灣*」，都可以得到相同的結果。

Step2: 接著，將游標移到工作清單的任何一個位置，選取『資料/進階』指令 ▼ 進階...，產生如圖 4-27 的對話方塊。

圖 4-27

設定篩選的條件與方法

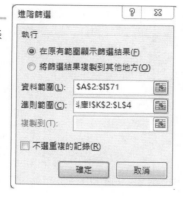

技巧

在圖 4-27 中，還包含有一「不選重複的記錄」選項，主要是可以讓我們過濾完全重複的資料錄。

Step3: 此時，系統會自動選定整個清單為資料範圍(操作時也請確認是否選取正確的位址)。請在「執行」中選定「在原有範圍顯示篩選結果」，並設定準則範圍為 K2:L4。

Step4: 按下「確定」功能鍵即可完成第一個需求。而篩選後的資料會出現在清單原來的位置上。

Step5: 接著選取『資料/清除』指令 ▼ 清除，以回復原貌。

Step6: 繼續在清單以外空白處設定第二個需求的條件,如圖 4-28 所示。

圖 4-28

設定同一欄位
多重範圍的準
則

	K	L
6	銷售量	銷售量
7	>=10	<=12
8	>=20	<=22

Step7: 將游標移到工作清單的任何一個位置,選取『資料/進階』指令,並進行如圖 4-29 的設定。在此範例中,我們將結果包含全部的欄位放置在以 M1 為起點的區域。

圖 4-29

將篩選的結果
放置同一工作
表的 M1 儲存
格

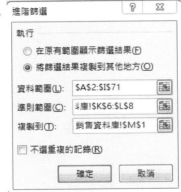

Step8: 按下「確定」功能鍵即可完成第二個的需求。

Step9: 選取篩選後所得到的資料(M1:U24),按下『常用/清除/全部清除』指令,以清除篩選後的結果。

Step10: 繼續在清單以外空白處設定第三個需求的條件,如圖 4-30 所示。其中,如 K11 儲存格所設定的是=">"&AVERAGE(I3:I71)。

圖 4-30

使用公式做為
設定準則的比
較值

K11		fx	=">"&AVERAGE(I3:I71)
	K	L	M	N
10	小計			
11	>419.956521 3913			
12				
13	日期	小計		

注意 在此應用中，須注意的是，比較欄位雖然是「小計」，但比較值卻是一個以函數所計算出的結果，因此，我們配合文字連接符號&來進行。

Step11: 同時，在空白區域另建立我們希望出現的欄位，如 K13:L13 的「日期」與「小計」。

Step12: 將游標移到工作清單的任何一個位置，選取『資料/進階』指令，並進行如圖 4-31 對話方塊的設定。在此範例中，我們將結果放置在以 K13:L13 為首的區域。

Step13: 按下「確定」功能鍵即可完成第三個需求，如圖 4-31 所示。

圖 4-31

從資料庫設定函數為條件，並篩選部分欄位的設定與結果

Step14: 選取篩選後所得到的資料，按下『常用/清除/全部清除』指令，以清除篩選後的結果。

技巧

「條件區域」與「篩選結果區域」的欄位名稱一定要與清單
中的欄位名稱相同,在建立「條件區域」時,可以「複製」
的方式,直接自清單中將相關欄位複製到條件區域上。

 自我練習

請針對「銷售資料庫」工作表,以進階篩選的方式,篩選出二月
份、所有「小計小於平均小計」的資料,並將資料送到原工作表
外,且只顯示「日期」與「小計」欄位。

基本上,本章到目前所介紹的資料排序與篩選,主要的目的都是將資料
從來源資料區域中經過篩選與排序,以取得精簡結果。這些程序與目的,也
同樣的發生在第 2 章中,當我們透過 MS Query 與 ODBC 將資料從資料庫下
載到 Excel 工作表進行分析,而使用的「篩選精靈」中。

圖 4-32

使用 MS
Query 將資料
庫中的資料先
經過整理再匯
入 Excel 中

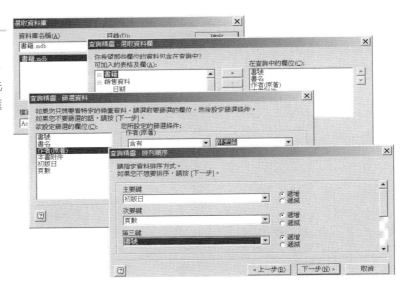

4-4 自動小計

在一般常見的資料處理過程中，常須對清單中的相同項目資料作一運算，如加總、平均…等，以作為個別項目的小計。例如：銷售員統計、客戶別銷售資料統計等等，為達此目的，使用者可以利用「篩選」的功能，先將清單中要進行統計的相同項目資料篩選後，再作運算處理，但這種處理方式可能不具效率。在 Excel 除了對清單中的資料進行排序、篩選等處理外，提供了「自動小計」的功能，可幫使用者迅速地產生「群組分類報表」。

另一種更方便的「小計」工具，是使用「樞紐分析表」，這一部分請參考第 6 章說明。

4-4-1 一般自動小計

「分類摘要式自動小計」的主要精神在於其「分類」，即在進行統計之前，須對要進行分類的欄位先進行排序，不論遞增或遞減而將相同的資料置於一起後，再對於清單中的資料做一「分類摘要式自動小計」。

範例 *小計的完成*

▶ 繼續以「銷售資料庫」工作表為例，進行以下的小計處理。

❶ 統計每一銷售員的「銷售量」與「小計」欄位的總和。

❷ 依續上一個結果，同時於工作表上，呈現每一銷售員的「銷售量」與「小計」欄位的「總和」與「平均數」。

Step1: 啟動「銷售資料庫」工作表，並選定「銷售員」欄位中的任一儲存格。

Step2: 針對「銷售員」欄位進行排序,如以「升冪排序」工具進行「銷售員」排序,結果如圖 4-33 所示。

圖 4-33

進行小計處理
前一定要為
「小計標準」
進行排序

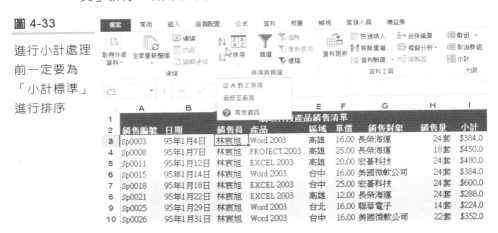

Step3: 選取『資料/小計…』指令,產生如圖 4-34 的「小計」對話方塊。同時進行如下的設定。

圖 4-34

進行分類小計
的處理

Step4: 選取「確定」功能鍵或按下 [ENTER] 鍵即可產生如圖 4-35 的結果。

圖 4-35

小計完成後，
會以大綱方式
呈現

1 2 3		A	B	C	D	E	F	G	H	I
·	46	Sp0059	95年3月16日	林宸佑	EXCEL 2003	高雄	25.00	宏碁科技	22套	$550.0
·	47	Sp0062	95年3月20日	林宸佑	EXCEL 2003	台北	20.00	長榮海運	16套	$320.0
·	48	Sp0067	95年3月30日	林宸佑	PPT 2003	台北	25.00	美國微軟公司	16套	$400.0
·	49	Sp0069	95年3月31日	林宸佑	EXCEL 2003	台北	20.00	美國微軟公司	16套	$320.0
−	50			林宸佑 合計					495套	########
·	51	Sp0002	95年1月3日	林毓修	Word 2003	台中	16.00	美國微軟公司	20套	$320.0
·	52	Sp0007	95年1月7日	林毓修	EXCEL 2003	台中	20.00	美國微軟公司	15套	$300.0
·	53	Sp0012	95年1月12日	林毓修	PPT 2003	台北	20.00	聯華電子	29套	$580.0
·	54	Sp0016	95年1月15日	林毓修	PPT 2003	高雄	16.00	長榮海運	22套	$352.0
·	55	Sp0017	95年1月17日	林毓修	PROJECT 2003	台北	25.00	台灣積體電路	17套	$425.0
·	56	Sp0020	95年1月20日	林毓修	PPT 2003	台北	14.00	美國微軟公司	19套	$266.0
·	57	Sp0024	95年1月26日	林毓修	PPT 2003	高雄	16.00	宏碁科技	22套	$352.0
·	58	Sp0027	95年1月31日	林毓修	PPT 2003	高雄	16.00	台灣飛利浦	22套	$352.0
·	59	Sp0028	95年2月2日	林毓修	Word 2003	台北	16.00	美國微軟公司	12套	$192.0
·	60	Sp0054	95年3月8日	林毓修	PPT 2003	台北	16.00	宏碁科技	22套	$352.0
·	61	Sp0058	95年3月15日	林毓修	EXCEL 2003	台中	20.00	台灣積體電路	24套	$480.0
·	62	Sp0063	95年3月23日	林毓修	Word 2003	台中	16.00	台灣積體電路	20套	$320.0
·	63	Sp0068	95年3月30日	林毓修	EXCEL 2003	台中	20.00	台灣飛利浦	15套	$300.0
−	64			林毓修 合計					259套	$4,591.0
·	65	Sp0004	95年1月4日	林毓倫	PPT 2003	台北	16.00	台灣精體電路	25套	$400.0

Step5: 選取大綱階層鍵 2 ，以形成如圖 4-36 的狀態。

圖 4-36

於大綱環境中
隱藏明細項目

1 2 3		A	B	C	D	E	F	G	H	I
	2	銷售編號	日期	銷售員	產品	區域	單價	銷售對象	銷售量	小計
+	24			林宸旭 合計					430套	$8,986.0
+	50			林宸佑 合計					495套	$10,885.0
+	64			林毓修 合計					259套	$4,591.0
+	75			林毓倫 合計					216套	$4,515.0
−	76			總計					1400套	$28,977.0

Excel 所產生的小計報表為大綱型態，使用者可以使用工作表左邊的大綱階層鍵來摺疊和擴充小計資料。此時可以很清楚地了解每一銷售員的銷售總和。

Step6: 將游標移到清單中的任一儲存格，再次選取『資料/小計…』指令，在「小計」對話方塊中，於「使用函數」中改成「平均值」，最重要的是，要移除「取代目前小計」選項，以便保留上一步驟所完成的「總和」，如圖 4-37 所示。

圖 4-37

設定同一小計
欄位具有不同
統計量的設定

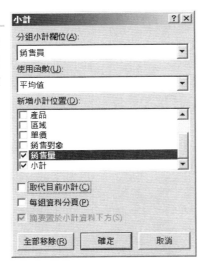

Step7: 選取「確定」功能鍵或按下 ⟨ENTER⟩ 鍵即可產生如圖 4-38 的結果。

圖 4-38

同時顯示兩個
以上的小計統
計量(平均與
合計)

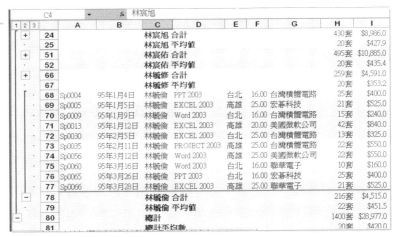

Step8: 再次選取『資料/小計…』指令,在「小計」對話方塊中選取「全部移除」功能鍵即可全部移除小計資料。

注意 ─── 在 Excel 的小計計算中,無法自行整理整份清單的同一項目。若不對清單先作「排序」處理而直接進行小計計算,則不同區域而同一項目的小計是分開計算的。想要更方便地處理類似的問題,請參考樞紐分析表。

從上面的範例中,我們知道,要進行自動小計的設定是在「小計」對話方塊完成的,而此對話方塊中各相關設定,於表 4-5 中說明。

表 4-5 「自動小計」選項說明表

項目	說明
分組小計欄位	設定作為小計分組的標準,選項項目為目前清單的欄位名稱。而此欄位中的資料,應先進行排序。
使用函數	顯示不同小計運算的統計量。其中提供包括「加總」、「項目個數」、「平均值」、「最大值」、「最小值」、「乘積」、「數字項個數」、「標準差」、「母體標準差」、與「變異值」、「母體變異值」等項目。
新增小計位置	表示要進行統計的欄位,可多重選取。其內含有資料清單上所有欄位名稱,當開啟某一欄位名稱核對方塊時,表示在該欄位名稱下新增小計的結果。
取代目前小計	進行「小計」時,要不要移除前一次的「小計」。若不移除,則可以同時顯示不同的統計量。
每組資料分頁	在每一組分類資料皆自動設定分頁線。
摘要置於小計資料下方	所計算出的「小計」結果放置在資料的下方。若沒有選取,則小計會顯示於該群資料的上方。

自我練習 ─── 於「銷售資料庫」工作表上,呈現每一區域的「小計」欄位的「總和」、「平均數」與「個數」,並選取不同的大綱階層,以觀察變化。最後,再移除小計的資料。

4-4-2 與自動篩選一併應用

在實際應用上,使用自動小計時,可配合自動篩選功能來進行。如在本範例中,我們可能只希望在統計「由台北售出,每一業務員的銷售總和」。此時,我們可配合自動篩選功能與自動小計功能來進行。

範例 *小計與自動篩選*

▶ 依續上例,統計「台北區域」每一銷售對象銷售量與小計的平均數。

▶ 啟動「銷售資料庫」工作清單。

Step1: 利用「排序」功能,進行「銷售對象」的排序。

Step2: 選取『資料/篩選』指令。此時,在清單第一列的欄位名稱處便出現一指示向下拖曳的箭號的方塊。

Step3: 自「區域」的下拉式選框中清除「全選」核取方塊再選取「台北」,按下「確定」功能鍵後即形成只包含「台北」的資料錄。

Step4: 選取『資料/小計…』指令,產生「小計」對話方塊中,進行如圖 4-39 的設定。

圖 4-39

配合自動篩選的小計設定

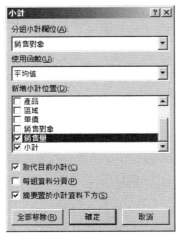

Step5: 選取「確定」鍵或按下 [ENTER] 鍵即產生如圖 4-40 的結果。

圖 4-40

「資料篩選」
與「自動小計」
合併應用範例

	A	B	C	D	E	F	G	H	I
1				威碩科技產品銷售清單					
2	銷售編號	日期	銷售員	產品	區生	單價	銷售對象	銷售量	小計
3	Sp0001	95年1月1日	林宸佑	EXCEL 2003	台北	20.00	台灣飛利浦	16套	$320.0
4	Sp0014	95年1月13日	林宸佑	Word 2003	台北	16.00	台灣飛利浦	23套	$368.0
5	Sp0044	95年2月20日	林宸佑	EXCEL 2003	台北	25.00	台灣飛利浦	24套	$600.0
9							**台灣飛利浦 平均值**	21套	$429.3
10	Sp0004	95年1月4日	林毓倫	PPT 2003	台北	16.00	台灣積體電路	25套	$400.0
11	Sp0009	95年1月9日	林毓倫	Word 2003	台北	16.00	台灣積體電路	15套	$240.0
12	Sp0017	95年1月17日	林宸修	PROJECT 2003	台北	25.00	台灣積體電路	17套	$425.0
13	Sp0022	95年1月23日	林毓倫	PPT 2003	台北	12.00	台灣積體電路	12套	$144.0
14	Sp0030	95年2月5日	林毓倫	EXCEL 2003	台北	25.00	台灣積體電路	13套	$325.0
18	Sp0052	95年3月5日	林宸佑	PROJECT 2003	台北	20.00	台灣積體電路	16套	$320.0
21							**台灣積體電路 平均值**	16套	$309.0
29	Sp0036	95年2月12日	林宸旭	PROJECT 2003	台北	25.00	宏碁科技	16套	$400.0

 技巧

從上面的操作步驟中，我們可以得到，整個程序是先使用「自動篩選」得到篩選的結果，然後才進行小計的處理。相同的，我們也可以使用「進階篩選」得到篩選結果，再配合「小計」功能來進行。

在圖 4-39 的「小計」對話方塊設定上，還包含有「每組資料分頁」選項，主要的目的是作為當我們進行「分組」之後，每一組設定成「分頁」狀態，如此列印時便會以組為單位進行列印。

「小計」對話方塊包含「摘要置於小計資料下方」選項，在預設的狀態下是設定勾選，因此如圖 4-40 等結果，摘要小計是置於細節資料的下方，但若不勾選，則摘要小計將置於細節資料的上方。如圖 4-41 便是設定「每組資料分頁」與取消「摘要置於小計資料下方」選項後的結果。

圖 4-41

設定「每組資
料分頁」與取
消「摘要置於
小計下方」選
項後的結果

	A	B	C	D	E	F	G	H	I
1					威碩科技產品銷售清單				
2	銷售編號	日期	銷售員	產品	區域	單價	銷售對象	銷售量	小計
3							總計 平均數	19套	$385.4
4							台灣飛利浦 平	21套	$429.3
5	Sp0001	95年1月1日	林宸佑	EXCEL 2003	台北	20.00	台灣飛利浦	16套	$320.0
6	Sp0014	95年1月13日	林宸佑	Word 2003	台北	16.00	台灣飛利浦	23套	$368.0
9	Sp0044	95年2月20日	林宸佑	EXCEL 2003	台北	25.00	台灣飛利浦	24套	$600.0
11							台灣積體電路	16套	$309.0
12	Sp0004	95年1月4日	林毓倫	PPT 2003	台北	16.00	台灣積體電路	25套	$400.0
13	Sp0009	95年1月9日	林毓倫	Word 2003	台北	16.00	台灣積體電路	15套	$240.0
14	Sp0017	95年1月17日	林毓修	PROJECT 2003	台北	25.00	台灣積體電路	17套	$425.0
15	Sp0022	95年1月23日	林宸佑	PPT 2003	台北	12.00	台灣積體電路	12套	$144.0
16	Sp0030	95年2月5日	林宸佑	EXCEL 2003	台北	25.00	台灣積體電路	13套	$325.0
20	Sp0052	95年3月5日	林宸佑	PROJECT 2003	台北	20.00	台灣積體電路	16套	$320.0
23							宏碁科技 平均	21套	$384.0
31	Sp0036	95年2月12日	林宸旭	PROJECT 2003	台北	25.00	宏碁科技	16套	$400.0
35	Sp0054	95年3月8日	林毓修	PPT 2003	台北	16.00	宏碁科技	22套	$352.0
38	Sp0065	95年3月26日	林毓倫	PPT 2003	台北	16.00	宏碁科技	25套	$400.0

自我練習

開啟「CH04 資料清單管理與應用」範例檔案，針對「銷售資料
庫」工作表，以「區域」為分類標準，統計【銷售量】與【小計】
的「合計」、「平均數」與「個數」。如圖 4-42。【技巧:進行第
二個統計量計算時，不要勾選「取代目前小計」】

1 2 3		A	B	C	D	E	F	G	H	I
	1					威碩科技產品銷售清單				
	2	銷售編號	日期	銷售員	產品	區域	單價	銷售對象	銷售量	小計
	3	Sp0002	95年1月3日	林毓修	Word 2003	台中	16.00	美國微軟公司	20套	$320.0
	4	Sp0007	95年1月7日	林毓修	EXCEL 2003	台中	20.00	美國微軟公司	15套	$300.0
	14	Sp0047	95年2月24日	林宸佑	Word 2003	台中	25.00	台灣積體電路	22套	$550.0
	15	Sp0050	95年3月1日	林宸佑	EXCEL 2003	台中	25.00	美國微軟公司	22套	$550.0
	16	Sp0055	95年3月10日	林宸佑	Word 2003	台中	16.00	聯華電子	25套	$400.0
	17	Sp0058	95年3月15日	林毓修	EXCEL 2003	台中	20.00	台灣積體電路	24套	$480.0
	18	Sp0061	95年3月18日	林宸旭	Word 2003	台中	16.00	美國微軟公司	16套	$256.0
	19	Sp0063	95年3月23日	林毓修	Word 2003	台中	16.00	台灣積體電路	20套	$320.0
	20	Sp0068	95年3月30日	林毓修	EXCEL 2003	台中	20.00	台灣飛利浦	15套	$300.0
	21					台中 合計			372套	$7,545.0
	22					台中 平均值			21套	$419.2
	23					台中 計數			18	18

4-5 習題

1. 根據「CH04 習題」範例檔案中「清單管理」工作表中的資料，完成如下的需求。

　① 使用欄寬列高調整，以顯示所有欄位。

　② 使用「凍結視窗標題」的功能，凍結 A 欄與第二列的欄列資料。

　③ 使用「顯示比例」功能，將資料清單縮小成 80%。
　　【若是 Excel 2003 以後版本的使用者，請操作④~⑦的習題】

　④ 使用「建立表格(清單)」功能，將資料區域設定成表格(清單)狀態。

　⑤ 利用表格(清單)建立合計列的功能，顯示【銷售量】與【小計】的加總、【銷售員】的個數與【單價】的平均數。，如下圖所示。

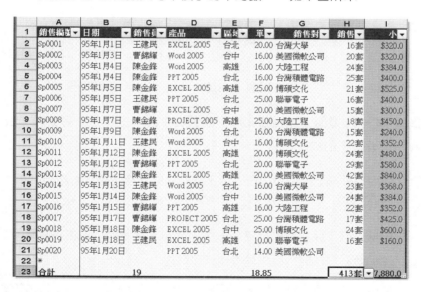

	A	B	C	D	E	F	G	H	I
1	銷售編號	日期	銷售員	產品	區域	單價	銷售對象	銷售量	小計
2	Sp0001	95年1月1日	王建民	EXCEL 2005	台北	20.00	台灣大學	16套	$320.0
3	Sp0002	95年1月3日	曹錦輝	Word 2005	台中	16.00	美國微軟公司	20套	$320.0
4	Sp0003	95年1月4日	陳金鋒	Word 2005	高雄	16.00	大陸工程	24套	$384.0
5	Sp0004	95年1月4日	陳金鋒	PPT 2005	台北	16.00	台灣積體電路	25套	$400.0
6	Sp0005	95年1月5日	陳金鋒	EXCEL 2005	高雄	25.00	博碩文化	21套	$525.0
7	Sp0006	95年1月5日	王建民	PPT 2005	台北	25.00	聯華電子	16套	$400.0
8	Sp0007	95年1月7日	曹錦輝	EXCEL 2005	台中	20.00	美國微軟公司	15套	$300.0
9	Sp0008	95年1月7日	陳金鋒	PROJECT 2005	台北	25.00	大陸工程	18套	$450.0
10	Sp0009	95年1月9日	陳金鋒	Word 2005	台北	16.00	台灣積體電路	15套	$240.0
11	Sp0010	95年1月11日	王建民	Word 2005	台中	16.00	博碩文化	22套	$352.0
12	Sp0011	95年1月12日	陳金鋒	EXCEL 2005	高雄	20.00	博碩文化	24套	$480.0
13	Sp0012	95年1月12日	曹錦輝	PPT 2005	台北	20.00	聯華電子	29套	$580.0
14	Sp0013	95年1月12日	陳金鋒	EXCEL 2005	高雄	20.00	美國微軟公司	42套	$840.0
15	Sp0014	95年1月13日	王建民	Word 2005	台北	16.00	台灣大學	23套	$368.0
16	Sp0015	95年1月14日	陳金鋒	Word 2005	台中	16.00	美國微軟公司	24套	$384.0
17	Sp0016	95年1月15日	曹錦輝	PPT 2005	高雄	16.00	大陸工程	22套	$352.0
18	Sp0017	95年1月17日	曹錦輝	PROJECT 2005	台北	25.00	台灣積體電路	17套	$425.0
19	Sp0018	95年1月18日	陳金鋒	EXCEL 2005	台中	25.00	博碩文化	24套	$600.0
20	Sp0019	95年1月18日	王建民	EXCEL 2005	高雄	10.00	聯華電子	16套	$160.0
21	Sp0020	95年1月20日		PPT 2005	台北	14.00	美國微軟公司		
22	*								
23	合計		19			18.85		413套	7,880.0

　⑥ 請用「表格(清單)」功能練習新增一或數筆資料；然後再將這些資料錄刪除。

⑦ 請用「表格(清單)」功能,將表格(清單)轉換成一般範圍。同時觀察轉換後第 22 列的合計欄中,每一個合計資料的公式。然後將第 22 列的合計欄位刪除。

⑧ 在 C21 儲存格中填上「陳金鋒」,觀察填上「**陳**」字後的變化。

⑨ 在 H21 儲存格中填上 20,觀察 I21 儲存格的變化。

⑩ 使用「遞增排序」工具,以「區域」別進行排序。

⑪ 使用「遞增排序」與「遞減排序」工具,依【「區域」遞增、「銷售量」遞減】的條件進行排序。

⑫ 依【「銷售員」遞增、「產品」遞增、「小計」遞減】條件進行排序。

⑬ 使用「取代」功能,將「陳金鋒」的資料改為「林恩宇」。

⑭ 加上一自訂清單,其順序為「林恩宇」、「曹錦輝」、「王建民」。

⑮ 以上述的自訂清單為「主要鍵」進行「銷售員」遞增排序。

⑯ 依續上例,將「區域」以「台北」、「台中」、「高雄」順序進行排序。

⑰ 依續上例,將「銷售對象」欄位,依注音符號遞增排序。

2. 根據「CH04 習題」範例檔案中「篩選與小計」工作表中的資料,依續上例,完成如下的需求。

① 使用自動篩選,篩選出所有「王建民」的銷售記錄,觀察結果後再回復原狀。

② 依續上例,使用自動篩選,篩選出所有「在台北地區的銷售量等於 15 套」的記錄,觀察結果後再回復原狀。

③ 依續上例,使用自動篩選,篩選「由台北賣給 PC Home」的銷售資料,觀察結果後再回復原狀。

④ 依續上例，進行篩選出所有「銷售量介於 10 套至 20 套間」，且「小計是倒數 3 項」的記錄。

⑤ 依續上例，請計算④ 篩選過後記錄的「小計」總和與銷售量的平均，如下圖所示。

⑥ 觀察結果後再回復原狀。並注意 H22:I22 儲存格的統計值。

⑦ 選取一月十日以後的銷售資料，且小計是前 3 名的資料，觀察 I22 儲存格的變化，最後再還原回原始狀態。

⑧ 篩選出所有「銷售數量介於 20-25」或是「銷售數量介於 10-15」的資料，並將資料送到原工作表外(如 L1 儲存格)，然後回復原狀。

⑨ 篩選出所有「小計大於平均小計」的資料，並將資料送到原工作表外，且只顯示「日期」與「小計」欄位，最後回復原狀。

⑩ 在原工作表篩選出所有「區域是「台」開頭」，且「銷售日期是在一月十日以後」的資料，然後回復原狀。

⑪ 將 H22:I22 的儲存格公式清除。

⑫ 使用「小計」功能，統計每一銷售員的「小計」與「銷售量」的總和，如下圖所示。

165

	A	B	C	D	E	F	G	H	I
1	銷售編▼	日期	銷售▼	產品 ▼	區▼	單▼	銷售對▼	銷售▼	小▼
2	NO001	95年1月1日	王建民	iPod 20GB	台北	20.00	PC Home	16套	$320.0
3	NO006	95年1月5日	王建民	iPod U2 特別版	台北	25.00	雅虎奇摩	16套	$400.0
4	NO010	95年1月11日	王建民	iPod shuffle	台中	16.00	EBay台灣	22套	$352.0
5	NO014	95年1月13日	王建民	iPod shuffle	台北	16.00	PC Home	23套	$368.0
6	NO019	95年1月18日	王建民	iPod 20GB	高雄	10.00	PC Home	16套	$160.0
7	NO020	95年1月20日	王建民	iPod U2 特別版	台北	14.00	雅虎奇摩	12套	$168.0
8			王建民 合計					105套	$1,768.0
9	NO002	95年1月3日	曹綿輝	iPod shuffle	台中	16.00	PC Home	20套	$320.0
10	NO007	95年1月7日	曹綿輝	iPod 20GB	台中	20.00	雅虎奇摩	15套	$300.0
11	NO012	95年1月12日	曹綿輝	iPod U2 特別版	台北	20.00	雅虎奇摩	29套	$580.0
12	NO016	95年1月15日	曹綿輝	iPod U2 特別版	高雄	16.00	EBay台灣	22套	$352.0
13	NO017	95年1月17日	曹綿輝	iPod Mini	台北	25.00	PC Home	17套	$425.0
14			曹綿輝 合計					103套	$1,977.0
15	NO003	95年1月4日	陳金鋒	iPod shuffle	高雄	16.00	EBay台灣	24套	$384.0
16	NO004	95年1月4日	陳金鋒	iPod U2 特別版	台北	16.00	PC Home	25套	$400.0
17	NO005	95年1月5日	陳金鋒	iPod 20GB	高雄	25.00	EBay台灣	21套	$525.0
18	NO008	95年1月7日	陳金鋒	iPod Mini	高雄	25.00	EBay台灣	18套	$450.0
19	NO009	95年1月9日	陳金鋒	iPod shuffle	台北	16.00	PC Home	15套	$240.0
20	NO011	95年1月12日	陳金鋒	iPod 20GB	高雄	20.00	雅虎奇摩	24套	$480.0
21	NO013	95年1月12日	陳金鋒	iPod 20GB	高雄	20.00	雅虎奇摩	42套	$840.0
22	NO015	95年1月14日	陳金鋒	iPod shuffle	台中	16.00	雅虎奇摩	24套	$384.0
23	NO018	95年1月18日	陳金鋒	iPod 20GB	台中	25.00	EBay台灣	24套	$600.0
24			陳金鋒 合計					217套	$4,303.0
25			總計					425套	$8,048.0

⑬ 依續上例，統計「台北」區域每一銷售員銷售量與小計的平均數。

	A	B	C	D	E	F	G	H	I
1	銷售編▼	日期	銷售▼	產品 ▼	區北▼	單▼	銷售對▼	銷售▼	小▼
7	NO001	95年1月1日	王建民	iPod 20GB	台北	20.00	PC Home	16套	$320.0
8	NO006	95年1月5日	王建民	iPod U2 特別版	台北	25.00	雅虎奇摩	16套	$400.0
9	NO014	95年1月13日	王建民	iPod shuffle	台北	16.00	PC Home	23套	$368.0
10	NO020	95年1月20日	王建民	iPod U2 特別版	台北	14.00	雅虎奇摩	12套	$168.0
11			王建民 平均值					17套	$314.0
12	NO012	95年1月12日	曹綿輝	iPod U2 特別版	台北	20.00	雅虎奇摩	29套	$580.0
13	NO017	95年1月17日	曹綿輝	iPod Mini	台北	25.00	PC Home	17套	$425.0
14			曹綿輝 平均值					23套	$502.5
15	NO004	95年1月4日	陳金鋒	iPod U2 特別版	台北	16.00	PC Home	25套	$400.0
16	NO009	95年1月9日	陳金鋒	iPod shuffle	台北	16.00	PC Home	15套	$240.0
17			陳金鋒 平均值					20套	$320.0
25			總計平均數					19套	$362.6

⑭ 依續上例，統計每一區域銷售量與小計的「最大值」。統計完成後，選取大綱階層鍵2，最後利用統計圖表繪製的功能，進行統計圖表的製表。如下圖。(請使用「雙軸折線圖加直條圖」的方式來進行)

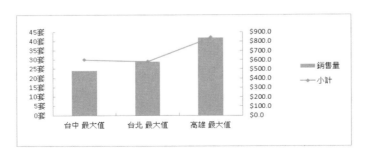

CHAPTER

05

Excel 重要資料分析函數精解

本 章 重 點

了解 Excel 內建函數與增益集

學習各種類別常用函數與應用

學習 Excel 處理特定作業的函數應用

學習查表精靈的應用

連線至博碩文化網站下載

CH05 常用函數

5-1 函數概述與增益集

在建構資料分析模式，或進行任何如市場調查等作業時，一定要借助「公式」與「函數」。「函數」與「公式」其實就是我們利用 Excel 建構模式最重要的核心工具。包含增益集函數在內，在 Excel 中共包含有四百多個工作表函數，當我們在使用時，可以自行鍵入，也可以使用「函數精靈」或「插入函數」來協助。

Excel 為了不讓系統過於「龐大」，因此，將某些不是相當常用的功能與函數，放置於「增益集」功能中，等待使用者有需要時再自行加入。

範例　加入增益集函數與其他增益集功能

▶ 練習在您的 Excel 環境中，加入增益集函數。

Step1：　選取『檔案/選項/增益集』指令，在左下方管理裡選擇「Excel 增益集」後按執行按鈕，如此一來就會產生如圖 5-1 的「增益集」對話方塊。

附註　若為 Excel2007 版本請選取『Office 按鈕/Excel 選項/增益集』指令，在左下方管理裡選擇「Excel 增益集」後按執行按鈕。Excel2003 之前的版本請選取『工具／增益集』指令。

圖 5-1

加入增益集
函數

Step2: 在如圖 5-1 中選取「分析工具箱」核取方塊,然後按下「確定」功
能鍵即可。若有需要加入其他「增益集」功能,請自行於圖 5-1 的
對話方塊中選取。

　　若在圖 5-1 的畫面中,無法選取到「分析工具箱」項目,表示你在安裝
Office 或 Excel 時,並沒有將此一增益集元件加入,請重新安裝 Excel,並將
這些相關的元件加入即可。

　　在下一節開始,我們將說明 Excel 中一些重要的「資料分析」相關常見
而重要的函數。有些應用範例中,可能會使用到尚未說明的函數,請讀者見
諒。若有興趣,可以參閱本書作者另一著作。

5-2　一般商用統計函數

在 Excel 中，共提供了八十幾個統計相關的函數，包括最基本的敘述統計方面使用的 SUM()、AVERAGE()、MAX()與 MIN()等；推論與實驗設計方面使用的 FORECAST()、LINEST()；進行「獨立性」檢定所使用的卡方檢定相關函數，甚至也包含一些特殊分配的機率密度函數，如可以產生 Beta、Gamma 等分配函數的統計值等。

我們在第 8、9 兩章會說明「增益集」功能－【資料分析】的應用，他可以讓我們直接進行許多的統計分析。使用時，只要選取『資料/資料分析』(Excel2003 之前的版本為『工具/資料分析』)即可。但利用【資料分析】所得的結果，都是屬「靜態」，也就是說，當資料有所改變時，必須重新執行一次，否則無法得到最新的資料。因此，針對某些的應用需求，可能需直接使用「函數」來進行。

在本節中還會介紹一些商業上常用製作分析報表常用的函數，這些函數於 Excel 中可能被歸類於「數學」類別。

ROUND(數值,小數位數)

依所指定的小數位數，將數值四捨五入成為指定的位數。

如果「小數位數」引數值大於 0，四捨五入後的數值將擁有所指定的小數位數；如果「小數位數」引數值等於 0，四捨五入後的數值將是整數；「小數位數」引數值小於 0，四捨五入後的數值將是取到小數點左邊所指定的位數。

$$= ROUND(11258.9816, -3) = 11000$$
$$= ROUND(11258.9816, 0) = 11259$$
$$= ROUND(11258.9816, 3) = 11258.982$$

注意　請注意以上三個函數中的第一個函數，當指定小數位數為負數時，則是往左取到更大的整數位數。此應用通常會用在如計算獎金時，取到 "千" 元為單位。

除了 ROUND() 函數外，INT()與 ROUNDUP()、ROUNDDOWN() 等函數也都可以用來處理數值資料的位數問題。其中，ROUNDUP() 與 ROUNDDOWN()分別代表無條件進位與無條件捨去。ROUND()也常常會與其他函數或是公式一起使用，例如：A1:A3 分別代表銷貨數量、單價與折扣，若我們希望產生的「小計」是以四捨五入取到小數點第二位，則可以使用如下公式來取得，

```
=ROUND(A1*A2*A3,2)
=ROUND(PRODUCT(A1:A3),2)
```

其中，PRODUCT()函數為「乘積」函數，表示幾個引數相乘。

SUMIF(範圍,條件,加總範圍)

針對在一「範圍」內，滿足所設定「條件」下「加總範圍」的總和。

SUMIF() 可以將 "條件" 與 "加總範圍" 分開思考。也就是，針對某一項目設條件，但是所要求的是在滿足條件下的另一項目的總和。如找出身高超過 180 公分的同學的體重總和。如果省略「加總範圍」，則是針對符合條件的「範圍」來加總，如果不省略「加總範圍」，則是以符合條件「範圍」的相對「加總範圍」來加總。此一函數主要適用在「資料清單」的數值處理。

範例　*SUMIF()應用*

▶ 使用「CH05 常用函數」檔案中的「Sumif 函數應用」工作表中的資料(如圖 5-2)，計算「銷售額」大於 600 的「銷售額」與「獎金」總和(分別置於 D16 與 D17)。

圖 5-2

SUMIF() 函數範例

D17 =SUMIF(B3:B13,">600",C3:C13)

	A	B	C	D
1	安心出版社			
2	業務姓名	銷售額	獎金	
3	王清峰	200	40	
4	林毓恆	700	140	
5	林宏諭	1,000	200	
6	萬衛華	900	180	
7	陳偉忠	400	80	
8	陳建志	600	120	
9	黃金印	700	120	
10	熊漢琳	300	60	
11	林毓修	1,200	500	
12	陳玉玲	600	140	
13	陳履安	700	300	
14				
15				
16	「銷售額」大於600的「銷售額」總和			5,200
17	「銷售額」大於600的「獎金」總和			1,440

要計算「銷售額」大於 600 的「銷售額」與「獎金」總和，可分別以如下公式完成。

D16「銷售額」：=SUMIF(B3:B13,">600")

D17「獎金」：=SUMIF(B3:B13,">600",C3:C13)

要達到本範例的需求，也可使用第 4 章所介紹 Excel 的「自動篩選」來進行。請先以「自訂」的方式篩選出銷售量 “>600” 的資料，然後再使用「自動加總」 工具便可完成。如此的作法將可更有彈性地讓最後的結果隨著篩選的結果而改變。如圖 5-3 的 B14:C14 儲存格，將根據我們所設定的「自動篩選」條件而改變。[有關自動篩選，請參考 4-3-1 自動篩選內容]

圖 5-3

先經「自動篩選」，再配合「自動加總」工具完成

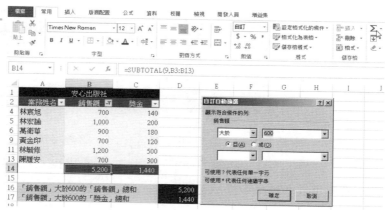

　使用函數，於 D19 與 D20 的儲存格中，計算「獎金」小於 200 的「獎金」與「銷售額」總和，並配合自動篩選檢驗所計算的結果是否正確。

SUMPRODUCT(陣列 1,陣列 2,…)

此函數主要傳回將各矩陣中所有對應元素乘積之總和。

也就是說，回傳的只是一個值，但處理對象是兩個以上具有相對資料個數的陣列。簡單說每一個矩陣必須具有相同的列數、相同的欄數，否則 SUMPRODUCT() 函數會傳回錯誤值 #VALUE!。而矩陣中空白儲存格及文字資料，SUMPRODUCT() 函數會將它當作 0 來處理。

最常用的 SUMPRODUCT() 函數是使用於計算具有加權比例狀態下的總合，現在我們以一個範例說明。

範例　*SUMPRODUCT()應用*

▶ 以「SUMPRODUCT 應用」工作表為範例，學期成績的計算，是每一種單項成績乘上加權比重不一樣，請以圖 5-4 的範例為例，計算每一位學生的學期總成績，並以四捨五入方式取到整數位數。

173

圖 5-4

以
SUMPRODUCT()
函數計算加權平
均的總分

	A	B	C	D	E	F	G	H	I
1	學號	比例	15%	15%	10%	10%	25%	25%	總分
2		學生姓名	出席成績	平常	作業一	作業二	期中考	期末考	
3	833001	熊漢琳	70	45	100	78	97	93	
4	833002	陳偉忠	97	58	84	65	56	89	
5	833003	黃柏誠	59	82	74	45	51	51	
6	833004	林毓恆	95	83	83	72	71	76	
7	833005	陳玉玲	85	98	95	58	53	98	

以圖 5-4 計算「總分」之處理為例，我們希望最後所求得的總分，是每一個個別的分數，去乘上相對的加權百分比加總而得。以圖 5-4 的 I3 儲存格為例，若使用公式，不考慮四捨五入下，做法可以寫成：

=C1*C3+D1*D3+E1*E3+F1*F3+G1*G3+H1*H3

其中若是考慮公式的複製，我們必須將第一列比重的部分，設定為絕對位址，且加上四捨五入的考慮，公式應該改為

=ROUND(($C$1*C3+$D$1*D3+$E$1*E3+$F$1*F3+$G$1*G3+$H$1*H3),0)

但若我們使用 SUMPRODUCT()函數，則可直接產生加權平均，作法如下：

=ROUND(SUMPRODUCT($C$1:$H$1,C3:H3),0)

COUNTIF(範圍,條件)

計算某 "範圍" 內「符合條件」儲存格的個數。

在某些應用中，我們可能想要了解在全年度的銷售記錄中，到底符合高利潤標準的資料筆數到底有多少，或在學生的成績資料中想知道，不及格的學生個數有多少，此時便會使用 COUNTIF()來進行。其中，所謂的條件是我們自己所設定的，可以是【數字表示】式或【文字形式】的準則，例如：條件可寫成 100、"100"、">100" 或 "陳玉玲"，其中，當我們將條件設定成"陳玉玲"時，表示我們是要找尋儲存格為陳玉玲的個數。

範例 *COUNTIF()應用*

❶ 於「CH05 常用函數」範例檔案中「學生成績」工作表中的 C42:E42 欄位，
計算三次成績的不及格人數(以低於 60 分為不及格)。

❷ 依續上例，在 C43:E43 中，以函數計算，在每一次的考試中，究竟有多少
個數字大於該次考試的平均數。

Step1: 於 C42 的儲存格中，設定以下函數

=COUNTIF(E2:E41,"<60")

Step2: 將 C42 公式複製到 D42:E42 中。在於 C43 中，設定以下函數

=COUNTIF(C2:C41,">"&AVERAGE(C2:C41))

Step3: 將 C43 公式複製到 D43:E43 中。

利用「CH05 常用函數」範例檔案中「Sumif 函數應用」工作表
數據，分別計算銷售額大於 600 分與獎金小於 200 的人數。

LARGE(範圍,第幾個值)

最主要是在「範圍」中，選取最大的「第幾個值」。

使用者可以用這個函數來指定選取排在第幾位的值。例如：您可以使用
LARGE 傳回最高、第二高或第三高的分數。

如果範圍是空值，則 LARGE 傳回錯誤值 #NUM!。如果「第幾個值」<=0
或大於資料點的個數，則 LARGE 傳回錯誤值 #NUM!。如果 n 是範圍中資料
點的個數，則 LARGE(範圍,1) 傳回最大值，而 LARGE(範圍,n) 傳回最小值。

另一個相關的函數 SMALL()，主要用來求得第 N 個最小值，
用法與觀念，都與 LARGE()相似。

範例 *LARGE()應用*

▶ 依續上例，於「CH05 常用函數」範例檔案中「學生成績」工作表中的 F 欄位，計算三次成績中，最高兩次的平均數。

Step1: 於 F2 儲存格中，填上如下公式

=AVERAGE(LARGE(C2:E2,1),LARGE(C2:E2,2))

Step2: 選定 F2 儲存格後，輕按兩下右下角拖曳控點，直接進行公式複製到該欄的其他儲存格。

 技巧

針對所有「N 取 N-1」的問題，除了可以直接 LARGE()函數由前往後取得資訊外，另外也可以考慮使用「全部減去最小」來呈現。例如：要由三次成績(假設放置於 A1:A3)中取兩次較高計算總和，可以由以下兩個方式達成，

=SUM(LARGE(A1:A3,1), LARGE(A1:A3,2))
=SUM(A1:A3)-MIN(A1:A3)

自我練習 利用「學生成績」工作表，計算前前五名「總分」最高的平均數。
(顯示於 M9)

MAX(數值 1,數值 2,...)

傳回一組數值中的最大值。

「數值 N」是您想找出最大值的引數數值，共可有 255 個(Excel2003 之前的版本最多只能有 30 個)。您可以將數值指定為數值、空白儲存格、邏輯值或以文字表示的數值。錯誤值或無法轉譯為數值的文字之引數將會發生錯誤。如果數值是個陣列或參照，則只會使用該陣列中的數值資料或參照。陣列或參照中的空白儲存格、邏輯值或文字都會略過。如果邏輯值和文字不能

略過，請使用 MAXA 代替。如果數值不包含數值資料，則 MAX 函數會傳回 0(零)。

另一個相關的函數 MIN()，主要用來求得一群數字中最小值，用法與觀念，都與 MAX() 相同。

利用「學生成績」工作表，分第 44 與 45 列中分別計算三次考試的最高與最低分數。

RANK(數值,相對數值陣列,指定順序)

傳回某數字，依據排序方法在一串數字清單(相對數值陣列)中的等級(位置或是排名)。

此一應用最常見用來產生排名。如果「指定順序」為 0(零)或被省略，則以「遞減」的順序來評定等級。如果「指定的順序」不是 0，則以遞增的順序來評定等級。

若有兩個數值相同，則排名的結果也相同。例如：90 分為第 6 名，若是資料中有兩個 90 分，則會產生兩個第 6 名，但是第 7 名則從缺。

範例 使用 RANK 函數取得排名

▶ 依續上例，於「CH05 常用函數」範例檔案中「學生成績」工作表中的 H 欄中，以「三取二高分平均」最高的為第一名的標準，為學生排名。

Step1: 在 H2 儲存格中鍵入以下公式。其中需要使用絕對位置是為了下一步驟的複製時使用。

```
=RANK(F2,$F$2:$F$41)
```

Step2: 朝 H2 儲存格右下角的拖曳控點輕按兩下，完成公式的鍵入。

FREQUENCY(資料範圍,分組方式)

計算某一個範圍內的值出現的次數,並傳回一個垂直的數值陣列。

在應用上,使用 FREQUENCY()可計算某些範圍內的考試成績或是達到業績各有幾個人。「資料範圍」引數是一個要計算發生個數的數值陣列或數值參照位址。如果資料範圍不含資料,則 FREQUENCY()傳回一個零的陣列。

「分組方式」引數是一個陣列或一個區間的儲存格範圍參照位址,用來存放資料範圍裏數值分組的【對照標準】,而計算的結果當會放置在此引數的右側。在此引數中,並不一定要「等距」處理,但於須以「升冪」的方式設定。主要組距範圍是自【該組設定值以下(含該組設定值)至前一組(上方一組)設定值以上】。

例如:在「分組方式」引數中設定的為 69、79、89 三組,則就 "69" 的一組而言,便包含了小於等於 69 的所有數值(因為已經沒有上一組); "79" 的一組便是包含了小於等於 79 但大於 69; "89" 一組則是小於等於 89,大於 79,同時,Excel 還會多出一組是統計大於 89 的數值,如此便包含所有區間的數值。

由於 FREQUENCY()傳回陣列,因此必須輸入為陣列公式,主要是使用 [CTRL] + [SHIFT] + [ENTER] 鍵來完成。

範例　使用 FREQUENCY()函數進行分組資料個數統計

▶ 「CH05 常用函數」範例檔案中「學生成績」為例,請計算三次考試 (C2:E41)60-100 之間(不足 60 分的另外成為一組),以每 10 分為一組,100 分單獨一組,的每組人數(如圖 5-5 所示)。

圖 5-5

分組
FREQUENCY
函數範例

	A	B	C	D	E	F	G	H	I	J	K	L
1	學號	學生姓名	第一次	第二次	第三次	三取二高分平均	總分	排名	錄取	組距	個數	
2	A73371	陳玉玲	94	67	96	95	257	4		59		(<60)
3	A73372	林向宏	97	71	52	84	220	17		69		(60-69)
4	A73373	萬衛華	69	64	58	66.5	191	36		79		(70-79)
5	A73374	陳國清	56	70	66	68	192	35		89		(80-89)
6	A73375	陳建志	81	89	56	85	226	16		99		(90-99)
7	A73376	黃士哲	58	67	63	65	188	38		100		(100)

Step1: 在 K2 儲存格填上

=FREQUENCY(C2:E41,J2:J7)

Step2: 按下 [ENTER] 鍵後此時，K2 儲存格會出現一個統計值，代表小於 60 分以下的人數有 28 人。

Step3: 接著選取 K2:K7，按下 [F2] 鍵，啟動編輯狀態。

Step4: 按下 [CTRL]+[SHIFT]+[ENTER] 鍵來完成陣列公式。

 注意 當我們設定陣列公式後，陣列公式的區域會以 "陣列" (兩側有一大括弧)的方式顯示，不可以單獨改變某一個儲存格資料，如圖 5-6 所示。

圖 5-6

陣列公式的顯示

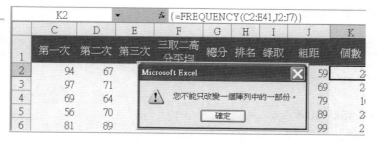

5-3　工作表資訊與判斷函數

在實際的商業或其他應用上，「條件測試」是一經常會發生的需求。例如：接受訂單時，往往我們會先查其信用狀況是否優良，庫存量是否足夠。又如針對銷售獎金的計算，可能會以其銷售額度之多寡而有不同的獎金比例，或如我國的所得稅制採「累進稅率」，因於計算所得稅時須先求出稅率，而稅率又根據其所得額，因此，要計算所得稅便需先「判斷」其等級以求得稅率。

凡以上種種不勝枚舉的實務需求在 Excel 的處理過程中，便需要使用「邏輯判斷函數」。在 Excel 中提供了如 IF()、TURE()、FALSE()、AND()、OR()、NOT() 與 IS() 等函數讓使用者在不同的問題需求下使用。

所謂「條件」於 Excel 中是指一「比較二個資料值、公式、函數」的方程式，此方程式可為等式或不等式。如下之範例皆為條件測試：

- A1<>A2

- 5*3-2<5*(3-2)

- AVERAGE(A1:C1)<=A1*1.1

- D5="淡江大學"

- ISERROR(A3)

條件測試的結果傳回 True 或 False 二值其中之一。而除了使用函數建立判斷式外(如 ISERROR()函數)，每一條件測試中至少應包含一個「運算元」，如 = (等於)、 > (大於)、 < (小於)、 >= (大於或等於)、 <= (小於或等於) 與 <> (不等於)。

另一常用在工作表模式建立時的輔助函數,是所謂的「工作表資訊函數」。輔助函數雖與實際處理上沒有直接的關係,但實際上要完成一較複雜的資料處理,常需要藉著這類基本函數來完成。例如:ISBLANK() 函數,讓我們判斷某一儲存格是否是 "空的" ,然後再根據判斷值,來進行其他的處理。

IF(判斷式,判斷式為真的作業,判斷式為假的作業)

IF() 函數是 Excel 中一相當重要的函數。主要進行判斷某一條件,以繼續進行其他的處理或顯示某一特定條件下的結果。當「判斷式」所回傳的值為 TURE 時,便執行「判斷式為真的作業」引數或傳回此引數的結果,否則,便執行「判斷式為假的作業」引數或傳回此引數的結果。

其中「判斷式為真的作業」引數是必要性引數,不可省略。而不論是「判斷式為真的作業」引數或「判斷式為假的作業」引數都可以是任何的數值或是公式,甚至為另一 IF() 函數,而構成巢狀的判斷,而此巢狀的判斷共可有 64 層(Excel2003 之前的版本最多只能有 7 層)。

範例 *IF()函數與巢狀函數*

▶ 以「CH05 常用函數」範例檔案「檢定考試」工作表為例,以「檢定考試」分數為依據,使用 If 函數判斷,設定「等級」。若「平均」分數超過 85(不含 85),即是 "A" ; 分數介在 81-85 間,則為 "B" ; 分數介在 76-80 間,則為 "C" ; 低於 75(含 75) ,則為 "D" 。

Step1: 開啟「CH05 常用函數」範例檔案「檢定考試」工作表。

Step2: 在 H4 儲存格中,依據需求,鍵入如下函數:

```
=IF(F4>85,"A",IF(F4>80,"B",IF(F4>76,"C","D")))
```

Step3: 朝 H4 儲存格右下角的拖曳控點輕按兩下,完成 H4:H17 公式的鍵入。

以「CH05 常用函數」範例檔案中「檢定考試」工作表為例,利用 IF() 函數進行多重判斷。對於總分成績之評定,以「文字等級」來代表。例如,分數大於 180,評定為 "甲",在 150~180 間,評定為 "乙",而小於 150,則評定為 "丙",請顯示等級於 L 欄中。

IS(數值)

在 Excel 工作表函數中,共提供了十二個 IS 的函數(如表 5-1 所示),可測試引數「數值」或「參照位址」中的資料性質,再傳回 True 或 False 值。引數「數值」必須是個數值、公式或參考位址。若其為一陣列,則 IS 函數只會測試陣列中的第一個值。

表 5-1　IS 函數的表列

函數	說明
ISBLANK	如果數值為空白,則傳回 TRUE。
ISERR	如果數值為 #N/A 以外的任何錯誤值,則傳回 TRUE。
ISERROR	如果數值為任何錯誤值,則傳回 TRUE。
ISEVEN	如果數值為偶數,則傳回 TRUE。
ISFORMULA	如果參照為公式,則傳回 TRUE。(此為 Excel2013 新增的函數)
ISLOGICAL	如果數值為邏輯值,則傳回 TRUE。
ISNA	如果數值為 #N/A 錯誤值,則傳回 TRUE。
ISNONTEXT	如果數值並非文字,則傳回 TRUE。
ISNUMBER	如果數值為數字,則傳回 TRUE。
ISODD	如果數值為奇數,則傳回 TRUE。
ISREF	如果數值為參照,則傳回 TRUE。
ISTEXT	如果數值為文字,則傳回 TRUE。

在公式中，我們往往會以 IF() 函數配合 ISERR、ISERROR 與 ISNA 等函數來進偵錯的工作。

範例　IS()函數的應用

▶ 當我們處理一除法時，分母不得為 0，否則 Excel 會傳回一#DIV/0! 錯誤值。為進行有效判斷，倘若分母真為零，則傳回 "分母不得為 0" 的文字，若分母不為零就進行運算。假設兩個值分別置於 A1 與 A2 儲存格。

假設兩個值分別置於 A1 與 A2 儲存格，以計算 A1/A2 為例，我們可設定成：

> =IF(ISERROR(A1/A2),"分母不得為 0",A1/A2)

在上一函數中，ISERROR(A1/A2)是用來判斷 A1/A2 是否有誤，若是錯誤(如分母為零)，ISERROR(A1/A2)的值為 True，配合 IF 函數，回傳 "分母不得為 0"。

AND(第一判斷式,第二判斷式...)

當所有引數的邏輯值均為 TRUE，才傳回 TRUE 值；如有任何一個引數邏輯值為 FALSE，則傳回 FALSE。

AND() 可以有 1 到 255 個引數(Excel2003 之前的版本最多只能有 30 個)。而這些引數皆為一邏輯判斷式，或稱為一產生邏輯運算的「敘述」。所有的引數都必須是邏輯值、或包含邏輯值的參考位址。陣列或參考照址中的任何非邏輯值的資料都會被省略。若所指定的範圍中未含有邏輯值，AND 函數將傳回錯誤值 #VALUE!

範例 *AND()函數應用*

假設若 A、B 之不良率分別置於 C1 與 C2 儲存格內,利用 Excel 工作表處理判斷 A、B 二產品的不良率須分別小於 0.01 與 0.02 始為合格。若其中有一不合格,則傳回 "不合格",兩者皆合格,則傳回 "合格" (請配合 IF() 函數的使用)。

假設若 A、B 之不良率分別置於 C1 與 C2 儲存格內,則我們可設定函數為:

=IF(AND(C1<0.01,C2<002),"合格","不合格")

OR(第一判斷式,第二判斷式...)

當所有引數中的一個邏輯值為 TRUE 時,便傳回 TRUE 值;如有全部邏輯值都為 FALSE,則傳回 FALSE。

範例 *OR()函數應用*

以「CH05 常用函數」範例檔案「學生成績」工作表為例,在此考試中,共考三次,若其中有次不及格,則不予錄取。請於 I 欄「錄取」欄位,以函數判斷,以顯示「錄取」或「不錄取」的判斷。

Step1: 在 I2 儲存格,設定以下公式

=IF(OR(C2<60,D2<60,E2<60),"不錄取","錄取")

Step2: 朝 I2 儲存格右下角的拖曳控點輕按兩下,完成 I2:I41 公式的複製。

❶ 以「CH05 常用函數」範例檔案的「檢定成績」工作表為例,若「中文輸入」與「文書處理」兩科目都大於 85,或是總分大於 180,則顯示「特優」,否則不顯示。請於 M 欄中完成此一需求。

❷ 假設總平均分數置於 H4 儲存格,另一科成績置於 E4 儲存格,若總平均分數不及格(小於 60)或另一科成績為空白者,則顯示 "重修",否則就出現 "及格" 的資訊。(提示,配合 IF()、OR()與 ISBLANK()函數來進行。)

5-4 檢視與參照函數

在 Excel 工作表模式的建立中,我們常常會應用到「以某一值,查詢另一值」,例如:鍵入客戶編號、查詢出他的基本資料、鍵入員工編號、查詢出底薪、扶養人數等等,這一些函數都是所謂的「檢視」函數。在 Excel 的工作表函數中,提供 CHOOSE()、INDEX()、MATCH()、LOOKUP()、HLOOKUP()與 VLOOKUP()等函數作為查詢之用。其中較為常的是 VLOOKUP(垂直查詢)與 HLOOKUP(水平查詢)二種。

「查詢表」的基本組成是包括了「比較值」及「對應值」。所謂「比較值」是查詢表中的一行或一列的遞增排列值,而「對應值」是以比較值所相對應的資料,也就是我們想要經由查詢動作以找到的資訊。所以在查詢的環境中,就是以「比較值」來找出對應的「對應值」,如下圖所示。

圖 5-6

查詢的概念

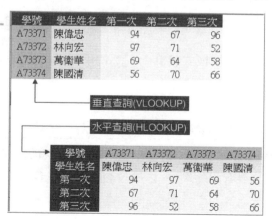

　　　用來作為「查詢」標準的對象，通常為企業或組織中的「基本資料」。在實際的應用上，可以做為員工薪資、單價、成本、成績查詢，或薪資所得(稅)、電話費、水電費、收支狀況對照…等。例如：在國內的水電費便採取一累進的方式來收費，如此我們可以建立一份水電單位度數價格的對照表，而由使用度數，查詢應以何種單價來計算水電價格。

CHOOSE(索引值,數值 1,數值 2,...)

　根據所指定的「索引值」，自引數串列中選出相對應的值或應執行的動作。

　　　如「索引值」為 1，CHOOSE 函數會傳回「數值 1」，或執行數值 1 的動作，餘者類推。「索引值」引數可以是數字、公式或參照至數值資料的參照位址，但此值須介 1 至 254 之間(Excel2003 之前的版本為 1 至 29 之間)。

　　　如果「索引值」小於 1 或大於清單中最後值的個數，則 CHOOSE()傳回錯誤值 #VALUE!。如果「索引值」不是整數，則在運算之前，會先將它無條件捨去到最接近的整數。CHOOSE() 在某些的應用方面，時常可以取代 IF() 函數，而用來做為模式之運算。以下的範例主要是說明 CHOOSE()的應用。

> =CHOOSE(3,"熊漢琳","陳偉忠","林建宏")= "林建宏"
> =CHOOSE(1,SUM(A1:A3),AVERAGE(B1:B3),10)=SUM(A1:A3)
> =AVERAGE(B1:CHOOSE(2,B8,C3,D2))=AVERAG2(B1:C3)

　　　CHOOSE() 函數通常用於模式設計上，讓使用者可以更有彈性地處理所面對的資料。

範例　　*使用 CHOOSE()函數建立選擇性計算模式*

▶ 以「CH05 常用函數」範例檔案「檢定考試」工作表為例(圖 5-7)，設計一函數，當使用者在 A25 儲存格輸入 1、2、3、4 時分別進行不同的計算，並將結果顯示在 A27 上。

圖 5-7

CHOOSE()函
數範例

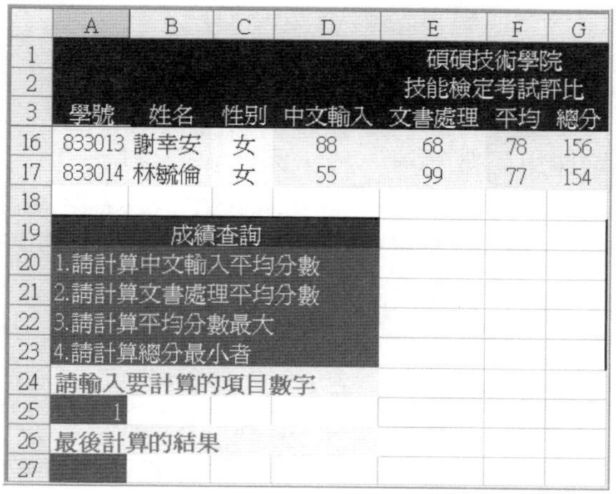

	A	B	C	D	E	F	G
1					碩碩技術學院		
2					技能檢定考試評比		
3	學號	姓名	性別	中文輸入	文書處理	平均	總分
16	833013	謝幸安	女	88	68	78	156
17	833014	林毓倫	女	55	99	77	154
18							
19		成績查詢					
20	1.請計算中文輸入平均分數						
21	2.請計算文書處理平均分數						
22	3.請計算平均分數最大						
23	4.請計算總分最小者						
24	請輸入要計算的項目數字						
25	1						
26	最後計算的結果						
27							

要達到此一需求，我們可以使用 IF() 函數來進行，則 A27 儲存格的設定，可以使用如下的公式達成：

> =IF(A25=1,AVERAGE(D4:D17),IF(A25=2,AVERAGE(E4:E17),IF(A25=3,
> MAX(F4:F17),IF(A25=4,MIN(G4:G17)))))

但若以 CHOOSE() 函數，則一樣可以達到目的：

> =CHOOSE(A25,AVERAGE(D4:D17),AVERAGE(E4:E17),MAX(F4:F17),
> MIN(G4:G17))

從以上的分析中，我們可以知道，在這種應用情況下，使用 CHOOSE() 函數是比使用 IF() 函數簡單。

INDEX(查詢範圍,列數,欄數,區域)

主要是傳回「查詢範圍」中依據給定的「區域」，配合「列數」與「欄數」所決定的儲存格內容。

INDEX()查詢函數共有兩種型態：即「**參照**」型與「**陣列**」型兩種。

- INDEX (參照查詢範圍,列數,欄數,區域)

- INDEX (陣列查詢範圍,列數,欄數)

多數的商業查詢運用函數為第一種，因此我們以第一種為主說明。

「查詢範圍」引數是代表單一儲存格範圍或多重區域範圍的參照位址。如果是指多重區域範圍，則必須以小括號括住，如：

=INDEX((B1：G5，B6：E10)，3，3，1)=D3

此一公式代表，由(B1:G5，B6:E10)兩個查詢區域中的第 "1" 個區域為查詢對象，也就是 B1:G5，然後查詢出第 3 列、第 3 欄的資料，相當於 D3 儲存格。

「列數」與「欄數」引數用以指定您所要選取的對象是位於「查詢範圍」中的第幾列、第幾欄。如果該「列數」或是「欄數」引數被省略，則一定要輸入「欄數」或是「列數」引數，也就是兩者必須要有一個引數存在。同時，只要省略或是設為 0，則 INDEX 函數將會傳回該參照中的某整列(或整欄)的元素，因此在此一情況下，必須選定多個儲存格，以陣列公式方式輸入。(在工作表中輸入陣列時，請按下 [CTRL]+[SHIFT]+[ENTER] 鍵)。

「區域」引數用以指定所要選取的對象是位於多重區域範圍中的第幾個區域，多重區域中的第一個區域的編號為 1、第二個區域的編號為 2，其餘以此類推。如果「區域」引數被省略，則 INDEX 函數便會採用第一個區域編號。當然「區域」引數的設定數值，不能大於我們於「查詢範圍」中所設定的區域個數。

例如：假設「查詢範圍」引數為儲存格 (A1:B4，D1:E4，G1:H4)，則「區域編號 1」即為範圍 A1:B4，「區域編號 2」即為範圍 D1:E4，而「區域編號 3」即為範圍 G1:H4。因此，經由「查詢範圍」引數及「區域」引數共同決定一範圍之後，「列數」引數與「欄數」引數才能選出一特定的儲存格。

範例 *INDEX()應用範例*

▶ 以「檢定考試」工作表中的資料(如圖 5-8 所示)為主,請學習不同設定所得到的結果。

圖 5-8

INDEX()函數
應用範例

	A	B	C	D	E	F	G	H	I	J
1					碩碩技術學院					
2					技能檢定考試評比					
3	學號	姓名	性別	中文輸入	文書處理	平均	總分	等級	獎品	加權比例
4	833001	熊漢琳	女	66	98	82	164	B	光碟一片	1.08
5	833002	陳偉忠	男	82	94	88	176	A	電影票3張	1.10
6	833003	黃柏誠	男	65	83	74	148	D	鉛筆五支	0.98
7	833004	林毓恆	男	95	87	91	182	A	電影票3張	1.10
8	833005	陳玉玲	女	97	63	80	160	C	音樂帶兩捲	1.05
9	833006	黃冠儒	男	81	63	72	144	D	鉛筆五支	0.98
10	833007	王秀惠	女	68	84	76	152	D	鉛筆五支	0.98
11	833008	陳國清	男	70	92	81	162	B	光碟一片	1.08
12	833009	林碧梅	女	71	83	77	154	C	音樂帶兩捲	1.05
13	833010	萬衛華	女	82	94	88	176	A	電影票3張	1.10
14	833011	林宏諭	男	92	90	91	182	A	電影票3張	1.10
15	833012	林建宏	男	65	71	68	136	D	鉛筆五支	0.98
16	833013	謝幸安	女	88	68	78	156	C	音樂帶兩捲	1.05
17	833014	林鯖倫	女	55	99	77	154	C	音樂帶兩捲	1.05
18										
19	成績查詢							等級	贈品	加權比例
20	1.請計算中文輸入平均分數							A	電影票3張	110%
21	2.請計算文書處理平均分數							B	光碟一片	108%
22	3.請計算平均分數最大							C	音樂帶兩捲	105%
23	4.請計算總分最小者							D	鉛筆五支	98%

❶=INDEX((A3:G8,A10:G13,A15:G17),3,2,1) =陳偉忠

❷={INDEX((A4:G8,A10:G13,A15:G17),0,2,3)}={林建宏,謝幸安,林毓倫}

❸=INDEX((A3:G8,A10:G13,A15:G17),3,2,4)=#REF!

❹=INDEX(H20:J23,3,2)= 音樂帶兩捲

❺={INDEX(H20:J23,0,2)}={電影票 3 張,光碟一片,音樂帶兩捲,鉛筆五支}

附註

❶ 表示選取三個區域中第 1 號區域的第 3 列第 2 欄資料。

❷ 表示選取三個區域中第 3 號區域的第 2 欄全部資料(列為 0),因此必須以陣列公式輸入。

❸ 因為只有三個區域,卻設定選取第 4 個區域,因此出現錯誤。

❹ 表示在單一區域中選取第 3 列第 2 欄資料。

❺ 表示在單一區域中選取第 2 欄全部資料(列為 0),因此必須以陣列公式輸入。

其中最常用的範例，應屬於第❹型的範例。他可以簡單的在一區域中，根據給定的欄列引數，找到相對的資料。但一般來說，我們實際進行查詢時，是以一個關鍵值進行查詢，例如：我們以 H20:J23 為查詢範圍，但我們是根據「等級」資料來查詢，以❹所得到的結果，我們應該是根據等為 C 而查到贈品為音樂帶兩捲。"C" 值是位於查詢範圍的第 3 列，因此我們在❹中，直接以 3 為列引數的值，進行查詢。

若想要了解，某一個關鍵值在某一查詢範圍中是位於哪一個位置，便是使用下一個範例來完成。

MATCH(查詢值,查詢範圍,查詢型態)

根據所指定的「查詢型態」，傳回「查詢範圍」中與「查詢值」相符合元素的「相對位置」。

「查詢值」引數是用來在「查詢範圍」中搜尋所需資料的值，即所謂的「查詢鍵」。其可為數字、文字、邏輯值或包含上述資料型態的參考位址。而「查詢範圍」引數可以是個陣列或是儲存格參照位址，最常見的應用是單欄的資料，提供由上而下的查詢。

「查詢型態」引數的值域為(1，-1，0)，因此有三種方式：

- 1：(或省略)尋找不大於「查詢值」的最大值，但「查詢範圍」必須按遞增的順序排列。

- -1：尋找大於或等於「查詢值」的最小值，但「查詢範圍」必須按遞減的順序排列。

- 0：尋找第一個完全等於「查詢值」的比較值，此時「查詢範圍」可以依任意的順序排列。

MATCH() 函數將會傳回與搜尋值相符元素的「相對位置」，而不是元素本身的值；如果沒有發現相符合的元素時，則該函數會傳回錯誤值 #N／A。因此如果想傳回儲存格的內容，必須配合如上一函數 INDEX() 來進行。

如果「查詢型態」為 0，而且「查詢範圍」是文字資料，則「查詢值」可以使用通配字元星號（＊）或問號(？)。星號(＊)是指任意字串，問號 (？)是指任何一個字元。

| 範例 | *MATCH()應用*

▶ 仍以圖 5-8 為例，進行請學習不同設定所得到的結果。

❶ ＝MATCH(H17,H20:H23,0)＝3

❷ ＝MATCH(I15,I20:I23,0)＝4

❸ ＝MATCH(1,J20:J23,0)＝ MATCH(1,J20:J23,1)＝#N/A

❹ ＝MATCH(1,J20:J23,-1)＝3

附註

簡單的說，想要完全一致的找出符合的資料，「查詢型態」引數必須設定成 0，但設定成 0 時，若不法找到完全相符，則顯示#N/A。當設定成非 0 的引數值時，找不到完全符合的資料，會找最接近的資料，但查詢範圍必須排序。

技巧

以❶的範例來說，我們是根據 H17，來查出 H17 在 H20:H23 範圍中由上而下的位置(列數)，當查出列數後，可以配合上一個函數 INDEX()，以讓我們可以使用 H17 的值，查詢 H20:I23 範圍，當等級等於 C 時，相對的贈品與加權比例各是多少。以 H17 為例，要查相對贈品可以寫成

=INDEX(H20:J23,MATCH(H17,H20:H23,0),2)

在 Excel2007 之前的版本裡，還有一個「查表」精靈，主要是透過精靈的協助，讓使用者可以輕易建立一個彈性的公式，使用者只要填入表格相對的欄列索引值，就可以得到結果。接下來以一範例說明。

範例 *使用查表精靈*

(▶) 依續上例，使用查表精靈，以「檢定考試」工作表中 H19:J23 為查詢的標準，於 J26 設定公式，當使用者於 H26 與 I26 中輸入等級與要查詢的項目後，便可以得到相對的結果。

Step1: 切換到「檢定考試」工作表，將游標放置在 H19:J23 中任何一個位置，選取『公式/查表』指令(Excel2003 為『工具/查表』指令)，產生如圖 5-9 的「查表精靈」畫面。另外查表精靈需先載入增益集才可使用。

圖 5-9

啟動查表精靈

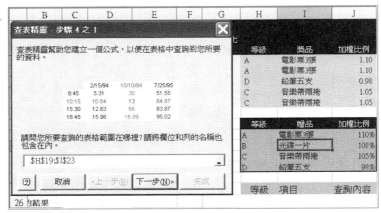

Step2: 此時，查表精靈會自動選取 H19:J23，若沒有正確選取，請重新選取 H19:J23。按下「下一步」功能鍵，顯示查表精靈第二步。如圖 5-10。

圖 5-10

設定預設要查
詢欄列標題的
項目

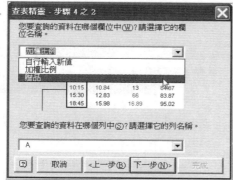

Step3: 此一步驟主要設定在查詢表中，要使用哪些欄列資料來進行查詢。
如在預設的情況我們要查詢 C 的贈品內容，則在圖 5-10 中我們將
選擇「贈品」與「C」為欄與列的項目。確定之後，按下「下一步」
功能鍵，顯示查表精靈第三步。如圖 5-11。

圖 5-11

選擇要放置公
式，還是要連
公式與參數都
一併放到工作
表中

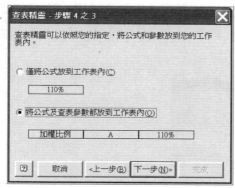

Step4: 以本範例需求，我們是要建立模式，以便可以輸入不同的參數後，
得到不同結果。因此必須選取如圖 5-11 的選項。按下「下一步」
功能鍵，顯示查表精靈第四步。如圖 5-12。

圖 5-12

放置參數與公
式的位置

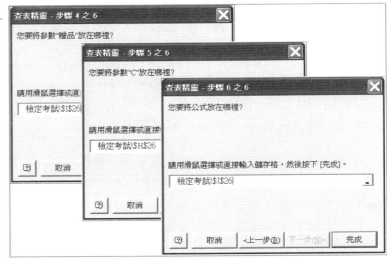

Step5: 因為在圖 5-11 中，我們設定要放置參數與公式，因此，接下來的
三個步驟分別要求選定欄列參數與公式的位置。設定完成後，按下
「確定」功能鍵，即可以完成此一模式。最後結果如圖 5-13 所示。

圖 5-13

查表精靈設
定完成後的
結果

	H	I	J	K	L	M	N	O	P	Q
19	等級	贈品	加權比例							
20	A	電影票3張	110%							
21	B	光碟一片	108%							
22	C	音樂帶兩捲	105%							
23	D	鉛筆五支	98%							
24										
25	等級	項目	查詢內容							
26	C	贈品	音樂帶兩捲							

J26 的公式為：`=INDEX($H$19:$J$23, MATCH(H26,$H$19:$H$23,), MATCH(I26,$H$19:$J$19,))`

從本範例中，可以了解到，在 J26 儲存格中，系統也是以 INDEX()與
MATCH()兩函數來達到我們的需求。公式為

=INDEX($H$19:$J$23,MATCH(H26,$H$19:$H$23,), MATCH(I26,$H$19:
$J$19,))

在應用上，我們只需要於圖 5-13 中改變 H26 與 I26 的儲存格內容便可以
得到新的查詢結果。

VLOOKUP(查詢值,查詢陣列,指定欄數,選項)

依「查詢值」在一「查詢陣列」中由上而下搜尋「第一欄」上符合「查詢值」條件的資料錄,然後根據「指定欄數」往右位移,傳回所搜尋的值。

此函數適用於「查詢值」位於查詢區域最左一列。「查詢值」是用來作為於「查詢陣列」最左欄(第一欄)中搜尋符合條件的值,其可為數值、參考位址或是一個以雙引號("")框起來的文字串。如果「查詢值」小於「查詢陣列」第一欄中的最小值時,VLOOKUP 函數會傳回錯誤值 #N/A。例如:我們使用「學號」作為於「學生資料庫」中查詢某科目成績時,「學號」就是查詢值;而「學生資料庫」就是「查詢陣列」。

「查詢陣列」代表查詢的資料範圍。此引數通常以區域儲存格的參考位址或名稱來代替。當「選項」設定為 True 或省略時,其第一欄中的值必須按「遞增」的順序排列。

「指定欄數」代表要傳回的欄數。此欄數是指在「查詢陣列」中,由左而右的欄數。當「指定欄數」小於 1,則 VLOOKUP 函數會傳回錯誤值 #VALUE!。如果「指定欄數」大於「查詢陣列」的總欄數,則 VLOOKUP 函數會傳回錯誤值 #REF!。

「選項」引數是一個邏輯值,用來指定當查詢值不是完全符合時的情況,VLOOKUP 如何傳回結果。當此引數為 TRUE 或被省略,如果找不到完全符合的值時,會傳回僅次於「查詢值」的值。當此引數值為 FALSE 時,VLOOKUP 函數只會尋找「完全符合」的數值,如果找不到,則傳回錯誤值 #N/A。

範例 *VLOOKUP()應用範例*

 以「CH05 常用函數」範例檔案「檢定考試」工作表為例,根據前面範例中使用 IF()巢狀函數完成的「等級」,以 H19:J23 的「查詢陣列」中,查詢出相對的「獎品」,顯示於 I 欄中。(此題目一定要於「等級」欄位已經計算出來才可以進行)

Step1: 在 I4 儲存格中填入以下的公式。其中,使用絕對位址 $H$20:$J$23,是為確保複製公式時,查詢的資料範圍不會受到複製的影響。

=VLOOKUP(H4,$H$20:$J$23,2,1)

圖 5-14

VLOOKUP()
函數範例

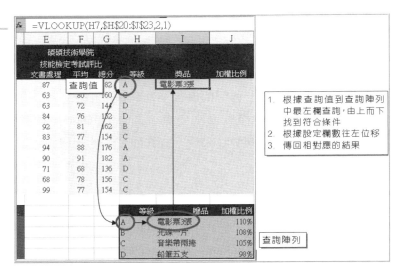

Step2: 朝 I4 儲存格右下角的拖曳控點輕按兩下,完成 I4:I17 公式的複製。

 注意

在本範例中,若我們於 I4 儲存格中,只有填上=VLOOKUP (H4,$H$20:$J$23,2,),假設「等級」中有一值是 "E"(當然,若是函數沒有錯,不會有 "E" 值產生),則查詢到的結果為「鉛筆五支」(因為會找到最接近的),但假設我們不希望產生這樣的

結果，而當找不到對應值時，就出現錯誤值 #N/A，則必須加
上「選項」引數，也寫成=VLOOKUP(H4,$H$20:$J$23,2,0)

在使用 VLOOKUP()函數時，有一個關鍵，就是當成被查詢對
象的資料區域(如圖 5-14 中的 H20:J23)的最左列一定要由小
到大排序，否則無法得到正確的結果。但假設今日的查詢對
象並沒有排序，則我們可以使用 INDEX()函數與 MATCH()
來搭配。而如 I4 儲存格可以寫上(會使用絕對位址是因為方
便複製使用，有關 INDEX()與 MATCH()函數可以參考兩個函
數的說明。(另若為 Excel 2007 之前的版本亦可使用查表精靈
來完成)

=INDEX($H$20:$J$23,MATCH(H4,$H$20:$H$23,0),2)

使用相同的方法，完成「加權比例」欄位的查詢。

HLOOKUP(查詢值,查詢陣列,指定列數,選項)

依「查詢值」在一「查詢陣列」中由左而右搜尋「第一列」上符合「查詢值」
條件的資料欄，然後根據「指定列數」往下位移，傳回所搜尋的值。此函數
的使用方式與概念與 VLOOKUP()函數相同，只是 VLOOKUP()是由上而下
搜尋，適用於標準資料庫型態，而 HLOOKUP()適用於由左而右的搜尋。

範例　*HLOOKUP()範例*

▶ 以「CH05 常用函數」範例檔案「HLOOKUP 應用」工作表為例，建立一查
詢模式，當使用者在 D8 填入「學號」時，可以由上方的資料表中查詢出相
對的姓名、三次成績，並設定加總公式取得三次總分，如圖 5-15 所示。

Step1:　請於 D9 儲存格中，填上以下函數：

=HLOOKUP(D8,$B$2:$J$6,2,1)

Step2: 此時因為 D8 儲存格沒有填上學號，因此無法查詢出任何值，而出現 "#N/A"，繼續於 D10:D13 的公式如下。

D10=HLOOKUP(D8,$B$2:$J$6,3,1)
D11=HLOOKUP(D8,$B$2:$J$6,4,1)
D12=HLOOKUP(D8,$B$2:$J$6,5,1)
D13= SUM(D10:D12)

Step3: 完成公式後，可於 D8 儲存格填上想要查詢的學號，便可以完成模式的建立，如圖 5-15 所示。

圖 5-15

HLOOKUP()
函數應用範例

	D9		▼	fx	=HLOOKUP(D8,$B$2:$J$6,2,1)				
	A	B	C	D	E	F	G	H	I	J
1				三次檢定成績						
2	學號	A73371	A73372	A73373	A73374	A73375	A73376	A73377	A73378	A73379
3	學生姓名	陳偉忠	林向宏	萬衛華	陳國清	陳建志	黃士哲	謝月嫦	黃冠儒	林建宏
4	第一次	94	97	69	56	81	58	96	50	84
5	第二次	67	71	64	70	89	67	100	93	89
6	第三次	96	52	58	66	56	63	81	72	91
7										
8	請輸入學號以查詢各項成績			A73371						
9			學生姓名	陳偉忠						
10			第一次	94						
11			第二次	67						
12			第三次	96						
13			總分	257						

從圖 5-15 來看，所謂的「查詢值」是指 D8 待輸入的學號，是要與「查詢表格」(B2:J6)中的 B2:J2 列(第一列)作比較。回傳時，若要回傳「學生姓名」，則是在「查詢表格」(B2:J6)中的第二列，因此「指定列數」為 2，以此類推。

 技巧

在完成【相似的公式】時，如前一範例，完成「獎品」欄位後要完成「加權比例」，或是本範例，完成「學生姓名」後要完成三次考試的查詢，則多可以使用複製公式的方式進行，然後再直接以公式編輯的方式，調整儲存格參照位址。

圖 5-16

複製後再調
整參照位址

7			
8	請輸入學號以查詢各項成績	A73371	
9		學生姓名	陳偉忠
10		第一次	=HLOOKUP(D8,$B$2:$J$6,2,1)
11		第二次	HLOOKUP(lookup_value, table_array, row_index_nu
12		第三次	林建宏

5-5 財務、會計專用函數

　　Excel 基本屬整合性試算表軟體，尤其適合做為會計、財務診斷或投資決策方面的工具。主要原因除了其具備動態連結、合併彙算、大綱與 What-if 分析等強大的模式功能，並且可以下載與自動連結大型資料庫或是網頁上的動態資料外，亦提供了數十個專門用於財務、會計與投資方面的函數，可處理現金流量折現、折舊與資本預算投資決策等幾個方面的問題。在本節中主要介紹幾個最常用的函數。

FV(利率,總期數,每期付款,現值,型態)

　　在已知每期付款金額、利率與總期數的條件下，傳回某項投資的「未來值」。

PV(利率,總期數,每期付款,未來值,型態)

　　在已知每期付款金額、利率與總期數的條件下，傳回某項投資的「現值」。

　　在函數中，「利率」單位應與「總期數」單位相同，例如：房屋貸款為年利率 10%，每月付款一次，則每月的利率是 10%/12 或是 0.83%。

　　「總期數」引數為年金的總付款期數。例如：如果房屋貸款為二十年期，每月付款一次，則貸款期數為 20*12。

「每期付款」是各期所應給付(或所能取得)的金額，在整個年金期間中，其金額是固定的。在「貸款分析」中，此值一般也包含了本金和利息，但不包含其他費用或稅金。

「現值」是未來各期年金現在價值的總和。若此引數被省略，則假設其值為 0。而在「貨款分析」中，此引數指一開始的 "貸款總額"，此時不能省略。

「未來值」為最後一次付款完成後，所能獲得的現金餘額(年金終值)。如果省略「未來值」，則假設其值為 0 (貸款分析中的年金終值為 0)。

「型態」為年金種類。其值為 0 或 1。0 代表正常年金期末付款；而 1 則代表期初年金。省略時，假設為正常年金，於期末付款。

期初與期末付款對於結果是有差別的，例如：年利率 10%，期數 5 年，每年繳款一千，未來值共有：

❶年初=FV(10%,5,-1000,, 1)= \$6,715.61
❷年末=FV(10%,5,-1000,, 0)= \$6,105.10

▌範例　　*存款終值的計算—年利率與月利率*

▶ 假設年利率 10%、期數 3 年、每月付款 1000 元，或每年付款 12000 元，請分別按月利與年利計算，求算終值。

❶　　若按月利複利計算，每月繳 1000 元，則終值

=FV(10%/12,3*12,-1000)= \$41,781.82

❷　　若按年利複利計算，每年繳 12,000 元，則終值

=FV(10%,3,-12000)= \$39,720.00

範例　*存款終值的計算—期初與期末*

▶ 定期儲蓄存款，假設期初存入 100,000 元，且以後每月月底儲蓄 1 萬元，若年利率為 8%，為期 10 年，且按月利複利計算，則 10 年後帳戶餘額為何？若改為月初繳款，則 10 年後又有多少的餘額？

❶　月底存款：

=FV (8%/12,120,-10000,-100000)= \$2,051,424.38

❷　月初存款：

=FV (8%/12,120,-10000,-100000,1)= \$2,063,620.78

　　針對以上兩個範例題目的作法，我們是直接使用數值來完成。但是從 Excel 模式的觀念，我們更時常會將分析模式配合儲存格來進行。例如在範例檔案中的「折現應用」工作表，我們已經將此兩範例，以及以下的範例建構於其中。此時，我們只要改變其中的一個參數便可以得到新的解答。

範例　*折現分析—分期付款選擇*

▶ 購買資產方法通常有分期付款或現金價二種。假設現金價為 10 萬元，倘若在沒有急需此 10 萬元現金，且亦無更佳之投資機會，則分期付款的方法在如下二種型態下，試比較現金或那一種分期方式較有利：

❶　頭期款 2 萬，分 10 期 (月)，年利率 8%，期付 1 萬。

❷　頭期款 2 萬 4 仟，分 36 期 (月)，年利率 8%期付 3 仟。

　　要比較此二種方案，主要是將所有方案都"折現"到「現值」，而基於相同的基準來進行比較。

❶ PV(8%/12,10,-10000)+20000= \$116,429.03
❷ PV(8%/12,36,-3000)+24000= \$119,735.42

以現金支付,現值是 100,000,因此,「現金」較「分期」有利,而在分期方法中,以方案❶的分期付款中較有利。

PMT(利率,總期數,現值,未來值,型態)

在已知期數、利率及現值(貸款金額)的條件下,傳回年金(貸款分析)中的各期付款金額。

▌範例　貸款分析

▶ 若您向銀行貸款購置汽車,年利率 12.5%,貸款金額 48 萬,貸款期限五年,問每月須繳款多少?五年到期總繳款金額為多少?

　=PMT(12.5%/12,5*12,480000)=-$10,799.01

其中負數代表現金流出,也就是「付款」。若想要得到全部付款總額,只需將 PMT()函數的所得結果乘上總期數即可。

　=-10799.01*60= -$647,940.62

▌範例　定存分析

▶ 假設以定期儲蓄存款方式預備於 5 年後存足 1 百萬元做為購屋頭期款,假設年利率為 7.5%,則每月應存多少錢方能達成預定目標?

　=PMT(7.5%/12,5*12,0, 1000000)= -$13,787.95

因此每月應存 13788 元,5 年後即有 1 百萬元。

SLN(資產價格,殘值,使用年限)

傳回某項固定資產各期間「直線折舊法」的折舊額。

所有引數皆應為正數,否則將傳回錯誤值 #NUM!。

「資產價格」為資產的原始成本;「殘值」為資產使用年限終了時的估計剩餘價值;「使用年限」是指資產可折舊的年數。

SYD(資產價格,殘值,使用年限,折舊期)

傳回某項固定資產某期間「年次數合計法」(Sum-of-Years' Digits)的折舊額。

所有引數皆應為正數,否則將傳回錯誤值 #NUM!。「折舊期」為指定所要計算折舊的期間別,「折舊期」必須與「使用年限」使用相同的衡量單位。其他引數說明請參考 SLN 函數。

DDB(資產價格,殘值,使用年限,折舊期,遞減速率)

依定速率遞減法則,傳回固定資產某期間(折舊期)的折舊額。

每期折舊額是依據資產的原始成本、使用年限、估計殘值及遞減速率,按倍數率遞減法計算而得,所有引數皆需為正。

「遞減速率」引數為選擇性引數,預設值為 2,即為「雙倍餘額遞減法」,但亦可改變此引數。其他引數說明請參考 SLN 函數。

範例　*折舊函數應用*

▶ 某一自動化生產設備,可用期限 5 年,原始成本 100 萬元,殘值 10 萬,請使用直線法,求算每期折舊額為何?

    =SLN(1000000,100000,5)=180,000

▶ 依續上例,若以年次數合計法折舊,求算第 1 年與第 5 年之折舊額。

    第一年:=SYD(1000000,100000,5,1)=300,000
    第五年:=SYD(1000000,100000,5,5)=60,000

▶ 依續上例，若以倍數餘額遞減法折舊，請計算如下幾期間的折舊計算。

❶　雙倍餘額遞減，第 1 天。

=DDB(1000000,100000,5*365,1) = $1,095.89

❷　雙倍餘額遞減，第 1 年。

=DDB(1000000,100000,5,1)= $400,000.00

❸　雙倍餘額遞減，第二年。

=DDB(1000000,100000,5,2) = $240,000.00

❹　3 倍餘額遞減，第 5 個月。

=DDB(1000000,100000,5*12,5,3) $40,725.31

VDB(資產價格，殘值，使用年限，啟始折舊期，結束折舊期，遞減速率，轉換邏輯值)

傳回固定資產某個時段間(啟始折舊期與結束折舊期之間)的折舊額。

「啟始折舊期」與「結束折舊期」為指定要計算的折舊數額，是從第幾期到第幾期。此兩引數必須與「使用年限」引數採用相同的衡量單位。其他引數說明請參考 SLN 函數。

「遞減速率」引數為選擇性引數，預設值為 2，即為「雙倍餘額遞減法」，但可改變。如果遞減速率被省略，則採用「雙倍餘額遞減法」來計算折舊數額。

如果「轉換邏輯值」引數為 0 或被省略，則當直線折舊數額大於倍率餘額遞減法算出之折舊時，VDB()函數會將折舊數額切換成直線法的折舊數額。而若「轉換邏輯值」引數為 1，則不論何種情況，都是使用倍率餘額遞減法算出折舊。

VDB()函數之概念與 DDB()類似，皆採某倍率(遞減速率)餘額遞減法來進行折舊，但 VDB()函數可計算某一期間，而 DDB()函數只計算某一期。

當我們將 VDB()函數設定成計算單一期次的折舊時，會與 DDB()的效果一致。例如：

> VDB(100,10,5,1,2)=DDB(100,10,5,2)=24

範例　VDB()函數應用

▶ 依續上例。原始成本 100 萬，殘值 10 萬，期數 5 年。分別以

❶ 倍率為 2，但小於直線法時，以直線為主

> 第一年折舊=VDB(1000000,100000,5,,1,2,0)= $400,000
> 第二年至第四年折舊=VDB(1000000,100000,5,2,4,2,0)= $230,400
> 第二月至第十八個月=VDB(1000000,100000,60,2,18,2,0)= $391,217

❷ 倍率固定為 1.5，進行第一年折舊、第二年至第四年折舊、第二月至第十八個月折舊等三個項目的計算。

> 第一年折舊　=VDB(1000000,100000,5,0,1,1.5)= $300,000
> 第二年至第四年折舊=VDB(1000000,100000,5,2,4,1.5)=$268,500
> 第二月至第十八個月=VDB(1000000,100000,60,2,18,1.5)= $316,634

　根據以上所有有關折舊的範例，請於範例檔案中「折舊」工作表，進行折舊模式的設定。

企業最常用的折舊法分別為直線法、年次數合計法與雙倍餘額遞減法。其中以雙倍餘額遞減法為速率最大之加速折舊。此三種折舊皆可以 Excel 所提供之 SLN、SYD 與 DDB、VDB 函數。其中 DDB ()與 VDB()函數可傳回不同倍率之倍率餘額遞減。

範例　　折舊綜合模式應用

▶ 假設有一固定資產原始成本 100 萬，殘值 20 萬，使用期限為 10 年，請使用不同折舊方法(含不同倍率)進行各期折舊額的比較，並且以統計圖表進行分析。

　　我們可以在 Excel 中，利用本小節所說明的函數建立如圖 5-17 的分析表。此一分析表已經建立於「折舊分析」工作表中，讀者可以自行切換並進行分析。建立此一模式時，只需要使用 SLN()、SYD()與 DDB()即可。

圖 5-17

多種折舊方
法之分析

	A	B	C	D	E	F	G
1	資產總值	1,000,000					
2	殘值	200,000					
3	折舊年限	10					
4				DDB()		SLN()	SYD()
5	期數	1.5倍餘額	2.倍餘額	2.5倍餘額	3.倍餘額	直線法	年數合計
6	第1年	$150,000	$200,000	$250,000	$300,000	$80,000	$145,455
7	第2年	$127,500	$160,000	$187,500	$210,000	$80,000	$130,909
8	第3年	$108,375	$128,000	$140,625	$147,000	$80,000	$116,364
9	第4年	$92,119	$102,400	$105,469	$102,900	$80,000	$101,818
10	第5年	$78,301	$81,920	$79,102	$40,100	$80,000	$87,273
11	第6年	$66,556	$65,536	$37,305	$0	$80,000	$72,727
12	第7年	$56,572	$52,429	$0	$0	$80,000	$58,182
13	第8年	$48,087	$9,715	$0	$0	$80,000	$43,636
14	第9年	$40,874	$0	$0	$0	$80,000	$29,091
15	第10年	$31,617	$0	$0	$0	$80,000	$14,545

　　由圖 5-17 中發現，倍率越高的「倍率餘額遞減法」之加速折舊性愈高，而倍率為 1.5 之「倍率餘額遞減法」最接近「年次數合計法」。

技巧

我們在圖 5-17 中建構分析模式時後，使用了「自訂數值格式」的技巧，例如，B5:E5 儲存格，看起來像是文字，事實上是數字，以便配合公式複製時，能夠自動參照。相同的技巧也同樣用到 A5:A15 的數字資料。

　　也因為在圖 5-17 的分析模式中我們使用「自訂數值格式」的技巧，因此在產生統計圖表時，不可以直接經由 ALT+F1 鍵直接繪製成統計圖。利用統計圖表的技巧，步驟如下。

Step1: 選定 A5:G15 資料區域,在「插入」索引標籤裡選取「插入折線圖/含有資料標記的折線圖」。

Step2: 請見圖 5-18,雖已插入折線圖,但所產生的統計圖表,看起來不像是所需要的統計圖表(請注意 Y 軸與 X 軸的顯示)。此時請先選取『圖表工具/設計/選取資料』指令以開啟「選取資料來源」對話框。

圖 5-18

已插入的統計圖表及「選取資料來源」對話框

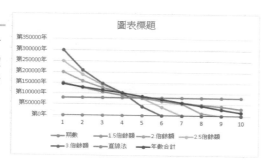

Step3: 會產生這樣的情況主要的原因是「期數」並不是屬於「數列」,而且使用者也應該為 X 軸設定相對的資料。因此,在圖 5-18 下圖中選定「圖例項目」選框下的「期數」,然後按下「移除」功能鍵,先將「期數」移除。

Step4: 接著按下「水平(類別)座標軸標籤」選框下的「編輯」功能鍵,然後選定工作表上 A6:A15 來重新進行設定,如此一來圖 5-18 的狀態便會變更成圖 5-19 的狀態。

圖 5-19

設定正確數列
後的狀態

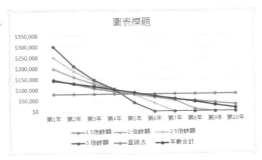

Step5: 最後完整統計圖表如圖 5-20 所示。

圖 5-20

不同折舊方法
的比較

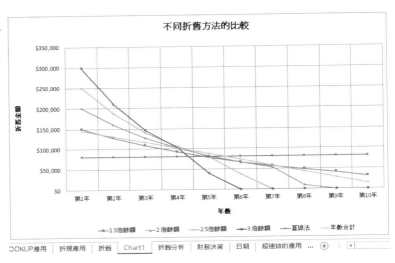

NPV(資金成本,現金流量 1,現金流量 2…)

在已知未來連續期間的現金流量(現金流量 1, 現金流量 2,…)及貼現率(資金成本)之條件下,傳回某項投資的淨現值。

「資金成本」(利率)是每一期現金流量折為現值的利率,亦為投資計劃之「必要報酬率」。

現金流量 1,現金流量 2,…所屬的各期期間長度必須相同,而且現金流出及流入的時點均假設發生在期末。「現金流量 n」的引數個數最多能有

254 個(Excel 2003 之前的版本最多只能有 29 個,當現金流量超過 29 期時,可直接以「名稱」或「參考位址」替代)。

NPV 函數假設投資係開始於「現金流量 1」的前一期,而結束於最後一期現金發生的當期。如果第一期現金發生在第一期的期初,請將第一期現金加到 NPV 函數的計算結果上,而不要包含在「現金流量 n」引數中。即投資案之 NPV:

> 淨現值=-期初投資+ NPV(資金成本,現金流量 1,現金流量 2...)

範例 淨現值的求算

▶ 以範例中的「財務決策」工作表投資計劃為例,於期初投資 100 萬,往後五年每年底將回收如 B2:B6 的金額,假設資金成本分別為 8%、10%、12%,問其淨現值為何?

Step6: 在 B9 儲存格中鍵入以下公式:

> =$B$1+NPV(D2,$B$2:$B$6)

Step7: 使用任何一種方式將 E2 的儲存格公式複製到 E3:E4,最後結果可以參考圖 5-21。

在上述的步驟中,我們直接以 D2:D4 分別代表三種不同的資金成本,若直接寫公式,可以寫成:

> 資金成本為 8% =B1+NPV(8%,B2:B6)= 46,492
> 資金成本為 10% =B1+NPV(10%,B2:B6)= (5,663)
> 資金成本為 12% =B1+NPV(12%,B2:B6)= (54,150)

從以上分析中可以得知,若資金成本為 8%,表示還值得投資(因為淨現值大於 0),但超過 10%之後,因淨現值為負值,因此不得投資。

IRR(現金流量,猜測值)

傳回連續期間現金流量的內生(部)報酬率。

內生(部)報酬率是指在某項投資計劃的各期支出(負數)及收入(正數)中所能獲得的報酬。就觀念上而言，所謂「內生報酬率」即為使「淨現值」(NPV)為 0 之必要報酬率。IRR()以「現金流量」的順序作為實際現金流量的順序，因此，請確實以真實的順序輸入支出和收入的值，並加上正確的正負號。

「現金流量」引數為各期現金流量數值的位址。必須至少含有一個正數及一個負數，否則內部報酬率可能會是無限解。「現金流量」引數中的文字、邏輯值或空白儲存格都會被忽略不計。「猜測值」是對內部報酬率的猜測數。

IRR() 會從「猜測值」開始，反覆計算直到誤差值小於 0.00001%，如果在反覆計算 20 次後，依舊無法求得結果，IRR 函數會傳回錯誤值 #NUM!。在大部份的處理中，並不需要提供「猜測值」值。如果省略掉「猜測值」，IRR函數將假設它是 10%。但是，如果 IRR 函數傳回錯誤值 #NUM!，則請使用不同的「猜測值」再試一次。

範例　　內部報酬率應用

▶ 依續上例，一樣的投資計畫，假設分別在第二年、第四年與第五年停止營業，請問內部報酬率為何。

❶ 若第二年止停止營業，內部報酬率的設定公式為：

=IRR(B1:B3)= -15.4%

❷ 若第四年止停止營業，內部報酬率為：

=IRR(B1:B5)=7.1%

❸ 若第五年止停止營業，內部報酬率為：

=IRR(B1:B6)=9.8%

NPV()與 IRR()應用範例的結果如圖 5-21 所示。

圖 5-21

NPV()與 IRR()
的應用範例

	A	B	C	D	E	F
	E2		▼	fx	=$B$1+NPV(D2,$B$2:$B$6)	
1	期初投資	($1,000,000)		NPV		
2	第一年回收	($100,000)		8%	$46,492	
3	第二年回收	$800,000		10%	($5,663)	
4	第三年回收	$300,000		12%	($54,150)	
5	第四年回收	$200,000		IRR		
6	第五年回收	$100,000		二年結束	-15.42%	
7				四年結束	7.11%	
8				五年結束	9.78%	

5-6 日期與時間函數

在 Excel 最常用的兩個日期與時間函數，分別是代表今天日期的 TODAY()
與代表此刻時間的 NOW()。但因此兩函數相當簡單，在本書第 4 章也多次使
用過該函數配合 TEXT()函數做說明，因此不在此處贅述。

但在有關時間與日期的應用上，我們常常會遇到一些特定的需求，並不
是藉由 TODAY()與 NOW()函數，就可以處理。接著我們就簡單的解釋，這些
需求以及在 Excel 的表達方式。

主要使用的函數，簡單說明於下。而相關的日期範例，都放置於範例檔
案之「日期」工作表中，讀者可以開啟自行研究與應用。

DATE (年,月,日)

傳回對應於所指定的年、月、日的日期序列值。

DAY (日期序列)

傳回日期序列值所代表的日期數(該月的第幾天)。

MONTH (日期序列)

傳回日期序列值所代表的月份數(該月的第幾天)。

YEAR (日期序列)

傳回日期序列值所代表的年數

▶ 新增特定月份與天數到某一日期

例如：我們在 A1 儲存格儲存特定日期(如 "55 年 2 月 6 日")，若想知道 "25 年 10 個月又 10 天" 後的日期，則可以使用以下表達。

=DATE(YEAR(A1)+25,MONTH(A1)+10,DAY(A1)+10)

▶ 計算兩日期間的年數、月數、天數差

例如：在 A1 與 A2 分別有兩個日期，若我們希望知道兩日期的年數、月數、天數差，則分別可以寫成：

年數→=YEAR(A1)-YEAR(A2)
月數→=(YEAR(A1)-YEAR(A2))*12+(MONTH(A1)-MONTH(A2))
天數→=A1-A2
工作天數→=NETWORKS(A1-A2)

▶ 使用函數，將日期轉換成星期

例如：我們在 A1 儲存格儲存特定日期(如 55 年 2 月 6 日)，若要知道，該日期是星期幾，可以使用以下公式來表達。

中文星期=TEXT (WEEKDAY (A1) , "aaaa")
英文星期=TEXT (WEEKDAY (A1) , "dddd")

▶ 使用函數，求算某人的實際歲數

例如，我們在 A1 儲存格儲存某人的生日(如 55 年 2 月 6 日)，若要計算出該員的實際歲數，可以使用以下公式來表達。

=IF(OR(MONTH(A1)<MONTH(TODAY()),AND(MONTH(A1)=MONTH
(TODAY()),DAY(A1)<DAY(TODAY()))),YEAR(TODAY())-YEAR(A1),
YEAR(TODAY())-YEAR(A1)-1)

附註 要計算出實歲，主要的觀念是，以今天的年份減掉出生日為基準，如果今天的月份與日期，已經超越出生日的月份與日期，則表示兩日期年份差就已經是 "實歲"(已滿)，否則要減一。要判斷今天的月份與日期，是否已經超越出生日的月份與日期，首先判斷月份是否超過，如超過就條件成立，如果月份相等，則必須判斷日期是否超過，才可以判斷條件成立是否成立。因此我們使用 AND()涵蓋當月份相等時，日期要超過兩個條件；使用 OR()函數來判斷月份要大於，或是月份相等日期要大於兩條件有一條件成立就成立。而以上的日期範例，都放置於範例檔案之「日期」工作表。

5-7 本章常用函數總整理

函數名稱	意義
AND(第一判斷式,第二判斷式...)	當所有引數的邏輯值均為 TRUE，才傳回 TRUE 值；如有任何一個引數邏輯值為 FALSE，則傳回 FALSE。
CHOOSE(索引值,數值 1,數值 2,...)	根據所指定的「索引值」，自引數串列中選出相對應的值或應執行的動作。

函數名稱	意義
COUNTIF(範圍,條件)	計算某 "範圍" 內「符合條件」儲存格的個數。
DATE (年,月,日)	傳回對應於所指定的年、月、日的日期序列值。
DAY (日期序列)	傳回日期序列值所代表的日期數(該月的第幾天)。
DDB(資產價格,殘值,使用年限,折舊期,速率)	依定速率遞減法則,傳回固定資產某期間(折舊期)的折舊額。
FREQUENCY(資料範圍,分組方式參照)	計算某一個範圍內的值出現的次數,並傳回一個垂直數值陣列。
FV (利率,總期數,每期付款,現值,型態)	在已知各期付款、利率及總期數的條件下,傳回某項投資的未來值。
HLOOKUP(查詢值,查詢陣列,指定列數,選項)	依「查詢值」在一「查詢陣列」中由左而右搜尋「第一列」上符合「查詢值」條件的資料欄,然後根據「指定列數」往下位移,傳回所搜尋的值。
IF(判斷式,判斷式為真的作業,判斷式為假的作業)	當「判斷式」所回傳的值為 TURE 時,便執行「判斷式為真的作業」引數或傳回此引數的結果,否則,便執行「判斷式為假的作業」引數或傳回此引數的結果。
INDEX(查詢範圍,列數,欄數,區域)	主要是傳回「查詢範圍」中依據給定的「區域」,配合「列數」與「欄數」所決定的儲存格內容。
IRR(現金流量,猜測值)	傳回連續期間現金流量的內生(部)報酬率。

函數名稱	意義
IS(數值)	共有十二個 IS 的函數,可測試引數「數值」或「參照位址」中的資料性質,再傳回 True 或 False 值。
LARGE(範圍,第幾個值)	最主要是在「範圍」中,選取最大的「第幾個值」。
MATCH(查詢值,查詢範圍,查詢型態)	根據所指定的「查詢型態」,傳回「查詢範圍」中與「查詢值」相符合元素的「相對位置」。
MONTH (日期序列)	傳回日期序列值所代表的月份數(該月的第幾天)
NOW()	傳回此刻電腦時間
NPV(資金成本,現金流量 1,現金流量 2...)	在已知未來連續期間的現金流量(現金流量 1, 現金流量 2,...)及貼現率(資金成本)之條件下,傳回某項投資的淨現值。
OR(第一判斷式,第二判斷式...)	當所有引數中的一個邏輯值為 TRUE 時,便傳回 TRUE 值;如有全部邏輯值都為 FALSE,則傳回 FALSE。
PMT(利率,總期數,現值,未來值,型態)	在已知期數、利率及現值(貸款金額)的條件下,傳回年金(貸款分析)中的各期付款金額。
PV (利率,總期數,每期付款,未來值,型態)	在已知期數、利率及每期期付款的條件下,傳回年金現值數額。
RANK(數值,參考數值陣列,指定順序)	傳回某數字在一串數字清單中的等級。
REPT(文字,顯示次數)	將文字重複顯示指定的次數。

函數名稱	意義
ROUND(數值,小數位數)	依所指定的小數位數,將數值四捨五入成為指定的位數。
SLN(資產價格,殘值,使用年限)	傳回某項固定資產各期間「直線折舊法」的折舊額。
SMALL(範圍,第幾個值)	最主要是在「範圍」中,選取最小的「第幾個值」。
SUMIF(範圍,條件,加總範圍)	針對在一「範圍」內,滿足所設定「條件」下「加總範圍」的總和。
SUMPRODUCT(陣列 1,陣列 2,...)	傳回將各矩陣中所有對應元素乘積之總和。
SYD(資產價格,殘值,使用年限,折舊期)	傳回某項固定資產某期間「年次數合計法」的折舊額。
TODAY()	傳回電腦中今天的日期。
VDB (資產價格,殘值,年限,啟始折舊期,結束折舊期,速率,轉換邏輯值)	傳回固定資產某個時段間(啟始折舊期與結束折舊期之間)的折舊額。
VLOOKUP(查詢值,查詢陣列,指定欄數,選項)	依「查詢值」在一「查詢陣列」中由上而下搜尋「第一欄」上符合「查詢值」條件的資料錄,然後根據「指定欄數」往右位移,傳回所搜尋的值。
XIRR (現金流量,日期,猜測值)	傳回某一現金流量表之內部報酬率,該現金流量不須是定期性的。
XNPV (資金成本,現金流量,日期)	傳回某一現金流量表淨現值,該現金流量不須是定期性的。
YEAR (日期序列)	傳回日期序列值所代表的年數。

5-8 習題

1. 根據「CH05 習題」範例檔案中的「銷售業績」工作表，進行以下練習。

　① 使用 SUMIF()函數，完成計算銷售總和大於 3000 之銷售總和與一月份銷售的和，結果放置於 A15 與 A16 儲存格。

　② 於 A17 與 A18 中，使用 COUNTIF()函數計算女生個數與一月份業績大於 1850 的個數。

　③ 分別使用 COUNT()、COUNTA()函數、COUNTBLANK()計算一月份的數字資料個數、資料個數與空白資料個數的資料個數，分別放置於 A19:A22 儲存格。

2. 請依據「CH05 習題」範例檔案中的「模式 1」工作表，完成如下的作業練習

　① 在 B3:D7 中，使用 RAND()函數，配合其他函數，產生(含)30 到 50 之間的正整數。

　② 「分數」欄中，是三次考試成績，取兩次最大加總。

　③ 「等級」欄中條件是「分數」為依據。分數大於等於 90，A；大於等於 80，但小於 90，B；大於等於 70，但小於 80，C；其他是 D。

　④ 「加權總分」欄是「分數」乘上依據「等級」查詢所得的「加權比例」，若查詢不到，出現「#N/A」即可。

　⑤ 以「分數」為依據，統計各種分數組別的人數，以函數完成 B10:C13 的資料區域。

　⑥ 「判斷」欄位中，若三次考試有一次大於 40 分，就出現 "及格" 否則出現 "不及格"。

⑦ 在 J8 設定公式，以便在 J6 儲存格輸入數字便可以依據 J2:J4 的說明，取得計算結果。

⑧ 若 Excel 為 2007 之前版本的讀者可再進一步試著利用查表精靈，於 M1:M3 儲存格中建立查詢模式，使用人名與考試次別，查詢該次考試成績。

3. 請依據「CH05 習題」範例檔案中的「模式 2」工作表，完成如下的作業練習。

① 於 A2 儲存格，配合函數 TEXT 與 NOW，建立「報表的時間是：民國 XX 年 XX 月 XX 日(星期 X)(上/下午)xx 時 xx 分 xx 秒」的時間格式。

② 於 B5:D11 儲存格中，利用函數產生 50 到 200 的隨機整數。

③ 利用 SUMPRODUCT()函數，於『總業績』欄位，配合 B3:D3 各年度比例計算出業務員業績。

④ 完成 B12:E12 的各年度與總業績的統計值，包括中位數與平均數。

⑤ 於 B14 儲存格完成所有業務三年的「總平均」(B5:D11)。

⑥ 於 B15 儲存格，填上以分數的表示方式 "1 2/5"。

⑦ 於「加權業績」欄位中，建立「加權」總額，「加權」定義為「總業績」X「加權因子」。

⑧ 於「狀況」欄位中，若「加權業績」大於 200，則為「優秀」，否則顯示顯示空白。

⑨ 於「及格」欄位中，若「總業績」或是「2003」年的業績大於 160，則顯示 "及格"，否則顯示顯示空白。

⑩ 於「評比」欄位中，若「總業績」大於「總平均」(B14)，則顯示 "優良"，否則顯示 "不佳"。

⑪ 於「低於平均數個數」中，判斷每一個業務員，過去年三成績中有多少個低於總平均(B14)的業績。

⑫ 於「及格☆」的欄位中，判斷有幾個年度的業績高於總平均，就出現幾個☆。

⑬ 請於『排名』欄位根據「加權業績」大小計算排名。

⑭ 請於『等級』欄位根據「總業績」多寡計算等級；200 以上為 A；151-200 為 B；101-150 為 C；100 以下為 D。

⑮ 請於『晉級』欄位中設定，若是三年業績中有一年大於 180，或等級為 A，則顯示 "晉級" ；否則不顯示。

⑯ 請於『獎金』欄位根據業績多寡，從查詢表中取得 "獎金比例" 乘上「加權業績」以計算獎金。

⑰ 於 K13:K16 中，根據 J13:J16 的分組，設定函數所需要的組別間距。

⑱ 於 L13:L16 中，利用函數計算次數分配。

4. 請依據「CH05 習題」範例檔案中的「模式 3」工作表，完成如下的作業練習。

① 請於 B2 儲存格填上顯示今天日期的函數。

② 請於『到職年數』欄位根據 B2 的今天日期與 A4 下方的到職日，計算每位員工到職年數(未滿一年不算)。

③ 請於『排名』欄位根據業績多寡計算排名。

④ 請於『等級』欄位根據業績多寡計算等級；8000 以上(含 8000)為 A；6000-7999 為 B；4000-5999 為 C；2000-3999 為 D；1999 以下為 E。此一題目，我們不以 IF()函數來進行，而請以 VLOOKUP()函數進行。

⑤ 請於『晉級』欄位中設定，若是到職年數滿 20 年，或等級為 A，則顯示 "晉級" ；否則不顯示。

⑥ 請於『獎金』欄位根據『等級』，從查詢表中取得 "獎金比例" 乘上 "業績" 以計算獎金，如『等級』為 C，獎金比例為 10%，則獎金為 5000x10％＝500。但因此題等級並未按照昇冪排序，因此，請以 INDEX() 配合 MATCH() 函數完成。

⑦ 於 K13:K17 中，根據 J13:J17 的分組，設定函數所需要的組別間距。

⑧ 於 L13:L17 中，利用函數計算次數分配。

5.   使用折舊函數，在「CH05 習題」範例檔案中的「折舊」工作表下，設定函數，只要在 B1:B3 中輸入折舊相關資訊，便可以於 B5:F8 中產生折舊相關資訊。

6.   使用日期函數、IF()與 AND()、OR()函數，在「CH05 習題」範例檔案中的「日期函數」工作表下，設定函數，完成以下需求。

① 在 B2 儲存格利用 TODAY()產生今天日期。

② 在「實際年齡」一欄，以 Year()、Month()、DATE()函數與判斷函數，配合 B2 儲存格，計算實際的年紀，需計算實歲。如今天是民國 90 年 10 月 1 日，若生日於 87 年 12 月，則未滿三歲，若生日於 87 年 9 月，則滿 3 歲。

③ 以 IF()函數、And()與 LEFT()函數於「合格名單」一欄，顯示若實際年齡介於 20-40 歲之間，且設籍「台北」(縣市)都符合條件，而顯示「合格」兩字。

7.   使用財務函數，求算下列財務問題。(請將函數設定於「財務函數」工作表)

① 小熊熊如果希望在 5 年後能購買一部價值$42 萬的 March 汽車，那麼他現在應該在銀行存入多少錢？(假設該銀行的年利率為 2.25%，每年複利一次)？(四捨五入取至整數)

② 基金報酬率為 5%，若希望在 25 年後退休擁有 1500 萬。以基金定時定額投資，請問從現在開始，每月月初，應投入多少金額購買基金?(假設每年以複利計算，無條件進位，計算至整數位數)

③ 向銀行貸款購置汽車，年利率 12.5%，貸款金額 60 萬，貸款期限 8 年，每月月初繳款，問每月須繳款多少？(四捨五入取至整數)

④ 假設以定期儲蓄存款方式預備於 5 年後存足 100 百萬元做為出國留學的費用，假設定時定額的年利率為 2%，則每月月底應存多少錢方能達成預定目標?(四捨五入取至整數)

⑤ 同上題，又假設每月只有能力存 11000，必須存足幾年(幾個月)方可以存足 100 萬元?

⑥ 黃金金進行投資，年初投資 10 萬，從年底開始每年可以回收 2 萬，共 10 年，最後的投資殘值是 1 萬，請問黃金金的投資報酬率為何?(計算至小數點 2 位)

⑦ 張董事長與員工借款，每 100 萬每月固定付利息 18,000 元，請問，張董事長的借款年利率為多少??(計算至小數點 2 位)

⑧ 李主任於定期儲蓄存款之儲蓄中，於期初存入 200,000，以後每月固定於月初存入 60,000 元，假設年利率為 2.25%，5 年之後李主任共可以儲蓄多少金額。(四捨五入取至整數)

⑨ 期初金額為 10 萬，若第一至第五年的年利率分別為 10%、8%、12%、10%、12%，請問第五年末，共有未來值多少。

⑩ 林老師每年年初在銀行存 100 萬元，共 10 年，年利率是 4%，但每一季計息一次，問 10 年後，林老師有存款多少?(四捨五入取至整數)

筆記欄

樞紐分析圖表的應用

本 章 重 點

使用多欄位進行樞紐分析

學習相對比較與百分比分析

學習「累計」型態的樞紐分析表

學習與應用樞紐分析報表格式

學習自訂欄位與自訂項目的應用

顯示明細資料與進行資料追蹤

學習樞紐分析與自動篩選的關係

學習樞紐分析與 MS Query 的整合

樞紐分析表其他重要技巧

連線至博碩文化網站下載

CH06 樞紐分析資料庫範例、CH06 多重來源樞紐分析表、
CH06 進階樞紐分析表與應用

　　對於大型清單或資料庫中的資料，為了能提供給決策者進行進一步分析與決策輔助，通常會經過某些以決策者角度來整理資料的過程。在第 4 章的說明內容中，曾介紹使用「表格(清單)」功能來進行資料分析。例如：對於一些特定資訊的擷取，可以藉由『資料/篩選』與『資料/進階篩選…』等指令來處理；我們也可以利用『資料/小計…』指令，來進行特定擷取資訊的其他統計處理，也就是可以將擷取後的資訊，並配合第 5 章工作表函數(如 Sum()、Average()等)完成資訊的運算。在第 4 章中，還說明資料下載、排序，最後進行小計的處理，但這些處理可能還不能滿足決策者決策需求。

　　Excel 提供有「樞紐分析表」功能，專門用來處理需要以兩個以上的欄位不同值的組合，來決定另一欄位統計值的相關問題，也就是傳統的「交叉分析」。「樞紐分析表」除了產生統計值外，還可以產生各欄、列的百分比或相對指標，甚至可以自訂計算欄位，取得非預設資料庫欄位的統計值。

　　在應用面上，「樞紐分析表」可以用在處理營業資料、學生成績資料及任何需要統計處理的應用。尤其不可忽視的功能是「樞紐分析表」可以用來進行市場調查或行銷研究所需的統計分析，如計算各問卷中各種答案的個數與得票率。

6-1 建立簡單樞紐分析表

　　Excel 提供了樞紐分析表及樞紐分析圖功能，透過使用者界面與詳盡的解釋，協助使用者達到資料樞紐分析的目的。

6-1-1 樞紐分析表基本型態

▶ 單一變數樞紐分析表

使用「單一變數」進行分類，例如：「銷售員」與銷售量之統計表，就是以單一變數「銷售員」進行分析，如圖 6-1 所示。

圖 6-1

單一變數「樞紐分析表」

	A	B
3	加總 - 銷售量	
4	銷售員 ▾	合計
5	林宸旭	683
6	林宸佑	344
7	林毓修	728
8	陳建志	300
9	總計	2055

▶ 雙變數樞紐分析

資料的結果可能受兩變數影響而發生變化時，例如：產品銷售數量受月份與銷售員性別兩變數之影響、房地產價格受物價指數與市場需求的影響，則相關訊息便需藉由雙變數「樞紐分析表」方法來處理，方能將此種關聯完整的表示出來，如圖 6-2 所示，表示分析銷售資料時，以業務員與區域相關兩變數進行銷售總和統計。

圖 6-2

處理「雙變數」的樞紐分析表的範例

	A	B	C	D	E
3	加總 - 銷售量	地區 ▾			
4	銷售員 ▾	大陸	北美	歐洲	總計
5	林宸旭	236	282	165	683
6	林宸佑	137	136	71	344
7	林毓修	241	266	221	728
8	陳建志	149	151		300
9	總計	763	835	457	2055

技巧 在進行資料分析時，若是我們希望能夠進行「相關係數」或是相關性檢定時，通常必須以此類型的二維表格形式為基礎。

當然，使用者也有可能會以「兩個以上」的變數來進行資料的分類分析，如圖 6-3 便是一個以「三變數」來建立的樞紐分析表結果。在圖 6-3 中，我們可以很清楚地知道，每一月份不同銷售員賣出不同產品的銷售量。

圖 6-3

多變數樞紐分析表

	A	B	C	D	E	F
3	加總 - 銷售量		地區 ▼			
4	日期 ▼	銷售員 ▼	大陸	北美	歐洲	總計
5	⊟1月	林宸旭	45	70	24	139
6		林宸佑	22	22		44
7		林毓修	16	17		33
8		陳建志	38			38
9	1月 合計		121	109	24	254
10	⊟2月	林宸佑	28		24	52
11		林毓修	12	91		103
12	2月 合計		40	91	24	155
13	⊟3月	林宸旭	44	24	15	83

而對於多變數的分析，除了使用如圖 6-3 的表達方式外，另可以使用「篩選」的概念來進行，可以放置在「篩選」區域的欄位也可以有多個，如圖 6-4 所示，我們在上方的報表篩選欄位中，放置了「銷售員」與「地區」，而分析每一個月每一項產品的銷售量。當我們在「銷售員」與「地區」分別選取 "林宸佑" 與 "歐洲" 時，則下方的統計表就代表著「林宸佑在歐洲每一個月每一項產品的銷售量」。

圖 6-4

使用報表篩選欄位的樞紐分析

	A	B	C	D
1	銷售員	林宸佑 ▼		
2	地區	歐洲 ▼		
3				
4	加總 - 銷售量	產品 ▼		
5	日期 ▼	葡萄	蘋果	總計
6	2月		24	24
7	4月		15	15
8	5月		12	12
9	9月	20		20
10	總計	20	51	71

技巧 放置到報表篩選區域的欄位，可以有兩個以上。而若是有選取特定資料，則有「篩選」的意思，如圖 6-4 所示，便是只觀察「林宸佑」銷售員「歐洲」的狀況。

6-1-2 樞紐分析表簡單應用

要建立樞紐分析表，只須在包含清單的工作表中，選定任一清單中的儲存格，再選取『插入/樞紐分析表』指令，透過「建立樞紐分析表」對話方塊的協助，便可完成各個分析工作。

範例 *建立簡單樞紐分析*

以「CH06 樞紐分析資料庫範例」範例檔案「銷售清單」為基礎，建立基本樞紐分析工作表。

❶ 統計每一「銷售員」的「銷售量總和」。

❷ 依續上例，統計每一「銷售員」每一區域的「銷售量總和」。

❸ 依續上例，統計「每一種產品」在每一區域的「銷售量總和」。

❹ 依續上例，在分析的結果中不要顯示「大陸」地區的資料。

Step1: 啟動「CH06 樞紐分析資料庫範例」範例檔案的「銷售清單」工作表，將游標移到清單中的任一儲存格。

Step2: 選取『插入/樞紐分析表…』指令，產生「建立樞紐分析表」對話方塊。

圖 6-5

「建立樞紐分析表」對話方塊

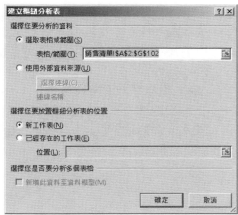

注意 雖然 Excel 會自動幫忙選取資料清單，但使用者還是應該要注意所選取的資料清單範圍是否正確。尤其應確認所選取的資料清單中的第一列，是否為欄位名稱。

Step3: 在「選擇您要分析的資料」中，Excel 已預先選定「選取表格或範圍」並自動選取資料清單範圍。若自動選取的範圍不正確，則請重新選定。

Step4: 「建立樞紐分析表」對話方塊中也可以讓使用者自行決定樞紐分析表放置的位置，如圖 6-5。選取「確定」鍵或按下 [ENTER] 鍵即可得到如圖 6-6 所示，提供給使用者進行交叉分析的畫面，同時會顯示「樞紐分析表欄位」工作窗格。

圖 6-6

提供給使用者
進行交叉分析
設定的畫面

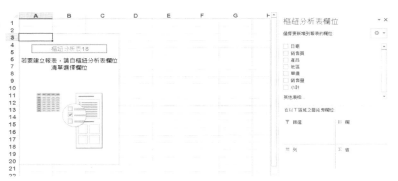

到此一步驟，我們已經完成了基本的樞紐分析工作表。此一空白工作表，可以讓我們很快地運用滑鼠拖曳的操作方式便可以進行全方位的樞紐分析。

Step5: 接著因為我們要統計每一銷售員的「銷售量總和」，因此以滑鼠將「樞紐分析表欄位」上的相關欄位拖曳到適當的位置，也就是將「銷售員」欄位，拖曳到下方「列欄位」，將「銷售量」欄位拖曳到「值欄位」。

圖 6-7

使用滑鼠直接
拖曳要分析的
欄位與統計的
對象

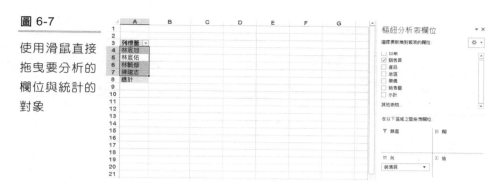

Step6: 放開滑鼠後，即可以得到❶的結果。

第二個需求是統計每一銷售員每一區域的「小計總和」，因此，只
需要將「樞紐分析表欄位」工具窗格上的「地區」欄位，拖曳到下
方「欄欄位」即可，而值欄位不變。

Step7: 接著，將滑鼠選定在樞紐分析表結果報表的任一儲存格上，將「樞
紐分析表欄位」上的「地區」欄位，拖曳到下方「欄欄位」處，放
開滑鼠即可以得到❷的結果。

圖 6-8

以滑鼠拖曳欄
位即可得第❷
需求的結果

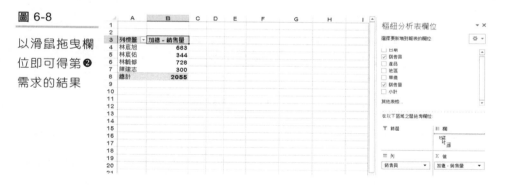

第三個需求是想要了解「每一種產品」在每一區域的「小計總和」。因
此，在操作上，也只需將「列欄位」的「銷售員」資料置換成「產品」資料
即可。此一操作主要練習將已經包含的欄位移除。

Step8: 在「樞紐分析表欄位」工具窗格中清除「銷售員」欄位的勾選，如
此即可移除「銷售員」欄位。

圖 6-9

在「樞紐分析表欄位」工作窗格中清除欄位核取方塊的勾選，便可以進行移除

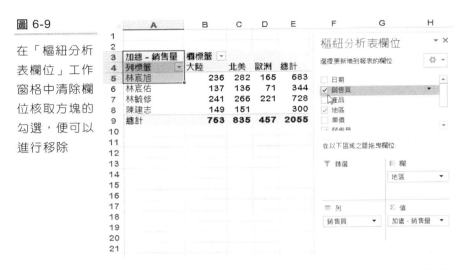

Step9: 移除後，將只剩下每一區域的銷售額總和的統計資料。接著將「樞紐分析表欄位」工作窗格上的「產品」欄位，拖曳到下方「列欄位」處，放開滑鼠即可以得到❸的結果。

圖 6-10

需求❸的結果

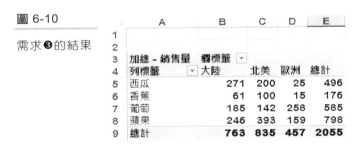

操作到目前為止，我們可以於如圖 6-10 的 B3 與 A4 儲存格中，發現每一欄位都有一下拉清單的功能。在其中，使用者可以決定要顯示哪一些資料項目。

Step10: 在 B3 儲存格「欄標籤」欄位右側下拉選框中，清除 "大陸" 項目。

圖 6-11

從下拉清單中
可以決定顯示
的欄位

Step11: 按下「確定」功能鍵即可以完成設定，得到不包含 "大陸" 的需求
❹結果。

　　經過上述的練習，我們已經學習了如何利用滑鼠拖曳欄位，直接取得我
們所要的結果。而到目前為止，我們所計算的，都是「總和」的計算，若我
們所希望統計的，是屬於「平均數」或其他的統計值，則我們要進行「統計
欄位的管理」。

6-2　統計欄位的管理

　　「統計欄位」是我們在進行樞紐分析的主要目標(如上面範例的「銷售量」
欄位)。從上面的練習中，我們也可以知道，在不進行設定改變時，統計欄位
的處理方式會以「加總」為主，而在 Excel 中，若是統計欄位為 "非數值"，
如我們將「地區」欄位拖曳到統計欄位(值欄位)區域中，則會以「計數」為預
設值。

當然，我們也可以改變除了「加總」與「計數」的統計方式，主要的做法就是在樞紐分析表結果報表左上角的欄位上按右鍵並選取「值欄位設定」，便可以進行改變。

範例　*改變統計欄位的統計量與顯示*

▶ 依續上例，進行以下的分析。

❶　於「欄標籤」中，再度顯示 "大陸" 的資料

❷　接著，於樞紐分析表結果報表中，將統計(值)欄位由「銷售量」改為「地區」，以統計每一種產品在每一區域所出售的銷售筆數。

❸　將統計(值)欄位由「地區」改為「小計」。

❹　將統計的方式，由「加總」改為「平均數」。

❺　依續上例，針對「平均數」改為小數點兩位，並包含貨幣的數字格式。

Step1:　在 B3 儲存格「欄標籤」欄位右側下拉選框中，再度選定 "大陸"項目。

Step2:　按下「確定」功能鍵即可以完成❶的需求。

Step3:　在「樞紐分析表欄位」工具窗格中清除「銷售量」欄位的勾選。

Step4:　接著將「樞紐分析表欄位」工作窗格中的「地區」欄位，拖曳到下方「值欄位」處，放開滑鼠即可以得到結果。

圖 6-12

需求❷：統計每一種產品在每一區域所出售的銷售筆數

	A	B	C	D	E
1					
2					
3	計數 - 地區	欄標籤 ▾			
4	列標籤 ▾	大陸	北美	歐洲	總計
5	西瓜	12	10	1	23
6	香蕉	4	5	1	10
7	葡萄	12	6	12	30
8	蘋果	12	17	8	37
9	總計	40	38	22	100

在上一結果中，我們可以知道，A3 儲存格所顯示的欄位，已經變成「計數－地區」，代表目前所產生的結果是「每一產品在每一區域的銷售筆數」，如我們可以從圖 6-12 的結果中發現，西瓜銷售到歐洲的筆數只有一筆。

Step5: 一樣使用滑鼠拖曳的方式，將統計欄位，再由「地區」改為「小計」，此時，A3 儲存格所顯示的欄位，已經變成「加總－小計」，表示目前所統計的是「每一產品在每一區域的銷售金額」。這也是需求❸的結果。

Step6: 接著選取 A3 儲存格後，再選取「分析」索引標籤中「作用中欄位」群組裡的「欄位設定」，產生如圖 6-13 的「值欄位設定」對話方塊。(若為 Excel2003 之前的版本請朝 A3 儲存格輕按兩下來產生「樞紐分析表欄位」對話方塊。)

圖 6-13

使用「值欄位設定」對話方塊進行欄位管理

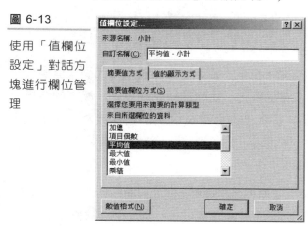

Step7: 在「摘要值方式」中選取「平均值」，按下「確定」功能鍵即可以完成設定，所產生的結果如圖 6-14 所示。

圖 6-14

需求❹每一產品在每一區域的平均銷售金額

	A	B	C	D	E
1					
2					
3	平均值 - 小計	欄標籤			
4	列標籤	大陸	北美	歐洲	總計
5	西瓜	406.5	350	450	388.173913
6	香蕉	228.75	300	225	264
7	葡萄	308.3333333	473.3333333	430	390
8	蘋果	246	277.4117647	238.5	258.8108108
9	總計	311.125	333.0526316	351.9545455	328.44

Step8: 再度選取 A3 儲存格後，選擇「分析」索引標籤中「作用中欄位」群組裡的「欄位設定」，產生「值欄位設定」對話方塊。接著按下「數值格式」功能鍵，產生「儲存格格式」對話方塊。

圖 6-15

改變欄位的數值格式

Step9: 選取我們要的數字格式，按下「確定」功能鍵即可回到「值欄位設定」對話方塊，再按下「確定」功能鍵以完成設定，產生的結果便是需求❺的結果。此時系統已經將圖 6-14 的數值都改為包含兩位小數的貨幣格式。

 使用「銷售清單」工作表上的資料，建立一樞紐分析表，分析不同業務員於不同地區，平均銷售量的統計(請取到小數點第二位)。

6-3 產生樞紐分析圖

要建立「樞紐分析圖」有兩種方式，一種是利用『插入/樞紐分析圖…』指令來產生，另一種是產生「樞紐分析表」後，再利用結果報表的資料產生統計圖。

範例　　*產生樞紐分析圖*

▶ 依續上例，進行以下樞紐分析：

❶　以「每一產品在每一區域的平均銷售金額」產生一「立體橫條圖」。

❷　改為產生「每一銷售員在每一區域的總銷售金額」統計圖。

❸　依續上例，不顯示「陳建志」與「歐洲」地區的資料。

Step1:　將游標放置在樞紐分析報表中的任一儲存格上，選取『分析/樞紐分析圖』指令。另若為 Excel 2010/2007 請選取『選項/樞紐分析圖』指令；若為 Excel 2003 之前的版本請選取「樞紐分析表」工具列上的「圖表精靈」 📊 ，或是『樞紐分析表/樞紐分析圖』指令。

圖 6-16

『分析/樞紐分析圖』指令

Step2:　圖表類型選擇「立體群組橫條圖」後按下「確定」鈕即可產生樞紐分析圖。結果如圖 6-17 所示。(若為 Excel2003 之前的版本請使用「圖表」工具列，將樞紐分析圖改為「立體群組橫條圖」。)

Step3:　可以使用樞紐分析圖工具的分析、設計、格式索引標籤來對圖表進行調整。例如利用『設計/移動圖表』指令來將圖表移到新工作表裡等。

圖 6-17

需求❶將樞紐
分析圖以立體
橫條圖顯示

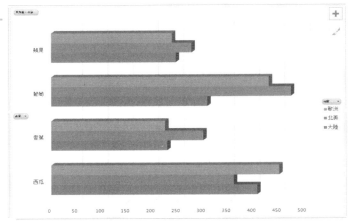

注意 產生「樞紐分析圖」後，我們可以使用與一般統計圖表處理的
任何指令與操作方式，來進行樞紐分析圖的格式化。

Step4: 在「樞紐分析圖欄位」裡取消產品核取方塊的勾選以移除產品欄
位。(若為 Excel2003 之前的版本就按住下方 欄位再將其拖曳
到欄位清單)

Step5: 接著在「樞紐分析圖欄位」裡勾選「銷售員」欄位，此時即可得到
另一份統計圖。(若為 Excel2003 之前的版本就用拖曳的方式把「銷
售員」欄位新增到圖表左方的「分類欄位」。)

Step6: 在 平均值 - 小計 欄位上按右鍵並選擇「值欄位設定」，產生圖 6-13 的「值
欄位設定」對話方塊，在「摘要值方式」下選取「加總」。如此便
將 平均值 - 小計 欄位改為 加總 - 小計 得到一份統計圖，如圖 6-18 所示。

圖 6-18

需求 ❷ 每一銷
售員在每一區
域的總銷售金
額總和統計圖

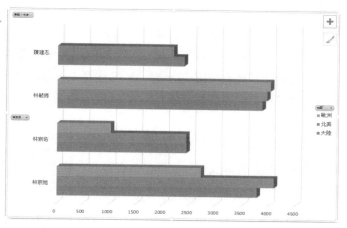

Step7: 在「銷售員」欄位右側下拉選框中,清除 "陳建志" 項目。在「地區」欄位右側下拉選框中,清除 "歐洲" 項目,按下「確定」功能鍵即可以完成新的統計圖。經過統計圖的格式化功能可以達到如圖 6-19 的結果。

技巧　比較圖 6-18 與圖 6-19,我們可以發現在圖 6-19 中,除了進行圖表格式化之外,另外,也使用「分析」索引標籤中的『欄位按鈕/全部隱藏』指令,將樞紐分析圖中的欄位隱藏。

圖 6-19

需求 ❸ 隱藏了
 "陳建志" 與
 "歐洲" 項目
的統計圖

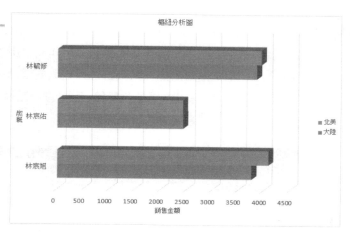

注意 樞紐分析表與樞紐分析圖彼此是動態連結。在樞紐分析圖上，改變某一欄位，相對的樞紐分析表上的欄位也會跟著更改。而直接由『插入/樞紐分析圖…』指令產生統計圖時，Excel 也會建立一相對的樞紐分析表。

範例　直接產生樞紐分析統計圖

▶ 以「銷售清單」為基礎建立每一「產品」在每一「區域」「銷售量總和」的統計圖。

Step1: 切換到「銷售清單」工作表，將游標移到清單中的任一儲存格。

Step2: 選取『插入/樞紐分析圖…』指令，產生「建立樞紐分析圖」對話方塊。另若為 Excel2010/2007 請選取『插入/樞紐分析表/樞紐分析圖…』指令；若為 Excel2003 請選取『資料/樞紐分析表及圖報表…』指令。

Step3: 在「選擇您要分析的資料」中，Excel 已預先選定「選取表格或範圍」並自動選取資料清單範圍。若自動選取的範圍不正確，則請重新選定。

 注意 此時若是電腦中已經做過樞紐分析，則系統會出現一對話方塊，詢問是否要使用已經存在的樞紐分析作為分析的基礎。若回答「是」，則還會出現一對話方塊以選取要以哪一個已經建立的樞紐分析表為基礎，選取此項目，可以減少記憶體的負荷。若選取「否」，則直接進入下一畫面。

圖 6-20

可以選取以已經存在的樞紐分析表為基礎進行分析

Step4: 選取「確定」鍵或按下 [ENTER] 鍵即可得到專門提供給使用者進行建立樞紐分析圖的畫面。同時會顯示「樞紐分析圖欄位」工作窗格，如圖 6-21 所示。

圖 6-21

啟動預設的樞紐分析圖工作畫面

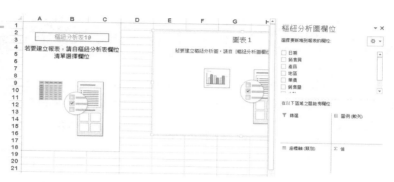

到此一步驟時，接續的處理同樣的可以使用滑鼠來直接拖曳欄位，或是從「樞紐分析圖欄位」工作窗格中勾選欄位，以從不同的角度分析資料。

 比較圖 6-21 與圖 6-19，此時在 Excel 中除了產生圖表外，另外也會產生樞紐分析表，且會而以動態連結的方式連結。

Step5: 將「樞紐分析圖欄位」工作窗格中的「產品」、「地區」、「銷售量」欄位分別拖曳到下方的「座標軸(類別)」、「圖例(數列)」、「值」區域裡。

Step6: 最後放開滑鼠即可以得到一統計圖，如圖 6-22 所示。

圖 6-22

直接產生樞紐分析統計圖表

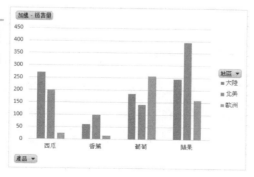

使用「銷售清單」工作表上的資料,直接建立一樞紐分析圖表,
分析不同業務員於不同地區,平均【小計】的統計圖表。

6-4 多欄位樞紐分析

在 Excel 中所提供的樞紐分析功能,讓使用者可以快速地建立樞紐分析
表與樞紐分析圖。因為 Excel 提供有強大的精靈功能,與利用滑鼠拖曳便可以
完成的資料分析方式,因此針對一般兩變數的樞紐分析分類方式,使用者都
可以很快速地完成。但有時候,我們希望進行的分析可能超過兩個變數。

例如:在一個包含了基本資料與市調資料的問卷分析中,我們很可能想
知道,「在不同的性別,不同學歷,對於消費行為的影響」。在這樣的分析
個案中,我們已經使用了「性別」「學歷」「消費行為」等三個變數進行統
計。此時,我們便需要使用到「多欄位樞紐分析」。

在 Excel 中要呈現多欄位分析,有兩種方式,第一是使用一般的多欄位
處理,另一種方式是使用「分頁(報表篩選)」方式來顯示。

6-4-1 多欄位分析

範例　多欄位分析

▶ 以「啤酒消費市場調查」工作表為基礎,分析不同性別、不同學歷,對於第
一品牌的選擇行為,然後再產生相對的樞紐分析圖。

Step1: 啟動「樞紐分析」範例檔案的「啤酒消費市場調查」工作表,將游
標移到清單中的任一儲存格。

Step2: 選取『插入/樞紐分析表…』指令,產生「建立樞紐分析表」對話
方塊。

Step3: 選取「確定」鍵即可得到如圖 6-6 專提供給使用者進行交叉分析的畫面。同時會顯示「樞紐分析表欄位」工作窗格。

在本範例中，我們希望分析不同性別、不同學歷，對於第一品牌的選擇行為。因此，只需要使用滑鼠拖曳即可取得分析。

Step4: 將「性別」、「學歷」欄位，依序拖曳到下方「列欄位」，「第一品牌」欄位拖曳到「欄欄位」，將「第一品牌」欄位再次拖曳到「值欄位」。

Step5: 放開滑鼠後，便可以得到本範例需求的結果。

圖 6-23

以多個欄位分析市調的行為

	A	B	C	D	E	F	G	H
1								
2								
3	計數 - 第一品牌	欄標籤 ▾						
4	列標籤 ▾	台灣啤酒	其它	美樂	海尼根	黑麥格	麒麟	總計
5	⊟女	69	1	8	20	12	6	116
6	大專	24		3	6	2	3	38
7	高中	32	1	2	13	6	3	57
8	國中	13		3	1	4		21
9	⊟男	43	3	5	16	15	2	84
10	大專	9	1	2	5	5	1	23
11	高中	21	1	2	6	7		37
12	國中	13	1	1	5	3	1	24
13	總計	112	4	13	36	27	8	200

注意 因為「第一品牌」是屬於文字資料，因此當我們拖放到「值欄位」時，會以「計數」的方式來進行統計。也就是所謂的得票數或是計算個數。

Step6: 將游標放置在樞紐分析報表中的任一儲存格上，選取『分析/樞紐分析圖』指令後選擇圖表類型再按下「確定」鈕即可產生樞紐分析圖。

Step7: 接著可以使用統計圖表一般的功能來改變統計圖表類型、或可以使用如『檢視/縮放至選取範圍』指令或『字型』功能，調整畫面的顯示。

圖 6-24

以樞紐分析統計圖表表達多變數的樞紐分析

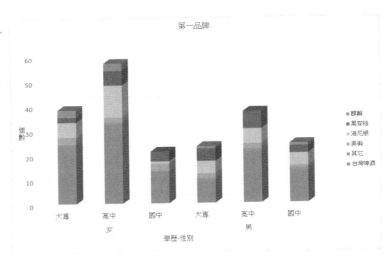

　　基本上，Excel 在處理兩個欄位，或是處理兩個以上欄位的樞紐分析表的程序，使用者所使用的技巧是一樣的。而在樞紐分析結果中，我們是先以「性別」分類，然後再以「學歷」分類，若是我們希望能先以「學歷」，再觀察每一「學歷」中的「性別」選擇行為，則只需要將兩位對調即可。如圖 6-25 所示。而當我們進行欄位調整以後，統計圖表部分也將會跟著調整。

圖 6-25

直接拖曳欄位進行不同角度的分析

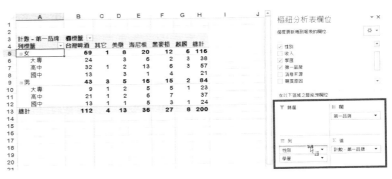

使用「啤酒消費市場調查」工作表上的資料，建立一樞紐分析表，分析不同性別、不同學歷對於消息來源的個數統計。

6-4-2 使用分頁分析

第二種情況是使用「分頁」來進行樞紐分析。使用分頁分析的情況會發生在，當使用者希望能更進一步地以「某一種角度」或「條件」來分析資料時使用。例如：延續上一市場調查的範例，若此時資料分析者希望針對「女生」部分，來進行不同學歷對於第一品牌的選擇的分析，分頁的方式將可以幫助你更快速地達到目的。

範例　*使用分頁樞紐分析*

▶ 依續上例，使用已經產生的樞紐分析報表為基礎，將「性別」欄位以分頁方式顯示，接著在「性別」中選取顯示 "女生"，並進行觀察。同時切換到統計圖觀察變化。

Step1: 按住「樞紐分析表欄位」工作窗格下方的「性別」欄位，向上拖放到「篩選」欄位中。

Step2: 放開滑鼠即刻產生即可以產生分頁樞紐分析表。

Step3: 由 B1 儲存格下拉選框中，選取「女」，按下「確定」功能鍵即可以完成設定，此時樞紐分析表立刻會顯示出「在女生的限制條件下，學歷對於第一品牌的選擇」。

圖 6-26

選取「女」性受訪者，了解女性的消費行為

	A	B	C	D	E	F	G	H
1	性別	女						
2								
3	計數 - 第一品牌	欄標籤						
4	列標籤	台灣啤酒	其它	美樂	海尼根	黑麥格	麒麟	總計
5	大專	24		3	6	2	3	38
6	高中	32	1	2	13	6	3	57
7	國中	13		3	1	4		21
8	總計	59	1	8	20	12	6	116

Step4: 此時統計圖也會跟著改變,如圖 6-27 所示。

圖 6-27

樞紐分析圖將
跟著樞紐分析
表改變

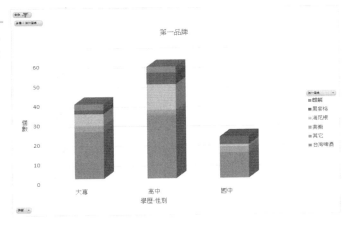

技巧 | 從以上的操作中可以知道,可以用來進行分類的標準,並不限於三個。而放到「篩選」處的欄位,具有「篩選」的作用。

自我練習 使用「啤酒消費市場調查」工作表上的資料,建立一樞紐分析圖表,以「學歷」為分頁項目,分析不同性別對於心目中第一品牌的平均可以接受的價格。並使用統計圖表的技巧,取小數點兩位,將平均價格顯示圖統計圖表上。參考答案如下圖。

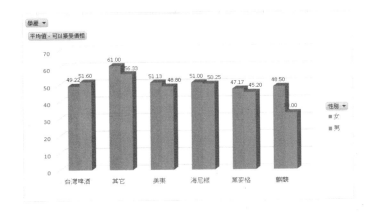

6-4-3 群組分析

在前面的分析過程中，可以發現 Excel 進行樞紐分析時，是以該欄位下每一個不同的值當成分類的標準，但這樣的處理模式可能不適合所有的問題。例如：在本課市場分析的範例中，若我們想了解，在每一 "天" 中所收集的資料數目，則只要將「日期」欄位拖曳到「列欄位」或「欄欄位」即可，但是若我們想要了解在每一月份或每一季中所收集的資料數目，則必須使用群組分析來進行。

範例 *組群分析*

(▶) 依續上例，進行以下處理。

❶ 移除目前分析表中所有存在的欄位，包括「篩選」、「欄」、「列」與「值」欄位。

❷ 依續上例，分析統計每月與每季所得的問卷數目。

❸ 依續上例，以年齡層由 26 歲開始，到 55 歲為止，每 10 歲為一組，分析在不同年齡層下，對於第一品牌的選擇行為。低於 26 歲或高於 55 歲的部分各自成一組。

Step1: 將目前樞紐分析表上的所有欄位，包括「篩選」、「欄」、「列」與「值」等欄位上的項目移除，回到原始空白的分析表畫面，或是重新建立一全新空白的分析表畫面。

Step2: 接著將「第一品牌」欄位拖曳到「值欄位」上。(在此處只要拖曳一個文字欄位便可以進行計數)，此時，會出現全部的個數 200。

Step3: 將「日期」欄位拖曳到「列欄位」上。放開滑鼠後，即可得到以「日期」為分類的統計結果，如圖 6-28 所示。

圖 6-28

以 "每一" 日
期為分類進行
統計

列標籤 ▼	計數 – 第一品牌
1月1日	2
1月2日	2
1月3日	4
1月4日	1
1月5日	2
1月6日	4

Step4: 　將游標選定在「日期」欄位下任一個資料項目上。

Step5: 　按下滑鼠右鍵，選取『群組』指令，產生如圖 6-29 的「群組」對
　　　　話方塊。

Step6: 　以本需求 ❷，我們希望同時知道「月份」與「季」的統計結果，因
　　　　此，請進行如圖 6-29 的選定。

Step7: 　選定後按下「確定」功能鍵即可以完成設定，最後結果如圖 6-29
　　　　所示。

圖 6-29

設定日期群組
之後的結果

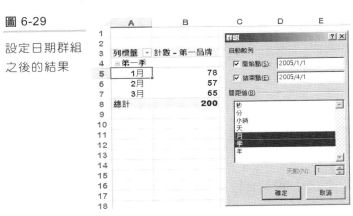

Step8: 　將圖 6-29「日期」與「季」的欄位全部移除，接著將「年齡」欄位
　　　　拖曳到「列欄位」上。同時將「第一品牌」拖曳到「欄欄位」上，
　　　　放開滑鼠後，即可得到以「每一個年齡」與「第一品牌」為分類的
　　　　統計結果。但還不是我們所期望的結果。

Step9: 　將游標選定在「年齡」欄位下任一個資料項目上。

Step10: 按下滑鼠右鍵，選取『群組』指令，產生如圖 6-30 的「群組」對話方塊。

Step11: 此時 Excel 會自動分析「年齡」欄位的值域，包括起始與終止值。因本範例的需求與預設值不同，因此，請根據圖 6-30 的方式設定。

Step12: 按下「確定」功能鍵即可以完成設定，最後得到的結果如圖 6-30 所示。

圖 6-30

為數值分組以進行樞紐分析

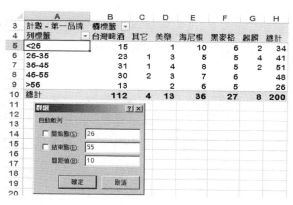

技巧

在圖 6-29 中，若我們選取「天」為單位，則還可以在下方「天數」的部分，設定是以「幾天」為一群組單位。例如：以 15 天為一個單位，則可以產生以 15 天為一組的群組分析，如圖 6-31 所示。

圖 6-31

設定群組時，自行給定群組的大小與最後的結果

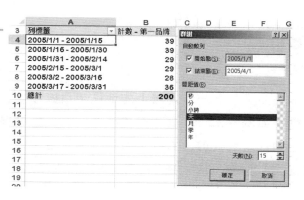

使用「學生成績統計」工作表上的資料，建立一樞紐分析表，以每 10 分為一組，統計上學期，每一組的人數。

上述的「群組」設定，主要是針對「數字」或是「日期」的資料來進行。但在 Excel 的樞紐分析中，也可以針對「文字」，以自訂分組的方式來進行。這樣的概念與操作方式，與第 3-1-2 節，討論大綱建立時候，分為自動產生與人工產生兩種，是一樣的。

在前面針對「數字」或是「日期」進行分群時，類似於利用儲存格公式的階層關係可以自動建立大綱，而針對文字部分，則需要進行手動分組。以下以一範例說明。

範例　手動設定分析群組

▶ 以「銷售資料庫」工作表中的資料為主，針對「地區」，將台中以北的三區域設定為「北區」，台南與高雄設定為「南區」，花東地區不變，以分析三區的「銷售量」總和。

Step1: 使用標準樞紐分析表的建立方式，分析每一【地區】的銷售量。如圖 6-32。

圖 6-32

建立基本的樞紐分析

列標籤	加總 - 銷售量
台中	270
台北	327
台南	457
花東	402
桃竹苗	371
高雄	321
總計	2148

Step2: 接著，要將屬於同一【區域】的地區項目歸類。請以手動的方式，選定如圖 6-32 A8 儲存格「桃竹苗」地區的邊框，往上移動到台中或是台北的上方或下方，以便讓台中以北三區域可以緊密排列；並將「高雄」與「台南」地區也相續排列，如圖 6-33。

圖 6-33

以手動方式將
要屬於同一群
組的項目相續
排列

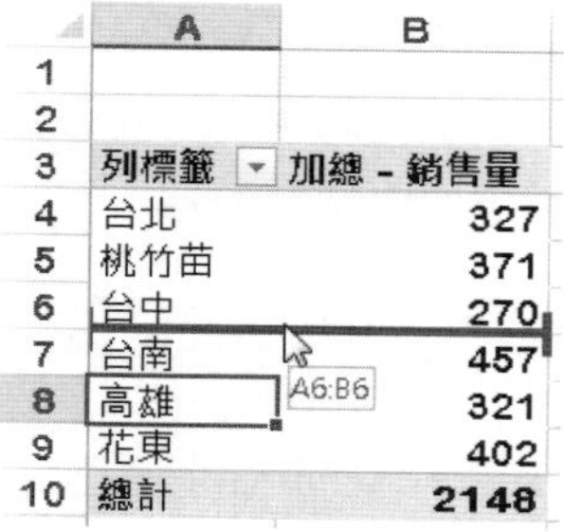

Step3: 選定如圖 6-33A4:A6 的儲存格，按下滑鼠右鍵，選定『群組』指令，
如圖 6-34。

圖 6-34

選定要組成群
組的項目，進
行群組的設定

Step4: 選定指令後，Excel 會新增一「欄位」，稱之為【地區 2】，並自
動建立一「資料組 1」，包含台北、桃竹苗與台中三地區。

Step5: 繼續選定如圖 6-33 屬於南區的高雄、台南兩地區儲存格，按下滑
鼠右鍵，選定『群組』指令，建立「資料組 2」。如圖 6-35。

圖 6-35

設定自定群組
後的狀態，使
用者仍可以以
更適合的詞彙
改變預設的名
稱

	A	B
1		
2		
3	列標籤 ▼	加總 – 銷售量
4	⊟ 北區	
5	台北	327
6	桃竹苗	371
7	台中	270
8	⊟ 資料組2	
9	台南	457
10	高雄	321
11	⊟ 花東	
12	花東	402
13	總計	2148

Step6: 將【列標籤】改為【區域】，將「資料組 1」與「資料組 2」改
為「北區」與「南區」，最後將【地區】欄位移除，則可以得
到如圖 6-36 的結果。

圖 6-36

改變名稱與移
除原有欄位可
以得到新的結
果

 設定群組後，系統會新增一欄位，此欄位也將保留於樞紐分析
圖表的應用環境中，而可以重複使用。如圖 6-36 的【地區 2】
欄位。

6-4-4 相對分析與百分比

從市場調查的角度來看，本章的範例到目前為止都是計算出「個數」。當然，針對市調的資料，是不常使用到如加總、平均數等統計值，卻需要用到相對百分比值，此一值在得票率分析中，即是「得票率」。

如在圖 6-30 中，我們已經了解到在不同的「年齡」層對於「第一品牌」的選擇行為，但分析者可能想要知道，某一項資料是佔全部的百分比，或是某一類別的百分比，例如：想知道 26-35 歲這一組又選擇「台灣啤酒」為第一品牌的人數，佔全部人數的多少比例，此時，我們必須使用更一步欄位設定以得到結果。

範例 *相對百分比分析*

 依續上例，以圖 6-30 為基礎，求出每一種情況下的個數，佔全部、同年齡層、同品牌認知的百分比。參考答案請參考圖 6-38~圖 6-40。

Step1: 依續上例，選取「計數－第一品牌」(A3 儲存格)後，再選取『分析/欄位設定』指令，啟動「值欄位設定」對話方塊。

Step2: 切換到「值的顯示方式」索引標籤。

圖 6-37

為欄位設定進一步設定

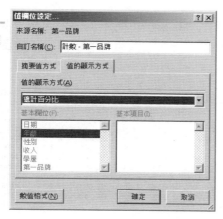

Step3: 在「值的顯示方式」中選取「總計百分比」項目，以取得每一項目佔全部的百分比。

Step4: 按下「確定」功能鍵即可以得到如圖 6-38 的結果。而在此為讓分析內容更明確，已先將「列標籤」改名為「年齡」、將「欄標籤」改名為「第一品牌」。

圖 6-38

以百分比顯示分析的結果

| 計數 - 第一品牌 | 第一品牌 | | | | | | |
年齡	台灣啤酒	其它	美樂	海尼根	黑麥格	麒麟	總計
<26	7.50%	0.00%	0.50%	5.00%	3.00%	1.00%	17.00%
26-35	11.50%	0.50%	1.50%	2.50%	2.50%	2.00%	20.50%
36-45	15.50%	0.50%	2.00%	4.00%	2.50%	1.00%	25.50%
46-55	15.00%	1.00%	1.50%	3.50%	3.00%	0.00%	24.00%
>56	6.50%	0.00%	1.00%	3.00%	2.50%	0.00%	13.00%
總計	56.00%	2.00%	6.50%	18.00%	13.50%	4.00%	100.00%

Step5: 重複上面的步驟，於「值的顯示方式」索引標籤裡選取「值的顯示方式」中的「欄總和百分比」項目，以取得每一項目佔同一欄(選擇相同品牌)總數的百分比。

圖 6-39

分析每一項目在佔同一欄總數的百分比

| 計數 - 第一品牌 | 第一品牌 | | | | | | |
年齡	台灣啤酒	其它	美樂	海尼根	黑麥格	麒麟	總計
<26	13.39%	0.00%	7.69%	27.78%	22.22%	25.00%	17.00%
26-35	20.54%	25.00%	23.08%	13.89%	18.52%	50.00%	20.50%
36-45	27.68%	25.00%	30.77%	22.22%	18.52%	25.00%	25.50%
46-55	26.79%	50.00%	23.08%	19.44%	22.22%	0.00%	24.00%
>56	11.61%	0.00%	15.38%	16.67%	18.52%	0.00%	13.00%
總計	100.00%	100.00%	100.00%	100.00%	100.00%	100.00%	100.00%

Step6: 重複上面的步驟，於「值的顯示方式」索引標籤裡選取「值的顯示方式」中的「列總和百分比」項目，以取得每一項目佔同一列(相同年齡層)總數的百分比。

圖 6-40

分析每一項目佔同一列總數的百分比

| 計數 - 第一品牌 | 第一品牌 | | | | | | |
年齡	台灣啤酒	其它	美樂	海尼根	黑麥格	麒麟	總計
<26	44.12%	0.00%	2.94%	29.41%	17.65%	5.88%	100.00%
26-35	56.10%	2.44%	7.32%	12.20%	12.20%	9.76%	100.00%
36-45	60.78%	1.96%	7.84%	15.69%	9.80%	3.92%	100.00%
46-55	62.50%	4.17%	6.25%	14.58%	12.50%	0.00%	100.00%
>56	50.00%	0.00%	7.69%	23.08%	19.23%	0.00%	100.00%
總計	56.00%	2.00%	6.50%	18.00%	13.50%	4.00%	100.00%

從上面的範例中，我們知道，要以不同的角度進行分析，除了從「意義」改變「欄位」外，另一種方式為改變比較的方式。而這其中所扮演最大關鍵的角色，即是使用「值欄位設定」對話方塊，說明如表 6-1。

表 6-1 「樞紐分析表欄位」對話方塊的項目說明

項目名稱	說明
來源名稱	顯示目前所處理的欄位，在來源資料中的名稱。
自訂名稱	顯示資料欄位在樞紐分析表中的名稱。此名稱位於樞紐分析表的左上角，可重新命名。例如：改為「第一品牌總選票」，則產生的報表便會以「第一品牌總選票」為左上角名稱。改變此處的預設值，可以使報表的表達更加清晰。
摘要值方式	用來進行統計的方式，可有「加總」、「項目個數」、「平均值」、「最大值」、「最小值」、「乘積」、「數字項個數」、「標準差」、「母體標準差」、「變異值」、「母體變異值」等選項。
「數值格式」功能鍵	進入「儲存格格式」對話方塊中的「數值」標籤，在其中使用者可使用內建的數值格式或自訂格式來格式化資料欄中的資料，例如：將所有數值資料改為$#,##0 格式，或設定成具有一位小數點的百分比格式。
「值的顯示方式」索引標籤	為資料欄位設定一個計算方式。「自訂計算」的基本格式，是將一組資料與其他組的相關資料在樞紐分析表中加以比較。其結果可以用差異、百分比或其他的函數加以表示。例如，可以將所有的銷售資料以相對於某個特別業務員的業績百分比加以顯示。 另亦能選定使用何種方法分析資料。其對應的說明如表 6-2 所示。

要調整資料在表達的意義，最重要的關鍵便是「值的顯示方式」。其中，使用者可以依不同的角度（統計表達方式）來表達「樞紐分析表」的精神與分析者最想了解的分析角度。

表 6-2 「自訂計算」的值顯示方式

值的顯示方式	說明
差異	資料區域中的所有資料以「基本欄位」和指定的「基本項目」的「差」加以顯示。
百分比	資料區域中的所有資料以「基本欄位」和指定的「基本項目」的「百分比」以顯示。
計算加總至	針對所選取的「欄位」，以累計加總的方式來顯示。
列總和百分比	將各列的資料以列的總和為基準，而以百分比形式加以顯示。
欄總和百分比	將各欄的資料以欄的總和為基準，而以百分比形式加以顯示。
總計百分比	將資料區域中的資料，以樞紐分析表中所有資料的總和為基準，而以百分比形式加以顯示。
索引	使用以下的公式顯示資料： [（儲存格中的數值）x（總計）]/[（列總計）x（欄總計）]]

▶ **基本欄位**：顯示出在樞紐分析表中的欄位。選定要顯示的項目之後，若有需要可選取一個「基本欄位」來作為自訂計算的基本資料。

▶ **基本項目**：顯示選定「基本欄位」內的項目（值域）。選定自訂計算和「基本欄位」之後，如有需要可選取一個項目來作為自訂計算的基本項目。

範例　*累積加總的樞紐分析*

▶ 以「學生成績統計」工作表，產生「上學期」分數，以每 10 分數為一組，的「學生成績累計」統計圖表。

Step1:　以「學生成績統計」工作表，使用本章前面任何一種作業方式，配合「分組」，產生如圖 6-41 的「上學期」成績統計樞紐分析表。

圖 6-41

以分組方式，每 10 分為一組，計算每組學生成績的人數

Step2: 選取「計數－姓名」(B3 儲存格)後，再選取『分析/欄位設定』指令，啟動「值欄位設定」對話方塊。

Step3: 先將「自訂名稱」處的資料改為「成績人數的累積」，以便讓樞紐分析表的表達更清晰。

Step4: 於「值的顯示方式」索引標籤裡選取「值的顯示方式」中的「計算加總至」項目，並在「基本欄位」中選取「上學期」，表示是要以「上學期」為累計加總的欄位，如圖 6-42 所示。

圖 6-42

設定「計算加總至」的統計方式

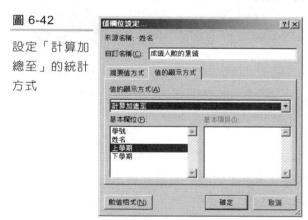

Step5: 按下「確定」功能鍵即可以完成設定，並且可以得到所期望的結果。

Step6: 使用任何一種產生統計圖的方式，將結果以統計圖方式顯示。其中，請使用統計圖表的製作與格式化方式，進行圖表格式化，最後結果如圖 6-43 所示。

圖 6-43

以累計的方式產生分組人數統計表與統計圖

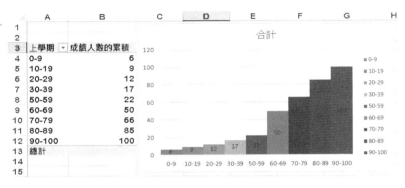

 以「學生成績統計」工作表，產生「下學期」分數，以每 10 分數為一組來製作「學生成績累計」統計圖表。參考圖 6-43。

6-5 樞紐分析報表

當我們使用樞紐分析表功能產生一樞紐分析表之後，Excel 會以預設的格式來顯示結果。但是，既然是一份報表，就應該兼顧「美觀」，以便在各種場合可以專業的風貌做即時的呈現。

在 Excel 中可利用「自動報表格式」功能或樞紐分析表工具的「設計」索引標籤來變更樞紐分析表的樣式，讓使用者可以很容易地從樞紐分析表檢視中建立專業的資料庫型態報表。

範例 設定樞紐分析表報表格式

▶ 以「CH06 進階樞紐分析表與應用」範例檔案中「銷售資料庫」工作表中的資料清單為基礎，進行以下的分析：

❶ 建立一份包含兩個統計值的樞紐分析，分析不同銷售員針對不同產品，銷售量的總和與小計的平均，並改變顯示的名稱。

❷ 依續上例，套用「報表 4」專業報表格式。

❸ 依續上例，改變分類的標準，將「產品」類別改為「區域」類別，同時只統計「銷售量的總和」即可，並觀察格式的變化。

❹ 依續上例，套用「表格 2」專業報表格式。

Step1: 啟動「CH06 進階樞紐分析表與應用」範例檔案中的「銷售資料庫」工作表，將游標移到清單中的任一儲存格。

Step2: 選取『插入/樞紐分析表⋯』指令，產生「建立樞紐分析表」對話方塊。

Step3: 選取「確定」鍵即可得到專門提供給使用者進行交叉分析的畫面。同時會顯示「樞紐分析表欄位」工作窗格。

Step4: 將「銷售員」欄位，拖曳到下方「列欄位」，「產品」欄位拖曳到「欄欄位」，將「小計」與「銷售量」欄位拖曳到「值欄位」，然後再將出現在「欄欄位」中的「值」拖曳到「列欄位」。接著，Excel便會以預設的格式產生如圖 6-44 的報表。

圖 6-44

產生兩個統計量的報表

	A	B	C	D	E	F
2						
3		欄標籤 ▼				
4	列標籤 ▼	古典音樂	台語歌曲	國語歌曲	搖滾歌曲	總計
5	李信義					
6	加總 - 小計	13794	49536	14904	3660	81894
7	加總 - 銷售量	66	172	54	12	304
8	姚曉海					
9	加總 - 小計	34067	76032	63756	3965	177820
10	加總 - 銷售量	163	264	231	13	671
11	萬衛華					
12	加總 - 小計	28424	27936	29808	13420	99588
13	加總 - 銷售量	136	97	108	44	385
14	劉齊光					
15	加總 - 小計	16511	97344	63480	43005	220340
16	加總 - 銷售量	79	338	230	141	788
17	加總 - 小計 的加總	92796	250848	171948	64050	579642
18	加總 - 銷售量 的加總	444	871	623	210	2148

Step5: 在預設狀態下選取「加總－小計」儲存格，按下滑鼠右鍵，選取『值欄位設定』指令，產生「值欄位設定」對話方塊。

Step6: 在「摘要值方式」中選取「平均值」，將針對「小計」欄位的加總改為平均。

圖 6-45

更改統計的方式與顯示的名稱

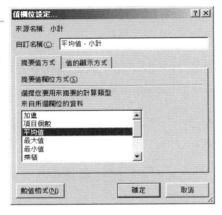

Step7: 針對「平均值-小計」與「加總－銷售量」，使用者可以使用「值欄位設定」對話方塊的方法，修改「自訂名稱」中所顯示的預設名稱，並以「數值格式」功能鍵進行數值格式化處理。

技巧

若要改變顯示名稱，除了由圖 6-45 中更改外，也可以直接在圖 6-44 的資料上，例如：A7 儲存格，將「加總－銷售量」改成使用者所希望的文字，相關的儲存格會一併更改，就如同於圖 6-45 中更改效果一般。

但若要針對全部相關欄位進行數值格式化，就應於圖 6-45 中選取「數值格式」功能鍵來修改。若要在報表上修改，則必須選取全部相關的儲存格加以設定。

Step8: 處理後，樞紐分析報表會形成另一種顯示狀態。

Step9: 選取快速存取工具列上「自動格式設定」工具，產生如圖 6-46
的「自動格式設定」對話方塊，其中提供了 22 種不同型態的
報表與表格格式。另外亦可利用樞紐分析表工具的設計索引標
籤來變更樞紐分析表的樣式。

注意

Exce2007 以後的版本若想使用自動格式設定功能，需先將其設
定在快速存取工具列當中。先從視窗左上方的自訂快速存取工
具列中點選「其他命令」指令來開啟視窗，接著在「由此選擇
命令」中選取「不在功能區的命令」，然後在其下方方塊裡尋
找「自動格式設定」並將其新增至快速存取工具列裡。另若為
Excel2003 之前的版本則請直接選取「樞紐分析表」工具列上的
「報表格式」工具。

圖 6-46

選取專業樞紐
分析表格式

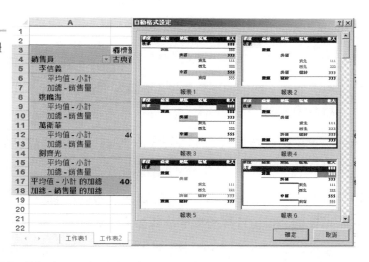

Step10: 選擇「報表 4」報表格式，按下「確定」功能鍵即可以產生專業的
報表格式。

圖 6-47

設定專業報表
後的樞紐分析

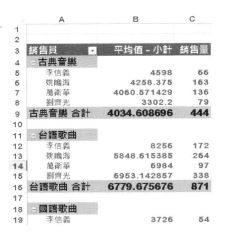

從本範例中可以發覺，當我們套用了 Excel「自動格式設定」中的報表後，整個報表的呈現方式都進行了更改，同時，欄位也經過調整。但是若是之前有使用「數值格式」進行數字格式化，則會保留。

Step11: 清除「產品」核取方塊的勾選以移除「產品」欄位。

Step12: 將「地區」欄位拖曳到原來「產品」欄位的位置。此時報表的格式類似圖 6-47。

Step13: 將「平均值-小計」欄位拖放到「樞紐分析表欄位」工具窗格外，以移除「平均值-小計」統計欄位。

Step14: 選取快速存取工具列上「自動格式設定」 ▣ 工具，自「自動格式設定」對話方塊中選取「表格 2」格式。

Step15: 最後按下「確定」功能鍵並將「欄標籤」改名為「地區」，將「列標籤」改名為「銷售員」即可完成設定。

圖 6-48

設定了「表格
2」專業報表格
式後的樞紐分
析

	A	B	C	D	E	F	G	H
1								
2								
3	銷售量	地區 ▼						
4	銷售員 ▼	台中	台北	台南	花東	桃竹苗	高雄	總計
5	李信義	87	22	96	31	58	10	304
6	姚瞻海	51	100	190	108	107	115	671
7	萬衛華	36		61	115	73	100	385
8	劉齊光	96	205	110	148	133	96	788
9	總計	270	327	457	402	371	321	2148

 注意　Excel 所提供樞紐分析表中的「報表格式」，共有「報表」與「表
格」兩大類，與「古典樞紐分析」、「無」共 22 種。

 依續圖 6-48 的結果，使用各種不同的報表格式練習進行套用。

6-6 計算欄位與項目

　　在 Excel 中，使用者可以針對統計上的需求，進行新增自訂的計算欄
位與項目，而不需要從原始的資料清單中著手，由現有的資料進行運算
即可。

6-6-1 自訂計算項目

　　在 Excel 的樞紐分析表中，每一個「欄欄位」或「列欄位」中的項目，
都是某欄位中的值所產生的。例如：在圖 6-48 樞紐分析表範例結果中，「地
區」欄位下有「台北」、「高雄」、「台中」、「台南」、「花東」、「桃
竹苗」等項目，但若我們希望能新增一資料項目，代表「北高兩市」的總和
資料項目，以在樞紐分析表中，清楚了解「北高兩市」的統計值，則需要透
過新增自訂計算項目來進行。

範例 *自訂計算項目*

▶ 依續上例,針對圖 6-48 產生的「每一銷售員在每一地區銷售額總和」的樞紐分析表,加入一資料項目,稱之為「北高兩市」,以統計北高兩市的總和資料。

Step1: 於上一範例的樞紐分析表中(圖 6-48),選取「地區」欄位中的任何一個資料項目,如 B4:G4 中的任一儲存格,或是選取 B3 儲存格「地區」欄位本身,再選取「分析」索引標籤中的『欄位、項目和集/計算項目…』指令,產生如圖 6-49 的對話方塊。

圖 6-49

新增計算項目
的對話方塊

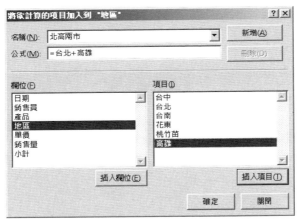

Step2: 於開啟的「將欲計算的項目加入到 "地區" 」對話方塊,在「名稱」方塊輸入**北高兩市**,在「公式」的文字方塊中輸入**=台北+高雄**。如圖 6-49 的設定。

Step3: 選取「確定」功能鍵,完成新增項目的處理,最後產生的結果如圖 6-50 所示。

圖 6-50

自訂一【新增項目】後的報表

銷售量	地區							
銷售員	台中	台北	台南	花東	桃竹苗	高雄	北高兩市	總計
李信義	87	22	96	31	58	10	32	336
姚瞻海	51	100	190	108	107	115	215	886
萬衛華	36		61	115	73	100	100	485
劉齊光	96	205	110	148	133	96	301	1089
總計	270	327	457	402	371	321	648	2796

 注意

若在選取「分析」索引標籤中的『欄位、項目和集/計算項目…』指令之前，選定的資料不是「地區」，則無法選取到「計算項目」，或所出現的對話方塊會是不正確的。產生了「自訂資料項目」後，總計也會跟著增加。但此時此一總計的值，並非是真正資料庫中的值，而是經過自訂項目而增加的，使用者應注意。使用者也可以隱藏明細項目，而讓總計的值與真正的總計值相等。另若為 Excel2010 請選取『選項/欄位、項目和集/計算項目…』指令；Excel2007 請選取『選項/公式/計算項目…』指令；Excel2003 請選取『樞紐分析表/公式/計算項目…』。

圖 6-51

隱藏新增項目的來源項目後的報表

如要查詢計算欄位及項目的公式,可選取「分析」索引標籤中的『欄位、項目和集/顯示公式…』指令,結果會顯示在一張新的工作表上,如圖 6-52 所示。(Excel2010 請選取『選項/欄位、項目和集/顯示公式…』指令;Excel2007 請選取『選項/公式/顯示公式…』指令;Excel2003 請選取『樞紐分析表/公式/顯示公式…』)

圖 6-52

顯示計算欄位
及項目的公式

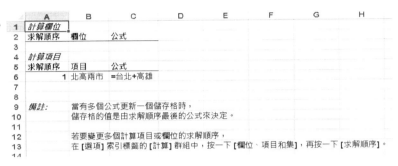

使用「銷售資料庫」工作表上的資料,建立「每一銷售員在每一地區銷售量總和」的樞紐分析表,並且加入一資料項目「南台灣」,定義為「台南」與「高雄」的總和。

6-6-2 自訂計算欄位

除了新增項目至樞紐分析表外,還有一項類似的功能是【新增欄位】至樞紐分析表中。在清單中的每個欄位都是既定的,若所分析的對象不在清單中,而該項資料與銷售清單的內容相關聯的,此時即可使用新增一欄位至樞紐分析表中,以解決問題。

例如:在本範例的銷售資料庫中,我們可能想分析統計「工作獎金」,而此「工作獎金」與銷售金額有關。但清單中並沒有「工作獎金」這欄位,如果要解決這個問題,可以直接在資料清單,建立一新的欄位【工作獎金】,並利用公式產生相對的資料,以方便分析。

假設「工作獎金」與「小計」呈固定比率,則我們也可以在不產生此欄位下,即可直接在樞紐分析表上產生此「工作獎金」欄位。

範例　新增欄位

▶ 依續上例,由「銷售資料庫」中,在不增加欄位的限制下,假設銷售金額的百分之五為工作獎金,請計算各銷售員銷售各產品的工作獎金。

Step1:　將圖 6-50 中的「欄欄位」中的欄位,由「地區」換成「產品」,並將分析表中的地區也改名為產品。

Step2:　選取任一個樞紐分析表報表中的儲存格,再選取「分析」索引標籤中的『欄位、項目和集/計算欄位…』指令,產生如圖 6-53 的「插入計算欄位」對話方塊。(Excel2010 請選取『選項/欄位、項目和集/計算欄位…』指令;Excel2007 請選取『選項/公式/計算欄位…』指令;Excel2003 請選取『樞紐分析表/公式/計算欄位…』)

Step3:　於開啟的「插入計算欄位」對話方塊中,在「名稱」方塊輸入**工作獎金**,「公式」方塊輸入**=小計*0.05**,如圖 6-53 所示。

圖 6-53

新增計算欄位

Step4:　選取「確定」功能鍵,完成新增欄位。此時,樞紐分析表統計了兩個欄位,分別為「銷售量」與「工作獎金」。

Step5: 在「樞紐分析表欄位」工作窗格裡取消「銷售量」欄位勾選。如此一來即可以完成我們所要的結果，如圖 6-54 所示。

圖 6-54

使用「新增欄位」的方式統計新的欄位數值

工作獎金	產品				
銷售員	古典音響	台語歌曲	國語歌曲	搖滾歌曲	總計
李信義	$689.70	$2,476.80	$745.20	$183.00	$4,094.70
姚瞻海	$1,703.35	$3,801.60	$3,187.80	$198.25	$8,891.00
萬衛華	$1,421.20	$1,396.80	$1,490.40	$671.00	$4,979.40
劉齊光	$825.55	$4,867.20	$3,174.00	$2,150.25	$11,017.00
總計	$4,639.60	$12,542.40	$8,597.40	$3,202.50	$28,982.10

注意 新增的「欄位」也會出現在「樞紐分析表欄位」工作窗格中，以供使用者進行其他分析時使用，如圖 6-55 所示。

圖 6-55

新增的計算欄位都會出現在欄位清單中提供後續的分析使用

 使用「銷售清單」工作表上的資料，新增一自訂欄位【稅金】，定義為【小計】乘上 8%，並分析不同業務員於不同地區稅金總和。

6-7 資料的顯示與追蹤

6-7-1 資料更新

在經過一連串的步驟，所建立的樞紐分析表結果後，若來源資料有所更新時，則樞紐分析表結果報表亦須進行更新。要更新樞紐分析表上的資料，須從原始資料上更新開始。但樞紐分析表的資料並不是「動態連結」著原始資料，所以要進行更新時，需要按下「分析」索引標籤中的「重新整理」鈕。

有時候，我們會希望能夠更改部分樞紐分析表報表中的統計值資料，以便作為特殊用途使用，但 Excel 不允許直接更改樞紐分析表上的統計值，若使用者更改統計值，則針對一般統計值與計算欄位統計值，都會產生錯誤訊息，如圖 6-56 所示。但允許使用者更改「列欄位」與「欄欄位」的欄名列號資料。

圖 6-56

更改樞紐分析表上的資料所產生之錯誤訊息

技巧 若是真的想要改變樞紐分析表中的數值資料，可以將分析表複製，然後以「選擇性貼上」指令中的「值」來貼上，便可以完成將樞紐分析表變成一般資料，而以標準的工作表編輯程序進行修改。

6-7-2 顯示明細資料

到目前你所學習的技巧，已經能很輕易地幫你建立許多可供分析的報表。例如：圖 6-57 便是使用「日期」經過群組設定，以「銷售員」做分類所進行銷售額小計的分析表。

圖 6-57

完整的樞紐分析報表

	A	B	C	D	E	F
3	加總 - 小計	銷售員 ▾				
4	季 ▾	李信義	姚曉海	萬衛華	劉齊光	總計
5	□第一季					
6	1月	14112	6048	8151	43201	71512
7	2月		31851	14124		45975
8	3月	9792			18536	28328
9	□第二季					
10	4月	5978	11064	4608	17135	38785
11	5月		31513	10944	25236	67693
12	6月	15118	20528	3553	15591	54790
13	□第三季					
14	7月	5472	11868	11771	15599	44710
15	8月	1104		9660	10656	21420
16	9月	5244	4022	7176	31930	48372
17	□第四季					
18	10月	10368	17388	18524	11520	57800
19	11月		29747	5852	8064	43663
20	12月	14706	13791	5225	22872	56594
21	總計	81894	177820	99588	220340	579642

在「資料欄位」中的每一個值，都是經過「計算」而得到的，如圖 6-57 的 B6 儲存格中，李信義在一月份的銷售額 14,112，便是由資料清單中相關的資料所構成。在進行資料分析時，有時，我們會希望能針對某一統計量進行進一步分析，則此時必須善用 Excel 所提供的各項樞紐分析工具。

範例　顯示詳細資料

▶ 建立一樞紐分析表，分析每一季、每一月，每一位銷售員營業額的總和統計，如圖 6-57 所示。再針對一月份與四月份的資料，顯示每一產品的詳細資料。

Step1:　使用任一種樞紐分析的方法，產生如圖 6-57 中的樞紐分析報表。

注意

注意，不可以使用圖 6-54 的結果繼續進行。因為圖 6-54 的結果是包含有「自訂欄位」，因此無法進行日期的分組。此一範例必須重新製作一個新的樞紐分析表。

Step2: 將游標移到圖 6-57 A6 儲存格上。

Step3: 選取「分析」索引標籤中的「展開欄位」 指令，產生如圖 6-58 的「顯示詳細資料」對話方塊，在其中會顯示可以作為目前選定欄位明細資料的欄位。(若為 Excel2007/2010 請選取「選項」索引標籤中的「展開欄位」指令；若為 Excel2003 請選取「樞紐分析表」工具列上的「顯示詳細資料」工具)

圖 6-58

顯示「顯示詳細資料」對話方塊來選取要顯示詳細資料的欄位

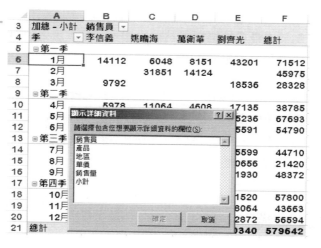

Step4: 選取「產品」，按下「確定」功能鍵即可以完成設定。此時會在原先「月份」欄位下增加「產品」，並顯示各月份的詳細資料，如圖 6-59 所示。(若為 Excel2003 則此時只會顯示一月份的詳細資料，若要查看其他月份的資料需再利用「顯示詳細資料」工具)

圖 6-59

明細資料範例
結果

加總 - 小計	銷售員				
季	李信義	姚瞻海	萬衛華	劉齊光	總計
⊟第一季					
⊟1月	14112	6048	8151	43201	71512
古典音樂			8151	836	8987
台語歌曲	14112	6048		4032	24192
國語歌曲				27048	27048
搖滾歌曲				11285	11285
⊟2月		31851	14124		45975
古典音樂		3762			3762
台語歌曲		25344	1152		26496
國語歌曲			12972		12972
搖滾歌曲		2745			2745
⊟3月	9792			18536	28328
台語歌曲	9792			3168	12960
國語歌曲				10488	10488
搖滾歌曲				4880	4880
⊟第二季					
⊟4月	5978	11064	4608	17135	38785
古典音樂	4598			6479	11077
台語歌曲		7200	4608	10656	22464
國語歌曲	1380	3864			5244

技巧 對於這種多階層樹狀結構的報表，可以盡量使用「自動格式設定」中的報表格式來顯示。

自我練習 使用「CH06 樞紐分析資料庫範例」範例檔案中「銷售清單」工作表上的資料，建立一樞紐分析表，分析不同業務員於不同地區，平均銷售量的統計(請取到小數點第二位)，並且觀察「林宸佑」於每一產品的詳細資料。

6-7-3 資料追蹤

更進一步說，當使用者使用樞紐分析表功能，得到一彙總結果後，會期望由此彙總結果追蹤查詢彙總的原始資料。也就是說，「樞紐分析表」也可說是一個「查詢」的工具，只是「樞紐分析表」是先得到彙總結果，然後再追蹤出原始資料錄。如何得到其原始資料呢？只要使用者以滑鼠朝向某一統計的結果輕按兩下之後，Excel 便會自動追朔出構成此結果的所有資料錄。所以，我們可將資料清單、篩選結果與「樞紐分析表」三者的關係，以一示意圖來表示，如圖 6-60 所示。

圖 6-60

資料清單、篩
選結果與「樞
紐分析表」三
者的關係

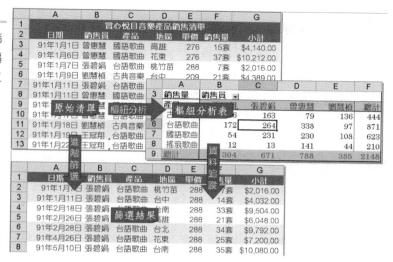

範例　由樞紐分析表尋找明細資料

▶ 依續上例圖 6-59，我們已知「李信義在一月份銷售台語歌曲的總額為
14,112」，請查詢出構成此一總和的所有資料錄。

Step1:　假設你已經完成了如圖 6-59 的樞紐分析表報表，只需使用游標在
B6 儲存格輕按兩下，便可以擷取出構成此一結果的所有資料錄，
如圖 6-61 所示。

圖 6-61

追蹤明細資料

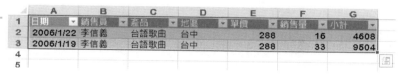

當然，從意義上來說，圖 6-61 的結果也可以說是在資料庫清單中，設定
了準則條件而篩選區的結果。因此，我們也可以由資料篩選來印證。

範例　*以資料篩選方式交互驗證*

▶ 依續上例，針對「銷售資料庫」，使用自動篩選功能，篩選出所有滿足銷售員為「李信義」、月份為一月份、產品為「台語歌曲」的資料，並進行計算其「小計」總和。

Step1:　　切換到「銷售資料庫」工作表。

Step2:　　選取『資料/篩選』指令。此時，在清單第一列的欄位名稱處便出現一指示向下拖曳的箭號方塊。(若為 Excel2003 請選取『資料/篩選/自動篩選』指令)

Step3:　　在「銷售員」的下拉列選框中只選取「李信義」，在「產品」的下拉列選框中只選取「台語歌曲」。

Step4:　　自「日期」的下拉列選框中選取「日期篩選/自訂篩選」，產生「自訂自動篩選」對話方塊，並進行如圖 6-62 的設定。(若為 Excel2003 請選取「自訂」)

圖 6-62

設定自訂快速
篩選

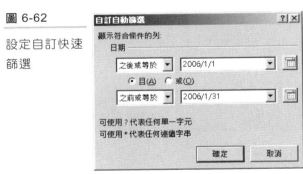

Step5:　　選取「確定」鍵或按下 [ENTER] 鍵即可完成第一步篩選。

Step6:　　請將游標選定在 G103 儲存格，即「篩選結果」的下一列空白列中。

Step7:　　按下「自動加總」工具便可得到 14,112 的結果。此值也是與我們所計算出的結果一樣，結果如圖 6-63 所示。

圖 6-63

完成階段篩選
後的結果

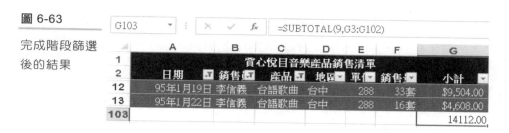

6-8 資料篩選與樞紐分析

　　在第 4 章中提到「資料篩選」，主要是說明如何將「原始資料」進行篩選，然後再進一步「分析」；提到可以使用 Microsoft Query 進行外部資料的篩選。此一「**篩選→分析**」的簡單概念，便是使用 Excel 進行資料處理與分析中一個重要的關鍵。

　　在本章的一開始便已有說明，只要在 Excel 中是以「表格(清單)」形式呈現的資料，都可以做為樞紐分析表分析的主要資料來源。但一份完整的 Excel「表格(清單)」，並非都是使用者希望用來進行樞紐分析表分析的資料。例如：我們可能在一份「銷售清單」中，只希望針對「台北或新竹」或是「銷售量在 20 到 100 之間」的資料去進行樞紐分析，則應先進行「篩選」。

　　當以「某一類別」進行樞紐分析後，事實上也等於以「某一條件」進行篩選，這樣的概念是「利用樞紐分析來進行篩選」，因此，再配合「分頁」與「群組」概念，也可達到上一段的需求，但從另一角度來說，如果我們可以確定「非符合條件」的資料都不列入分析的範圍，或因記憶體等效率因素，並不需針對「全部」資料來進行分析，此時，在進行樞紐分析前，可先進行篩選。

　　就 Excel 中的「篩選」概念，我們知道可分在進行 Excel 前先進行篩選，或進入 Excel 後的篩選。前者我們將使用「Microsoft Query」來進行，後者則

會使用 Excel 所提供的「進階篩選」工具來處理。而在與「樞紐分析」的整合上，針對外部資料與已形成「表格(清單)」的資料，Excel 分別提出不同的功能來達成「篩選」的目的。

6-8-1 使用 MS Query

以一範例說明，使用 MS Query 結合「樞紐分析表」，而將 Access 資料庫作為資料來源，篩選部分資料後來進行樞紐分析。

| 範例 *使用 MS Query 下載資料庫、篩選並進行樞紐分析*

(▶) 以「書籍」Access 資料庫檔案中的「銷售資料」表為基礎，使用樞紐分析表分析，除了張碧娟小姐外，每一位銷售員於 2002 年前兩二季，每一季、每一月銷售金額的總和。

Step1: 開啟一空白的活頁簿或是工作表，選取『資料/取得外部資料/從其他來源/從 Microsoft Query』指令，產生「選擇資料來源」對話方塊。(若為 Excel2003 請利用「樞紐分析表和樞紐分析圖」來進行操作)

Step2: 顯示如圖 6-64 的「選擇資料來源」對話方塊，進入 MS Query 工作區域，首先請先選取「資料來源」。

圖 6-64

選取要匯入的
一種外部檔案
格式

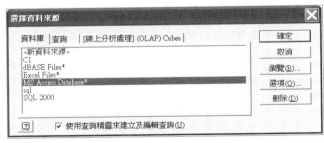

Step3: 選定「MS Access Database」項目,按下「確定」功能鍵。然後選定本範例所要的 Access 資料庫檔案(書籍.mdb),並從中選定「銷售資料」的清單,如圖 6-65 所示。

圖 6-65

選定資料庫
檔案與要匯
入的表單

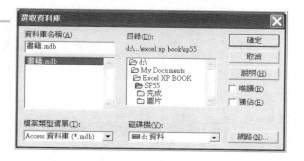

Step4: 按下「下一步」功能鍵,接下來設定「篩選條件」,設定的方法如圖 6-66 所示。基本上我們要設定兩個篩選條件,一為排除業務員為張碧娟的資料,第二個為日期為 91 年前兩季。

圖 6-66

設定「篩選條件」

Step5: 按下「下一步」功能鍵,進行排序,並在「完成」步驟中選定「將資料傳回到 Microsoft Excel」。

Step6: 接著在「匯入資料」對話方塊裡選擇「樞紐分析表」項目並決定樞紐分析表放置的位置。

Step7: 按下「確定」功能鍵後,會建立一個以我們所匯入的 Access 資料庫為基準的樞紐分析表工作環境。

Step8: 使用標準樞紐分析表方式，將「銷售員」、「日期」與「小計」的欄位項目，分別設定成「欄欄位」、「列欄位」與「值欄位」。

Step9: 利用「群組」功能，將 2002 年前兩季的日期，以「季」與「月」來分組。

Step10: 最後調整一下排序方式、名稱與報表格式，可得如圖 6-67 的結果。

圖 6-67

最後篩選的結果

	銷售額統計		銷售員 ▼		
季 ▼	日期	王冠翔	曾慧惠	劉慧楨	總計
⊟ 第一季	1月	3,139	3,562	2,330	9,031
	2月	1,152	5,424	1,260	7,836
	3月	2,895	3,162	2,930	8,987
⊟ 第二季	4月	1,216	5,684	1,425	8,325
	5月	3,104	3,408	2,052	8,564
	6月	856	4,742	1,765	7,363
總計		12,362	25,982	11,762	50,106

6-8-2 使用「進階篩選」

不論進入 Excel 中「表格(清單)」的方式是自建、開啟其他應用軟體，或是使用 MS Query 所匯入的資料，在 Excel 中都可以針對資料清單來設定「篩選」條件。但當我們要針對「資料」進行篩選後，才進行樞紐分析時，則必須使用「進階篩選」方式，將資料庫進行篩選，且須「複製到其它地方」，然後再針對此一新資料清單進行樞紐分析。這只是兩個階段的做法，在此不多做贅述。

技巧 當然，把資料匯入到 Excel 工作表，再使用「進階篩選」是多餘的。即使是以 Excel 所呈現的來源檔案，我們都可以使用 MS Query 來做匯入的動作，而進行最分析。

6-9 多重範圍樞紐分析表

　　在前面所處理的資料對象均在單一工作表上的資料清單，但有些應用上，樞紐分析表的資料來源是來自於多重表格。在本節將對工作表上的多重資料清單或多工作表上的清單上的資料，以「樞紐分析表」來進行分析處理。在後續的內容中，使用者可以發覺「樞紐分析表」在運算彙總上的能力，並可透過「分頁」的功能，迅速來呈現所需各條件的樞紐分析表。以下藉由一個案分析的方式，來介紹樞紐分析表在多重彙總資料範圍方面的能力。

　　我們在 3-3 節，曾經舉一範例，說明多重合併彙算的意義與應用。該電子公司生產三項產品，每一個月皆產生一份報表，這十二月份資料格式，均如圖 6-68 所示。企業的決策者想瞭解「全年度」與「各季」營業狀況。

圖 6-68

多重樞紐分析表的範例

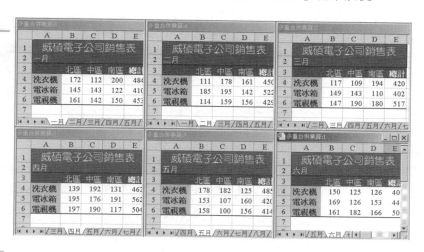

範例　多重合併彙算

▶ 以「CH06 多重來源樞紐分析表」活頁簿為例，一電子公司一至十二月份的銷售記錄皆置於一名稱為「多重合併彙算」的活頁簿檔案，且以各工作表標籤「一月」、「二月」...「十二月」存在於各工作表中，如圖 6-68 所示。請建立樞紐分析表，匯總報表資料，並且以季節分頁。

接著，我們便以圖 6-68 的範例，使用「多重範圍樞紐分析表」來完成。在本範例中欲產生每一季個別彙總報表與年度總表的分析，其步驟如下：

Step1: 按下快速存取工具列上「樞紐分析表和樞紐分析圖精靈」功能鍵，產生「樞紐分析表和樞紐分析圖精靈-步驟 3 之 1」對話方塊。

 注意 Exce2007 以後的版本若想利用樞紐分析表和樞紐分析圖精靈，需先將其設定在快速存取工具列當中。先從視窗左上方的自訂快速存取工具列中點選「其他命令」指令來開啟視窗，接著在「由此選擇命令」中選取「不在功能區的命令」，然後在其下方方塊裡尋找「樞紐分析表和樞紐分析圖精靈」並將其新增至快速存取工具列裡。另若為 Excel2003 之前的版本則請直接選取『資料/樞紐分析表及圖報表…』指令。

Step2: 於「樞紐分析表和樞紐分析圖精靈-步驟 3 之 1」對話方塊中，於「請問您要分析的資料的來源」下選取「多重彙總資料範圍」選項。選擇「下一步」功能鍵，進入下一個對話方塊，如圖 6-69 所示。

圖 6-69

選取分頁設定

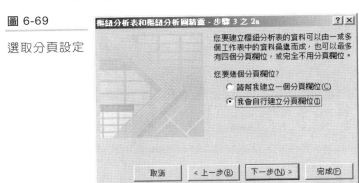

Step3: 因為我們要設定每一季節，因此在「樞紐分析表精靈-步驟 3 之 2a」對話方塊中，選擇「**我會自行建立分頁欄位**」選項，選擇「下一步」功能鍵，進入下一個對話方塊。

Step4: 在「樞紐分析表和樞紐分析圖精靈-步驟 3 之 2b」對話方塊，
在「您要幾個分頁欄位」的設定，選擇「1」的選項鈕，然後
於「範圍」文字方塊中利用滑鼠選定資料來源，同時，於「分
頁欄位的標籤是什麼」中，選取(已經建立)或輸入(尚未建立標
籤，則建立)每一次所選的資料是屬於「第一季」、「第二季」、
「第三季」、「第四季」的哪一季，再利用「新增」功能鍵逐
一加入「所有範圍」中。

圖 6-70

「樞紐分析表
和樞紐分析圖
精靈-步驟 3
之 2b」對話方
塊的設定

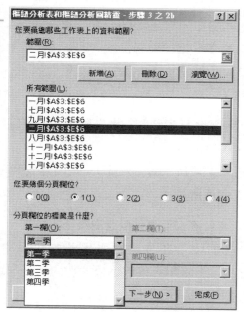

技巧　在此處設定時，是先選定「資料範圍」，在按下「新增」之
前，從分頁的標籤欄位中選取一個分頁標籤，如果該標籤是
尚未建立，則直接在文字方塊中鍵入分頁標籤的名稱。

Step5: 完成設定後選取「下一步」功能鍵，進入「樞紐分析表和樞紐分析
圖精靈-步驟 3 之 3」對話方塊。

圖 6-71

將樞紐分析表
的結果設定於
特定的工作表
上

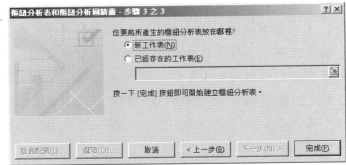

Step6: 在「樞紐分析表和樞紐分析圖精靈-步驟 3 之 3」對話方塊中，我們
將完成的樞紐分析表設定於範例檔案的「樞紐分析表」工作表中，
接著按下「完成」功能鍵，便會產生一報表，並提供「樞紐分析表
欄位」工具窗格。

Step7: 在此步驟中，「樞紐分析表精靈」會自動將各項配置設定好。是分
別以「循列」、「循欄」、「值」與「分頁 1」當成欄位名稱。前
三項為樞紐分析基本項目，而「分頁 1」是因為我們在圖 6-70 中，
設定了一個分頁欄位所致。

Step8: 為求結果更能清晰表達，我們可以選取每一「循列」、「循欄」與
「分頁 1」等名稱後，在分析索引標籤的作用中欄位群組之
「PivotField 名稱」方塊中，修改成最貼切的意義，最後結果如圖
6-72 所示。

圖 6-72

使用「樞紐分
析表」產生合
併報表

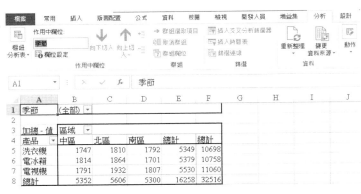

加總 - 值	區域				
產品	中區	北區	南區	總計	總計
洗衣機	1747	1810	1792	5349	10698
電冰箱	1814	1864	1701	5379	10758
電視機	1791	1932	1807	5530	11060
總計	5352	5606	5300	16258	32516

　　圖 6-72 是使用「樞紐分析表」產生的合併報表。若使用者想瞭解單季的彙總結果，則可於如圖 6-72「季節」旁的「下拉式選框」中選取某一季，如選取「第一季」所得結果如圖 6-73 所示。

圖 6-73

使用「樞紐分析表」產生階段性彙總報表 (此圖經過報表格式化)

	A	B	C	D	E	F
1	季節	第一季				
2						
3	值	區域				
4	產品	中區	北區	南區	總計	總計
5	洗衣機	399	400	555	1354	2708
6	電冰箱	481	479	374	1334	2668
7	電視機	491	422	486	1399	2798
8	總計	1371	1301	1415	4087	8174

　　在上一範例中，我們已經理解，多重範圍樞紐分析表的「分頁」，是一種將多重來源分類彙總的分類標準，如我們設定哪幾個月份屬於哪一季。對於「分頁欄位」數目的設定，取決於在圖 6-70 中，設定了多少分頁欄位所致。

　　以本範例來說，當我們在圖 6-70 中，新增資料來源時，若我們於「樞紐分析表和樞紐分析圖精靈-步驟 3 之 2b」對話方塊的「您要幾個分頁欄位」的設定中設定 2 個，然後於「分頁欄位的標籤是什麼」中的「第二欄」內，選取或輸入每一次所選的資料是屬於「單數月」或「雙數月」，則未來分析時，可以增加一分頁欄位來分析。

圖 6-74

設定第二個分頁欄位

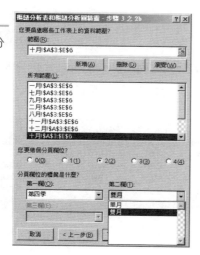

如此一來，使用者便可以在最後的報表中，使用第二個「單雙月」的分頁欄位來進行報表的分類。當然，如一般的樞紐分析表，分頁欄位也可以放置於「欄」或「列」的欄位上。如圖 6-75 所示，便是加入了第二個分頁欄位—「單雙月份」後，同時拖曳到「列欄位」所得到的結果。

圖 6-75

建立多個分頁
欄位進行分析

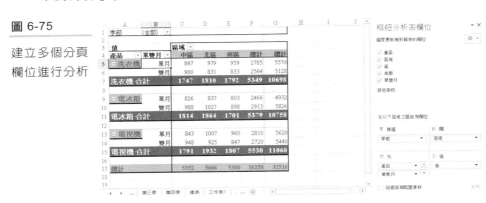

6-10 樞紐分析表其他重要技巧

6-10-1 欄位排列與篩選

從前面章節的說明中，我們已經學會了建立樞紐分析表報表。如圖 6-76 所示，就是我們使用樞紐分析的技巧，利用「CH06 樞紐分析資料庫範例」範例檔案中的「銷售資料庫」來建立一份樞紐分析報表。

圖 6-76

以群組與自動
報表格式建立
樞紐分析

日期	古典音樂	台語歌曲	國語歌曲	搖滾歌曲	總計
第一季	61	221	183	62	527
第二季	174	262	146	30	612
第三季	31	123	189	67	410
第四季	178	265	105	51	599
總計	444	871	623	210	2148

　　針對「欄欄位」或「列欄位」中，欄位下的項目排序，是以遞增排序來呈現。但是許多時候，我們會希望以不同的方式來排序，例如：以遞減排序或是將第三季與第二季對調。

　　基本上，在 Excel 的樞紐分析表中，我們可以直接拖曳項目以進行排序。例如：我們希望將第三季與第二季對調，只需要以滑鼠直接拖曳即可。主要的方式，是按住 A7「第三季」儲存格邊框，往上拖曳適當位置，便可以達到調換的目的。

圖 6-77

直接以滑鼠拖曳

	A	B	C	D	E	F
4	日期 ▾	古典音樂	台語歌曲	國語歌曲	搖滾歌曲	總計
5	第一季	61	221	183	62	527
6	第二季	174	262	146	30	612
7	第三季	31	123	189	67	410
8	第四季	178	265	105	51	599
9	總計	444	871	623	210	2148

A6:F6

技巧　如果，希望以某一個統計值欄位進行排序，只要選定該欄位中的某一個數值後，以排序工具來進行排序即可，如圖 6-78 所示。

圖 6-78

直接以排序工具排序

	A	B	C	D	E	F
4	日期 ↓	古典音樂	台語歌曲	國語歌曲	搖滾歌曲	總計
5	第三季	31	123	189	67	410
6	第一季	61	221	183	62	527
7	第四季	178	265	105	51	599
8	第二季	174	262	146	30	612
9	總計	444	871	623	210	2148

　　但如果我們希望以項目名稱遞減排序，或是設定篩選顯示項目，則可以使用『資料/排序』指令，產生如圖 6-79 的對話方塊。

283

圖 6-79

排序設定

　　為使得範例更能表達出本節所要彰顯的目的，我們先將前一範例的日期欄位，改以「月份」來顯示。在「自動排序選項」中，預設值是「手動」，此時我們可以使用拖曳的方式自行調整，如圖 6-77 所示。另外可以選取「遞增」與「遞減」項目，配合「使用欄位」來進行排序。而圖 6-80 的結果，便是我們使用月份遞減，並利用篩選功能來讓其只顯示「銷售量前五名」的資料。

圖 6-80

重新排序，同時經過篩選

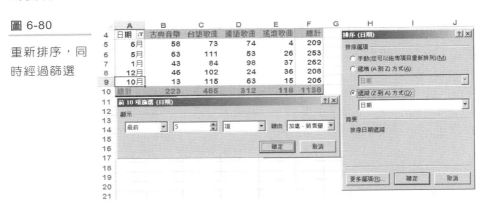

6-10-2　表格的選項

　　以圖 6-80 所呈現的，是經過篩選前五名的月份銷售量總和，並以月份遞減排序。若要改變統計量，例如：將「總和」改為「平均數」，則只需要按一下如圖 6-80 的 A3「銷售量」後選取分析索引標籤下的「欄位設定」功能鍵，

再於「值欄位設定」下的「摘要值方式」來更改即可。如圖 6-81 便是更改圖 6-80 的「加總」成為「平均數」，並且改為小數點一位的結果。

圖 6-81

以平均數來顯示統計量

日期	古典音樂	台語歌曲	國語歌曲	搖滾歌曲	總計
9月	10.0	19.5	21.3	38.0	21.5
5月	31.5	22.2	26.5	26.0	25.3
4月	26.5	26.0	9.5		21.4
11月	29.8	24.0	18.0		26.4
10月	13.0	38.3	31.5	15.0	29.4
總計	25.8	26.1	21.6	26.3	24.8

銷售量平均　產品

但在圖 6-81 中，我們便可以看見，改變統計量摘要方式之後，因為原始資料的關係，如 4 月與 11 月兩月份的「搖滾歌曲」呈現出「空白」。此狀態來自於原始資料並沒有在四月或十一月份有賣出「搖滾歌曲」的原因所致。但對於這些「空值」或是「錯誤值」的顯示，我們都可以進一步進行設定。

對於整體樞紐分析表的顯示設定，我們可以由「分析」索引標籤中的『樞紐分析表/選項』指令，產生「樞紐分析表選項」對話方塊來設定。

圖 6-82

控制樞紐分析表顯示的對話方塊

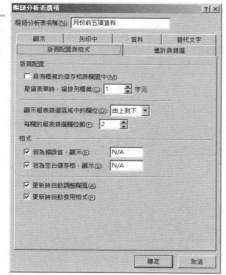

　　圖 6-81 中之所以會顯示「空值」，主要是於圖 6-82 中，勾選「若為空白儲存格，顯示」選項，在預設情況下會顯示「空白」，但我們也可以在後續的文字方塊輸入替代文字，例如：「N/A」，則當沒有來源資料時，會顯示「N/A」以取代空白。當然，對於「錯誤值」也一樣可以進行相同的設定。

　　在應用上，此對話方塊還可以控制包括是否要顯示欄列的加總、是否要設定自動報表格式，以便在設定一次報表格式後，資料有變更時，仍然套用就有報表格式、設定保留格式，以便在每一次重新取得分析報表時，保留原有的數值格式化。

6-10-3　欄欄位與列欄位的選項

　　在前面章節的說明中，使用者可以選取分析索引標籤下的「欄位設定」功能鍵，啟動「值欄位設定」對話方塊，如圖 6-83 所示，藉由此對話方塊，可以改變統計量，並透過資料顯示方式改變統計量的呈現，如改成總和百分比。

圖 6-83

統計欄位的「值欄位設定」對話方塊

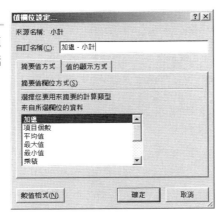

　　然而針對欄欄位與列欄位，我們也可以使用相同的方法，啟動「欄位設定」對話方塊，以便進行設定而達到所希望的結果。仍以「CH06 樞紐分析資料庫範例」範例檔案中的「銷售資料庫」來建立一份樞紐分析報表，如圖 6-84 所示。

圖 6-84

欄欄位與列欄位的選項設定範例

	A	B
1		
2		
3	日期 ▼	小計
4	第一季	
5	李信義	23904
6	姚瞻海	37899
7	萬衛華	22275
8	劉齊光	61737
9	第一季 合計	145815
10		
11	第二季	
12	李信義	21096
13	姚瞻海	63105
14	萬衛華	19105
15	劉齊光	57962
16	第二季 合計	161268

　　在預設的狀況下，每一個主要分類(季節)都會有合計的資料，但如果使用者希望，不要顯示合計欄位，或是同時顯示多個統計量，則可以按一下 A4 後選取分析索引標籤下的「欄位設定」功能鍵，以啟動如圖 6-85 的「欄位設定」對話方塊。

圖 6-85

欄列欄位的欄位選項

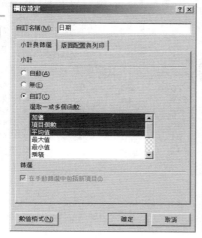
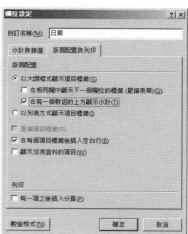

在此對話方塊中，主要可以設定是否要顯示「小計」欄位，若要顯示小計欄位，是要顯示哪些統計量，其預設值是「加總」，但使用者也可以設定一次顯示多個統計量，如圖 6-85 的設定。

圖 6-86 的結果，便是圖 6-57 的資料經過設定，顯示多個小計結果，並且改變版面設定後的狀態。

圖 6-86

改變欄欄位小
計與版面配置
後的結果

使用「銷售清單」工作表上的資料，建立一樞紐分析表，分析不同業務員於月份的銷售量總和。並且只以遞減排序顯示與統計月份總和前五名的資料。參考答案如下圖。

	A	B	C	D	E	F
3	加總 - 銷售量	銷售員 ▼				
4	日期 ▼	林宸旭	林宸佑	林毓修	陳建志	總計
5	12月	76	24	96	71	267
6	1月	139	44	33	38	254
7	6月	56	29	96	35	216
8	5月	80	12	106		198
9	9月	91	20	45	22	178
10	總計	442	129	376	166	1113

6-11 習題

1. 根據「CH06習題」範例檔案中「清單管理」工作表中的資料，完成如下的樞紐分析需求：

① 統計每一「銷售員」的「小計」總和。並將數字格式設定為「千分位，沒有小數點」。

② 依續上例，統計每一「銷售員」在每一「地區」的「小計」總和。

③ 依續上例，統計每一種「產品」在每一「地區」的「小計」總和。

④ 依續上例，在分析的結果中不要顯示「桃竹苗」與「花東」地區的資料。
(到此練習的結果如下圖)

3	加總 - 小計	地區				
4	產品	台中	台北	台南	高雄	總計
5	古典音樂	22,200	21,000	4,000	32,600	79,800
6	台語歌曲	59,920	37,240	61,040	23,520	181,720
7	國語歌曲	12,250	4,000	37,500	46,250	100,000
8	搖滾歌曲	2,880	17,280	11,520	3,200	34,880
9	總計	97,250	79,520	114,060	105,570	396,400

⑤ 依續上例，於「地區」中，再度顯示「桃竹苗」與「花東」地區的資料。

⑥ 依續上例，於樞紐分析表結果報表中，將統計(值)欄位由「小計」改為「地區」，以統計每一種產品在每一區域所出售的銷售筆數。

⑦ 依續上例，將統計(值)欄位由「地區」改為「銷售量」。

⑧ 將統計的方式，由「加總」改為「平均數」。

⑨ 依續上例，針對「平均數」改為小數點兩位的數字格式。
(到此練習的結果如下圖)

	A	B	C	D	E	F	G	H
3	平均值 - 銷售量	地區 ▼						
4	產品 ▼	台中	台北	台南	花東	桃竹苗	高雄	總計
5	古典音樂	27.75	26.25	10.00	28.25	35.50	32.60	28.43
6	台語歌曲	26.75	26.60	24.22	26.20	30.00	28.00	26.76
7	國語歌曲	49.00	16.00	30.00	23.75	25.83	20.56	24.83
8	搖滾歌曲	9.00	27.00	18.00	38.50	10.00	10.00	20.60
9	總計	27.36	25.67	23.56	26.89	27.74	24.56	25.95

⑩ 依續上例,以「每一產品在每一地區的平均銷售量」產生一「立體直條圖」。

⑪ 依續上例,使用滑鼠直接拖曳欄位與更改統計方式,改為產生「每一銷售員針對每一產品的總銷售量」統計圖。

⑫ 依續上例,不顯示「陳玉玲」與「古典音樂」產品的資料。
(到此練習的結果如下圖)

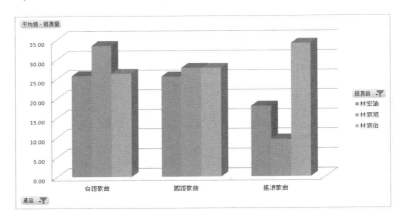

2. 根據「CH06 習題」範例檔案中「票選統計」工作表中的資料,完成如下的樞紐分析需求:

① 使用樞紐分析功能,分析不同性別、不同學歷,對於「最佳投手」的選擇行為。(到此練習的結果如下圖)

	A	B	C	D	E	F	G	H
1								
2								
3	計數 - 最佳	最佳投手▼						
4	學歷 ▼	吳思佑	杜章偉	林岳平	林英傑	林恩宇	陽建福	總計
5	⊟大專							
6	女	10	5	5	4	6	8	38
7	男	9	1	5	2	4	2	23
8	大專 合計	19	6	10	6	10	10	61
9	⊟高中							
10	女	16	3	10	4	8	16	57
11	男	14	5	5	1	6	6	37
12	高中 合計	30	8	15	5	14	22	94
13	⊟國中							
14	女	9	3	4		3	2	21
15	男	6	3	6		4	5	24
16	國中 合計	15	6	10		7	7	45
17	總計	64	20	35	11	31	39	200

② 依續上例，產生相對的樞紐分析圖。

③ 依續上例，使用已經產生的樞紐分析報表為基礎，將「性別」欄位以分頁方式顯示。

④ 在「性別」中選取指顯示 "女生" ，並進行觀察。同時切換到統計圖觀察他的變化。(到此練習的結果如下圖)

	A	B	C	D	E	F	G	H
1	性別	女 ▼						
2								
3	計數 - 最佳投手	最佳投手 ▼						
4	學歷 ▼	吳思佑	杜章偉	林岳平	林英傑	林恩宇	陽建福	總計
5	大專	10	5	5	4	6	8	38
6	高中	16	3	10	4	8	16	57
7	國中	9	3	4		3	2	21
8	總計	35	11	19	8	17	26	116

⑤ 依續上例，分析每月與每季所得的問卷數目。

⑥ 依續上例，以年齡層由 21 歲到 60 歲，每 10 歲一組，分析在不同年齡層下，每月與每季所得的問卷數目。(到此練習的結果如下圖)

	A	B	C	D	E	F	G	H
1								
2								
3	計數 – 學歷	年齡 ▾						
4	季 ▾	<21	21-30	31-40	41-50	51-50	>61	總計
5	⊟第一季							
6	1月	12	11	4	4	4	2	37
7	2月	10	8	4		3	1	26
8	3月	16	4	5	1	1		27
9	⊟第二季							
10	4月	14	6	2	5	4	1	32
11	5月	12	9	3	4	1		29
12	6月	11	6	4	4	1		26
13	⊟第三季							
14	7月	10	6	2	1	3	1	23
15	總計	85	50	24	19	17	5	200

⑦ 依續上例，求出每一種情況下的筆數佔全部筆數的百分比。

⑧ 依續上例，移除「年齡」與「季」欄位，產生問卷個數「月累計」統計圖表，如下圖所示。

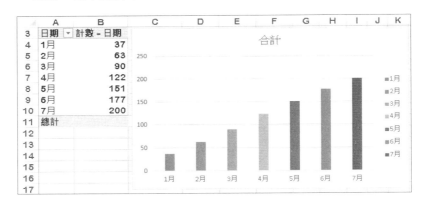

3.　根據「CH06 習題」範例檔案中「清單管理」工作表中的資料，完成如下的樞紐分析需求。

　　① 以「CH06 習題」範例檔案中「清單管理」工作表中的資料清單為基礎，建立一具有兩個統計值的樞紐分析，分析不同銷售員針對不同地區，銷售量的總和與小計的平均(平均值請取到小數點第二位)。

　　② 依續上例，套用「報表 6」專業報表格式。

③ 依續上例，改變分類的標準，將「地區」類別改為「產品」類別，同時只統計「銷售量的總和」即可，並觀察格式的變化。

④ 依續上例，套用「報表 3」專業報表格式。(到此練習的結果如下圖)

⑤ 依續上例，套用「表格 10」專業報表格式。

⑥ 依續上例，針對產生的「每一銷售員針對每一產品銷售額總和」的樞紐分析表，加入一資料項目，稱之為「歌曲」，以統計台語歌曲、國語歌曲與搖滾歌曲的總和資料。但原有的台語歌曲、國語歌曲與搖滾歌曲隱藏。(到此練習的結果如下圖)

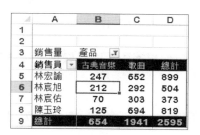

⑦ 回復原始設定，使用自定群組方式，將台語歌曲、國語歌曲與搖滾歌曲三項目，組成「歌曲」群組，以取得類似上一需求的結果。

293

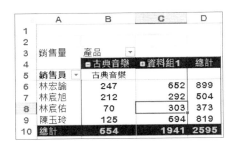

⑧ 在不增加欄位的限制下,假設銷售金額的 8%為工作獎金,請計算各銷售員銷售各產品的工作獎金。最後再套套用「表格 2」專業報表格式。參考答案如下圖。

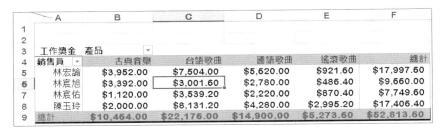

⑨ 依續上例,為「古典音樂」進一步顯示,在不同區域下的銷售將金明細。

⑩ 依續上例,我們已知「林宸旭在「古典音樂」的獎金為 3392」,請查詢出構成此一總和的所有資料錄。

4. 根據「CH06 習題」範例檔案中「清單管理」工作表中的資料,完成如下的樞紐分析需求:

① 建立一樞紐分析表,以季節與產品在列欄位,地區在欄欄位,統計銷售量總和。

② 設定表格選項,將空白資料設定為「N/A」。

③ 設定日期欄位(季節)的小計,必須顯示加總與個數。

④ 設定以日期遞減,並只顯示銷售量總和最大的前兩項。最後的參考答案如下圖。

	A	B	C	D	E	F	G	H	I
3	銷售量		地區 ▼						
4	日期 ▼	產品 ▼	台中	台北	台南	花東	桃竹苗	高雄	總計
5	第四季	古典音樂	37	5	14	39	43	133	271
6		台語歌曲	#N/A	13	131	#N/A	72	43	259
7		國語歌曲	#N/A	#N/A	16	53	43	#N/A	112
8		搖滾歌曲	9	32	#N/A	34	#N/A	#N/A	75
9	第四季 加總		46	50	161	126	158	176	717
10	第四季 計數		2	3	7	4	4	6	26
11									
12	第二季	古典音樂	10	100	#N/A	35	46	#N/A	191
13		台語歌曲	68	56	20	64	81	#N/A	289
14		國語歌曲	#N/A	16	83	38	35	12	184
15		搖滾歌曲	#N/A	#N/A	26	43	#N/A	#N/A	69
16	第二季 加總		78	172	129	180	162	12	733
17	第二季 計數		3	6	5	8	5	1	28
18									
19	總計		124	222	290	306	320	188	1450

5. 以「書籍」Access 檔案中的「書籍」表為基礎，使用樞紐分析表分析，每一位作者於 2000 年以前，每一季撰寫超過 500 頁書籍的平均頁數。參考答案如下圖。

	A	B	C	D	E	F
3	平均頁數	初版日 ▼				
4	作者(原著) ▼	第一季	第二季	第三季	第四季	總計
5	王元綱				576	576
6	王文中				720	720
7	林宏諭		896			896
8	林宏諭 吳若權		607			607
9	林宏諭 博士		625			625
10	洪維恩			617		617
11	紅螞電腦圖書	592	729	777		707
12	胡嘉璽		576			576
13	徐定嘉	656		569		627
14	徐許信、李志成		528			528
15	徐許信、陳國連(審訂)				560	560
16	柴田望洋(原著)			1,104		1,104
17	許耀豪/劉慧楨	637				637
18	陳玄芬		722			722

6. 以範例檔案中「CH06 多重來源樞紐分析表」活頁簿為例，其中包含電子公司一至十二月份的銷售記錄，以各工作表標籤「一月」、「二月」…「十二月」存在於各工作表中。請建立樞紐分析表，匯總報表資料，並且以「半年」分頁(分上下半年)。最後參考答案如下圖。

	A	B	C	D	E	F	G	H	I	J
3	值		區域 ▼							
4	產品 ▼	上下半年 ▼	中區	北區	南區	總計	總計			
5	⊟ 洗衣機	下半年	723	786	691	2200	4400			
6		上半年	1024	1024	1101	3149	6298			
7	洗衣機 合計		1747	1810	1792	5349	10698			
8										
9	⊟ 電冰箱	下半年	733	688	696	2117	4234			
10		上半年	1081	1176	1005	3262	6524			
11	電冰箱 合計		1814	1864	1701	5379	10758			
12										
13	⊟ 電視機	下半年	688	828	750	2266	4532			
14		上半年	1103	1104	1057	3264	6528			
15	電視機 合計		1791	1932	1807	5530	11060			
16										
17	總計		5352	5606	5300	16258	32516			
18										
19										
20										

樞紐分析表欄位　　　　▼ ✕

選擇要新增到報表的欄位：　　　✿ ▾

☑ 產品
☑ 區域
☑ 值
☑ 季節
☐ 單雙月
☑ 上下半年

在以下區域之間拖曳欄位

▼ 篩選
季節　　　　▼

▥ 欄
區域　　　　▼

☰ 列
產品　　　　▼ ▲
上下半年　　▼ ▾

Σ 值
加總 的值　　▼

CHAPTER

07

數量化決策輔助

本 章 重 點

學習目標搜尋的技術

學習規劃求解的技術

學習 What-If 分析的技術

學習使用分析藍本

規劃求解與分析藍本個案分析

連線至博碩文化網站下載

CH07 數量管理

　　Excel 系列的模式化能力一直為試算表使用者所稱許的，透過各類因應不同需求的函數、公式設定、動態連結、超連結功能與強大的資料分析功能，要建立符合實際問題的分析模式，並且能有效展現問題內涵，取得建議決策的方案，並非難事。

　　而 Excel 也因強大的模式化能力，配合 VBA 程式語言功能與使用者介面設計功能，使 Excel 也是如決策支援系統等決策輔助資訊系統適合的發展工具。

　　資訊管理的目的，是提供管理決策者一充份及時而正確的資訊，以輔助決策的制定。管理者常會以不同角度來看問題，其會要求資訊系統必須具備接受由不同層面擷取資訊的能力。例如：針對一業務計劃的問題，管理者可能想知道，當銷售額能達成一百萬時，其獲利能力為多少；其亦可能想知道，銷售額須達多少時，其獲利能力可達 10%。或在一決定生產量的問題中，希望能夠知道應該生產多少量，能夠滿足市場需求、生產成本最低、減低庫存壓力。

　　在上述的問題中，由於銷售額為獲利能力之決定因素之一，即我們可以將銷售額視為「因」，獲利能力為「果」，因此上述的前項問題，「當銷售額有一百萬時，其獲利能力為多少」，屬【What-If 分析】；「銷售額須達多少時，其獲利能力可達 10%」則屬於【目標搜尋】，而獲利能力即為其「目標」。

　　大體上就【目標搜尋】的問題而言，簡單的說，首先要設定一「結果」的值，稱之為「**目標值**」，再求其產生此結果的「原因」，稱之為「**變數**」。但可因目標或問題複雜程度，或其是否具有資源的有限性限制而有所不同。

倘若，我們在一模式中，設定好目標值，例如：上例之 "10%" 獲利能力，求應有之決策，則可以直接以單純的「目標搜尋」進行即可；然而管理的目的之一為求其最大利潤或最低成本，明顯的上例之 "10%" 獲利能力，不見得是 "最佳"，倘若我們要在資源有限的限制式下，求其最佳化，則我們應使用「數理規劃」(Mathematical Programming)之技術，上述的部份皆為本章的重點。

當然，本章所學習的技巧，也不單是使用在「商業用途」。從事學術或相關研究工作者，時常可能要進行模擬分析，此時，配合本章的所介紹的模式與下兩章統計分析功能，再搭配 VBA 與其他使用者介面設計、模式化功能，便可以建立一分析模式。

7-1 | 目標搜尋

在 Excel 中，當我們在各儲存格中，以公式或函數求算出一結果時，此時，模式即已形成。例如：當我們在 A1:A3 儲存格分別填入值 10、20 與 =A1+A2 的公式時，這些儲存格便具有「因果關係」。我們即可將這些儲存格的「因果關係」認定成為一模式。在 Excel 中，要進行目標搜尋處理，較常見的有二種方法：

▶ 一般性目標搜尋

▶ 使用規劃求解

7-1-1 目標搜尋基本概念

要以 Excel 來處理目標搜尋的任務，只需在工作表中建立好分析模式，再使用『資料/模擬分析/目標搜尋…』指令即可。建立模式時，最重要的一個

原則便是「形成因果關係」，也就是某一儲存格必須由另一些儲存格所構成。例如有一簡單的銷售量、季節、廣告量等變數的關係模式，經研究結果如下：

(模式 7-1)　　Y(銷售量)=$A*Z$(季節因子)*($B+X$(廣告))^0.5

在模式 7-1 中，「季節因子」與「廣告」都是「銷售量」的因，反之，「銷售量」是「季節因子」與「廣告」的果。若我們假設「季節因子」固定不變，則「廣告」與「銷售量」便形成單純的因果關係。

假設我們可以由研究或實證後，得到模式中參數估計值，A 與 B 分別為 52 與 520，則上述的模式可寫為：

(模式 7-2)　　$Y=52*Z*(520+X)^{0.5}$

7-1-2 標準模式設定與解題步驟

範例　*建立基本目標搜尋模式*

▶ 根據上述的模式(模式 7-2)，想瞭解在季節因素不變(假設季節因子為 1.1)的情形下，要有多少的廣告量才能達到 3000 的銷售量。請於範例檔案「CH07 數量管理」中的「目標搜尋」清單中建立分析模式。

Step1:　在儲存格 A3 中鍵入廣告量，也是「目標值」的所在，預設值為 1000。在儲存格 B3 中填上 1.1(假設季節因子值為 1.1)，最後在儲存格 C3 中填上=52*B3*(520+A3)^0.5，此值為銷售量設定公式，整個模式設定如圖 7-1 所示。

圖 7-1

簡單之銷售量、季節、廣告量模式

	A	B	C	D
1		目標搜尋範例		
2	廣告量	季節因子	銷售量	
3	1000	1.1	=52*B3*(520+A3)^0.5	

┌──────┐
│ □□ │ 附註
└──────┘
在範例的工作表模式中,已經內建一統計圖形,當我們輸入了
資料與公式後,會自動完成統計圖形。

Step2: 選擇『資料/模擬分析/目標搜尋…』指令產生「目標搜尋」對話方
塊,如圖 7-2 所示。另若為 Excel2007 請選擇『資料/假設狀況分析
/目標搜尋…』指令;若為 Excel2003 之前的版本請選擇『工具/目
標搜尋…』指令。

圖 7-2

「目標搜尋」
對話方塊

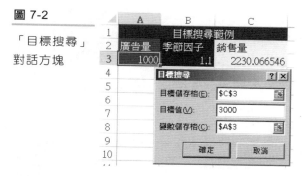

Step3: 在「目標搜尋」對話方塊中,共有三個設定選項,所進行的設
定情形以表 7-1 說明。在設定「目標儲存格」與「變數儲存格」
時,若對話方塊阻擋了模式,可按下 [圖] 鈕,以「摺疊式」對話
方塊來進行。

Step4: 在當設定好後,選擇「確定」功能鍵,即產生如圖 7-3 之結果。

圖 7-3

簡單之銷售
量、季節、廣
告量模式目標
搜尋之結果

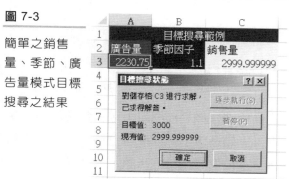

Step5: 按下「確定」功能鍵回到工作表。

從圖 7-3 的模式中,我們可以得知,當季節因子為 1.1,廣告量為「2230.75」的情況下,銷售量會達到 3000(因為精確度的關係,實際值為 2999.999999)。

技巧 若是認為廣告量與銷售量,都不會有小數點,則可以使用「數值」格式化,將 A3 與 C3 設定成沒有小數點。

在應用上,可以修改不同的「季節因子」,再重複上述步驟,而得到在不同季節因子情況下,廣告量與銷售量的關係。不過,若要了解兩個或多個變數對一個目標觀測值的影響,可以使用 7-2 節的「What-If」分析模式與「分析藍本」來進行。有關圖 7-2 的說明如表 7-1。

表 7-1 建立「目標搜尋」模式的設定

項目	說明
目標儲存格	此文字方塊主要設定「目標參數」儲存格,本例中為 C3。使用者可直接於工作表中選取 C3 儲存格。
目標值	此文字方塊主要設定「目標參數」所期望的目標值,本例中為 "3000"。也就是設定觀測值最後希望出現的數值。如在建立損益平衡模式時,此值通常設定為 0。
變數儲存格	此文字方塊主要設定可改變的參數儲存格(決策變數),本例中為 A3。此一儲存格是代表著分析模式中的「因」,也就是「目標儲存格」的前導參照。

7-1-3 損益平衡模式的設定與解決

「損益平衡模式」是一般在上商管課程與實務應用上,相當常見的一種量化分析模式。在損益平衡模式中,一般最想了解的問題包括「要有多少銷售量或銷售額,才能達到損益平衡」。再進行如此分析時,我們必須先知道幾個關係。

銷售額(A)=銷售量(Q)*售價(P)

成本(C)=固定成本(FC)+變動成本(VC)=固定成本(FC)+銷售額(Q)*

單位變動成本(I)

損益平衡點的模式便發生於當銷售額(A)等於成本(C)時，也就是說，

Q*P=FC+Q*I

經過換算，我們可得在售價、固定成本與單位變動成本已知情況下，損益平衡點的銷售量 Q，

(模式 7-3) $$Q = \frac{FC}{P-I}$$

當然，在 Excel 中，若使用者知道售價(P)、固定成本(FC)與單位變動成本(I)，可建立一簡單公式，便可以計算出損益平衡點的銷售量 Q。根據這些概念，我們可以在 Excel 中建立一簡單的模式，如圖 7-4 所示。(範例檔案中的「損益兩平」工作表)。

圖 7-4

損益平衡模式

	A	B	C
1	售價	10	
2	銷售量	0	
3	銷售額	=B2*B1	A=PQ
4	固定成本	40	
5	單位變動成本	2.5	
6	變動成本	=B5*B2	VC=IQ
7	總成本	=B6+B4	TC=FC+VC
8	利潤	=B3-B7	A-TC
9			
10	損益平衡點	=B4/(B1-B5)	Q=FC/(P-I)

圖 7-4 是以「顯示公式」的方式顯示。就模式 7-3 來看，若我們希望得到損益平衡的銷售量，我們可以在某一儲存格中，建立一公式。

= B4/(B1-B5)

以模式中相關的參數(B1、B4、B5)，我們可以很快地取得目前的損益平衡點為 5.3333。

針對如圖 7-4 的損益平衡模式，我們也可以使用「目標搜尋」來求解。其中「目標儲存格」為 B8，目標值為 0，變數儲存格為 B2，設定與結果如圖 7-5 所示。

圖 7-5

以目標搜尋求
解損益平衡

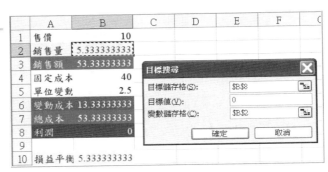

簡單的說，當我們在一個分析模式中，有設定具有因果關係的公式上，若希望從結果來求得「因」，則都可以使用「目標搜尋」來完成。當然，也不是所有的模式都可以得到解答，簡單舉例，若我們設定「變數儲存格」的平方為目標儲存格是-1，則將無法在實數部份求得解答。

圖 7-6

無法求得解答
的狀態

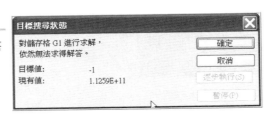

<u>綜合練習一</u>

某傳銷公司對於員工之每月工作獎金之發放有一個固定之公式如下：(本範例模式建立於「綜合練習一」工作表。)

> 工作獎金=(個人月銷售金額+下線人員月銷售金額 *0.15)*0.07

❶ 想瞭解在下線人員月銷售金額三百萬固定不變下，要有多少的個人月銷售金額才能達到三十萬的工作獎金？

❷ 想瞭解在個人月銷售金額四百萬固定不變下，要有多少的下線人員月銷售金額才能達到三十萬的工作獎金？

7-2 | 最佳化與「規劃求解」

　　在有限的可用資源且每種資源可用於數個方案的情況下，利用該資源組合產生最大之利潤、或最低之成本，是企業進行有關「資源分配」決策的一主要考慮依據。諸如此類型之決策存在於組織中不勝枚舉，例如：廣告研究、最佳生產計劃、人員配置問題與投資組合…等。而上述的決策問題包含幾個特點：

▶ 具有明確的目的(要求利潤極大或成本最小)

▶ 具多種可行方案(若僅有一方案則無從選擇)

▶ 有限資源(倘若資源無限就無需規劃)

　　在計量管理的領域，許多學者便提出以數理規劃(Mathematical Programming)的方法來輔助「資源分配」(Resource Allocation)決策制訂。就此類決策問題的特性，以數學模式表示，便至少存在一目標函數與一組限制式。舉一簡單範例說明：有一生產工廠，其生產 A、B 二種產品，每種產品所需製造、裝配時間、利潤與可供使用之時間如圖 7-7 所示。

圖 7-7

數理規劃之範
例

	A	B	C	D
1	部門	產品A	產品B	可用時間
2	製造	4	2	80
3	裝配	2	4	100
4	利潤	10	8	

我們知道追求最大利潤為其目標，但受限於可用的時間資源。決策者要決定的就是 A、B 二產品各應生產多少，方能使利潤達到最大，數學模式表示如下：

(模式 7-4)　　　　假設

X 為生產 A 產品數量

Y 為生產 B 產品數量

Z 為最大之利潤

目標函數　Max Z = 10X + 8Y (利潤最大)

限制式　　　　4X + 2Y ≦ 80

2X + 4Y ≦ 100

X ≧ 0

Y ≧ 0

在傳統的作業研究領域中，我們可用圖解法或「單形法」(Simplex Method) 或其他更複雜的方法來解決上述的模式。在 Excel 中，提供了一「規劃求解」的輔助功能，可以幫我們解決線性規劃、非線性規劃或整數規劃的問題。在本節中，我們將以一範例介紹如何使用 Excel 的「規劃求解」以解決有關規劃模式的問題。

 注意

「規劃求解」並不是 Excel 的標準功能，而是以一「增益集」的型態呈現。因此，要使用規劃求解功能，除了在安裝 Excel 或 Office 時，一定記得安裝 Excel 增益集選項外，若還是不見「規劃求解」，則可以如下的步驟進行。

範例　*安裝「規劃求解」增益集功能*

Step1:　選取『檔案／選項／增益集』指令，在左下方管理裡選擇「Excel 增益集」後按「執行」功能鍵，產生如圖 7-8 對話方塊。

Step2:　勾選「規劃求解」選項，再按下「確定」功能鍵，即可載入至『資料』索引標籤中。

圖 7-8

將「規劃求解」
設定為 Excel
基本功能

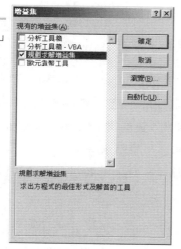

7-2-1 「規劃求解」基本概念

『規劃求解』工具主要以「數值分析」之技術用來解「線性規劃」、「非線性規劃」、「整數規劃」…等問題。在 Excel 中的『規劃求解』工具，亦稟承 Excel 系列易使用的界面，同時在此模式中最多可設定 200 個可控變數(可改變儲存格)與 200 個限制式。

「規劃求解」主要是運用數值分析的方法，以試誤(Trial &Error)方式求最佳化或解方程式，其可解出 Excel 工作表中有關線性規劃(Linear Programming)或不等式的解。

注意　由於「規劃求解」是以數值分析的方式來解最佳化模式，所得的解並非精確的解。尤其針對許多不只一解的複雜問題，「規劃求解」找出的往往並非所有解中的最佳解。「規劃求解」只能於「初始值」給定的範圍附近求解，故為確保所得解為最佳，應嘗試以不同的「起始值」來求解。

7-2-2　使用「規劃求解」

在使用「規劃求解」以前，首先需先於 Excel 工作表中先將問題轉化成模式，並標明出目標函數的儲存格(最佳解之處)、欲調整的儲存格(或稱變數儲存格)與限制式的儲存格。之後才利用『資料/規劃求解…』指令，於出現「規劃求解參數」對話方塊中設定，以進行「規劃求解」。但如何將問題轉換為工作表模式，通常也是最困難且最關鍵的一部份，接著以圖 7-7(模式 7-4)的範例說明規劃求解的用法。

範例　*規劃求解*

▶ 以模式 7-4 的最佳生產量的範例，進行該問題的規劃求解，以確定最佳(總利潤最大)的生產方式。本範例已經建構在「CH07 數量管理」範例檔案中的「線性規劃模式」工作表中。

Step1:　首先先將模式 7-4 問題轉化成工作表中模式，如圖 7-9 所示。此圖也是「CH07 數量管理」範例檔案中的「線性規劃模式」工作表。

圖 7-9

「規劃求解」
應用問題之模
式

	A	B	C	D
1	部門	產品A	產品B	可用時間
2	製造	4	2	80
3	裝配	2	4	100
4	利潤	10	8	
5	應生產量	0	0	
6	總利潤	0	(=B5*B4+C5*C4)	
7	製造耗時	0	(=B5*B2+C5*C2)	
8	裝配耗時	0	(=B5*B3+C5*C3)	

在圖 7-9 中 B5 與 C5 儲存格為最佳生產量，也是「規劃求解」可調整儲存格，稱為「變數儲存格」，是求解的對象。B6 的目標函數儲存格中公式可寫成

```
=B5*B4+C5*C4
```

又耗用時間則為「產量 * 加工時間」，因此 B7、B8 儲存格分別為：

```
B7=B5*B2+C5*C2
B8=B5*B3+C5*C3
```

就此一模式來看，限制式則為

```
B7≦D2〔應低於可用總時數〕
B8≦D3〔應低於可用總時數〕
B5≧0〔產量不得小於 0〕
C5≧0〔產量不得小於 0〕
B5:C5 為整數〔產量不為小數點〕
```

Step2: 選擇『資料/規劃求解…』指令，即出現如圖 7-10 之「規劃求解參數」對話方塊。(若為 Excel2003 之前的版本請選擇『工具/規劃求解…』指令)

Step3: 於圖 7-10「規劃求解參數」對話方塊進行相關的設定，圖 7-10「規劃求解參數」對話方塊中的設定情形說明如表 7-2。

圖 7-10

「規劃求解參
數」對話方塊
中的設定情形

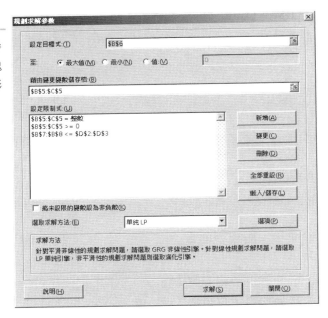

【設定目標式】、【藉由變更變數儲存格】與【設定限制式】為「規劃求解」中三個最重要的基本要素，設定目標式與變數儲存格只需以滑鼠在工作表模式上選擇即可。

相同的，在設定「目標式」與「變數儲存格」時，若對話方塊阻擋了模式，可按下 ▦ 鈕，以「摺疊式」對話方塊來進行。但若要增加或修改、刪除限制式，則需選取圖 7-10 中的「新增」、「變更」與「刪除」功能鍵，有關圖 7-10 對話方塊的各部份的說明如表 7-2 所述。

表 7-2 範例中「規劃求解參數」對話方塊中的設定情形與說明

項目	說明
設定目標式	設定「目標參數」儲存格的位址，是一個以「公式」表示的「目標變數」，其直接或間接地由「決策變數」所影響。也就是說此目標式之「公式」需直接或間接地由「決策變數」(變數儲存格)所決定。此觀念與「目標搜尋」中的「目標儲存格」相同。本範例中「目標式」(總利潤)為 B6。

項目	說明
至	設定此模式目標參數為「最大值」、「最小值」或等於某一「值(目標值)」。而若我們選擇了「值」選項且在文字方塊中填入目標值,則相當於 7-1 節中的「目標搜尋」。本範例設定為「最大值」,表示總利潤最大。
藉由變更變數儲存格	設定「決策變數」(變數儲存格)之位址參數。在 Excel 中,最多可設定 200 個「可改變儲存格」。亦同時可解 200 個未知數解。設定時可以鍵盤自行鍵入,或以滑鼠選擇於工作表上的儲存格亦可。本範例為 B5 及 C5。
設定限制式	顯示藉由「新增」、「變更」或「刪除」功能鍵所進行的限制式設定。
新增	加入「限制式」。本範例中以「新增…」的方式逐一將「第一步」中的四個限制式加入設定中。按下「新增」後會出現圖 7-11 的對話方塊。
變更	改變「限制式」。
刪除	刪除「限制式」中之某一選定的限制式。
求解	執行「規劃求解」。
全部重設	清除「規劃求解參數」之參數。
說明	取得一「規劃求解」之線上輔助功能表。
選項	用於控制「規劃求解」之處理過程。另本例應以線性規劃的方式求解,因此請先在「規劃求解參數」對話方塊的「選取求解方法」裡選取「單純 LP」,再按下此功能鍵。
將未設限的變數設為非負數	若要為所有可調整儲存格指定以 0 (零)為下限,及所有可調整儲存格皆必須是正數,則可在此設定。

　　無論選擇「新增」或「變更」功能鍵皆會出現如圖 7-11 之「新增/變更限制式」對話方塊。

圖 7-11

「新增/變更
限制式」對話
方塊

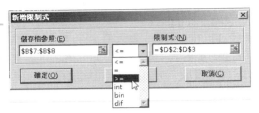

於圖 7-11 的對方塊方塊中，在「儲存格參照」處填入限制式儲存格的參考位址，例如：本例中之「耗用時間」儲存格分別為「$B$7」，「$B$8」(此處可使用絕對位址表示)。

於「限制式」處填入限制式相對的值，此處可為一常數、參考儲存格或公式。以本例為例，「可用時間」之儲存格分別為「$D$2」、「$D$3」；而中間項目為其關係運算元，則選擇其關係(<=，=，>=，int(整數)與 bin(Binary))，再於「限制值」中填上相對的限制時間。其他的條件以此類推。

注意　使用者只能將 Int 和 Bin 關係套用到可調整儲存格的限制式上。如本範例 B5:C5 代表生產量，為整數。

又本例應以「線性規劃」的方式求解，因此請在「規劃求解參數」對話方塊的「選取求解方法」裡選取「單純 LP」項目。另若為 Excel2007 之前的版本則請按下「規劃求解參數」對話方塊中的「選項」功能鍵後，再選取「採用線性模式」核取方塊。

Step4:　於圖 7-10 的「規劃求解參數」對話方塊中完成所有的設定後，按下「求解」功能鍵，系統便開始求解，當求得該解後，便出現如圖 7-12 之對話方塊。

圖 7-12

「規劃求解」
成功訊息

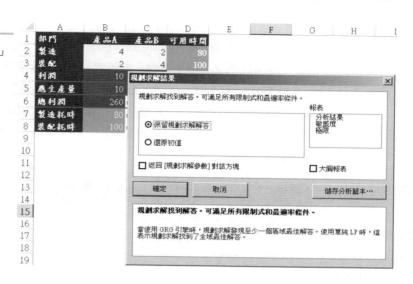

我們可由圖 7-12 對話方塊中，決定是否保持原有的初解或以求得的最佳解取代原工作表模式中的數字。此外若我們成功的取得近似值解，我們亦也可得到三種不同形式的報表：「**分析結果**」型態、「**極限**」型態與「**敏感度**」型態，以各種角度顯示求解之過程與結果。

> **注意**
>
> 若要調整的儲存格為限制式時，其限制式關係不得設為「＝」(固定住)，否則「調整儲存格」便無法進行調整。要進行「整數規劃」時，則選擇其關係為「整數」【int】即可。
>
> 而當模式已「線性模式」進行時，限制式的個數並沒有限制。但對於非線性的問題，除了變數的範圍和整數限制外，每個可調整的儲存格最多可以有 100 限制式。

7-2-3 規劃求解報表

在圖 7-12 求解最後，我們成功的取得一近似值解，可得到三種不同形式的報表：「分析結果」型態、「極限」型態與「敏感度」型態，而以不同角度顯示求解之過程與結果。本節則只解釋標準「分析結果」型態的報表。

注意 | 並非在每一種情況下都可以得到三種不同的報表。例如：我們在本範例中，設定了「生產量」為整數，因此為整數規劃問題，而「敏感度」報表與「極限」報表無法在「整數規劃」問題下得出，因此會出現如圖 7-13 的對話方塊。但因為以本範例來說，若是解除「整數」限制，也可以得到結果，而以一般的線性規劃來處理，因此，三份報表可以完整得出。

圖 7-13

「敏感度」報表
與「極限」報表
無法在整數規
劃問題下得出

7-2-3-1 「分析結果」型態報表

在「分析結果」型態的報表中，會列出「目標儲存格」與「變數儲存格」方塊中設定儲存格的名稱、初值和終值。另外，也會顯示出限制式和限制值相關的資訊。藉由此份報表，我們可以了解「目標儲存格」與「變數儲存格」從初始值到最終值的變化。

圖 7-14

「分析結果」
型態之「規劃
求解」報表

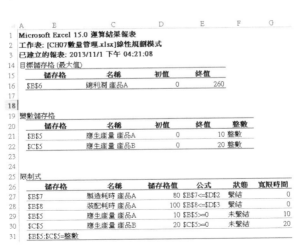

其中值得一提的是「狀態」與「寬限時間」二個欄位,說明了最佳解與每一限制式的滿足程度。在「狀態」的欄位中常見的分為繫結與未繫結兩種。

「繫結」(達到限制值)表示限制式的終值與原設值相等,例如:圖 7-14 的報表範例中,有關$B$7 儲存格之計算值為 80,而原限制式為$B$7≦80,因此為「達到限制值」。「未繫結」(未達限制值)表示雖滿足限制式,但最終計算值卻不在原設值上,此時「寬限時間」(墊數值)欄位便有一值出現,代表計算值與原設值的差距,如圖 7-14 中有關$B$5 儲存格之計算值為 10,而原限制式乃$B$5≧0,故其有「寬限時間(墊數值)」為 10。

7-2-3-2 「極限」型態報表

在前面提過,有時「規劃求解」求得的解並非所有可行解中的最佳解。此時,使用者便可藉由此報表的資訊來調整系統的起始值。而「極限」型態的報表則主要顯示出可調整儲存格(變數儲存格)的上下限,及其相對的目標函數值。

「下限」是指能夠適合其他變數儲存格,又能滿足限制式的變數儲存格之最小值。「上限」則是符合上述情況的最大值。當變數儲存格的值在下限或上限時,目標儲存格的值就稱為合理的目標值。如我們在本範例的限制式中,取消「整數限制」也可以得到如圖 7-15 的「極限」型態報表。

圖 7-15

「極限」型態報表

7-2-3-3 「敏感度」型態報表

　　「敏感度分析」報表將以模式是否主為「線性」而型一與型二分別。當我們於「規劃求解參數」對話方塊的「選取求解方法」裡選取「GRG 非線性」中時，就會變為非線性模式，則產生的型一報表。在其中我們可得「變數儲存格」之「終值」，亦為其「最佳值」下的未知數解，與其「遞減梯度」(Reduced Gradient)值。所謂的「遞減梯度」乃表示改變一單位之「變數儲存格」，所對「目標參數」影響的單位。如圖 7-16。

圖 7-16

「敏感度」型態之「規劃求解」報表(一)

非線性模式

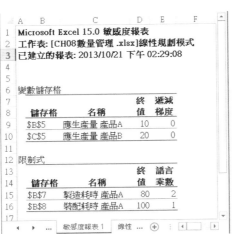

　　另外，在非線性模式下的型一敏感度分析表中，我們亦可得「限制式」方程中右邊儲存格(參數)之變動情形，及其「語言乘數」。而倘若我們在「規劃求解參數」對話方塊的「選取求解方法」裡選取「單純 LP」，則該模式便假設為線性。其產生的報表如圖 7-17。圖 7-17 中，針對「變數儲存格」(亦為未知數)，可得相對之「遞減成本」(設算成本)、「目標式係數」與允許的增減值上下限；而針對「限制式」，我們可解得其「影子價格」(Shadow Price)與允許增減的上下限值等。

圖 7-17

「敏感度」型
態之「規劃求
解」報表(二)
線性模式

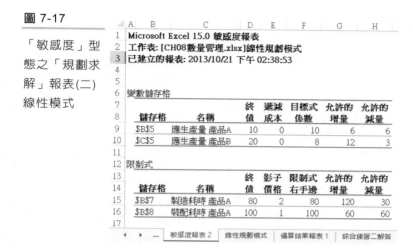

變數儲存格						
儲存格	名稱	終值	遞減成本	目標式係數	允許的增量	允許的減量
$B$5	應生產量 產品A	10	0	10	6	6
$C$5	應生產量 產品B	20	0	8	12	3

限制式						
儲存格	名稱	終值	影子價格	限制式右手邊	允許的增量	允許的減量
$B$7	製造耗時 產品A	80	2	80	120	30
$B$8	裝配耗時 產品A	100	1	100	60	60

◀ ▶ … 敏感度報表 2 │ 線性規劃模式 │ 運算結果報表 1 │ 綜合練習二解答

7-2-4 控制求解過程

7-2-4-1 無法取得可行解

我們可能因模式設定有誤，或在其限制式下根本無法取得一「可行解」，
則系統便會出現如圖 7-18「規劃求解結果」對話方塊。

圖 7-18

「規劃求解」
失敗的訊息

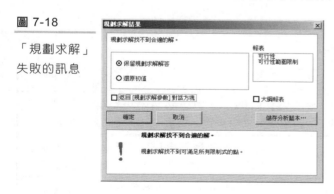

造成無法求得「可行解」的因素可能是目前設定的最大求解時間過短、
最大之求解次數太少或精確度下過高、或在限制式條件下，無法達到目標值…
等系統設定所造成，而使我們無法取得一近似值解。

7-2-4-2 求解模式設定

為有效解決上述的問題，我們可於「選項」對話方塊中設定。在『資料/規劃求解…』指令下的對話方塊中提供一「選項」功能，使我們得以控制『數值分析』的過程，並得以藉此更改數值分析的方法。在圖 7-10 中按下「選項」功能鍵，則出現如圖 7-19「選項」對話方塊。此外，若想將一些問題模式儲存於工作表中或重新載入「規劃求解」的參數中可利用「規劃求解參數」對話方塊的「載入／儲存」功能鍵 。

圖 7-19

「選項」對話方塊與控制求解過程

規劃求解其「選項」對話方塊中各項說明如表 7-3。

表 7-3 規劃求解選項說明

項目	說明
最大時限(秒)	方案求解的最長時間。此數值必須是正整數。預設值為 100(秒)，可解決大部分問題，最高可輸入到 32767(秒)。
反覆運算次數	藉著限制方案求解的計算次數來限制方案求解所需的時間。此數值必須是正整數。預設值為 100，最高可輸入到 32767。
限制式精確度	控制規劃求解所求出解的精確度，此意味著用來決定限制式儲存格的數值是否符合目標或指定的上下限。此值必須介於 0 和 1 之間的小數，但不包含 0 和 1。預設值為 0.000001。要求愈高的精確值需耗用較多的計算時間與次數。

項目	說明
整數最適率(%)	最大可忍受的誤差。如果問題涉及整數限制式,則此問題可能會花很長的時間才能解決。此時可以調整誤差容忍度,此值代表當問題模式具有整數限制式時,相對於最佳解所允許的誤差百分比。較高的誤差容忍度會加快解決方案的程序。當沒有整數限制式時,「誤差值」的設定將無效。
收斂值	如果最後 5 次的反覆運算中,目標儲存格數值的相對改變小於「收斂值」方塊中的數值,規劃求解就停止執行。收斂值只用於非線性的問題上,並且必須以 0 和 1 之間的小數數值來設定。如果您輸入的數值具有較多的小數位數,代表收斂值較小,例如:0.0001 比 0.01 具有較小的相對改變。收斂值越小,規劃求解需要求出解決方案的時間越長。
顯示反覆運算結果	倘若我們需觀察求解過程的試誤值,則我們可以開啟「顯示反覆運算結果」核對方塊。
使用自動範圍調整	若在分析模式中,其「目標變數」與「變數儲存格」之值相差太大時,例如:在一投資組合的分析中,「目標變數」可能為投資報酬率(ROI),以「%」表示,通常小於 1,而「決策變數」可能為投資額,一般以百萬計,此時,我們可開啟「使用自動範圍調整」核對方塊,以加速求解。

 技巧　除非一些類似指數的複雜問題,否則預設值 100 的反覆求解
次數與 100 秒的最長運算時限,已足以解決大部份的問題。

7-2-4-3 模式的儲存與載入

　　由於同一工作表中,可能存在數個問題模式,而每一個問題模式所需的參數(如目標函數儲存格、變數儲存格與限制式)則於求解時,才在「規劃求解」的對話方塊中(圖 7-10)逐一填入,如此的做法不免耗時。因此「規劃求解」提供了「儲存模式」與「載入模式」功能來儲存與載入每一問題之參數。選擇「儲存模式」可將模式參數儲存於工作表中,而以「載入模式」的方式將儲存於工作表的資訊轉換成「規劃求解」對話方塊所需的參數。以下就以延續本節一再使用的範例模式,說明如何執行「儲存模式」的功能。

範例 *模式的儲存*

▶ 繼續以本節「規劃求解」範例(圖 7-9 之模式)，執行「儲存模式」的功能。

Step1: 於工作表中選擇某一儲存格，如本範例 E1。

Step2: 選擇『資料/規劃求解…』指令，產生如圖 7-10「規劃求解參數」對話方塊。

Step3: 於「規劃求解參數」對話方塊中選取「載入／儲存」功能鍵。便產生如圖 7-20「載入／儲存模式」對話方塊。

圖 7-20

「載入／儲存模式」對話方塊

Step4: 選定一儲存格(如圖 7-20 的 E1 儲存格)，然後按下「儲存」功能鍵後，則 Excel 會將資料顯示於依據目前所選定的儲存格，以及其下的儲存格中，如圖 7-21 所示。

圖 7-21

以「儲存模式」指令將系統參數儲存於工作表中

圖 7-21 之 E1 儲存格主要是顯示目標函數值；E2 儲存格則顯示變數儲存格之個數；而 E3:E5 分別顯示三個限制式之邏輯值；E6 則顯示「規劃求解選項」對話方塊中的設定情形。

注意 這些「值」基本上都是由「公式」所產生。公式設定則相對顯示於圖 7-21 的 F1:F6(此部份系統不提供，而是作者自行產生以供說明使用)。

從上述的觀念中，我們可以了解，在一工作表模式中，可以包含有幾組不同的「解題模式」。若我們希望將其中的一種解題模式，如本範例中 E1:E6 儲存格中的參數，重新載入於「規劃求解」中，我們可以如下的步驟來進行。

範例 _模式的重新載入_

▶ 依續上例，將分析模式重新載入於規劃求解功能中。

Step1: 選擇包含模式參數之儲存格(如 E1:E6)。

Step2: 選擇『資料/規劃求解…』指令，產生「規劃求解參數」對話方塊。

Step3: 於「規劃求解參數」對話方塊中選擇「載入／儲存」功能鍵，再於「載入／儲存模式」對話方塊按下「載入」功能鍵即可。

此外，當我們在進行求解過程時，不論是否求解成功，在許多的結果對話方塊中，有一「儲存分析藍本」功能鍵，可於「儲存分析藍本」對話方塊中設定一「分析藍本」名稱，如此可讓我們將使用「規劃求解」求得的變數儲存格的值與其目標儲存格之間的關係儲存成「分析藍本」。要使用時再藉由 7-3 節將介紹的「分析藍本」功能來使用，其概念如圖 7-22 所示。

圖 7-22

將「規劃求解」求得的解，儲存成「分析藍本」

自我練習　綜合練習二

任職於傳銷公司的你，希望兩位下線(甲、乙)為你創造工作獎金，擬聘請兩位講師為甲、乙兩位下線同時教授溝通課程與行銷課程。溝通課程每小時之講師費為 7000 元，行銷課程每小時之講師費為 5000 元；甲、乙兩位下線上一小時之溝通課程分別可創造 450000 與 300000 的銷售金額，甲、乙兩位下線上一小時之行銷課程分別可創造 200000 與 420000 的銷售金額。你希望甲的最低銷售金額可達一佰萬元、乙的最低銷售金額可達一百五十萬。進行規劃求解在最低的課程費用下，預期可達兩位下線的最低銷售金額。此模式建立於「綜合練習二」工作表。

下線人員	溝通課程	行銷課程	最低銷售金額
員工甲	$450,000.00	$200,000.00	$1,000,000.00
員工乙	$300,000.00	$420,000.00	$1,500,000.00
課程費用	$7,000.00	$5,000.00	

7-3 | 分析藍本與 What-If 分析

在 7-1 與 7-2 兩節中介紹的「目標搜尋」分析，主要目的為以所設定的「目標值」，來尋求一變數值組合。另一種「What-If 分析」的分析方式則是具有相反觀念，主要方式是利用代入不同的變數值組合，以觀察目標值的結果。例如：在圖 7-1 的範例中，我們可能想瞭解，不同的「廣告量」與「季節因子」組合下，各將會產生何種不同的值，如圖 7-23 即為此一廣告範例。

圖 7-23

不同廣告量、季節因素對銷售量的關係模式

	A	B	C	D
1		廣告量	季節因子	銷售量
2	樂觀	1000	1.1	2230.07
3	一般	900	0.9	1763.56
4	悲觀	800	0.7	1322.48

在圖 7-23 中，我們以三種不同的狀況（三種不同的變數組合）來觀察目標值。事實上，因 Excel 具有強大的公式、函數，因此本身即是一個很好的「What-If 分析」模式。

就圖 7-23 來說，每一變數值「組合」我們皆可視為一「藍本」(亦稱為「情境」)，即為一組可能的情況或可行的解。在圖 7-23 的 What-If 分析中，由於我們並不儲存各「藍本」，因此若我們需要比較各不同「藍本」時，我們只好逐一觀察並記錄，或如圖 7-23 中以每一列來代表一個「藍本」。基本上，在處理在「What-If 分析」方面，Excel 環境另提供兩種方式來處理：

▶ 運算列表

▶ 分析藍本

前者主要以一「表格」，同時觀察兩變數（以下）對目標值的影響；而後者「分析藍本」的功能，則可以建立各種不同的「藍本」，儲存並觀察不同藍本的結果。

323

7-3-1 What-If 分析與運算列表

基本上，Excel 所提供的「運算列表」，主要是讓使用者以一「表格」方式，藉由一「運算列表」的最左欄與頂端列所代表的值，代入模式中來求得對目標值的觀察。

7-3-1-1 單變數 What-If 分析

以圖 7-23 為例，若我們固定一變數(如季節因子)，當改變「廣告量」時，便可以得到一相對的「銷售量」，不同的廣告量，當然就會得到不同的銷售量。此時，若我們希望以「表列」的方式來呈現兩者的關係，除了以類似圖 7-23 的做法之外，另外我們也可以使用 Excel 所提供的「運算列表」功能來完成，如圖 7-24 便是使用兩種不同方法所得到的結果。

圖 7-24

使用兩種不同
方式產生結果

	A	B	C	D	E	F
2	廣告量	季節因子	銷售量		廣告量	1,740.25
3	600	1.00	1,740.25		600	1,740.25
4	800	1.00	1,889.25		800	1,889.25
5	1,000	1.00	2,027.33		1,000	2,027.33
6	1,200	1.00	2,156.59		1,200	2,156.59
7	1,400	1.00	2,278.53		1,400	2,278.53
8	1,600	1.00	2,394.26		1,600	2,394.26
9	1,800	1.00	2,504.65		1,800	2,504.65
10	2,000	1.00	2,610.38		2,000	2,610.38
11		(使用公式)			(運算列表)	

在圖 7-24 中我們可以很明顯地觀察到，使用「公式」必須包含所有"不動"的欄位，如「季節因子」，但若我們使用「運算列表」來進行，則可以節省相對的步驟而快速完成所需。

範例 *單變數 What-If 分析*

▶ 以「CH07 數量管理」範例檔案中的「單變數 What-If」工作表中模式為例，產生一如圖 7-24 右側的「單變數」What-If 分析表。

Step1: 將目標儲存格 C3 的公式重建而置於一準備放置「運算列表」表格的上方，例如：圖 7-24 的 F2。此動作可以「複製」方式進行，但須注意「相對位址」的關係，或可以利用「等號」將 C3 公式連結到 F2，就是在 F2 儲存格輸入=C3。

Step2: 在 E3:E10 中填入欲觀察變數的值。在此處可以於 E3 儲存格中填上=A3，然後再將公式複製到 E4:E10，如此，E3:E10 的資料與 A3:A10 的資料將形成動態連結。

Step3: 選取 E2:F10 儲存格後，選取『資料/模擬分析/運算列表⋯』指令，產生如圖 7-25 的「運算列表」對話方塊。

圖 7-25

建立單變數
What-If 分析
表

	A	B	C	D	E	F
1						
2	廣告量	季節因子	銷售量		廣告量	1,740.25
3	600	1.00	1,740.25		600	
4	800	1.00	1,889.25		800	
5	1,000	1.00	2,027.33		1,000	
6	1,200					
7	1,400					
8	1,600					
9	1,800					
10	2,000					
11						

運算列表　　　　? X
列變數儲存格(R):
欄變數儲存格(C): $A$3
確定　　取消

Step4: 因所要觀察的變數 E3:E10 為廣告量，相對於 C3 的公式是指向 A3 儲存格，同時又是建立在「直欄」上，因此在「運算列表」對話方塊中的「欄變數儲存格」便填上或選定 A3。

Step5: 按下「確定」功能鍵即可完成如圖 7-24 的單變數 What-If 分析表。

自我練習　　　綜合練習三

承續[綜合練習三]，若固定之個人月銷售金額為四百萬時，在不同的下線人員月銷售金額下(一百萬、一百五十萬、二百萬、二百五十萬、三百萬、三百五十萬、四百萬、四百五十萬、五百萬)，求每月工作獎金分別為何？[本模式建立於「綜合練習三」工作表中]。

7-3-1-2 雙變數 What-If 分析

在上一小節的分析中，主要是針對「單變數」(廣告量)來進行，但以圖 7-23 為例，我們似乎是想同時改變兩個變數，以觀察最後的銷售量結果，因此與上一小節單變數「運算列表」的觀念，可得如圖 7-26 的 What-If 分析表。

圖 7-26

雙變數
What-If 分析
表範例

	A	B	C	D	E	F	G	H
1	廣告量	季節因子	銷售量					
2	1000	0.9	1,824.60					
3					(景氣係數)			
4		1,824.60	1	1.2	1.4	1.6	1.8	2
5		1,000	2,027.3	2,432.8	2,838.3	3,243.7	3,649.2	4,054.7
6		1,500	2,337.1	2,804.5	3,272.0	3,739.4	4,206.8	4,674.2
7	廣	2,000	2,610.4	3,132.5	3,654.5	4,176.6	4,698.7	5,220.8
8	告	2,500	2,857.6	3,429.2	4,000.7	4,572.2	5,143.7	5,715.3
9	量	3,000	3,085.1	3,702.2	4,319.2	4,936.2	5,553.2	6,170.3
10		3,500	3,297.0	3,956.4	4,615.8	5,275.2	5,934.6	6,594.0
11		4,000	3,496.0	4,195.2	4,894.4	5,593.6	6,292.8	6,992.0
12		4,500	3,684.3	4,421.2	5,158.0	5,894.9	6,631.7	7,368.6

圖 7-26 中，我們可以瞭解，在表格上方為各種可能的「季節因素」變數，稱之為「**列變數**」，而表格左側為各種可能的「廣告量」變數，稱之為「**欄變數**」；表格中，欄列所構成的即為目標觀測值。

範例　　*雙變數 What-If 分析*

▶ 以「CH07 數量管理」範例檔案中的「雙變數 What-If」工作表中模式為例，產生一如圖 7-26 的「雙變數」What-If 分析表。

Step1:　切換到「雙變數 What-If」工作表，將目標儲存格的公式 C2 重建立於一準備放置「運算列表」表格的左上角，如圖 7-26 的 B4 儲存格。此動作可以「複製」方式進行，但須注意「相對位址」的關係，或可以利用「等號」將 C2 公式連結到 B4。

Step2:　以上一步驟的公式為中心，向右（列）與向下（欄）分別填入欲觀察變數的值，如圖 7-27 所示。(在範例中已經設定完成)

Step3:　選取整個表格，如圖 7-27 的 B4:H12 儲存格，後選取『資料/模擬分析/運算列表…』指令，產生「運算列表」對話方塊。

圖 7-27

完成雙變數
What-If 分析
表之公式與觀
察值設定,並
設定「運算列
表」對話方塊
與其設定

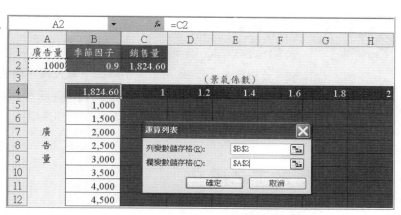

Step4: 因在 C2 儲存格的公式中,所指出有關列變數(季節因素)的位址為 B2,因此在「運算列表」對話方塊中的「列變數儲存格」便填上或選定 B2。相同的,因 C2 儲存格的公式中,所指出有關欄變數(廣告量)的位址為 A2,因此在「運算列表」對話方塊「欄變數儲存格」便填上或選定 A2。

Step5: 按下「確定」功能鍵即可完成如圖 7-26 的雙變數 What-If 分析表。

注意

當我們建立了運算列表的模式時,使用者即使處理與運算列表無關的資料,皆會因「重算」而降低系統效率。此時,使用者可以選取『檔案/選項/公式』指令,在「計算選項」中選定「除運算列表外,自動重算」選項。另若為 Excel2007 請選取「Office 按鈕/Excel 選項/公式/除資料表外,自動重算」;若為 Excel2003 請選取「工具/選項/計算/除運算列表外,自動重算」。

技巧

當完成雙變數 What-If 分析表後,系統即以「陣列」方式存放這些資料,使用者無法修改部份的運算列表的資料。若想要修改陣列的資料,可以「複製」與「選擇性貼上…」中的「值」來進行。

綜合練習四

承續[綜合練習三]，若在不同的個人月銷售金額(一百萬、二百萬、三百萬至一千萬)時，與不同的下線人員月銷售金額下(二百萬、四百萬、六百萬、八百萬、一千萬)，求每月工作獎金分別為何？[本模式建立於「綜合練習四」工作表中]

7-3-2 分析藍本之建立

在上一節中，我們使用了「運算列表」來進行雙變數以下的 What-If 分析。但對於三個以上的變數，即無法一次同時進行觀察，因此，Excel 便提供了另一「分析藍本」功能，用以處理三個以上變數的問題。本節將舉一『演唱會收入預估模式』來說明藍本分析的使用與其意義，該模式如圖 7-28 所示。(本範例為「CH07 數量管理」範例檔案中的「分析藍本」工作表模式)

圖 7-28

「分析藍本管理員」分析模式

	A	B
1	演唱會收入預估模式	
2	晴天機率因子	0.80
3	景氣係數	5.00
4	廣告量	10,000
5	座位限額	20,000
6		
7	買出票數	17,315
8	票買出百分比	86.57%
9		
10	票價	300
11	總收入	$5,194,367

在「演唱會收入預估」模式中，根據觀察，我們可以得知賣出票數往往受限於「天氣」、「景氣」、「廣告量」、「座位限額」等四個因素影響，且根據研究得到一模式如下：

(模式 7-5) 賣出票數=晴天機率因子*景氣係數*(廣告量+座位限額+70)^0.4*70

同時，

> 賣出票數百分比=賣出票數/座位限額
> 總收入=票價*賣出票數

在分析的需求上，由於我們想了解在不同的環境變數（「天氣」、「景氣」、「廣告量」、「座位限額」）組合下，究竟對我們的總收入會有何影響，則我們可藉由 Excel 來建立許多代表不同狀況的「藍本」以進行分析。其中，不同的「天氣」、「景氣」、「廣告量」、「座位限額」等四項因素的組合便是一個「藍本」。

在 Excel 的環境中，欲建立一「分析藍本」，則可選擇『資料/模擬分析/分析藍本管理員…』指令。若我們尚未建立任一「分析藍本」，則出現如圖 7-29 之「分析藍本管理員」對話方塊。

圖 7-29

「分析藍本管理員」對話方塊

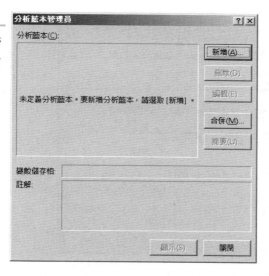

藉由「分析藍本管理員」對話方塊，我們得以使用不同的功能鍵執行不同的功能。進行「藍本分析」之前，首先我們應先進行「藍本」的建立，接著以範例說明。

範例　設定分析藍本

▶ 以「CH07 數量管理」範例檔案中的「分析藍本」工作表模式為例,建立三
個不同的「藍本」,分別為「樂觀」、「一般」、「悲觀」三種。每一藍本
的組合,使用者可以自訂。

Step1: 開啟包含分析模式之工作表。「CH07 數量管理」範例檔案中的「分
析藍本」工作表模式,如圖 7-28 所示。

Step2: 選擇『資料/模擬分析/分析藍本管理員…』指令,產生如圖 7-29 之
「分析藍本管理員」對話方塊。另若為 Excel2007 請選擇『資料/
假設狀況分析/分析藍本管理員…』指令;若為 Excel2003 請選擇『工
具/分析藍本…』指令。

Step3: 選擇「新增」功能鍵後,產生如圖 7-30 之「編輯分析藍本」對話
方塊以新增一個分析藍本。

圖 7-30

「編輯分析藍
本」對話方塊
以新增一個分
析藍本

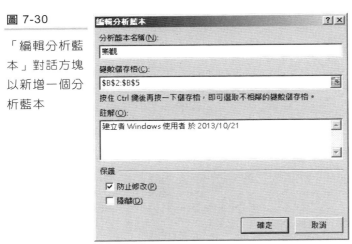

Step4: 於「編輯分析藍本」對話方塊之「分析藍本名稱」文字方塊內,我
們可填入「藍本」名稱,例如:輸入「樂觀」。而於「變數儲存格」
中設定欲觀察的變數儲存格位址,在設定時只要以滑鼠選取即可,
如本範例中的 B2:B5。而若需要「多重選取」,則以「逗號」分開

各區域，或按住 <kbd>CTRL</kbd> 鍵選取「多重區域」。使用者也可在此填上並修改註解，及設定保護以防止修改或予以隱藏。

Step5: 當我們完成了「編輯分析藍本」對話方塊的設定後，請按下「確定」功能鍵，則出現圖 7-31「分析藍本變數值」的對話方塊。

圖 7-31

「分析藍本變數值」的對話方塊

 在設定過程中，我們選定 B2:B5 儲存格為變數儲存格，但在圖 7-31 中，卻會顯示「名稱」以提示使用者進行變數值的輸入，是因為我們在範例工作表上，已經為這些變數儲存格設定名稱。

Step6: 在此所鍵入的每一個模擬值，都是使用者認為「樂觀」藍本下的估計值。於「分析藍本變數值」的對話方塊中填入欲觀察的變數值後，再按下「新增」功能鍵重回到圖 7-30 的對話方塊以便建立第二個分析藍本。

 雖然，我們設定第一個分析藍本時，是控制 B2:B5 四個變數，但建立第二個分析藍本時，不一定是針對 B2:B5，也不一定需要設定四個變數。

Step7: 再逐一建立各種代表不同相對變數值的藍本，最後按下「確定」功能鍵，即產生如圖 7-32 之「分析藍本管理員」對話方塊。

圖 7-32

完成分析藍本
建立後的「分
析藍本管理
員」對話方塊

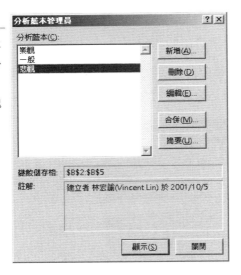

Step8: 於「分析藍本管理員」對話方塊中,選擇「關閉」功能鍵以完成藍本的設定。

 注意 — 但如同一般工作表,要使「保護」設定有效,則應先選取『校閱/保護工作表⋯』指令來設定密碼 (Excel2003 請選取『工具/保護/保護工作表⋯』指令)。

當我們完成了分析藍本的設定,再次選擇『資料/模擬分析/分析藍本管理員⋯』指令時,我們可以發現在「分析藍本管理員」對話方塊下之「分析藍本」下拉選框中,便出現我們於前述步驟所設定的藍本名稱,如圖 7-32 所示。

7-3-3 使用分析藍本

完成分析模式與藍本的建立後,我們便可以對藍本進行編修、刪除、顯示各藍本的結果及產生摘要性的報表,也可合併其他工作表中已存在的「藍本」,在本節中將依序進行說明。

7-3-3-1 分析藍本的編修與刪除

當分析藍本建立後，我們便可以進行模擬分析的處理。但有時因應需求變動，必須修改已設定好的藍本，接著以一範例說明。

範例 *分析藍本的修改*

▶ 將上一範例中的 "樂觀" 分析藍本，修改成「天氣」、「景氣」、「廣告量」、「座位限額」的值分別代表：1.2、8、9500 與 21000。

Step1: 於圖 7-32 對話方塊中先選定「樂觀」項目，再選取「編輯」功能鍵，便可以進入如圖 7-33 之「編輯分析藍本」對話方塊。

Step2: 在「編輯分析藍本」對話方塊中會自動顯示修改者姓名及修改日期。同時當使用者於圖 7-33 之「編輯分析藍本」對話方塊中按下「確定」功能鍵時，系統便會產生如圖 7-33 下方的「分析藍本變數值」對話方塊，使用者可直接於數字方塊中修改。

圖 7-33

編修一分析
藍本

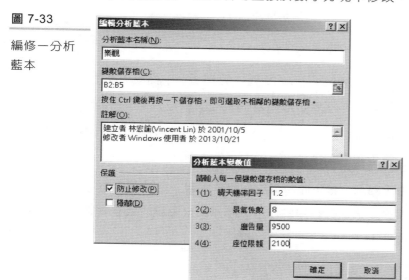

Step3: 最後按下「確定」功能鍵完成編修，回到圖 7-32 的狀態。

注意 　使用者也可以利用「編輯」時，重新選定不同的「變數儲存格」，以觀察不同的變數對結果的影響。

　　如果我們想要刪除某一分析藍本，則須先在如圖 7-32 的「分析藍本管理員」對話方塊下之「分析藍本」下拉選框中，選取欲刪除的藍本名稱，而後按下「刪除」功能鍵便完成刪除動作。

7-3-3-2　顯示各藍本結果

　　當我們建立好並修改了藍本之後，便可進行模擬分析的處理。在 Excel 中，提供了兩種方式為：「**單一藍本顯示**」及「**摘要性報表**」，可讓使用者觀察並顯示各藍本結果。

│範例│ *顯示單一分析藍本的結果*

▶ 依續上例，顯示「樂觀」的分析藍本。

Step1:　　開啟包含分析模式的工作表。

Step2:　　選取『資料/模擬分析/分析藍本管理員…』指令，產生如圖 7-32 之「分析藍本管理員」對話方塊。

Step3:　　於「分析藍本管理員」對話方塊下之「分析藍本」選框中，選取「樂觀」的藍本名稱。

Step4:　　選取「顯示」鍵。此時系統便以「樂觀」藍本所代表的值取代原分析模式變數儲存格中的原值，而得到一個新的目標變數值，其概念如圖 7-34 所示。

圖 7-34

分析藍本的處
理示意圖

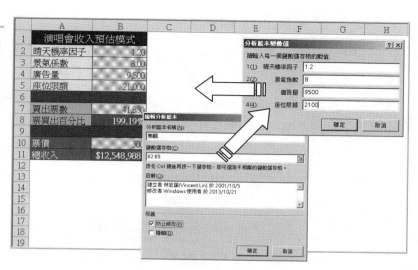

 綜合練習五

承「綜合練習一」，某傳銷公司對於員工之每月工作獎金之發放
有一個固定之公式如下：

> 工作獎金=(個人月銷售金額+下線人員月銷售金額*
> 下線乘數)*個人乘數

分別對下列之要求建立『分析藍本』。[本模式建立於「綜合練
習五」工作表]

❶ 個人月銷售金額為三百萬，個人乘數為 0.07，下線甲月銷售
金額為一百五十萬，下線乙月銷售金額為三百萬，下線乘數
為 0.15，則每月工作獎金為何？

❷ 個人月銷售金額為四百萬，個人乘數為 0.10，下線甲月銷售
金額為二百萬，下線一月銷售金額為二百五十萬，下線乘數
為 0.20，則每月工作獎金為何？

7-3-3-3 產生摘要性報表

在「分析藍本」的功能中，另一個產生模擬結果的方式便是「摘要性報表」。如果我們想產生摘要性的報表，則我們首先於如圖 7-32 的「分析藍本管理員」對話方塊中選取「摘要」功能鍵，便產生如圖 7-35 所示的「分析藍本摘要」對話方塊。我們只要在「目標儲存格」文字方塊中設定欲觀察目標變數的名稱或位址便可。

圖 7-35

「分析藍本摘要」對話方塊

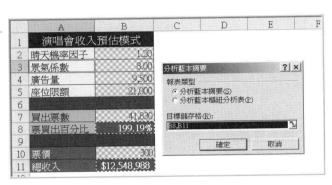

相同的，設定「目標儲存格」時，可直接鍵入並以逗號分隔，或是按下 [CTRL] 鍵使用滑鼠來進行多重選取。

Excel 對於分析藍本提供了兩種摘要性報表，分別是「分析藍本摘要」及「分析藍本樞紐分析表」，可供使用者以不同的方式觀察彙總資訊。

當我們於如圖 7-35 中選定「分析藍本摘要」，再按下「確定」功能鍵之後，Excel 便會於活頁簿中建立一新的工作表，並產生如圖 7-36 的「分析藍本摘要報告」。

圖 7-36

分析藍本摘要
性報表(顯示
模式建構者與
日期)

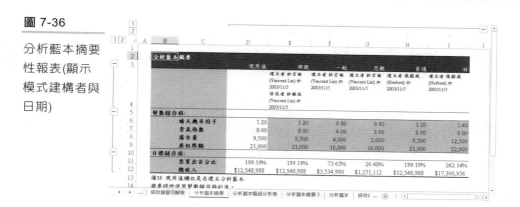

在圖 7-36 中，每一「灰色網底」代表在該分析藍本下的變數組合。Excel 所產生的「分析藍本摘要報告」，是以「大綱」環境顯示。「大綱」環境主要讓我們以更「結構」化的方式來觀察資料。例如：產生分析藍本摘要性報表後，可藉由畫面上左側的大綱層級數字與大綱符號來顯示不同層級的資料。

同時，又因為各種代表著不同狀況的分析報表，可能是在不同的狀況下由不同的人所製作完成。為了能彰顯不同使用者在不同時期對於此一模式的預測或相對的看法，我們可以按下圖 7-36 第三列的「擴充鍵」，加以顯示第 4 列的模式建構人員的姓名與編製日期等等。如圖 7-36 的畫面便是顯示模式建立者與日期的報表。

第二種 Excel 所產生的報表稱之為「分析藍本樞紐分析表」。由於各種代表著不同狀況的分析藍本，可能是在不同的狀況下由不同的人所製作完成，因此，我們亦可以使用「分析藍本樞紐分析表」來逐一觀察每一決策者的看法。

假設此一分析藍本的模式是由多個使用者完成，當我們於如圖 7-35 中選定「分析藍本樞紐分析表」，再次按下「確定」功能鍵之後，Excel 便會於活頁簿中建立一新的工作表，並產生如圖 7-37 的「分析藍本樞紐分析表」。其中，在圖 7-37 中，Excel 是以「分頁」的方式來呈現每位「模

式建立者」不同的看法與結果。使用者可以從如圖 7-37 的 B1 儲存格中顯示不同建構者 "看法"。

圖 7-37

「分析藍本樞紐分析表」報表

7-3-4 合併其他分析藍本

對於分析藍本的建立，除了可以自行建立之外，有時對於同性質的分析模式，也可使用「合併」方式，將目前載入 Excel 存在於其他工作表上的分析藍本，合併到目前的工作表。

範例 *合併其他分析模式*

▶ 在「CH07 數量管理」範例檔案中，如圖 7-38 的「職棒分析模式」與圖 7-28「演唱會收入預估」模式類似，皆需考慮「天氣」、「景氣」、「廣告量」、「座位限額」等四個因素影響，只是對於「賣出票數」而言，其模式

賣出票數=晴天機率因子*景氣係數*(廣告量+座位限額+ 270)^0.5*25

▶ 請將此我們在上一範例所建立的「分析藍本」，合併到「職棒分析模式」中，並進行分析。

圖 7-38

合併其他分析
藍本的範例

Step5: 在圖 7-38 的工作表中,選取『資料/模擬分析/分析藍本管理員…』
指令,產生「分析藍本管理員」對話方塊。在於該對話方塊中選取
「合併」功能鍵,並產生如圖 7-39 的對話方塊。

圖 7-39

合併其他分析
藍本的設定

Step6: 在圖 7-39 的對話方塊中,我們可於「活頁簿」下拉選框中選取
一活頁簿,接著選取包含分析藍本的「工作表」,且在下方亦
會出現相對的訊息,告知使用者要合併的「工作表」有多少個
藍本。在本範例中,我們選取「CH07 數量管理」中的「分析
藍本」工作表。

Step7: 當選定了適當的「工作表」後,按下「確定」功能鍵,即可完成合
併的處理。

Step8: 倘若合併的分析藍本名稱已存在於工作表中，則系統會以「日期」來分別。如圖 7-40，便是合併之後可能的狀態，其他的操作方式則與單獨建立的方式是一樣。

圖 7-40

合併其他分析
藍本後的狀態

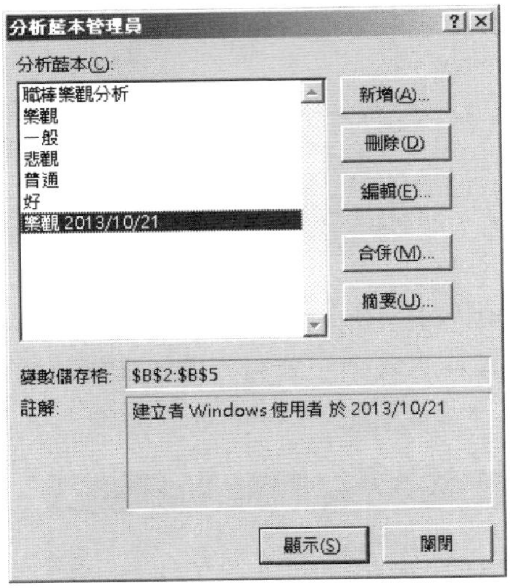

7-3-5 自訂檢視模式

當我們建立分析模式之後，可能希望能以不同的方法來檢視這些模式。例如：針對本節的分析模式(圖 7-28)，我們可能針對不同的情況，會隱藏部份資料等等，針對工作表模式的檢視，Excel 提供了「自訂檢視模式」的功能，讓我們可以更有效的進行管理。

「自訂檢視模式」是針對特定工作表模式中的資料，以一特定格式，在一特定視窗下，使用一特定的縮放比例來呈現資料，其中也包括列印設定，或其他以『檔案／選項／公式…』指令來設定之顯示條件，可說是對於資料「顯示」的管理。

例如：在圖 7-41 中，我們將一「分析藍本」模式中的售出票數隱藏，並以「選取範圍最適化」來放大顯示，以便可以更清晰的透過「簡報」放映讓相關的人一同檢視畫面，以更清晰地觀察到全部的模式數值。

圖 7-41

針對某一特定的檢視畫面，設定檢視名稱

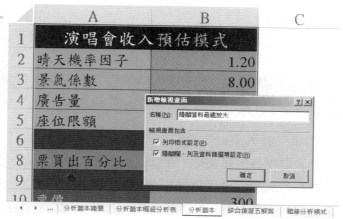

此時我們可以選取『檢視/自訂檢視模式』指令，產生如圖 7-42「自訂檢視模式」對話方塊，然後按下「新增」功能鍵，產生如圖 7-41 的「新增檢視畫面」對話方塊，再於「名稱」中填上一名稱即可。

在「新增檢視畫面」對話方塊中，我們可以設定是否要包含「列印格式設定」或包含隱藏欄列等資料。當我們設定好一特定畫面的檢視名稱之後，當選取『檢視/自訂檢視模式』指令時，便產生如圖 7-42 的對話方塊，使用者要顯示哪一「畫面」，只需在「檢視畫面」群組中選定，然後按下「顯示」功能鍵即可。

圖 7-42

使用「自訂檢視」顯示設定的檢視畫面

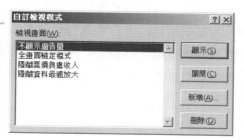

技巧 「自訂檢視」不只可以用在「分析藍本」，而是可以用在任何工作表的畫面管理上。只要使用者希望以某種特定的資料呈現方式來顯示工作表上的模式或是資料，都可以使用「自訂檢視」。

7-4　分析藍本與規劃求解範例

在 7-2 節中說明了『規劃求解』的觀念與使用時機。基本上，當我們使用『規劃求解』取得一組解之後，此解便是「藍本」。因此，規劃求解的最後，皆可將所得的解或最接近的解，予以儲存成一「藍本」。在本節中，將以幾個個案說明分析藍本與規劃求解的綜合應用。

7-4-1　個案研究一：多方案投資組合決策

「利潤極大化」一向是企業經營主要目的之一。管理者在有限資源的限制下，進行一連串的決策動作，期以適當的因應措施以為組織創造財富極大化。而投資決策便是決定組織重大資源的投入，以期在日後獲得極大利潤的回收，所以可稱得上是企業創造利潤的主要決策。

在投資決策的財務面上，由短期利潤規劃(預算)、整體預算、資本支出預算、購併(M&A)之財務面上的衡量，到新事業投資的評估，皆屬於公司財務投資規劃之領域，其主要目的在於以目前現有資源的投入，取得未來更大利潤的回收。然而，投資決策屬於組織投入之承諾，一旦施行，即成為"沉沒成本"無法收回；所以，管理者在進行一項決策時，務必要考慮週詳、多方面評估。

投資計劃的可行性評估，足以影響該計劃的成敗。評估的要項包括政治、市場、環境、生產技術、管理與貨幣等多層面。其中可以用計量方式轉換成數量化目標者，是以「財務貨幣」方面為主要考量一即以指標予以顯示進而加以衡量。而求取利潤極大化既然是企業經營主要目的之一，因此，在整個投資計劃有關貨幣因素評估的可行性分析中，投資計劃之報酬率便成為一個主要考慮因素。

就財務面來看，公司進行投資計劃時，除須考慮投資報酬率外，由於投資計劃必定牽涉到資本支出，所以其他方面亦不可忽略。如:公司是否能於最低資金成本下籌措足夠的資金？是否能有效使用財務槓桿來增加公司的利潤？在擴張政策下，若以舉債融資的方式進行投資，則是否會造成過多利息的負擔，進而導致公司有當期營運困難，甚至有破產的危機？這些都是值得再三思量的問題。因此，一個系統化的投資決策於貨幣面因素的考慮，應包括下列幾項：

▶ 投資計劃之報酬

▶ 資金籌措之能力一外部資本限額與可用資金額度

▶ 持續營運之績效一利潤規劃與控制(預算)

▶ 資金成本之最低一內部資本限額與(目標)資本結構

上述四個考慮因素，在傳統財務管理書籍中大半是被獨立出來探討。但是，就資金成本與可用資金額度的觀點而言，卻明顯的標示出存在這四者間的密切關係。不論在決策思考程序(因果關係)，如投資計劃確立後，在目標資本結構下，進行融資決策，亦須預估現金流量後，才能決定是否需進行舉債融資，以因應營運資金需求；或資料的關係上，如決定融資而進行某一投資方案後，必會產生一些融資負效果而影響現金流量與評估結果等，都顯示出此四大議題的相關性。所以，投資計劃在做完整評估時，極需以系統化資本預算決策方法，來進行決策分析與評估。

接著便以一範例來說明，如何利用 Excel 的決策分析工具來輔助『多方案投資組合決策評估模式』。

在本書中不從理論上探討，簡單的說，『多方案投資組合決策』最主要的理念是當決策者要於各期的資本限額（各期所能支付的最大額度）下，選擇一種組合，使總淨現值為最大。在其中：

- ▶ **目標變數**：總淨現值最大

- ▶ **決策變數**：投資組合

- ▶ **環境變數**：各期總現金流出

| 範例 | 多方案投資組合決策

▶ 以「數量管理」範例檔案中的「資本預算」工作表中的模式為例，假設某決策者面臨四個可行的方案，分別為 A、B、C、D 四項，同時，所有投資方案的期限皆為三期，而決策者已瞭解組織在各個期間內的最大資本限額，決策者應選取 "做或不做" 與 "做那些方案" ？將我們的問題模式直接置於 Excel 的工作表中，如圖 7-43。

圖 7-43

多方案投資組合決策評估模式

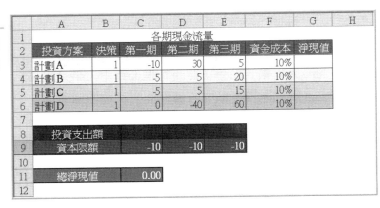

	A	B	C	D	E	F	G	H
1			各期現金流量					
2	投資方案	決策	第一期	第二期	第三期	資金成本	淨現值	
3	計劃A	1	-10	30	5	10%		
4	計劃B	1	-5	5	20	10%		
5	計劃C	1	-5	5	15	10%		
6	計劃D	1	0	-40	60	10%		
7								
8	投資支出額							
9	資本限額		-10	-10	-10			
10								
11	總淨現值		0.00					
12								

在圖 7-43 中的模式設定情形解釋如表 7-6。

表 7-6　多方案投資組合決策評估模式說明

儲存格	說明
B3:B6	為「決策變數」(命名為「決策」)，決定 "做或不做"，因此其值域只能是 "1 或 0"。當值為 "1" 時，表示要進行，而當值為 "0" 時，表示不選擇此方案。因此，當我們設定規劃求解模式時，一定要設定成「整數規劃」。
C3:E6	為各投資計劃在各期的現金流量。負值代表投資，正值代表回收。
F3:F6	為各投資計劃所需的資金成本。實務上，每一方案的最低資金成本應不相同，在此先假設相同。
C8:E8	為各期總現金流出(命名為「投資支出額」)，所設定的公式為：(以 C8 為例) C8＝$B$3*C3＋$B$4*C4＋$B$5*C5＋$B$6*C6。因 B3:B6 代表是否投資，且其值是 0 或 1，當不投資時，C3:E6 的每一期現金流量乘上 0 便不發生作用。其餘 D8:E8 可以自動填滿(按住滑鼠左鍵往右拖曳)的方式完成。
C9:E9	各期總現金流出限額，此屬環境變數。表示每一期最多能投資支出的金額。
G3:G6	為各投資計劃的「淨現值」，主要將各期的現金流量，以「資金成本」(利息)折現。我們所設定的公式為：(以 G3 為例) G3＝(C3＋NPV(F3,D3:E3))*B3 其中【*B3】，表示只有當 B3 的值是"1"，此處才會出現「淨現值」，反之若不投資(B3＝0)則不會有任何數值產生。 其餘 G4:G6 可以自動填滿或其他複製的方式完成。
C11	為總淨現值(目標變數，命名為「總淨現值」)，其公式設定為： ＝SUM(G3:G6)

技巧　從財務的觀點來說，針對單一方案，在無資本限額的限制下，只要 NPV(淨現值)>0 就應該投資。在本範例中，決策者在選取 "做或不做" 與 "做那些方案" 時，則應考慮是否會超過最大資本限額。

不同的方案會因該方案的風險而會有不同的『資金成本』，因此在每一種『情境』下，我們都可以有一組「資金成本」，運用 7-2 節所介紹的『規劃求解』來取得一組可行解。首先，應以表 7-6 的說明，完成圖 7-43 的模式。

Step1: 在 G3 儲存格，以淨現值 NPV 公式，完成淨現值的計算。

=(C3+NPV(F3,D3:E3))*B3

Step2: 使用 G3 儲存格的智慧填滿功能，並且，最後以「填滿但不填入格式」的方式完成，以不破壞原有的格式。

圖 7-44

完成淨現值公式

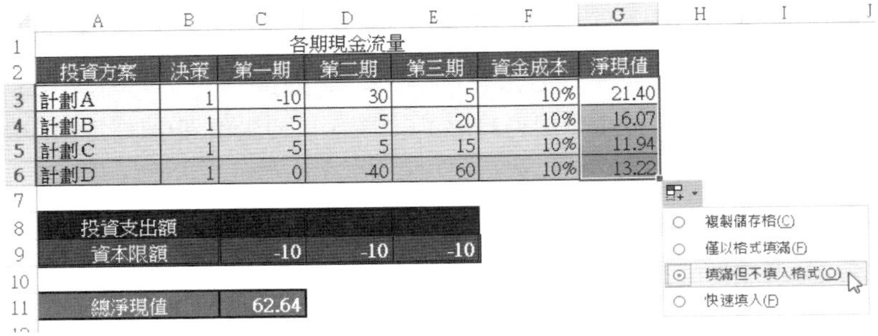

Step3: 於 C8 儲存格，設定以下公式。其中，包含絕對位址，主要是用來複製公式。

=$B$3*C3+$B$4*C4+$B$5*C5+$B$6*C6

Step4: 以任何一種方式將 C8 公式複製到 D8:E8。

Step5: 選擇『資料/規劃求解…』指令，即出現「規劃求解參數」對話方塊。

Step6: 於「規劃求解參數」對話方塊中的設定如圖 7-45 所示。

圖 7-45

投資組合之
『規劃求解』
取得一組可行
解的模式設定

注意 因為我們在此一模式中，針對相關儲存格有設定名稱，因此當
完成設定時，便會自動轉換成名稱。

在圖 7-45 的設定中說明如表 7-7。

表 7-7　多方案投資組合決策評估模式中的規劃求解設定

項目	說明
設定目標式	目標變數「總淨現值」為最大(因 C11 已命名為「總淨現值」，當我們選定 C11，會自動轉換成「總淨現值」)
藉由變更變數儲存格	B3:B6。因已命名為「決策」，因此會自動轉換成名稱。

項目	說明
設定限制式	因決策變數(B3:B6，命名為「決策」)唯決定"做或不做"，因此值域只能是"0 或 1"，同時也是屬於『整數規劃』。也就是說，有關 B3:B6 至少有三個限制式； B3:B6<=1 B3:B6>=0 B3:B6=整數(Integer) 各期總現金流出 (C8:E8) 應小於各期總現金流出限額 (C9:E9)，但資金支出為"負"，因此不等式方向改變。 C8:E8>=C9:E9

Step7: 設定好這些變數時，按下「求解」鍵，即可取得一組解，如圖 7-46。

圖 7-46

『規劃求解』
取得一組可行
解

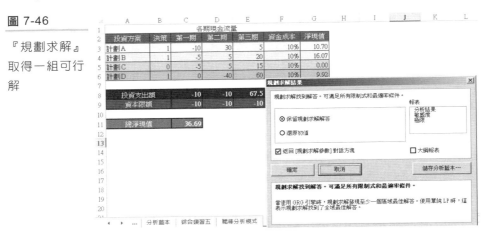

以『規劃求解』的功能來解多方案投資組合決策問題，確實是可以得到一組可行解。然而，由於投資環境之不確定性，因此即使利用本節「多方案投資組合決策評估模式」配合『規劃求解』計算出特定決策環境下的可行解，仍然無法有效的支援決策者。

因決策者可能面臨不同的『情境』，每一情境隱含著不同的「資金成本」，或不同的「資本限額」。因此，決策者有時更想知道在不同的『情境』下，所得的最佳解為何？此"情境"便是 7-3 節所謂的「分析藍本」。

Excel 針對投資決策之風險分析，提出數種不同的技術，其中包括敏感度分析、目標搜尋、What-If 分析等。而目標搜尋已在 7-1 節中介紹過，本個案中則以圖 7-43 的多方案投資組合決策評估模式為範例，搭配 7-3 節『分析藍本』來進行決策輔助的制定。

範例　*分析藍本與規劃求解組合*

以圖 7-43「資本預算」工作表的多方案投資組合決策評估模式為例，搭配應用『藍本分析』來進行，以分析「其他資料保持不變，在不同的「資金成本」(F3:F6)組合」下，最佳投資組合(B3:B6)與相對應的一組新 NPV 值(淨現值)的結果。

Step1: 若是「資本預算」工作表的畫面仍然停留在圖 7-46，則可以繼續以下分析。否則，請先開啟「資本預算」工作表，如圖 7-43。再選取『資料/規劃求解…』指令，產生如圖 7-45 之「規劃求解參數」對話方塊。當系統完成求解，出現「規劃求解結果」對話方塊 (如圖 7-46)。

Step2: 在其中選定「儲存分析藍本」功能鍵，然後再賦予一名稱。

Step3: 改變「資本預算」工作表模式的資金成本與現金流量組合，重複上述動作，求取在不同資金成本與現金流量組合下的決策。同時，也為每一個求得的解，設定一組藍本分析。如圖 7-47。

圖 7-47

模式求解與儲
存分析藍本

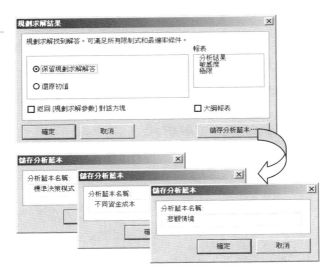

Step4: 設定完成後，選取『資料/模擬分析/分析藍本管理員…』指令產生
如圖 7-48 之「分析藍本管理員」對話方塊。

圖 7-48

「分析藍本管
理員」對話方
塊

注意 在本範例中，另外包含三個已經建立的藍本(狀況一～三)。

Step5: 於「分析藍本管理員」對話方塊下之「分析藍本」下拉選框中，選
取欲進行分析的藍本名稱。

Step6: 選取「顯示」功能鍵。此時系統便以各藍本所代表的值取代分析模
式之變數儲存格中的原值，而得到一個新的目標變數值。

在 7-3 節提過，「分析藍本」所產生的彙總分析報表有兩種，皆可讓決策者以「報表」的方式來呈現在不同的『情境』下，不同的資金成本組合之最佳投資組合與相對應的一組新 NPV 值，如此將更有助於決策者進行比較分析。

 範例　　*以摘要性報表方式分析方案*

▶ 依續上例，將各『情境』下的最佳投資組合與對應的 NPV 值以一摘要性的報表顯示。

　　從規劃求解與「藍本分析」的觀念中，會出現於「藍本分析」報表「變數儲存格」部分的資料，必然是於圖 7-45「規劃求解參數」對話方塊中設定的「變數儲存格」。

　　因為我們在圖 7-45 並沒有加入「資金成本」為「變數儲存格」，因此，若以圖 7-45 的設定狀態必無法完成本範例的需求。要達成此需求，當我們在進行每一求解過程時，應先修改圖 7-45 的「變數儲存格」，加入 F3:F6 等四個變數，即為 "資金成本"。但又因為這四個變數屬於「環境變數」--固定值，因此我們尚需於『限制式』中加入相對的固定值，此處的固定值，就是我們在不同情境下的資金成本組合。修改後如圖 7-49。

圖 7-49

修正後的分
析模式

當我們修正了規劃求解模式後，便可以針對不同的資金成本進行求解。

Step1: 重複不同的資金成本組合，使用圖 7-49 的方式反映，並將所得到的解，以「分析藍本」的方式儲存。

Step2: 於圖 7-48「分析藍本管理員」對話方塊中選取「摘要」功能鍵，產生一如圖 7-50 之「分析藍本摘要」對話方塊。

圖 7-50

選定目標儲存格

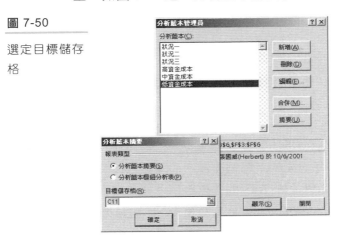

Step3: 在「目標儲存格」文字方塊中設定欲觀察目標變數之名稱(總淨現值)或位址(C11)，即可產生如圖 7-51 的摘要性報表。

圖 7-51

分析藍本摘要
性報表-不同
的資金成本組
合最佳投資組
合模式

分析藍本摘要	現用值	狀況一	狀況二	狀況三	高資金成本	中資金成本	低資金成本
變數儲存格:							
$B$3	0	1	1	1	0	0	0
$B$4	1	1	1	0	1	1	1
$B$5	1	0	0	0	1	1	1
$B$6	0	1	1	1	1	0	0
$F$3	20%	20%	20%	0%	20%	12%	9%
$F$4	15%	15%	15%	7%	15%	18%	7%
$F$5	10%	10%	10%	15%	10%	18%	10%
$F$6	12%	12%	12%	0%	12%	9%	9%
目標儲存格:							
$C$11	30.96	38.20	38.20	40.00	30.96	27.85	33.63

在此一模式的彈性擴充應用方面，使用者可以應用在多方案評估，而期數與資金成本不相同的應用上。例如，方案 A 有三期，資金成本為 12%，B 方案是五期，資金成本 14% ，C 方案 10 期，資金成本為 8%。同時在每一期的「資本限額」(每一期最大的投資額)也可不同。

7-4-2 個案研究二：廣告研究模式

在 7-1 節中，我們曾經以一公式，說明廣告量與銷售量並非一「直線」關係，同時廣告量受制於「預算」。因此，簡單的說，廣告研究最主要的目的是在預算的限制下，如何將廣告的年度預算分配到四個季節並求因此產生的「總利潤」極大。

在廣告研究模式中，由於一企業產品的售價與成本皆已固定(非決策變數)，所以「銷售單位」便成為利潤的最主要關鍵。「總利潤」決定於銷售量，而由以下的模式可知，銷售量取決於「季節銷售係數」與「廣告支出」，其中「季節銷售係數」是根據企業歷史資料反應出每一季銷售力的強弱勢。因此，我們最終的目標「總利潤極大」，便由「廣告支出」反應出來。

(模式 7-6) 銷售量=52*季節銷售係數*(廣告支出*10+5.2)^0.5

如此，我們可以在 Excel 中建立一「廣告研究模式」，如圖 7-52 所示。此模式已經建立於「數量管理」檔案中的「最適廣告預算分配」工作表。

圖 7-52

廣告研究模式

	A	B	C	D	E	F
1				廣告研究模式		
2				(單位:台幣千元)		
3	產品售價	0.32				
4	產品成本	0.18				
5		五月	六月	七月	八月	總和
6	季節銷售係數	0.9	1.2	1.1	0.95	
7	銷售單位	480	640	587	507	2,213
8	銷售額	153.6	204.8	187.7	162.1	708.3
9	銷售成本	84.5	112.6	103.3	89.2	389.6
10	邊際毛利	69.1	92.2	84.5	73.0	318.7
11	人事費用	25.0	24.5	22.0	26.5	98.0
12	廣告	10.0	10.0	10.0	10.0	40.0
13	管銷費用	15.6	16.5	15.4	17.8	65.3
14	總成本	50.6	51.0	47.4	54.3	203.3
15	稅前淨利	18.5	41.2	37.1	18.7	115.4
16	邊際利潤率	12.1%	20.1%	19.8%	11.5%	16.3%

廣告研究模式中儲存格的公式設定說明如表 7-8。

表 7-8　廣告研究模式的建立

儲存格	公式設定說明
B7:E7	銷售單位與廣告支出的關係如模式 7-6，因此，以 B7 儲存格為例，其模式中的公式應設為：= 52*B6*(B12*10＋5.2)＾0.5 其餘 C7:E7 可以自動填滿(按住滑鼠左鍵往右拖曳)的方式完成。
B8:E8	銷售額＝銷售量*產品售價，因此，以 B8 儲存格為例，公式應設為：=$B$3*B7。其餘 C8:E8 可以自動填滿(按住滑鼠左鍵往右拖曳)的方式完成。其中產品售價 B3 設定成「絕對位址」的目的便是在於為了要使用「自動填滿」功能來完成銷售額的設定。
B9:E9	銷售成本＝銷售量*產品成本，因此，以 B9 儲存格為例，公式應設為：=B7*$B$4。其餘 C9:E9 可以自動填滿或其他複製方式完成。
B10:E10	邊際毛利＝銷售額-銷售成本，因此，以 B10 儲存格為例，公式應設為：=B8-B9。其餘 C10:E10 可以自動填滿或其他複製方式完成。
B14:E14	總成本為人事費用、廣告、管銷費用三項總和，因此，以 B14 儲存格為例，公式應設為：=SUM(B11:B13)，其餘 C14:E14 可以自動填滿或其他複製方式完成。

範例　*廣告研究模式*

▶ 根據範例檔案「CH07 數量管理」中「最適廣告預算分配」工作表模式,使用『規劃求解』,找出廣告研究模式的一組可行解。

Step1: 選擇『資料/規劃求解…』指令,即出現「規劃求解參數」對話方塊。

Step2: 於「規劃求解參數」對話方塊中的設定情形如下圖 7-53 所示。

圖 7-53

規劃求解模式
設定

在圖 7-53 的設定中說明如表 7-8。

表 7-8　廣告模式分析之規劃求解模式設定

項目	設定說明
設定目標式	目標函數為求「稅前淨利」極大,亦即其目標函數儲存格為 F15。

項目	設定說明
藉由變更變數儲存格	決策變數(變數儲存格)則為四季的廣告量分配,即為 B12:E12 儲存格。
設定限制式	廣告量不得為負值,且受限於全年的廣告總預算,其預算額為 40。因此限制式為: $B$12:$E$12(廣告)≧0 $F$12≦40(總廣告量)

Step3:　設定好這些變數時,按下「求解」鍵,即可取得一組可行解。

圖 7-54

廣告預算分配

	A	B	C	D	E	F
1			廣告研究模式			
2			(單位:台幣千元)			
3	產品售價	0.32				
4	產品成本	0.18				
5		五月	六月	七月	八月	總和
6	季節銷售係數	0.9	1.2	1.1	0.95	
7	銷售單位	414	735	618	461	2,228
8	銷售額	132.4	235.3	197.7	147.5	712.9
9	銷售成本	72.8	129.4	108.8	81.1	392.1
10	邊際毛利	59.6	105.9	89.0	66.4	320.8
11	人事費用	25.0	24.5	22.0	26.5	98.0
12	廣告	7.3	13.4	11.2	8.2	40.0
13	管銷費用	15.6	16.5	15.4	17.8	65.3
14	總成本	47.9	54.4	48.6	52.5	203.3
15	稅前淨利	11.7	51.5	40.4	13.9	117.5
16	邊際利潤率	8.8%	21.9%	20.4%	9.4%	16.5%

　　由圖 7-52 的分析模式中,可以瞭解,若「產品售價」與「總預算」改變,則最後的最佳「廣告配置」亦會改變。此時,決策者可能想瞭解在不同的年度預算限制與不同的「產品售價」下,廣告支出組合為何?要達到此需求,我們可使用「分析藍本」來進行。但由上一小節中得知,唯有在如圖 7-55「規劃求解模式」中將「產品售價」與「廣告」都設定為「變數儲存格」,才能在「藍本分析」中作為「決策變數」。因此,我們將圖 7-53 規劃求解模式修正成如圖 7-55。

圖 7-55

修正後規劃求
解模式設定

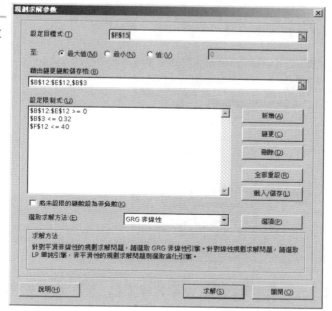

範例　配合分析藍本運算功能

(▶) 圖 7-52 的模式中，想瞭解在不同的年度預算限制，與不同的「產品售價」
下的廣告支出組合。

Step1: 開啟範例檔案「CH07 數量管理」中「最適廣告預算分配」工作表
模式，如圖 7-52。

Step2: 選取『資料/規劃求解…』指令產生如上圖 7-55 之「規劃求解」對
話方塊。並進行如圖 7-55 之設定。

Step3: 按下「求解」功能鍵取得一組解後，當系統完成求解，出現「規劃
求解結果」對話方塊後，在其中選定「儲存分析藍本」功能鍵，然
後再賦予一名稱。

Step4: 於圖 7-55 的模式中，利用「變更」功能鍵依序改變「產品售價」與
「總廣告量」限制式，重覆上一步驟，直到取得所有不同『情境』
(「產品售價」與「總廣告量」限制式)的最佳廣告量組合。

Step5: 選取『資料/模擬分析/分析藍本管理員…』指令，產生如圖 7-56 之「分析藍本管理員」對話方塊。

圖 7-56

「分析藍本管理員」對話方塊

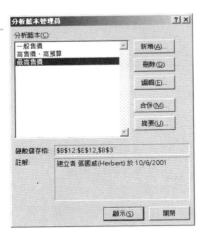

Step6: 於「分析藍本管理員」對話方塊下之「分析藍本」下拉選框中，選取欲進行分析的藍本名稱。

Step7: 選取「顯示」功能鍵。此時系統便以各藍本所代表的值取代分析模式之變數儲存格中的原值，而得到一個新的目標變數值。

當然我們也可產生摘要性的報表，以讓決策者在不同的『情境』下，即不同的「產品售價」與「總廣告量」限制式下，決定最佳的廣告預算分配，如此將更有助於決策者進行比較分析。

範例 _產生分析藍本摘要性報表_

▶ 產生上述範例中，不同的年度「總廣告量」預算限制與不同的「產品售價」下的廣告支出組合的摘要性報表。

Step1: 在如圖 7-56 的「分析藍本管理員」對話方塊下選取「摘要」功能鍵，產生「分析藍本摘要」對話方塊。

Step2: 於「分析藍本摘要」對話方塊中設定欲觀察目標變數之位址。本例為 F7(銷售量)、F12(總廣告量)，F15(稅前淨利)及 F16(邊際利潤率)。

Step3: 於「分析藍本摘要」對話方塊設定完畢後，選取「確定」功能鍵即
可產生如圖 7-57 的摘要性報表。

圖 7-57

分析藍本摘要
性報表-不同
的『廣告年度
預算』下，最
佳廣告支出組
合模式

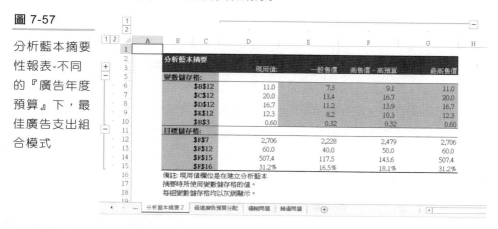

分析藍本摘要	現用值:	一般售價	高售價、高預算	最高售價
變數儲存格:				
$B$12	11.0	7.3	9.1	11.0
$C$12	20.0	13.4	16.7	20.0
$D$12	16.7	11.2	13.9	16.7
$E$12	12.3	8.2	10.3	12.3
$B$3	0.60	0.32	0.32	0.60
目標儲存格:				
$F$7	2,706	2,228	2,479	2,706
$F$12	60.0	40.0	50.0	60.0
$F$15	507.4	117.5	143.6	507.4
$F$16	31.2%	16.5%	18.1%	31.2%

備註: 現用值欄位是在建立分析藍本
摘要時所使用變數儲存格的值。
每組變數儲存格均以灰網顯示。

技巧

整個模式的應用上，使用者可以將他擴充成以月份為單位的
12 期，其中只要注意將「季節因子」改為「月份因子」，此
外，所有操作都與本模式一樣。

7-4-3 個案研究三：特殊線性規劃問題-運輸問題

在線性規劃問題中，有一些特殊的問題，主要在解決工廠至配銷中心之
間或發貨倉庫與零售商之間的運輸問題，此即為「運輸模式:配銷通道」問題。
由於每個發貨中心的存貨能力有限，至各銷售點的距離亦各有不同，當然的
運輸成本亦會有差異，如何能滿足各銷售點的需求，同時又使運輸成本最低，
便為決策的重要依據。此類問題的考慮，應包括下列幾項：

▶ 每個工廠或發貨中心的最大供應量

▶ 每個配銷中心或銷售點的最低需求量

▶ 每個工廠至每個配銷中心或每個發貨中心至每個銷售點的單位運輸成本

接著以一範例說明，以「規劃求解」功能來解決「運輸」問題的應用。

範例　運輸問題

▶ 一家製造公司有四個工廠，分別位於新竹、南投、台南、台東，皆使用相同的製造流程，製造相同的產品。這些產品提供給台北、台中、嘉義、高雄四個配銷中心。由各工廠運至各配銷中心的單位運輸成本如表 7-10 所示。請問應如何選擇最佳的運輸方式，使得總運輸成本為最少？

表 7-10　各工廠運至各配銷中心的單位運輸成本

工廠	自工廠至配銷中心的運輸單位成本				總供給量
	台北	台中	嘉義	高雄	
新竹	60	80	160	240	300
南投	170	30	80	180	150
台南	230	170	90	30	420
台東	270	200	180	∞	240
總需求量	400	320	180	210	

Step1:　於 Excel 工作表中建立模式，如下圖 7-58 所示。(此模式已經建立於「數量管理」範本檔案中的「運輸問題」工作表中)

圖 7-58

運輸問題模式

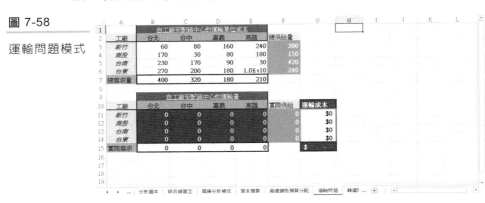

運輸問題模式中儲存格的公式設定說明如表 7-11。

表 7-11　運輸問題模式的建立

儲存格	公式設定說明
B3:E6	為各工廠運至各配銷中心的單位運輸成本，此處需要使用者直接鍵入資料。其中，高雄至台東為「無法達成」的路徑，因此，E6 儲存格設定為具有鉅額成本值 1E+10。
B7:E7	為各配銷中心的最低需求量，使用者必須直接鍵入的資料。
F3:F6	為各工廠的最高供應量，使用者必須直接鍵入的資料。
B11:E14	為各工廠運至各配銷中心的運輸量，即為此問題的決策變數。
B15:E15	為配銷中心的實際需求量。
F11:F14	為工廠的實際供應量。
G11:G14	各工廠的運輸成本＝單位運輸成本*運輸量，因此，以 G11 儲存格為例，公式應設：=B3*B11+C3*C11+D3*D11+E3*E11 其餘 G12:G14 可以以複製的方式完成。
G15	為該公司的總運輸成本，即四個工廠運輸成本的加總，公式應設定為：=SUM(G11:G14)

Step2: 選擇『資料/規劃求解…』指令，即出現「規劃求解參數」對話方塊。

Step3: 於「規劃求解參數」對話方塊中的設定情形如下圖 7-59 所示。

圖 7-59

運輸問題之規
劃求解模式設
定

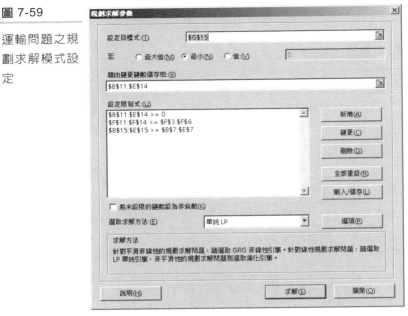

在圖 7-59 設定中說明如表 7-12。

表 7-12　使用規劃求解模式解決運輸問題的設定

項目	設定說明
設定目標式	目標函數為「總運輸成本」極小，亦即其目標函數儲存格為 G15 最小。
藉由變更變數儲存格	決策變數(變數儲存格)則為各工廠運至各配銷中心的運輸量，即為 B11:E14 儲存格。
設定限制式	運輸量不得為負值，且受限於各配銷中心的最低需求與各工廠的最高供應量。因此限制式為： $\$B\$11:\$E\$14 \geqq 0$ $\$B\$15: \$E\$15 \geqq \$B\$7: \$E\$7$(最低需求量) $\$F\$11: \$F\$14 \leqq \$F\$3: \$F\$6$(最高供應量)

Step4: 設定好這些變數時，按下「求解」鍵，系統經短暫處理即可取得一組最佳解，如圖 7-60。

圖 7-60

運輸問題模式
求解結果

	A	B	C	D	E	F	G
1		自工廠至配銷中心的運輸單位成本					
2	工廠	台北	台中	嘉義	高雄	總供給量	
3	新竹	60	80	160	240	300	
4	南投	170	30	80	180	150	
5	台南	230	170	90	30	420	
6	台東	270	200	180	1.0E+10	240	
7	總需求量	400	320	180	210		
8							
9		自工廠至配銷中心的運輸量					
10	工廠	台北	台中	嘉義	高雄	實際供給	運輸成本
11	新竹	300	0	0	0	300	$18,000
12	南投	0	150	0	0	150	$4,500
13	台南	30	0	180	210	420	$29,400
14	台東	70	170	0	0	240	$52,900
15	實際需求	400	320	180	210		$ 104,800

相對於圖 7-58 的原始模式，我們知道在 B11:E14 的儲存格中，不為 0 的，代表有事件發生，包括新竹運至台北 300 單位，南投運至台中 150 單位，台南運至台北 30 單位，台南運至嘉義 180 單位，台南運至高雄 210 單位，台東運至台北 70 單位，台東運至台中 170 單位，所需要的總運輸成本最低，共需 $104,800 元。同樣的，我們亦可使用「分析藍本」來進行各種分析，並產生摘要性的報表，其方式如上二節的說明，在此不再贅述。

此模式的性質是屬於「線性」問題，因此為要能快速取得正確的解，應將求解方法設定為「單純 LP」選項。

7-4-4 個案研究四：特殊線性規劃問題-轉運問題

在運輸問題中有一條件，即是須預先知道貨物由起點至終點的途徑，始能確定各途徑的對應單位運輸成本。然而，貨物有時可經由中間轉運點(轉運點亦可能為其他的運輸起點或終點)，故其最佳途徑並不明顯。

例如，一批貨物與其直接由 A 港運至 C 港，不如將之歸入定期航運，先由 A 港運至 B 港，再由 B 港運至 C 港，其費用可能較為低廉。因此，使用 Excel 反覆計算，以同時求出使總運輸成本為最低時，其由各起點至終點的運輸量及其應循路徑，應是較為便利的。此類擴大運輸問題以包含路線決策者，稱為「轉運問題」。

此類問題特別在幅員廣大、各起點與終點距離遙遠的情況下適用。其考慮的項目有下列幾項：

▶ 每個工廠或發貨中心的供應量。

▶ 每個零售商或倉庫的需求量。

▶ 每個工廠至每個轉運點，以及每個轉運點至每個零售商或倉庫的單位運輸成本。若為不可能之路程，則其運輸成本必須設為鉅額成本。

範例　轉運問題

▶ 某罐頭公司研究發現，若裁撤其自身的貨運作業，改而委託運輸業者運送其產品，可節省成本。但因產品銷售區域廣大，並沒有一家貨運公司可服務所有工廠與零售點間的運輸作業，故很多託運罐頭中途須至少一次轉由其它貨運公司續運。而轉運工作可在中途的工廠或倉庫為之，亦可在五個轉運地 (A、B、C、D、E) 進行轉運工作。其詳細資料已經建立於 Excel「數量管理」範例檔案中的「轉運問題」工作表中。如圖 7-61 的 A1:N16 區域。

Step1: 開啟「數量管理」範例檔案中的「轉運問題」工作表，如圖 7-61 所示。

圖 7-61

轉運問題的成本表

	工廠1	工廠2	工廠3	轉運站A	轉運站B	轉運站C	轉運站D	轉運站E	零售點甲	零售點乙	零售點丙	零售點丁	產量
公司託運資料-每車運輸成本													
1	0	146	1.E+10	324	286	1.E+10	1.E+10	1.E+10	452	505	1.E+10	871	375
2	146	0	1.E+10	373	212	570	609	1.E+10	335	688	784	425	425
3	1.E+10	1.E+10	0	658	1.E+10	405	419	158	1.E+10	685	359	673	400
A	322	371	656	0	262	398	430	1.E+10	503	234	329	1.E+10	
B	284	210	1.E+10	262	0	406	421	644	305	207	464	558	
C	1.E+10	569	403	398	406	0	81	272	597	253	171	282	
D	1.E+10	608	418	431	422	81	0	287	613	280	236	229	
E	1.E+10	1.E+10	158	1.E+10	647	274	288	0	831	501	293	482	
甲	453	336	1.E+10	505	307	599	615	831		359	706	587	
乙	505	407	683	235	208	254	281	500	357	0	362	341	
丙	1.E+10	687	357	329	464	171	236	290	705	362	0	457	
丁	868	781	670	1.E+10	558	282	229	480	587	340	457	0	
需求									380	365	370	385	

Step2: 依此問題，我們可以建立圖 7-61 相對應的表格，以便進行規劃求解取得我們要的解答。此對應表也已經建立於「數量管理」範例檔案中的「轉運問題」工作表中，如圖 7-62 所示。

圖 7-62

轉運問題模式

	工廠1	工廠2	工廠3	轉運站A	轉運站B	轉運站C	轉運站D	轉運站E	零售點甲	零售點乙	零售點丙	零售點丁	產量	運輸成本
1	0	0	0	0	0	0	0	0	0	0	0	0	0	$0
2	0	0	0	0	0	0	0	0	0	0	0	0	0	$0
3	0	0	0	0	0	0	0	0	0	0	0	0	0	$0
A	0	0	0	0	0	0	0	0	0	0	0	0	0	$0
B	0	0	0	0	0	0	0	0	0	0	0	0	0	$0
C	0	0	0	0	0	0	0	0	0	0	0	0	0	$0
D	0	0	0	0	0	0	0	0	0	0	0	0	0	$0
E	0	0	0	0	0	0	0	0	0	0	0	0	0	$0
甲	0	0	0	0	0	0	0	0	0	0	0	0	0	$0
乙	0	0	0	0	0	0	0	0	0	0	0	0	0	$0
丙	0	0	0	0	0	0	0	0	0	0	0	0	0	$0
丁	0	0	0	0	0	0	0	0	0	0	0	0	0	$0
需求	0	0	0	0	0	0	0	0	0	0	0	0		0

轉運問題模式中儲存格的公式設定說明如下:

儲存格	公式設定說明
B4:M15	為各工廠運至各轉運站及零售點的單位運輸成本，是屬於直接鍵入的資料。在此特別要說明，某些儲存格我們設其具有鉅額成本值為 1E+10，表示其為不可能的路程。
B16:M16	為各工廠、轉運站及零售點的最低需求量，屬於直接鍵入的資料。為保證任一地轉運的安全上界，除零售點真正最低需求量外，工廠與轉運站均加上運送總車數 300。

儲存格	公式設定說明
N4:N15	為各工廠、轉運站及零售點的最高供應量，屬於直接鍵入的資料。除工廠實際產能外，轉運站與零售點一樣要加上運送總車數 300。
B20:M31	為各工廠運至各轉運站及零售點的運輸量，即為此問題的決策變數。
B32:M32	為各工廠、轉運站及零售點的實際轉運(需求)量。
N20:N31	為各工廠、轉運站及零售點的實際轉運(供應)量。
O20:O31	各點的運輸成本＝單位運輸成本*轉運量，因此，以 O20 儲存格為例，公式應設： =B4*B20+C4*C20+D4*D20+E4*E20+F4*F20+G4*G20 +H4*H20+I4*I20+J4*J20+K4*K20+L4*L20+M4*M20 其餘 O21:O31 可以自動填滿的方式完成。
O32	為該公司的總運輸成本，即各點運輸成本的加總，故其公式應設定為： =SUM(O20:O31)

Step3: 選擇『資料/規劃求解…』指令，即出現「規劃求解參數」對話方塊。

Step4: 於「規劃求解參數」對話方塊中的設定情形如下圖 7-63 示。

圖 7-63

規劃求解-轉
運問題之模
式設定

注意

在圖 7-64 中，若我們開啟「顯示反覆運算結果」，則於解本範例需求時，會不斷出現求解過程的試誤值，並詢問是否要儲存成「分析藍本」。若不希望出現此對話方塊，則請關閉「顯示反覆運算結果」。

圖 7-64

設定「顯示反覆運算結果」後所出現的對話方塊

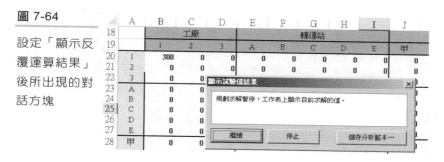

在圖 7-63 設定中說明如表 7-12。

表 7-12　轉運模式中的規劃求解設定

項目	設定說明
設定目標式	目標函數為「總運輸成本」之極小，亦即其目標函數儲存格為 O32。
藉由變更變數儲存格	決策變數(變數儲存格)則為各工廠、轉運站及零售點的運輸量，即為 B20:M31 儲存格。
設定限制式	運輸量不得為負值，且受限於各配銷中心的最低需求與各工廠的最高供應量。因此限制式為： $\$B\$20{:}\$M\$31 \geq 0$ $\$B\$32{:}\$M\$32 \geq \$B\$16{:}\$M\$16$(最低需求量) $\$N\$20{:}\$N\$31 \leq \$N\$4{:}\$N\$15$(最高供應量)

Step5: 設定好這些變數時，按下「求解」鍵，系統經一段時間的處理，即可取得一組最佳解，如圖 7-65 所示。

圖 7-65

轉運問題模式
求解結果

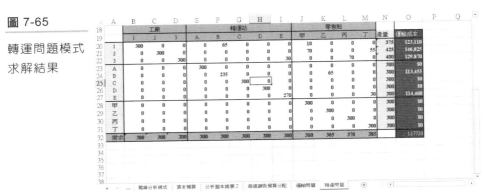

　　由圖 7-65 的分析可得，工廠 1 運 65 車經轉運站 B 運至零售點乙，工廠 1 直接運 10 車至零售點甲，工廠 2 直接運 70 車至零售點甲，工廠 2 直接運 55 車至零售點丁，工廠 3 運 30 車經轉運站 E 至零售點丁，工廠 3 直接運 70 車至零售點丙，所需要的總運輸成本最低，共需$127,720 元。

7-5 習題

1. 以「CH07 習題」活頁簿中的「損益兩平」工作表為例,進行以下三項分析

   ① 使用「目標搜尋」的功能,求算損益平衡點的銷售量。

   ② 依續上例,使用「規劃求解」,求算損益平衡點的銷售量。

   ③ 使用規劃求解,配合分析藍本的摘要報表,針對「損益兩平」工作表模擬「售價」、「固定成本」與「單位變動成本」分別在以下三種組合情境下的損益平衡銷售量:(15,50,2)、(20,80,4.5)與(12,30,2.7)。

2. 利用雙變數 What-If 分析,配合財務函數 PMT(),完成「CH07 習題」活頁簿「貸款分析-What-If」工作表中的貸款分析表。

3. 於「CH07 習題」活頁簿中的「簡單模式」工作表,依「目標」與「限制式」所描述的公式,建立分析模式,並以「規劃求解」,求算當 X 與 Y 值為何時,Z 值最大。

4. 以「CH07 習題」活頁簿中的「最適廣告預算分配」工作表為例,進行以下兩項分析:

   ■ 請使用「規劃求解」功能,在四個月份的廣告總預算限制為 100 的條件下,求得每一月份的廣告金額,使得稅前淨利最大,並將此情境設定成「分析藍本」。

   ■ 依續上例,請改變不同的「產品售價」與「產品成本」、「總預算限制」組合,繼續求得最適廣告預算分配,並再度設定成「分析藍本」,最後以分析藍本的摘要報表進行比較。

5. 有一投資組合在未來 6 年每一年的現金流量、資本限額與資金成本如下圖
    所示。請利用「規劃求解」功能，取得最佳的投資組合。基本資料已經建
    立於「CH07 習題」中的「投資決策」工作表。

	A	B	C	D	E	F	G	H
1				投資決策分析表				
2		第一年	第二年	第三年	第四年	第五年	第六年	資金成本
3	方案A	-40	-10	100	50	-10	50	12%
4	方案B		-20	-45	40	25	40	10%
5	方案C	-10	-50	50	10	40	50	8%
6	方案D	-30	20	-10	40	30	-10	12%
7	融資限額	-50	-50	-20	-20	-20	0	

6. 飲食問題（diet problem）：某農場主要以大豆、玉蜀黍與燕麥三種穀物
    餵牛。三種穀物每磅所含營養成份及成本如下圖所示。表中亦包含畜牧專
    家所建議，牛每日所應攝取的營養成份。該農場每日應餵三種穀物各多少
    磅，才能以最低的成本，滿足畜牧專家所建議的最低營養成份？此表的資
    料，已經建立於「CH07 習題」中的「飲食問題」工作表中。

	A	B	C	D	E	F
1			蛋白質	鈣	脂肪	成本
2		卡路里	（公克）	（公克）	（公克）	（元/每磅）
3	大豆	1100	8	48	90	7
4	玉蜀黍	850	9	52	35	13
5	燕麥	1000	10	60	12	10
6	每日最低量	4200	40	110	50	

資料分析與統計應用(一)

本 章 重 點

了解統計分析基本概念

學習等級和百分比的應用

學習敘述統計與直方圖的應用

共變數與相關係數的產生

使用 Excel 亂數產生器建立各式機率分配值

學習常態性假設的評估

連線至博碩文化網站下載

CH08 統計分析、CH08 各種分配

「科學與技術」不斷地影響我們周遭許多事，其中『統計』的影響更是處處易見。在日常生活中，不論於工作上或學術研究上，都常發生必須面對將一些雜亂無章的資料整理的需求。例如，您若是一位老師或一位業務主管，您可能必須將您學生的學業成績或是銷售成績進行統計分析，如計算平均成績或銷售排行…等。

不單在學術領域見到統計的影響力，在日常生活中更是屢屢見到統計的應用。如翻開報紙與雜誌或是打開電視，都會見到一、兩則有關統計理念的訊息。然而你卻不可以輕易相信報紙或廣告上的統計數字，因為要扭曲一份研究並達到預定的結果太容易了。因此你必須有些基本的統計概念，小心謹慎的閱讀這些報導，並聰明的作出判斷。

事實上，統計備受重視不過是這四十年左右的時間，能夠如此普及，主要還是歸功於電腦的快速發展。Excel 的普及性及兼具辦公室常用工具的特性，再加上易學易用的特性，是統計軟體中最容易為統計分析的初學者所接受的。

當然，Excel 直接提供的功能，並不能解決所有統計與模擬分析上的問題。有時候還必須依賴其他系統配合，或是使用 VBA 來完成，但對於「初等統計」的相關需求，Excel 的「統計分析」功能多半能夠解決。

8-1 | 統計分析基本概念

8-1-1 統計學之意義

　　『統計學』是一種有效的科學方法與工具，幫助決策者在面對不確定的情況下，能有效作出明智決策的科學方法。其過程包括資料的蒐集、整理、呈現、解釋與分析，並利用科學的推論方法，在不確定情況下，由樣本資料所獲得的結果，來推論及預測母體的特性，從而作出即時與正確決策的一門學科。

　　統計學在社會及自然科學各方面的應用日益廣泛與重要，小至個人及家庭的收支、理財計畫，企業的經營管理、投資設廠、產品價格決策，大到整個國家的社會、政治、經濟、教育問題，都需要用統計方法來分析研究、解釋、預測。例如：台北地區與高雄地區的房屋平均價格有差異嗎？某次選舉中各政黨的得票率如何？廣告會增加產品銷售量嗎？提高大學學費對升學意願是否有影響？...諸如此類的問題，皆可用統計學的方法加以處理，因此統計學可說與我們的生活息息相關。

　　首先介紹一些簡單的統計名詞，如表 8-1 所示。

表 8-1　統計名詞介紹

名詞	解釋
母體	欲研究的全體對象。如總統選舉中的「所有具投票資格的公民」。
樣本	母體的一部份。例如，想「預測」總統選舉各候選人的得票數，則此研究中的母體為「所有具投票資格的公民」，但因人數龐大不可能全部訪問，因此只以電話隨機抽出 1067 位具投票資格的公民，則此 1067 人即為樣本。

名詞	解釋
敘述統計	原始資料的收集、整理、展示、分析、解釋。即僅就資料本身特性的討論，而不推廣至其他部份。如上例中只統計受訪之 1067 人的可能投票情形，即是敘述統計的內容。
推論統計	利用統計方法將代表事實的資料收集、整理之後，進而對母體(所有具投票資格的公民)作合理的推測與估計，即為推論統計的部份，例如根據抽樣的結果，推測每一候選人的得票數。

8-1-2 資料的性質與呈現方式

由於『統計學』為幫助決策者在面對不確定的情況下，能有效作出決策的科學方法，其過程包括資料的蒐集、整理、陳示、解釋與分析。其中大量資料的處理，若無電腦的協助，將會耗費大量的時間與人力。

但是若對於資料的性質不清楚往往會選擇了不恰當的統計分析方法，此時即便善用了電腦工具也是徒然，所以在利用 Excel 進行統計的相關處理之前，先針對資料的各種性質及相關的統計分析方法作一簡單的說明。

8-1-2-1 資料的種類

在資料的蒐集過程中，我們蒐集了各種資料，如性別、年齡、教育程度、血型、身高、體重、時間、溫度、收入、產業別、生產量、銷售量、利潤、家庭人口數、贊成、反對…等。這些資料基本上可依幾種方式區分，整理如下表 8-2：

表 8-2 統計資料分類方式介紹

分類方式		說明
依資料本身性質	質的資料	不以數值表示，僅區分類別的資料。如性別、教育程度、血型、產業別、贊成、反對…等。

分類方式			說明
	量的資料	間斷資料	為有限或可數數值的資料。如某事件發生次數、家庭人口數、車輛數目…等。
		連續資料	在任兩數值間可插入無限多個數值的資料。如身高、體重、時間、溫度、收入、生產量、銷售量、利潤…等。
依資料的衡量尺度	名目尺度		為分類而給予的數字,無法作加減乘除的運算。如學號、性別代號、身分證字號…等,電腦登錄時,男性為 1,女性為 0,並不表示 1 大於 0。
	順序尺度		衡量具有重要、強弱、好壞程度時,所給予的數值資料,數字的大小有順序的意義。如名次。再如非常滿意＝5、滿意=4、無意見=3、不滿意=2、非常不滿意=1,可知 5>4>3>2>1(有大小順序關係),但不表示 5-4=4-3(非常滿意與滿意之間的差距=滿意與無意見之間的差距)
	區間尺度		具有固定的衡量單位,可任意設置基點(原點 0),可表示大小順序,數值間的差距亦有意義,但其比例無意義。如 10 月平均溫度,紐約 9℃,台北 24℃,東京 14℃,可說台北比東京高 10℃,東京又比紐約高 5℃,但不能說台北溫度高出紐約 0.6【(24-15)/24】倍。
	比例尺度		與區間尺度最大的差異就是比例尺度有固定原點,如身高、體重、收入、生產量、銷售量、利潤…等。10 元比 5 元多 1 倍,4 公斤比 2 公斤多 1 倍。

8-1-2-2 資料的整理與呈現方式

　　由於資料種類不同,其分析與呈現的方式就有不同的選擇。就如某些衣物不能乾洗,某些不能燙,某些只能手洗不能用洗衣機洗,我們對資料的類型愈清楚,愈能正確的選擇統計分析與呈現的方式。

以下就針對不同的資料類型，整理其統計分析方法，如表 8-3 所示，至於其中各項統計方法的理論部分，請參考市面上統計學的相關書籍，在本書則不多做說明。

表 8-3 統計資料的處理方法

分類方式		統計方法				
		列表法	圖示法	集中趨勢量數	差異量數	分析方法
依資料本身性質	質的資料	次數分配表、相對次數分配表	長條圖、圓形圖	百分比、眾數	---	卡方分析
	量的資料 間斷資料	次數分配表、相對次數分配表、累積次數分配表、累積相對次數分配表	長條圖、圓形圖、枝葉圖	平均數、中位數、眾數、四分位數、十分位數、百分比	全距、四分位距、平均絕對離差、變異數、標準差	估計、假設檢定、相關分析、變異數分析、多元尺度法、區別分析
	連續資料	次數分配表、相對次數分配表、累積次數分配表、累積相對次數分配表	直方圖、多邊形圖、肩形圖、枝葉圖、盒鬚圖	平均數、中位數、眾數、四分位數、十分位數、百分比	全距、四分位距、平均絕對離差、變異數、標準差	估計、假設檢定、相關分析、變異數分析、多元尺度法、區別分析
依資料的衡量尺度	名目尺度	次數分配表、相對次數分配表	長條圖、圓形圖	百分比、眾數	---	卡方分析

分類方式		統計方法				
		列表法	圖示法	集中趨勢量數	差異量數	分析方法
	順序尺度	次數分配表、相對次數分配表	長條圖、圓形圖	百分比、眾數、中位數	---	等級相關、符號檢定、非計量多元尺度法
	區間尺度	次數分配表、相對次數分配表、累積次數分配表、累積相對次數分配表	直方圖、多邊形圖、肩形圖、枝葉圖	平均數、中位數、眾數、四分位數、十分位數、百分比	全距、四分位距、平均絕對離差、變異數、標準差	相關分析、變異數分析、多元尺度法、區別分析
	比例尺度	次數分配表、相對次數分配表、累積次數分配表、累積相對次數分配表	直方圖、多邊形圖、肩形圖、枝葉圖	平均數、中位數、眾數、四分位數、十分位數、百分比	全距、四分位距、平均絕對離差、變異數、標準差、變異係數	估計、假設檢定、相關分析、變異數分析、多元尺度法、區別分析

8-1-2-3 Excel 在統計學上的運用

在 Excel『資料分析』功能方面，共提供了 18 種統計分析工具，包括利用統計方法進行資料分析的大部分功能，如「評比等級」(Ranking)、「變異數分析」(ANOVA)、「相關性檢定」、「迴歸分析」、計算「敘述統計」資料、產生各種分配之「隨機變數」、及進行其他樣本「平均數或變異數之檢定」與「直方圖」(Histogram)、「時間數列分析」…等。除了內設的『資料分析』工具外，Excel 還提供了相當多的函數，可協助進行統計分析。本章主要介紹 Excel 內建的『資料分析』工具。

有關 Excel 在統計的處理，本書中將分兩章(8、9)來說明。本章首先介紹資料整理與一般敘述統計的應用，下一章則著重在推論統計的部份。而整體的應用，將在第 10 章以一「市場調查」範例來說明。

在 Excel 的「資料分析」中，提供了如下表 8-4 的六項工具用來處理敘述統計的相關議題。

表 8-4　Excel 中用來處理敘述統計的相關議題

項目	說明
等級和百分比	針對大量資料的「評分」與「排名」的處理。
敘述統計	產生平均數、變異數、標準差、眾數、中位數、偏態與峰態…等統計資料。
直方圖	產生統計資料的相對次數分配與累計次數分配表與其統計圖。
亂數產生器	根據不同的機率分配 (Distribution)：如常態分配、均等分配、白努力 (Bernoulli) 分配、二項分配、Poisson 分配…等，產生隨機變數(亂數)。
共變數	共變數即共同變異數，其為成雙偏差值乘積之平均數。共同變異數可用來決定兩組資料之間的關係。例如，用來檢定所得與教育程度的關係。
相關係數	針對兩變數間的關係進行討論。例如，決定某一區域的氣溫與所使用的空調設備之間的相關性。

在第 8 與第 9 章兩章中，不論利用 Excel 進行的是敘述統計、推論統計或是實驗設計的部份，所有的作法，都是在『資料/資料分析…』指令下的「資料分析」對話方塊(如圖 8-1)中選擇相關項目即可。

圖 8-1

「資料分析」
對話方塊

注意

> 若未發現『資料/資料分析…』指令,則先選取『檔案／選項／
> 增益集』指令,在左下方管理裡選擇「Excel 增益集」後按「執
> 行」功能鍵,接著開啟「分析工具箱」選項來安裝「資料分析」
> 工具(如圖 8-2 所示)。若在安裝 Office 時未安裝「增益集」
> 功能,則請重新以「自訂」選項來安裝 Excel。另外有關 Excel2007
> 之前版本的載入增益集方法請參考第 5 章的 5-1 節內容。

圖 8-2

利用「增益集」
增加「資料分
析」功能

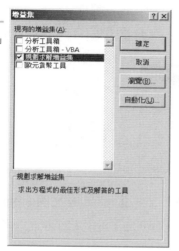

8-2　等級和百分比

　　在 Excel 的「資料分析」中,有一與統計決策相關的分析功能,主要用
於大量資料的「評分」與「排名」的工作,稱之為「等級和百分比」。例如,
對於學生成績處理,通常我們會希望知道某分數的學生於全部學生中的排
名,或百分位等級;或是總公司想知道各分區營業額之排名…等等。此時可
利用 Excel 的「資料分析」來處理。以一學生期末之統計學及經濟學成績,
來說明「敘述統計」的應用。

範例 *排名與百分等級*

▶ 以「CH08 統計分析」範例檔案中「等級與百分比」工作表為例,有一商科
學生競試成績表,考生共 50 名,考兩科目(統計學與經濟學),希望了解學生
每一科目的分數是在該科目全部學生排名與百分等級。如圖 8-3。

圖 8-3

「等級和百分
比」實例-學
生成績統計之
統計範例

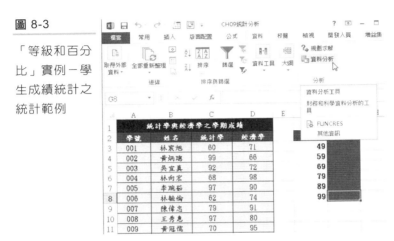

Step1: 首先選擇『資料/資料分析…』指令,於出現如圖 8-4 的「資料分析」
對話方塊中,選擇「等級和百分比」選項,則可進入如圖 8-5 的「等
級和百分比」對話方塊。

圖 8-4

「資料分析」
對話方塊

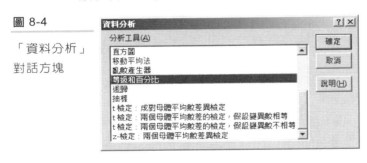

圖 8-5

「等級和百分
比」對話方塊
與模式設定

Step2: 設定輸入範圍為$C$2:$D$52，選擇分組方式為逐欄，選取類別軸標
記是在第一列上，輸出範圍設定為$I$2。如圖 8-5。

在圖 8-5「等級和百分比」對話方塊中，因應本範例與各部份設定解釋如
表 8-5。

表 8-5 「等級和百分比」模式的應用與設定

項目	說明
輸入範圍	用於設定要進行「等級和百分比」的資料範圍，其中應該只包含數字。在本範例中為$C$2:$D$52。在 Excel 中另可以使用「摺疊式」對話方塊來設定。要注意的是，此區域設定包括了「標題」C2:D2，因此，一定要開啟「類別軸標記是在第一列上」的選項。
分組方式	可依資料的形式，設定分類標準為「逐列」或「逐欄」。即類別名稱所置的位置。本範例為「逐欄」，因「科目」是以「欄」進行分類。
類別軸標記是在第一列上	設定資料之類別標記，是否為所選區域之上端 (分組方式為「逐欄」)或最左端(分組方式為「逐列」)。假若沒有設定，則系統按「逐欄」分類時以欄 1、欄 2、欄 3…來作為項目名稱；而按「逐列」分類時以列 1、列 2、列 3…來作為項目名稱。本範例的類別軸標記(科目名稱)是在第一列上(C2：D2)，因此要開啟此一選項。

381

項目	說明
「輸出選項」群組方塊	用於設定輸出範圍，共提供了「輸出範圍」、「新工作表」、「新活頁簿」等輸出範圍，通常只需設定輸出範圍之左上角的儲存格位址即可。本範例中我們設定輸出範圍為$I$2。

Step3: 於圖 8-5 設定完成後選擇「確定」，分析的結果則會出現於圖 8-6 中$I$2：$P$52 的儲存格中。

圖 8-6

「等級和百分比」實例－學生成績統計與計算百分等級之統計結果

	I	J	K	L	M	N	O	P
2	原順序點	統計學	等級	百分比	原順序點	經濟學	等級	百分比
3	2	99	1	100.00%	4	98	1	100.00%
4	50	98	2	97.90%	9	95	2	97.90%
5	5	97	3	93.80%	23	94	3	95.90%
6	8	97	3	93.80%	16	92	4	91.80%
7	3	92	5	91.80%	38	92	4	91.80%
8	11	90	6	89.70%	7	91	6	89.70%
9	12	88	7	83.60%	5	90	7	85.70%
10	18	88	7	83.60%	33	90	7	85.70%
11	24	88	7	83.60%	25	87	9	83.60%
12	39	83	10	81.60%	39	85	10	81.60%
13	35	81	11	79.50%	36	84	11	77.50%
14	7	79	12	75.50%	48	84	11	77.50%
15	28	79	12	75.50%	17	83	13	73.40%

8-2-1 等級和百分比結論

由圖 8-6 中可得知，統計學以第 2 個資料點的 99 分最高；經濟學則以第 4 個資料點的 98 分最高。使用「等級和百分比」所產生的「排名」，只要是同分，便會以「同名次」顯示。

注意 在圖 8-6「等級和百分比」實例，其中的「百分比」即為一般統計學「百分位」的意思。

8-2-2 延伸應用-利用函數功能進行資料查詢

在圖 8-6 所產生的結果報表，主要是以「原資料點」來代表相對資料，但如此的表示並無法讓我們知道，到底排名「第一」的是誰，而必須自行根據「原資料點」順序，再到原資料區域去找出代表的項目。

在 5-4 節「檢視與參照函數」的說明中，瞭解到 Excel 的「函數」功能中，有一群專門用來「查詢」資料的函數，如 LOOKUP()、VLOOKUP()、HLOOKUP()、MATCH()與 INDEX()等，可以讓我們用來利用給定的參數資料，查詢資料庫中相對應的資料。

例如在圖 8-6 的範例中，我們希望能透過「原資料點」的數字，顯示出代表相對的資料，如圖 8-7 所示，我們在產生的報表前方，利用 I 欄原資料點的資料，於 J 欄顯示出相對的「人名」。

| 範例 | *以函數利用「原資料點」進行姓名的查詢* |

▶ 延續上一範例之結果(圖 8-6)，在產生的報表前方，利用 I 欄原資料點的資料，於 J 欄顯示出相對的「人名」。如圖 8-7 所示。

要達到這樣的需求，可以使用 INDEX()函數來進行。INDEX()函數的格式如下；

INDEX(資料區域,列索引值,欄索引值)

INDEX()函數主要的作用是自「資料區域」的陣列中，以「列索引值」與「欄索引值」來找出特定的資料。以圖 8-6 的需求來說，資料區域是一個"一欄多列"的陣列(B3:B52)，因此，「欄索引值」必然為 1，而「列索引值」則為「原資料點」欄位的數值。

Step1: 以 J3 的儲存格為例,我們可以設定成

=INDEX($B$3:$B$52,I3,1)

由於以下 D 欄的公式中所需的「資料區域」均是 B3:B52 儲
存格資料,為了公式複製時,「資料區域」不受影響,所以
改為以絕對位址表示,即$B$3:$B$52。

Step2: 輕按兩下 J3 右下角的拖曳控點完成複製。

圖 8-7

使用 INDEX()
函數,利用原
資料點產生相
對的學生名稱

	J3		▼	fx	=INDEX($B$3:$B$52,I3,1)
	I	J	K	L	M	N
2	原順序點		統計學	等級	百分比	原順序點
3	2	黃炳璁	99	1	100.00%	4
4	50	劉建谷	98	2	97.90%	9
5	5	李琬茹	97	3	93.80%	23
6	8	王秀惠	97	3	93.80%	16
7	3	吳宜眞	92	5	91.80%	38
8	11	陳玉玲	90	6	89.70%	7
9	12	萬衛華	88	7	83.60%	5
10	18	林宏諭	88	7	83.60%	33
11	24	熊漢琳	88	7	83.60%	25
12	39	顏愼樂	83	10	81.60%	39
13	35	吳若權	81	11	79.50%	36
14	7	陳偉忠	79	12	75.50%	48
15	28	鄧綺萍	79	12	75.50%	17
16	22	謝月嫥	78	14	73.40%	45

使用「綜合練習一」工作表上的資料,進行以下的練習。

❶ 有 40 個業務員,進行三次評比。請使用「統計分析」工具,
求出每一評比中的各分數是在該次評比的排名與百分等級。
並將結果產生於 N1 儲存格。

❷ 延續❶,在 N 欄的後方,利用 N 欄原資料點的資料,於 O
欄顯示出相對的「人名」。

8-3 敘述統計與直方圖

8-3-1 敘述統計

「敘述統計」(Descriptive Statistics)主要的重點在於原始資料的收集、整理、陳示、分析與解釋。即僅就資料本身特性的討論,而不推論至其他部份。一般而言,當我們利用統計方法將代表事實的資料收集之後,即需加以整理以陳述其基本含義,進而了解母體(我們所感興趣的主題)的(可能)特性。例如,要檢查某淨水廠供應的自來水是否符合安全標準,不可能檢查此廠供應的全部自來水,但可檢查此廠供應的部份自來水,並度量其有關的數值,將這些數值加以分析,即可判斷此廠供應的自來水是否符合安全標準。而分析那些所度量的數值即是敘述統計的範疇。

一般而言,對於母體的敘述,我們會以『集中程度』與『離散程度』兩個角度來觀察。並以平均數、中位數、眾數、變異數、標準差、偏態與峰態等代表母體特徵的資訊來表達。此外,也常會將原始資料以統計圖表的方式展示,此作法可直接利用 Excel 所提供統計圖表功能來完成。下面以一學生期末之統計學及經濟學成績,來說明【敘述統計】的應用。

範例 *敘述統計*

▶ 以「敘述統計與直方圖」範例檔案為例,設某一學校系主任欲對其系裡 50 名學生的期末統計學及經濟學的學期成績進行【敘述統計】之分析。如圖 8-3 所示。

Step1: 首先選擇『資料/資料分析…』指令,於產生的「資料分析」之對話方塊中選擇「敘述統計」項,產生如圖 8-8「敘述統計」對話方塊。

圖 8-8

「敘述統計」
設定的對話方
塊

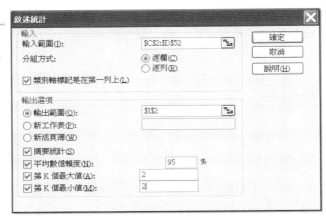

　　在圖 8-8「敘述統計」之對話方塊中，其各部份解釋，及因應欲完成的
處理，其說明如表 8-6。

表 8-6　「敘述統計」對話方塊模式的設定

項目	說明
輸入範圍	用於設定輸入的資料範圍。在本範例中 (視圖 8-3)的資料區域分別為 $C$2：$D$52。
分組方式	此處設定分類標準為「逐列」或「逐欄」。本範例中，由於資料區域是按照考試科目分類，因此設定為「逐欄」分類。
類別軸標記是在第一列上	設定資料之類別標記，是否為所選區域之上端 (分組方式為「逐欄」) 或最 左端(分組方式 為「逐列」)。假若沒有設定，則系統按「逐欄」分類以時以 欄 1、欄 2、欄 3… 來作為項目名稱；而按「逐列」分類以時以 列 1、列 2、列 3… 來作為項目名稱。本範例中，由於其選擇的輸入範圍為$C$2：$D$52，包含類別標記，應開啟此核取方塊。
輸出範圍	選定輸出結果放置的位置。只要選定一儲存格位址即可。但要注意的是，產生的結果報表範圍會因設定而有所差異，應避免結果覆蓋過原工作表上的資料。本範例為設為$I$2。
新工作表	將結果報表產生在另一工作表上。
新活頁簿	將結果報表產生在另一新活頁簿上。

項目	說明
摘要統計	決定是否計算如平均數、變異數、標準差、眾數、中位數、偏態與峰態等特徵值。
平均數信賴度	決定是否計算平均數之信賴區間，並設定其信賴度(%)。
第 K 個最大值	決定是否計算第 K 大的值，並設定 K 值。
第 K 個最小值	決定是否計算第 K 小的值，並設定 K 值。

 注意

在「摘要統計」、「平均數信賴度」、「第 K 個最大值」、「第 K 個最小值」等四個核取方塊中，至少需開啟一項。在本範例中，我們將四個核取方塊均開啟。

Step2: 設定完畢後，按下「確定」功能鍵，即可將所完成之「敘述統計」結果列出，如圖 8-9 所示。

圖 8-9

「敘述統計」
之結果顯示

	I	J	K	L
1				
2	統計學		經濟學	
3				
4	平均數	67.96	平均數	72.96
5	標準誤	2.374345882	標準誤	1.918536857
6	中間值	68.5	中間值	72
7	眾數	69	眾數	71
8	標準差	16.78916074	標準差	13.56610422
9	變異數	281.8759184	變異數	184.0391837
10	峰度	0.27537563	峰度	-0.197012907
11	偏態	-0.227911793	偏態	-0.297432747
12	範圍	72	範圍	58
13	最小值	27	最小值	40
14	最大值	99	最大值	98
15	總和	3398	總和	3648
16	個數	50	個數	50
17	第 K 個最大值(2)	98	第 K 個最大值(2)	95
18	第 K 個最小值(2)	30	第 K 個最小值(2)	44
19	信賴度(95.0%)	4.771423795	信賴度(95.0%)	3.855441822

敘述統計結論

在圖 8-9 中可知，統計學的平均分數(67.96)遠低於經濟學的平均分數(72.96)，且統計學的成績較分散(標準差較大)；而由峰度值可知兩者均為低闊峰，即兩成績的分佈均相當分散，此可由統計學、經濟學兩者最大與最小的範圍(Range)高達 72 及 58 得到驗證。(統計學最低分為 27，最高分為 99，經濟學的最低分為 40 分，最高分為 98)。統計學得分人數最多的為 69 分(因眾數為 69)，經濟學則為 71 分(眾數為 71)。統計學中間值為 68.5 分，經濟學則為 72 分。整體看來，經濟學的成績表現較佳。

在圖 8-9「敘述統計實例－50 名學生的期末統計學及經濟學成績」之統計結果中，其中的「中間值」即為一般統計學「中位數」的意思。

　　【敘述統計】主要是在產生統計資料的平均數、變異數、標準差、眾數、中位數、偏態與峰態等特徵值，好讓使用者能就這些特徵值加以分析，進而瞭解該資料的集中、分散程度；再針對所感興趣的主題做進一步的推論。而這些特徵值究竟意謂著什麼？為什麼利用這些特徵值可以對資料有概括性的瞭解？接下來，便利用簡短的敘述來對這些不斷提及的特徵值作一說明。如表 8-7 所示：

表 8-7　各種統計資料特徵值的說明

特徵值	說明
平均數	資料的平均水準。可以反映出資料數值集中的程度。在統計學中最常用到的特徵值是「算術平均數」。所謂「算術平均數」就是將所有的資料加總後除以全部個數。如：1、2、4、5、7 資料中，其算術平均數便為 (1+2+4+5+7)/5 =3.8 。
眾數	代表在所有資料中出現次數最多者。如：在 1、3、2、1、3、1 的一堆資料中，1 出現 3 次，所以眾數便為 " 1 " (但若資料的眾數並非唯一存在時，則統計摘要則無法正確處裡)。

特徵值	說明
中位數 (中間值)	將所有資料由小到大依序排好後，其資料總數如果是偶數則直接總數個數除 2，而後位於所得商數位置及其下一個位置，二者之平均便是中位數；否則便是總個數加 1 除以 2，而後位於所得商數位置者，便是中位數。例如在 5、6、7、8、9 的資料中，資料總數(5 個)為奇數，故中位數為第(5+1)/2＝3 個資料 "7"；又如在 3、4、8、9 的資料中，資料總數(4 個)為偶數，故中位數為第 4/2＝2 個資料 "4" 與第 3 個資料 "8" 的平均，即中位數為 "(4+8)/2＝6"。
變異數	將一群數值與其算術平均數差異的平方加總後除以個數減 1，用來衡量資料的分散程度。如：1、8、9 的資料中，其平均數為 (1+8+9)/3＝6，故其變異數為 $$[(1\text{-}6)^2+(8\text{-}6)^2+(9\text{-}6)^2]/(3\text{-}1) = 19$$
標準差	變異數的平方根便是「標準差」。標準差小表示資料集中在平均數附近；否則便表示資料並不集中在平均數附近，而是較為分散。
偏態	當資料以圖表表示時，如果該資料以平均數為中心，左右分配不對稱則可說該資料具有「偏態」。若其值為 0，表示資料呈對稱；其值＜0，表示為左偏分配；其值＞0，表示為右偏分配。
峰態	當資料以圖表表示時，經過數學運算後可以得到所謂的「峰態係數」(k)，藉此可瞭解其資料的分配型態屬於高狹峰(資料較集中平均數，k>0)、常態峰(資料分配較平均不似前者集中在平均數附近，k=0)或低闊峰(資料較前兩者分散；圖形亦較平緩，k<0)。

使用「綜合練習一」工作表上的資料，進行分析比較三次評分，每一次評分分數的集中與離散趨勢。

8-3-2 直方圖

　　「直方圖」為最常見的統計圖之一，讓我們得以藉此了解統計資料的次數及累積次數分配情形，更使得原資料的分佈情況一目了然地顯示出來。

在 Excel 的環境中，欲處理如學生成績或問卷調查之統計，可因應不同需求藉由不同工具來完成，如利用第 6 章所說明的『樞紐分析』，或第 5 章所說明如 Count()、DCount() 等函數來完成。在此小節則藉由「直方圖」功能來處理並產生統計圖。接著同樣以一學生成績來說明「直方圖」的用法。

範例　*直方圖的產生與應用*

▶ 開啟「敘述統計與直方圖」工作表，如圖 8-3 所示。針對「統計學」科目，自 49 分以下一組，從 50 分起，每 10 分一組，最高到 100 分。請利用「直方圖」功能來產生各區段分數的次數分配與累計次數分配。並產生累計分配統計圖表。

Step1:　首先於「敘述統計與直方圖」工作表的空白區域如(F3:F8)儲存格鍵入各組「組界範圍」，分別為 49、59、69、79、89、99，如圖 8-10 所示。

技巧

「組界範圍」主要用於設定分組組距。於此設定中，並不一定需要「等距」，但於工作表中須以由上而下「升冪」的方式設定。每一組距值所代表的範圍是【小於等於該組設定值（含該組設定值）而大於前一組設定值】，此觀念與設定方式與我們在第 5 章說明 FREQUENCY()函數時相同。例如：在「組界範圍」中設定的為 49、59、69、79、89、99 六組，"49" 的一組便包含了小於等於 49，而 "59" 一組則為大於 49 且小於等於 59，因為分數為整數，就是相當於是(50-59)。以此類推。

Step2:　選擇『資料/資料分析…』指令，於「資料分析」對話方塊中選擇「直方圖」項目，產生如圖 8-10「直方圖」對話方塊。

圖 8-10

於「直方圖」
對話方塊中進
行設定

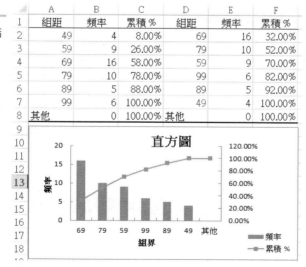

技巧　柏拉圖、累積百分率與圖表輸出，分別為設定是否需按發生
次數的多寡予以排序顯示、產生累計百分比資訊與決定是否
需產生次數分配與累積次數分配圖。在本範例中，我們依需
求全部進行勾選。

Step3:　設定完畢後，按下「確定」功能鍵，即可將所完成的「直方圖」
結果列出，如圖 8-11 所示。

圖 8-11

「直方圖」結
果顯示

組距	頻率	累積 %	組距	頻率	累積 %
49	4	8.00%	69	16	32.00%
59	9	26.00%	79	10	52.00%
69	16	58.00%	59	9	70.00%
79	10	78.00%	99	6	82.00%
89	5	88.00%	89	5	92.00%
99	6	100.00%	49	4	100.00%
其他	0	100.00%	其他	0	100.00%

在圖 8-11 中次數分配表的左側是按組界範圍顯示；而右側則當我們選擇「柏拉圖(經排序的直方圖)」核取方塊後，以發生次數的多寡(頻率)予以重排。同時在次數分配表中亦可發現「累積%」之欄位，此主要是開啟「累積百分率」核取方塊的結果。而下方的圖形則為開啟「圖表輸出」核取方塊的結果。

技巧 如果省略了組界範圍，Excel 會在資料的最小值和最大值之間建立一組平均分佈的組界範圍，如圖 8-12 所示。

圖 8-12

無組界範圍「直方圖」結果

	直方圖
輸入	
輸入範圍(I):	\$C\$3:\$C\$52
組界範圍(B):	

	A	B	C	D	E	F
1	組界	頻率	累積%	組界	頻率	累積%
2	27	1	2.00%	68.14286	14	28.00%
3	37.28571	2	6.00%	78.42857	12	52.00%
4	47.57143	1	8.00%	57.85714	7	66.00%
5	57.85714	7	22.00%	88.71429	7	80.00%
6	68.14286	14	50.00%	其他	6	92.00%
7	78.42857	12	74.00%	37.28571	2	96.00%
8	88.71429	7	88.00%	27	1	98.00%
9	其他	6	100.00%	47.57143	1	100.00%

 於設定「組距資料」旁的相對位置(G3:G8)，以 FREQUENCY()陣列函數，計算每一組的人數，並與本範例的結果交叉比對。

在圖 8-10「直方圖」之對話方塊中，各部份解釋，及因應欲完成的處理，其說明如表 8-8。

表 8-8 直方圖的設定說明

項目	說明
輸入範圍	用於設定輸入範圍。在本範例中(視圖 8-10)由於「統計學」科目的資料區域位於 C3：C52，故於此設定為 C3：C52。(參圖 8-10)

項目	說明
組界範圍	用於設定分組組距。於此設定中，並不一定需要「等距」處理，但於 Excel 的工作表中須以「升冪」的方式設定。其主要組距範圍是自該組設定值以下（含該組設定值）至前一組設定值以上。例如，在 "組界範圍" 中設定的為 2、3、4、5，則就 "2" 的一組其便包含了小於等於 2，其餘各組依次為：大於 2 小於等於 3，大於 3 小於等於 4、大於 4 小於等於 5 或是大於 5。由於本範例的要求自 49 分以下一組，從 50 分起，每 10 分一組，最高到 100 分，因此於圖 8-10 中之 F3:F8 儲存格中設定 49、59、69、79、89 與 99 等 6 組分組組距，於 "組界範圍" 文字方塊中填入 F3:F8。
輸出選項	用於選定輸出目的與範圍。本範例將結果產生於新的工作表中。
柏拉圖(經排序的直方圖)	決定是否需按發生次數的多寡予以排序顯示。
累積百分率	決定是否需產生累計百分比資訊。
圖表輸出	決定是否需產生次數分配與累積次數分配圖。

 技巧 當然，這些系統產生的統計圖表，我們還是可以運用一般統計圖表的技巧加以格式化或是進一步處理。

 「直方圖」應用結論

由圖 8-11 可知，統計學科目學生成績，不及格的人數共有 13 人。其中分數介於 60-69 區段中的人數最多。

 注意 「直方圖」對話方塊中，輸入範圍不能包含非數字的資料，否則會出現如下圖 8-13 的訊息方塊。

圖 8-13

「直方圖」之
輸入範圍包含
非數字的資料
時的訊息方塊

使用「綜合練習一」工作表上的資料，利用直方圖功能，針對三
次評分共 120 個分數，小於 60 一組，100 分一組，中間每 10 分
一組，取得每一組的次數分配與圖表，並與 K2:K7，利用函數所
計算的數值交叉比對。

8-4 共變數與相關係數

在統計資料的應用上，常會希望知道兩變數之間是否具有相關性，例如
在行銷上，想了解廣告量與銷售量之間的關係；在社會科學研究上，想了解
收入與其子女教育程度的關係；在醫學上，想了解某疾病與飲酒量之間的關
係…等等，這些都與「共變數」(Covariance)或「相關係數」(Correlation
Coefficient)有關。本節將為您對「共變數」及「相關係數」做進一步的說明。

 注意 在本書中，有一實務市場調查的範例，便是使用到相關係數，
以了解消費者消費的傾向，這一部份請參考第 10 章。

「共變數」主要是針對兩變數間的關係進行討論。所謂「共變數」則是
指兩變數 X 與 Y 分別減去期望值 E(X)與 E(Y)後相乘之期望值，即

$$COV(X,Y)=E\{(X-E(X)(Y-E(Y)\}=E(XY)-E(X)E(Y)$$

「共變數；COV(X,Y)」代表的是 X 與 Y 兩變數的關係，分別說明如下：

表 8-9　共變數值與兩變數之關係說明

關係	說明
正相關	共變數為「正值」。代表 X、Y 兩變數做「同向」的變動；即當 X 增大時 Y 便隨之增大，或當 X 減少時 Y 亦隨之減少。
零相關	共變數為「零」。代表 X、Y 兩變數的變動「彼此無關」；即當 X 增大時 Y 不會隨之增大或減小，或當 X 減少時 Y 亦不會隨之減少或增大。
負相關	此時共變數為「負值」。代表 X、Y 兩變數做「反向」的變動；即當 X 增大時 Y 便隨之減小，或當 X 減少時 Y 便隨之增大。

　　事實上，一般在使用共變數時會除以兩變數標準差的乘積。其所得數值稱做「相關係數」(r)。【相關係數】工具主要是用來測量兩組資料間的關係，因為除以兩變數標準差的乘積，所以兩組資料可按比例縮放，不受計量單位的影響，而且該相關係數的範圍也會相對縮小，成為介於 1 與-1 之間的數值，這也是「相關係數」比「共變數」更常在實務上使用的原因。接著將相關係數與兩變數變動的對應關係分別說明如下：

表 8-10　相關係數值與兩變數之關係說明

相關係數值	兩變數之關係
相關係數為 1	完全線性正相關。
相關係數為 0	完全無線性相關。
相關係數為-1	完全線性負相關。
相關係數介於 0 與 1 之間	正相關，且愈接近 1 線性關係強度愈強。
相關係數介於 0 與-1 之間	負相關，且愈接近-1 線性關係強度愈強。

技巧

「相關係數」主要在測量二變數 X 和 Y 間線性關係的強度與方向，因此「相關係數」為 0，只能說 X 和 Y 間完全無線性相關，確不能保證變數之間無曲線相關。

雖然，一般多在「迴歸」中提到「相關係數」的使用，但由於其與「共變數」具相似概念，所以在本小節一併介紹。接下來以範例對「共變數」與「相關係數」做更進一步的說明。

範例 「共變數」與「相關係數」的計算

▶ 華華公司欲訂定一個新的行銷策略，想了解其產品的銷售量是否與其投入的廣告費用有關。該公司去年度各月份的廣告成本與銷售額如圖 8-14 所示。資料置於「相關係數」工作表中。

圖 8-14

「共變數」與
「相關係數」
的使用範例

	A	B	C	D
1	月份	人事費用	銷售量	廣告成本
2	一月	6	51	3
3	二月	8	82	8
4	三月	4	59	4
5	四月	3	68	7
6	五月	3	55	6
7	六月	12	78	8
8	七月	9	45	5
9	八月	7	44	4
10	九月	8	52	6
11	十月	9	89	7
12	十一月	11	70	10
13	十二月	11	81	9

我們可以利用 Excel 所提供的「共變數」與「相關係數」來進行分析。其方法如下：

Step1: 選取『資料/資料分析…』指令，產生「資料分析」對話方塊，並在該對話方塊中選取「共變數」項目，便可以進入「共變數」的對話方塊，如圖 8-15 所示。對話方塊中各項目，及相對應完成的動作，分別說明如表 8-11。

Step2: 在「共變數」對話方塊中，依序輸入上述資料後(參考圖 8-15)，按下「確定」後，便可以完成「共變數」的計算。由於「相關係數」與「共變數」的概念相似，因此我們一併完成「相關係數」的計算。

圖 8-15

開啟「共變數」對話方塊並設定模式

表 8-11 「共變數」模式的建立

項目	說明
輸入範圍	鍵入所要建立「共變數」的資料範圍。在本範例中(視圖 8-14)由於資料區域是 C1：D13，所以輸入範圍設定為\$C\$1：\$D\$13。
輸出範圍	「共變數」顯示的位置。一般只要輸入輸出範圍的左上角儲存格位址即可。本範例中選取\$F\$1。
分組方式	分組方式分為「逐欄」與「逐列」兩類。在本範例中，由於資料按「廣告成本」與「銷售量」作分類，所以設定為「逐欄」分類。
類別軸標記是在第一列上	此核取方塊主要用在設定資料的類別標記位置，以「逐欄」分組時是位在所選區域的最上端，或者以「逐列」分組時是位在最左端。假如核取方塊沒有設定，則系統將自動以"分組方式"為基準：「逐欄」分類時以欄 1、欄 2、欄 3…來作為項目名稱；而「逐列」分類時以列 1、列 2、列 3…來作為項目名稱。本範例中，由於其選取的輸入範圍為\$C\$1：\$D\$13，第一列為類別標記，所以應開啟此核取方塊。

Step3: 進行「相關係數」的方式與第一步相同，只是開啟的是「相關係數」的對話方塊。如圖 8-16。

圖 8-16

開啟「相關係
數」對話方塊
並設定模式

「相關係數」與「共變數」的概念相似，其對話方塊亦無差異，因此與「共變數」的設定也幾乎相同。輸入範圍設定為 $C$1：$D$13。分組方式為「逐欄」。開啟「類別軸標記是在第一列上」之核取方塊。但需注意，在計算「共變數」時設定的輸出範圍為 $F$1，故此處另設輸出範圍為 $F$5。以避免兩個結果區域重疊。

Step4:　在「相關係數」對話方塊中，依序輸入上述資料後，按下「確定」功能鍵後，便可以完成「相關係數」的計算。「共變數」與「相關係數」的計算結果如圖 8-17 所示。

圖 8-17

「共變數」與
「相關係數」
計算結果

	F	G	H	I
1		銷售量	廣告成本	
2	銷售量	221.9166667		
3	廣告成本	22.79166667	4.243055556	共變數
4				
5		銷售量	廣告成本	
6	銷售量	1		
7	廣告成本	0.742748469		1 相關係數

「共變數」與「相關係數」結論

圖 8-17 中，G2 與 H3 分別是個別變數的「變異數」，而銷售量與廣告費的「共變數」為 22.79>0，因此，銷售量與廣告費用呈同向變動，即廣告費用投入愈多，銷售量也愈大。但僅由「共變數」並不能確知二者的關係到底有多強，因此再由「相關係數」為 0.742748 可知，銷售量與廣告費用的確為線性強度頗高的正相關，即廣告費

用投入愈多,銷售量也愈大,但其間的關係究竟為何?是否能以一關係式來表達?此部份將可在「迴歸」等相關議題中再作進一步的討論。

 延伸應用

當然,在計算「共變數」與「相關係數」時,可以一次分析幾個變數之間的「共變數」與「相關係數」。主要的做法只是在圖 8-15 與圖 8-16 中的「輸入範圍」一次選取多欄的資料即可。如圖 8-18 便是一次分析三個變數之間的「共變數」與「相關係數」。

圖 8-18

一次分析三個變數間的共變數與相關係數

	F	G	H	I	J
9		人事費用	銷售量	廣告成本	
10	人事費用	8.743055556			
11	銷售量	18.70833333	221.9166667		
12	廣告成本	3.506944444	22.79166667	4.2430556	共變數
13					
14		人事費用	銷售量	廣告成本	
15	人事費用	1			
16	銷售量	0.42472568	1		
17	廣告成本	0.575781767	0.742748469	1	相關係數

8-5 機率分配與亂數產生器

※本節範例使用「CH08 各種分配」檔案

　　當我們利用統計方法將代表事實的資料收集後,對資料本身加以整理以陳述基本含義,此為「敘述統計」的概念;然而統計分析者最終所感興趣的主題應是整體 (母體)的情形,因此必須根據敘述統計的結果來「推測」母體的情況。例如,要檢查某淨水廠供應的自來水是否符合安全標準,我們檢查此廠供應的部份自來水(不可能檢查此廠供應的全部自來水),並度量其有關的數值,將這些數值加以分析,即進行「敘述統計」;然而我們所感興趣的主題卻是此廠供應的全部自來水是否符合安全標準?因此我們可透過檢驗部份

自來水是否符合安全標準,以「推測」全部自來水是否都符合安全標準?此乃「推論統計」的範疇。

而提到「推測」便有"不確定性",這些不確定性主要是由抽樣時的"隨機性"所產生的。所以,推論統計必須建立在「機率論」的基礎上,也因此對於機率分配與隨機變數的產生必須有所認識。在對機率分配與隨機變數做進一步的介紹前,利用表 8-12 來說明幾個名詞:

表 8-12　機率之名詞說明

名詞	說明
樣本空間	一實驗的所有可能結果所形成的集合。如擲兩個銅板,其可能的結果有四種:(正、正)、(正、反)、(反、正)與(反、反),故其樣本空間即為{(正、正),(正、反),(反、正),(反、反)}。
隨機變數	實驗結果的數值表示。以上一擲銅板為例,令隨機變數 X 代表第一個銅板,Y 則代表第二個銅板;並以 1、0 表示投擲結果為正面或反面,所以 X=1 即表示第一個銅板擲出正面。而該樣本空間可改寫為{(1、1),(1、0),(0、1),(0、0)}。
機率分配	隨機變數的分配。我們擲骰子,只丟一次則可能出現 1,2…,6 中的任意數值;但如果連續擲 1000 次,便會發現出現 1,2…,6 的次數大約各為 1/6。 如果我們再繼續擲骰子,最後就會發現:丟擲一個均質的骰子,其出現 1,2…,6 各數值的機率各為 1/6。因此得到一個結論:令隨機變數(X)表示丟一骰子所產生的結果,則其機率分配為:1,2…,6 六個數中任意數的機率函數,且各點發生機率皆等於 1/6。

由上述可知,隨機變數構成機率分配。而同理,在知道其機率分配的前提下亦可以產生具該機率分配特質的隨機變數。而 Excel 便提供「亂數產生器」工具,讓使用者可以自行選定「分配類型」,再由系統產生符合事先設定的隨機變數。當然,此部份主要是提供理論的探討,在實務上的應用並不多,多半用在模擬(simulation)等較複雜的問題。

　　想要使用 Excel 所提供的「亂數產生器」，只要選取『資料/資料分析…』指令，並在資料分析對話方塊中選取「亂數產生器」項目，螢幕便會出現如圖 8-19 的「亂數產生器」對話方塊。

圖 8-19

「亂數產生器」對話方塊

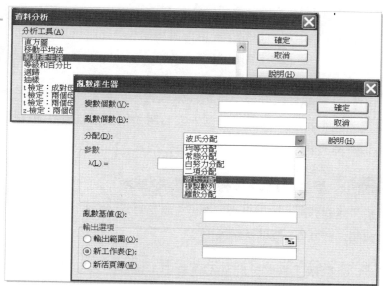

　　「亂數產生器」中可產生常態分配、均等分配、白努力分配、二項分配、波氏分配、離散分配，並可複製數列。因應不同的分配，對話方塊的內容也不相同，這是由於不同的分配具有不同參數的緣故。由於想要產生不同分配的隨機變數，便須給定不同型態的參數值，所以當我們在圖 8-19「分配」下拉式選框中選取不同型態的分配後，下方的「參數」群族方塊便會依照選定分配的不同而有所改變。以下各節中將一一舉例說明其用法。

8-5-1 常態分配(Normal Distribution)

　　「常態分配」為統計上最重要的分配，許多自然現象、工業生產、商業問題及其它社會現象，均可用常態分配來描述。甚至其它許多間斷型的分配亦可用常態分配來逼近。例如：學生的考試成績，國民的所得、身高、體重，

工廠生產之零件規格，產品之裝填重量…等等，均可應用常態分配。常態分配的機率函數為：

$$f(x) = \frac{1}{\sqrt{2\pi}\sigma} e^{-\frac{(x-\mu)^2}{2\sigma^2}} \quad , \quad -\infty < x < \infty$$

其中 μ 為母體平均數，σ 為母體標準差。

當 μ=0，σ=1 時，即稱為標準常態分配。

　　由於，常態分配的機率函數非常複雜，因此在各種計算上勢必要藉電腦來處理。以下先以一很簡單的例子來說明如何使用 Excel 所提供的「亂數產生器」來產生常態分配的資料。

範例　產生 "標準常態分配" 的資料

▶ 於「常態分配」工作表中，產生五組個數為 10 的 "標準常態分配" 資料，其平均數為 0，標準差為 1。

Step1:　開啟「常態分配」工作表中，選取『資料/資料分析…』指令，並在「資料分析」對話方塊中選取「亂數產生器」項目，在「亂數產生器」對話方塊的「分配」中選定「常態分配」項目後，則「亂數產生器」對話方塊會出現如圖 8-20 的變化。(原對話方塊如圖 8-19)

圖 8-20

「亂數產生器—常態分配」對話方塊

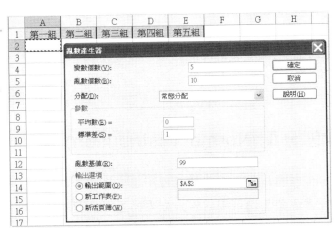

常態分配變數的產生，主要是根據平均數與變異數的設定來產生。以「常態分配」之「亂數產生器」對話方塊中的各項目，及其相對要完成的動作為例，說明如表 8-13。

表 8-13 「亂數產生器一常態分配」模式的設定

項目	說明
變數個數	指輸出隨機變數時所要含括的欄個數，即組數。本範例為 5 組。
亂數個數	指輸出亂數時所要含括的列個數。本範例為 10。
分配	用以設定產生亂數的分配。共有常態分配、均等分配、白努力分配、二項分配、波氏分配、離散分配等等，另外亦可複製數列。本範例已指定為常態分配。
輸出選項	若是選定輸出範圍，通常只需設定輸出範圍左上角的儲存格位址。但使用者也可以選定將結果輸出於不同的工作表甚至是活頁簿。
參數	用以顯示您所指定分配的相對「參數」，參數會依分配的不同而有別。常態分配係由「平均數」和「標準差」顯示分配特徵。因標準常態分配是指平均數 0 和標準差 1，因此，本範例即設定平均數為 0，標準差為 1。
亂數基值	用以產生亂數的初始值。一般不須設定。此值可視為一代號，相同的其他參數設定，配合特定的代號，便可以產生相同的亂數。本範例設定為 99。

Step2: 在「常態分配」之「亂數產生器」對話方塊中完成各項目的設定之後，按下「確定」功能鍵，則出現五組十個「常態分配」的資料。如圖 8-21 所示。

圖 8-21

「亂數產生器-常態分配」的執行結果

	A 第一組	B 第二組	C 第三組	D 第四組	E 第五組
2	-2.28978	0.55075	0.305758	0.7569	-0.1686
3	-0.76006	0.409116	-1.07463	-0.82607	-0.36002
4	0.618184	2.351917	1.416947	3.09723	0.452683
5	1.119022	-0.53427	-0.0773	0.312098	0.054379
6	-1.13054	0.658513	-1.97275	2.1296	0.474404
7	-0.12159	-0.64451	1.016874	-0.03026	0.184601
8	-1.0749	1.16107	-1.20212	-0.61033	-1.3865
9	0.376556	1.487183	0.580735	-0.79117	-0.52643
10	-0.26457	-0.33807	-0.75019	-1.03265	1.268222
11	0.074386	-0.76037	-0.66728	0.506063	0.554494

注意 在產生常態分配的隨機變數後，如果您想要接著再產生其他的隨機變數，但卻沒有更動輸出範圍，則 Excel 會產生警告訊號。系統會進行確認以瞭解您是否要把前一次的輸出資料予以覆蓋；此時，您如果按「確定」則原先產生的資料便會被後來的資料所覆蓋。

 延伸應用

當我們產生一組隨機變數之後，若我們想瞭解這些變數分佈的情形，則可配合 8-3-2 所說明的「直方圖」來產生。舉一範例說明如下：

| 範例 | *使用「直方圖」繪製標準常態分配的圖型*

▶ 於「延伸常態分配」工作表中，先以「亂數產生器」產生 1 萬個屬於標準常態分配下的樣本後，再使用「直方圖」來產生其次數分配，最後再繪製成圖型。

Step1: 開啟「延伸常態分配」工作表，選取『資料/資料分析…』指令，並在資料分析對話方塊中選取「亂數產生器」項目後，在「亂數產生器」對話方塊的「分配」中選定「常態分配」，並在「常態分配」的「亂數產生器」對話方塊中完成各項目的設定(見圖 8-22)，最後選取「確定」功能鍵，則出現「常態分配」的資料，如圖 8-22 中 A 欄所示。

圖 8-22

標準常態分配亂數產生之設定與結果

Step2: 在 B 欄建立組界範圍(原資料區域以外的空白處)。由於標準常態分配的值有 99.7%均介於-3 與 3 之間,因此組界設定由-3.05 至 3.05,每隔 0.05 為一組,其結果如圖 8-23 的 B 欄所示。

圖 8-23

建立組界範圍的結果

	A	B
1	-2.29	3.05
2	0.5508	3
3	0.3058	2.95
4	0.7569	2.9
5	-0.169	2.85
117	2.3423	-2.75
118	-0.323	-2.8
119	0.1238	-2.85
120	-1.786	-2.9
121	-1.575	-2.95
122	-0.121	-3
123	0.4599	-3.05

技巧

建立組界範圍可利用「自動填滿」(滑鼠左鍵按下「拖曳控點」往下拖曳)來完成。我們希望將分組組距放置在 B 欄,首先在 B1 與 B2 儲存格中填上 3.05 與 3,然後選取 B1:B2 儲存格,以滑鼠左鍵按下「拖曳控點」往下拖曳至 B123 儲存格(即是-3.05)即可。

Step3: 選取『資料/資料分析…』指令,並在資料分析對話方塊中選擇「直方圖」項,產生「直方圖」對話方塊,並在「直方圖」對話方塊中,進行各部份的設定。其設定模式如圖 8-24 所示。

圖 8-24

在「直方圖」對話方塊中,各部份的設定情形

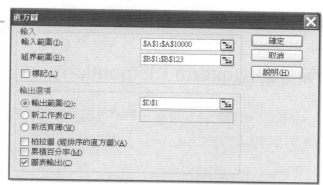

當我們希望產生的直方圖，是按照設定的「分組組距」排序而非「頻率發生高低」排序時，則僅需開啟「圖表輸出」核取方塊。

Step4: 設定完畢後，選取「確定」功能鍵，即可將所完成之「直方圖」結果列出。如圖 8-25。

圖 8-25

以「直方圖」計算次數分配所繪出的標準常態分配圖形

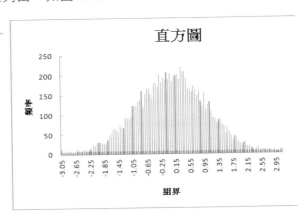

由產生的次數分配圖來看，我們可以得到，當所產生的隨機變數越多、組界區分越細，則越接近「常態分配」。

 以「亂數產生器」產生 10 萬個屬於標準常態分配下的樣本後，並建立標準常態分配圖。(請以 10 欄，每欄各 1 萬個樣本資料來建構)

8-5-2 均等分配(Uniform Distribution)

分配係以下限和上限顯示分配特徵。範圍內所有數值變數的出現機率都相等。均等分配的機率函數為：

$$f(x) = \frac{1}{b-a}, \quad a \le x \le b$$

其中 a 為區間下限，b 為區間上限

一般應用所使用的均等分配其參數範圍大多介於 0 到 1 之間。

範例　均等分配的模擬

▶ 假設每天 1001 號班次的火車到達臺北車站的時間為 8 點至 8 點 10 分的均等
分配，試模擬下月份(11 月)該班次火車可能的到站時間。

Step1: 開啟「均等分配」工作表，選取『資料/資料分析…』指令，並在
資料分析對話方塊中選取「亂數產生器」項目，並於「亂數產生器」
對話方塊的「分配」中選定「均等分配」項目後，則「亂數產生器」
對話方塊會出現如圖 8-26 的結果。

圖 8-26

「亂數產生
器—均等分
配」對話方塊

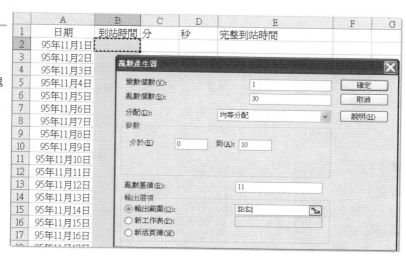

就「均等分配」之「亂數產生器」對話方塊中的各項目，及其相對要完
成的動作，說明如表 8-14。

表 8-14 「亂數產生器─均等分配」模式的設定

項目	說明
變數個數	輸出隨機變數時所要含括的欄個數,即組數。本範例為 1 組。
亂數個數	輸出亂數時所要含括的列個數。因 11 月份有 30 天,本範例亂數個數為 30。
分配	用以設定產生亂數的分配。本範例已指定為均等分配。
輸出範圍	用以設定輸出範圍,通常只需設定輸出範圍左上角的儲存格位址。本範例設為 $B$2。
參數	參數範圍必須設定下限和上限,而其間的機率均相等。由於本範例火車的到站時間介於 8 點至 8 點 10 分,參數範圍可設為 0 到 10。
亂數基值	用以產生亂數的初始值,一般不須設定。此值可視為一代號,相同的其他參數設定,配合特定的代號,便可以產生相同的亂數。本範例設為 11。

Step2: 在「均等分配」之「亂數產生器」對話方塊中進行各項目的設定。情形如圖 8-26 所示。

Step3: 在「均等分配」之「亂數產生器」對話方塊中完成各項目的設定之後,按下「確定」後,系統則會模擬出 12 月份每天該班次火車可能的到站時間,分別為 8 點「幾分」,「幾分」的部份如圖 8-27 所示。

圖 8-27

模擬 11 月份每天該班次火車到站的時間─「分鐘」

	A	B
1	日期	到站時間
2	95年11月1日	0.0225837
3	95年11月2日	8.4377575
4	95年11月3日	6.4503922
5	95年11月4日	1.5225684
6	95年11月5日	7.3277993
7	95年11月6日	6.7821284
8	95年11月7日	3.0011902
9	95年11月8日	0.0259407
10	95年11月9日	8.6178167

延伸應用

在 B 欄中所產生的資料單位為分,因此,若想知道轉換為「XX 分 XX 秒」的確定格式,則可以取 B 欄中的小數部分,乘上 60 便是「秒」的確定值。在 Excel 中提供許多的函數用來進行計算,如希望只取 B 欄的整數(分)資料,則可使用 INT() 函數,若想取 B 欄的小數(秒)部分,則可使用 INT()配合其他函數進行。以 C2、D2 兩欄為例(參考圖 8-28),函數可以設定成

C2: =INT(B2)

D2: =(B2-INT(B2))*60

圖 8-28

利用函數進行轉換

	E2		:	× ✓	f_x	=(B2/60+8)/24+A2
	A	B	C	D	E	
1	日期	到站時間	分	秒	完整到站時間	
2	95年11月1日	0.022583697	0	1	95年11月1日08時00分01秒	
3	95年11月2日	8.4377575	8	26	95年11月2日08時08分26秒	
4	95年11月3日	6.450392163	6	27	95年11月3日08時06分27秒	
5	95年11月4日	1.522568438	1	31	95年11月4日08時01分31秒	
6	95年11月5日	7.32779931	7	20	95年11月5日08時07分20秒	
7	95年11月6日	6.782128361	6	47	95年11月6日08時06分47秒	

若我們希望直接以標準的日期時間格式來顯示,如圖 8-28 中的 E 欄,則因 Excel 以 1 代表自 1900 年 1 月 1 日起的 1 天,因此,2006 年 11 月 1 日的內部儲存值 39022,代表 1900/1/1 至 2006/11/1 共有 39022 天。而一小時相當於 1/24=0.041667 天,一分鐘相當於 1/(24*60)=0.000694 天,以此類推。在圖 8-27 的 B 欄中,我們已經計算出以「分」為單位的值,若我們將此值除以 60 加上 8 表示為以「時」為單位的時間,若再除以 24,便代表以「天」為單位的時間,最後再加上 A 欄的值,變為完整的時間。以圖 8-28 的 E1 為例,可寫為:

E2: =(B2/60+8)/24+A2

8-5-3 白努力分配(Bernoulli Distribution)

白努力分配係由特定試驗的成功機率(P)顯示分配特徵。白努力亂數變數的值不是 0 就是 1。通常其成功機率是由試驗或觀察得到。例如丟一個銅板的實驗結果，不是正面即是反面，假設出現正面為成功，隨機變數值為 1；反面為失敗，隨機變數值為 0。則此隨機變數即是白努力分配。白努力分配的機率函數為：

$$f(x) = p^x(1-p)^{1-x}, \quad x = 0 \text{ 或 } 1$$

其中 x 為成功的次數，p 為成功的機率。

以下以一例子來說明如何使用 Excel 所提供的「亂數產生器」來產生一「白努力分配」的資料。

範例 *白努力分配的模擬*

▶ 於「白努力分配」工作表中，產生模擬丟一均質銅板 10 次的結果。

Step1: 選取『資料/資料分析…』指令，並在資料分析對話方塊中選取「亂數產生器」項目，並於「亂數產生器」對話方塊的「分配」中選定「白努力分配」項目後，則「亂數產生器」對話方塊會出現如圖 8-29 的結果。

圖 8-29

「亂數產生器─白努力分配」對話方塊

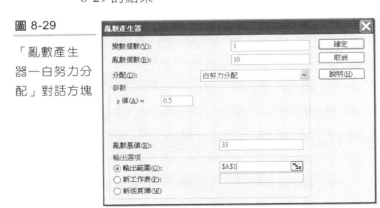

就「白努力分配」之「亂數產生器」對話方塊中的各項目，及其相對要完成的動作，說明如表 8-15。

表 8-15 「亂數產生器—白努力分配」模式的設定

項目	說明
變數個數	輸出隨機變數時所要含括的欄個數，即組數。本範例為 1 組。
亂數個數	輸出亂數時所要含括的列個數。本範例為 10。
分配	用以設定產生亂數的分配。本範例已指定為白努力分配。
輸出範圍	用以設定輸出範圍，通常只需設定輸出範圍左上角的儲存格位址。本範例設為 $A$1 儲存格。
參數	參數為試驗的成功機率(P)。本範例的成功機率為 0.5(因銅板出現正面的機率為 0.5)。
亂數基值	用以產生亂數的初始值，一般不須設定。此值可視為一代號，相同的其他參數設定，配合特定的代號，便可以產生相同的亂數。本範例設為 33。

Step2: 在「白努力分配」之「亂數產生器」對話方塊中進行各項目的設定情形如圖 8-29 所示。

Step3: 在「白努力分配」之「亂數產生器」對話方塊中完成各項目的設定之後，按下「確定」功能鍵，則模擬出丟一銅板 10 次出現的情形，如圖 8-30 所示。

圖 8-30

模擬丟一銅板 10 次的結果

 白努力分配結論

由圖 8-30 中可知，丟一銅板 10 次的結果分別為正面(1)、正面(1)、反面(0)、正面、反面、正面、正面、正面、反面、反面。

理論上，一均質的銅板，其出現正面的機率與出現反面的機率均為 0.5，並不表示丟 10 次銅板一定會產生 5 次正面與 5 次反面。事實上只表示，在無限多次實驗的結果，會發現出現正面的次數與出現反面的次數會非常接近，其比率會接近一比一。我們可以利用 Excel 的「亂數產生器─白努力分配」製造 10000 個甚至更多的亂數個數，來驗證這個說明。

上述範例中，若關心的是擲 10 次銅板總計出現正面的次數(該例中的結果為 "6" ，即是圖 8-30 中的所有 10 個值相加)，則此隨機變數的分配則為以下將介紹的「二項分配」。

請使用「白努力分配」亂數產生功能，產生機率值為 0.6，10、100、1000 與 10000 個亂數，並統計亂數加總。

8-5-4 二項分配(Binomial Distribution)

二項分配是由若干次試驗(number_of_trials)每次的成功機率均為(P)顯示分配特徵。二項分配成功機率是由試驗或觀察得到。如上述丟一銅板的白努力試驗重覆 10 次，10 次中可能共有 0 次、1 次、2 次、…或 10 次正面，因結果共有 11 種可能，故其結果亦為隨機變數，而此隨機變數即具有「二項分配」。二項分配的機率函數為：

$$f(x) = C_x^n p^x (1-p)^{n-x}, \quad x = 0, 1, 2, ..., n; \quad C_x^n = \frac{n!}{x!(n-x)!}$$

其中 n 為總試驗次數，x 為成功的次數，p 為成功的機率。

以下以一範例來說明如何使用 Excel 所提供的「亂數產生器」來產生一「二項分配」的資料。

範例　*二項分配的模擬*

▶ 於「二項分配」工作表中,以「亂數產生器」重覆進行「丟一銅板 8 次,記錄其正面出現的總數」之實驗 10 次。

Step1:　選取『資料/資料分析…』指令,並在資料分析對話方塊中選取「亂數產生器」項目,並於「亂數產生器」對話方塊的「分配」中選定「二項分配」項目後,則「亂數產生器」對話方塊會出現如圖 8-31 的結果。

圖 8-31

「亂數產生器─二項分配」對話方塊

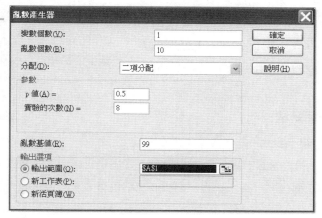

就「二項分配」之「亂數產生器」對話方塊中的各項目,及其相對要完成的動作,說明如表 8-16。

表 8-16　「亂數產生器─二項分配」模式的設定

項目	說明
變數個數	輸出隨機變數時所要含括的欄個數,即組數。本範例為 1 組。
亂數個數	輸出亂數時所要含括的列個數。本範例為 10。(因實驗次數共 10 次)
分配	用以設定產生亂數的分配。本範例已指定為二項分配。
輸出範圍	用以設定輸出範圍,通常只需設定輸出範圍左上角的儲存格位址。本範例指定為 $A$1 儲存格。

項目	說明
參數	參數有二個,一是成功機率,另一是每次試驗的丟擲次數。本範例的成功機率為 0.5,每次試驗的次數為 8 次。
亂數基值	用以產生亂數的初始值。本範例設為 99。

Step2: 「二項分配」之「亂數產生器」對話方塊中進行各項目的設定情形如圖 8-31 所示。

Step3: 在「二項分配」之「亂數產生器」對話方塊中完成各項目的設定之後,按下「確定」,則模擬出 10 個「丟一銅板 8 次,其正面出現的總數」的情形,如圖 8-32 所示。

圖 8-32

模擬 10 次「丟一銅板 8 次,其正面出現的總數」的結果

	A
1	4
2	2
3	4
4	4
5	5
6	6
7	2
8	4
9	4
10	5

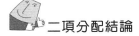 二項分配結論

由圖 8-32 中可知,第一次丟一銅板 8 次結果有 4 次出現正面,第二次丟一銅板 8 次結果有 2 次出現正面,第三次丟一銅板 8 次結果有 4 次出現正面,…,第十次丟一銅板 8 次結果有 5 次出現正面。

 以「亂數產生器」重覆進行「丟一銅板 100 次,記錄其正面出現的總數」之實驗 1000 次,然後再使用樞紐分析表或其他功能,統計每次實驗不同出現正面總數的次數。

8-5-5 波氏分配(Poisson Distribution)

波氏分配係由 λ (Lambda)的值 (一定的區間內發生某事件次數的期望值)顯示分配特徵。波氏分配常用來顯示每一單元時間內事件發生的次數。在實務上有相當多的例子是具有波氏分配,或近似波氏分配。例如:某停車場週末下午每一小時開進的車輛數;秘書小姐每打一頁報告出現錯誤的字數;星

期五晚上 9 點至 10 點間每 10 分鐘打進家裏的電話通數…等等。波氏分配的機率函數為：

$$f(x) = \frac{\lambda^x \cdot e^{-\lambda}}{x!}, \quad x = 0, 1, 2, ..., \infty$$

其中 x 為該區間發生某事件的次數，λ 為該區間發生該事件次數的期望值。

由於，波氏分配的機率函數不易計算，因此以下先以簡單的範例來說明如何使用 Excel 所提供的「亂數產生器」來產生一「波氏分配」的資料。

範例　波氏分配的模擬

假設每個月到某醫院就醫的病患人數符合波氏過程，且每月平均有 20000 人到醫院就醫，利用「亂數產生器—波氏分配」，於「波氏分配」工作表中，模擬下一年度各月份到達該醫院就醫的病患人數。

Step1: 選取『資料/資料分析…』指令，並在資料分析對話方塊中選取「亂數產生器」項目，並於「亂數產生器」對話方塊的「分配」中選定「波氏分配」項目後，則「亂數產生器」對話方塊會出現如圖 8-33 的結果。

圖 8-33

「亂數產生器—波氏分配」對話方塊

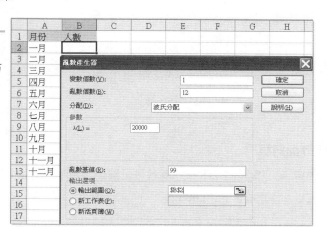

就「波氏分配」之「亂數產生器」對話方塊中的各項目，及其相對要完成的動作，說明如表 8-17。

表 8-17 「亂數產生器—波氏分配」模式的設定

項目	說明
變數個數	輸出隨機變數時所要含括的欄個數，即組數。本範例為 1 組。
亂數個數	輸出亂數時所要含括的列個數。因本範例要求預估 12 個月份，因此設定為 12。
分配	用以設定產生亂數的分配。本範例已指定為波氏分配。
輸出範圍	用以設定輸出範圍，通常只需設定輸出範圍左上角的儲存格位址。本範例設為 $B$2 儲存格。
參數	參數 λ 表示每一單元時間內事件發生的次數。本範例為 20000。
亂數基值	用以產生亂數的初始值。本範例設為 99。

Step2: 在「波氏分配」之「亂數產生器」對話方塊中進行各項目的設定情形如圖 8-33 所示。

Step3: 在「波氏分配」之「亂數產生器」對話方塊中完成各項目的設定之後，按下「確定」功能鍵，則模擬出下一年度各月份到達該醫院的病患人數，如圖 8-34 所示。

圖 8-34

下一年度各月份到達該醫院的病患人數

	A	B
1	月份	人數
2	一月	19829
3	二月	20149
4	三月	19999
5	四月	20085
6	五月	19989
7	六月	20095
8	七月	20228
9	八月	19956
10	九月	20273
11	十月	20172
12	十一月	19742
13	十二月	19973

 波氏分配結論

由圖 8-34 中可知，模擬出來下一年度各月份到達該醫院的病患人數分別為 19,829 人、20,149 人、19,999 人、20,085 人....。

技巧

在圖 8-25 中我們曾經利用「常態分配」的亂數產生器，配合直方圖產生常態分配統計圖。相同的，我們也可利用同樣的方法產生波氏分配統計圖或其他分配的統計圖。

 自我練習

假設超級市場每天到店採購的人數符合波氏分配，且每天約有1800 人來店採購，請利用「亂數產生器一波氏分配」，模擬下個月(三月)到店人數。

8-5-6 離散分配(Discrete Distribution)

由數值和其機率的範圍顯示分配特徵。在 Excel 要表達出「離散分配」，其參數範圍必須包含兩欄：左邊一欄必須包含數值，右邊一欄則包含這些數值的機率。而機率的總和必須等於 1。

在古典機率中假設丟一個均質的骰子無限多次，其每一面出現的機率均為 1/6，然而我們卻不會傻得真的拿一顆骰子一直丟，以驗證此結果。即使是只丟 1000 次也會花很多時間，但我們可以利用 Excel 模擬丟 1000 次(甚至10000 次，或更多)骰子所出現的所有結果。以一範例說明：

範例　*離散分配的模擬*

▶ 開啟「CH08 各種分配」檔案的「離散分配」工作表，其中已建立好骰子各點數發生的機率值(均為 1/6)。模擬丟一骰子 1000 次所出現的可能結果。

Step1:　選取『資料/資料分析…』指令，並在資料分析對話方塊中選取「亂數產生器」項目，並於「亂數產生器」對話方塊的「分配」中選定「離散分配」項目後，則「亂數產生器」對話方塊會出現如圖 8-35的結果。

圖 8-35

「亂數產生
器―離散分
配」對話方塊

　　就「離散分配」之「亂數產生器」對話方塊中的各項目,及其相對要完
成的動作,說明如表 8-18。

表 8-18　「亂數產生器―離散分配」模式的設定

項目	說明
變數個數	輸出隨機變數時所要含括的欄個數,即組數。本範例為 1 組。
亂數個數	輸出亂數時所要含括的列個數。本範例為 1000。
分配	用以設定產生亂數的分配。本範例已指定為離散分配。
輸出範圍	用以設定輸出範圍,通常只需設定輸出範圍左上角的儲存格位址。本範例設為$D$2 儲存格。
參數	參數範圍必須包含兩欄:左邊一欄必須包含數值,右邊一欄則包含這些數值的機率。而機率的總和必須等於 1。本範例的參數範圍為 A1:B6。
亂數基值	離散分配無法使用此設定。

Step2:　在「離散分配」之「亂數產生器」對話方塊中進行各項目的設定情
　　　　形如圖 8-35 所示。

Step3: 在「離散分配」之「亂數產生器」對話方塊中完成各項目的設定之後，按下「確定」功能鍵，則模擬出丟一骰子 1000 次各點數(1，2…，6 點)所出現的情形，如圖 8-36 中 D 欄。

圖 8-36

模擬丟一骰子
1000 次的結
果

	A	B	C	D
1	1	1/6		次數
2	2	1/6		5
3	3	1/6		3
4	4	1/6		2
5	5	1/6		5
6	6	1/6		5
7				3
8				6
9				3

 離散分配結論

由圖 8-36 中可知，模擬丟一骰子 1000 次其出現的點數分別為 5 點、3 點、2 點、5 點、5 點、3 點、…等等。因我們提供的常態分配表如 A1:B6 的區域所示，因此，若我們統計這 1000 個產生的數值，再以「直方圖」的方法計算每一種可能性的個數，則都會接近 1000/6＝166 次。

 技巧

要計算每一種可能性的出現個數，另可以使用「樞紐分析表」來進行。但因要計算個數的對象是數字，因此，樞紐分析表預設的統計會以「加總」來處理，請轉換為「個數」即可。如圖 8-37 變為利用「樞紐分析表」計算模擬丟一骰子 1000 次，每一種點數出現的個數。

圖 8-37

使用「樞紐分析表」計算離散分配所得的結果

	A	B	C	D	E	F	G	H
1	將報表篩選欄位拖曳到這裡							
2								
3	計數的次數	次數 ▼						
4		1	2	3	4	5	6	總計
5	合計	170	155	167	166	172	170	1000

8-5-7 複製數列

由上下限、間距值、數值的重複速率和順序的重複速率來顯示分配特徵。在 Excel 的工作表一般功能中，提供有「數列」的功能，能讓我們很快地產生等差、等比數列，或以日期的角度產生相對的數列。儘管如此，「數列」功能卻無法產生具重複性質的數列。如「數列」功能可以產生 1、3、5 數列，卻無法產生 1、1、1、3、3、3、5、5、5(每一個值重複三次)的數列。因此，在「統計功能」中便有一「複製數列」的亂數產生器。

| 範例　*使用複製數列功能*

(▶) 於「複製數列」工作表中，產生以下數列「1、1、1、3、3、3、5、5、5」4 次。

Step1: 選取『資料/資料分析…』指令，並在資料分析對話方塊中選取「亂數產生器」項目，並於「亂數產生器」對話方塊的「分配」中選定「複製數列」項目後，則「亂數產生器」對話方塊會出現如圖 8-38 的結果。

圖 8-38

「亂數產生器─複製數列」對話方塊

就「複製數列」之「亂數產生器」對話方塊中的各項目，及其相對要完成的動作，說明如表 8-19。

表 8-19 「亂數產生器─複製數列」模式的設定

項目	說明
變數個數	輸出隨機變數時所要含括的欄個數，即組數。本範例為 1 組。
亂數個數	複製數列係由上下限、間距值、數值的重複速率和順序的重複速率來決定複製數列的個數，故此項目並不能鍵入。
分配	以設定產生亂數的分配。本範例已指定為複製數列。
輸出範圍	用以設定輸出範圍，通常只需設定輸出範圍左上角的儲存格位址。本範例設為 $A$1 儲存格。
參數	參數包含「上下限及間距值」、「數值的重複速率」和「順序的重複速率」三項。本範例上限為 5，下限為 1，間距值為 2；每個數值重複 3 次；數列重複 4 次。
亂數基值	用以產生亂數的初始值。複製數列無法使用此設定

Step2: 在「複製數列」之「亂數產生器」對話方塊中進行各項目的設定情形如圖 8-38 所示。

Step3: 在「複製數列」之「亂數產生器」對話方塊中完成各項目的設定之後，按下「確定」功能鍵，則完成複製數列如圖 8-39 所示。

圖 8-39

複製數列的結果

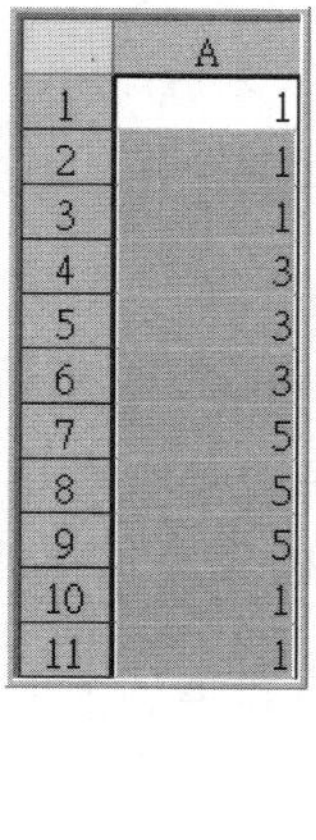

	A
1	1
2	1
3	1
4	3
5	3
6	3
7	5
8	5
9	5
10	1
11	1

請在 Excel 工作表中，產生【10、10、5、5、0、0、-5、-5、-10、-10】數列 10 次。

8-6 │ 常態性假設的評估

在統計分析中，常常利用到常態分配的性質，但一組資料是否來自常態分配或近似常態分配，通常是要經過一些檢驗的。一般用來驗證一組資料是否服從常態分配的方法有兩種：

▶ 將資料群的特性與常態分配的特性做比較。

▶ 繪製常態機率圖

8-6-1 將資料群的特性與常態分配的特性做比較

第一種用來驗證一組資料是否服從常態分配的方法，是將資料群的特性與常態分配的特性做比較。其中主要的驗證概念程序如下：

Step1: 進行資料的紀錄、繪圖，並觀察其形狀是否具有鐘形分佈(對稱分配)。當資料甚多時，可編製次數分配，並畫直方圖和多邊形圖；當資料不多時，可繪製枝葉展示圖及盒鬚圖。

Step2: 計算敘述性統計量測，並比較實際資料的特性和常態分配的理論性質。此一步驟最主要是要計算平均數、中位數、眾數、全距中點和中樞紐，並觀察這五個集中趨勢量測之間的相似和相異處。接著，計算四分位距和標準差，並觀察前者的離勢量測值是否接近後者的 1.33 倍。最後，計算全距，並觀察是否近似於 6 倍的標準差。

Step3: 作某些紀錄，以評估所觀測到的資料之分布情形。主要進行了解的資料如下：

■ 是否約有 68%(2/3)的資料落在平均數左右各 1 個標準差之間？

■ 是否約有 80%(4/5)的資料落在平均數左右各 1.28 個標準差之間？

■ 是否約有 95.4%(19/20)的資料落在平均數左右各 2 個標準差之間？

■ 是否約有 99.7%的資料落在平均數左右各 3 個標準差之間？

　　接下來便以一範例說明，如何運用 Excel 進行第一種評估資料是否服從(或近似)常態分配的方法，即是將資料群的特性與常態分配的特性做比較。此部份需運用 Excel 中的敘述統計、直方圖及等級和與百分比…等「資料分析」工具。

範例　*常態分配的檢定*

▶ 有 19 個學生的考試成績， 48，52，55，57，58，60，61，62，64，65，66，68，69，70，72，73，75，78，82，資料放置於「CH08 統計分析」檔案中的「檢驗法」工作表。將其特性與常態分配的特性做比較，以判斷其是否服從常態分配？

Step1:　開啟「CH08 統計分析」檔案上的「檢驗法」工作表，再選擇『資料/資料分析…』指令，並於「資料分析」對話方塊中選擇「直方圖」，以產生如圖 8-40 中的「直方圖」對話方塊。

圖 8-40

原始資料與「直方圖」對話方塊，以及其相關的設定

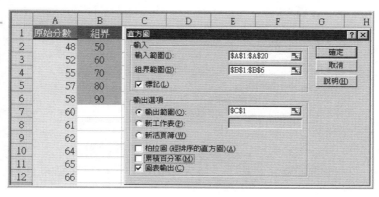

Step2:　於「直方圖」對話方塊進行相關的模式設定，如圖 8-40 所示。設
　　　　定完畢後，按下「確定」功能鍵，即可將結果列出，如圖 8-41。

圖 8-41

「直方圖」輸
出結果

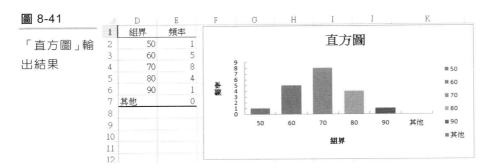

　　由圖 8-41 可知，該組資料成鐘形分佈。繼續計算敘述性統計量測，並比
較實際資料的特性和常態分配的理論性質。

Step3:　於資料工作表中，選擇『資料/資料分析…』指令，並於「資料分
　　　　析」對話方塊中選擇「敘述統計」，以產生如圖 8-42 的「敘述統
　　　　計」對話方塊。

圖 8-42

「敘述統計」
對話方塊及
其相關的設
定

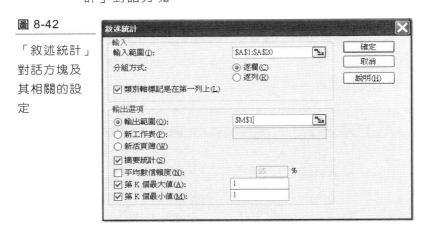

Step4:　於「敘述統計」對話方塊的進行相關的模式設定，如圖 8-42 所示。
　　　　設定完畢後，按下「確定」功能鍵，即可將結果列出，如圖 8-43。

圖 8-43

「敘述統計」
輸出結果

	M	N
1	原始分數	
2		
3	平均數	65
4	標準誤	2.054804668
5	中間值	65
6	眾數	#N/A
7	標準差	8.956685895
8	變異數	80.22222222
9	峰度	-0.448936777
10	偏態	0
11	範圍	34
12	最小值	48
13	最大值	82
14	總和	1235
15	個數	19
16	第 K 個最大值(1)	82
17	第 K 個最小值(1)	48

由圖 8-43 可知平均數=中位數=全距中點(最大值加最小值後除於 2)=65，四分位距(第十五個位置數值減第五個位置數值)=72-58=14 約為標準差的 1.56 倍，偏態為 0 所以資料呈對稱，且峰度雖小於 0 但亦接近於 0。同時檢查原始資料有 13/19 約為 68.42%的資料落在平均數左右各 1 個標準差(56.04，73.96)之間，且有 19/19 為 100%的資料落在平均數左右各 2 個標準差(47.09，82.91)之間。由以上的各項驗證得知，此組資料近似服從常態分配(此種方式檢驗資料是否為常態分配並非最佳的方法)。

8-6-2 繪製常態機率圖

第二種用來驗證一組資料是否服從常態分配的方法，是繪製常態機率圖。「常態機率圖」是以資料的觀測值為縱座標，以標準常態分配對應的分位數值為橫座標，所繪成的二維平面圖。若所繪製的點落在一虛擬的由左下角畫至右上角的直線上或近似該虛擬的直線，則我們就有證據相信所得到的資料具有(或至少近似)常態分配。繪製常態機率圖的一般步驟如下：

Step1: 將資料依其數值的大小，由小而大排列。

Step2: 求出對應的標準常態分位數值。

Step3: 以資料的觀測值為縱座標，標準常態對應的分位數值為橫座標，將成對的點描繪在座標平面上。

Step4: 檢視資料點分布圖呈線性的證據，以評估所研究的隨機變數服從(或至少近似)常態分配的可能性。

接著以上一範例說明，如何運用 Excel 進行第二種評估資料是否服從(或近似)常態分配的方法，即利用 Excel 進行常態機率圖的繪製。其中會利用到一個函數 NORMSINV。其基本格式為 NORMSINV (機率 p) 是用以傳回平均數為 0 且標準差為 1 的標準常態累積分配函數的反函數。

範例　以常態機率圖判斷其是否服從常態分配？

針對上述範例的資料，利用第二種評估資料是否服從(或近似)常態分配的方法，即繪製常態機率圖，以判斷其是否服從常態分配？資料置於「CH08 資料分析」範例檔案的「機率圖」工作表中。

Step1: 開啟「CH08 統計分析」檔案上「機率圖」工作表的資料，同時資料要先排序 (可使用 Excel 中的『資料/排序...』來完成) ，如圖 8-44。為方便計算與產生統計圖的方便性，將 A 與 B 欄留給其他資料。

圖 8-44

建立基本模式

	A	B	C
1	i/(n+1)	分位數值	原始分數
2			48
3			52
4			55
5			57
6			58
7			60
8			61

Step2:　於 A2 儲存格鍵入 0.05 ，即 1/(n+1)。因此範例的分數個數 n=19，1/(n+1) = 1/(19+1)=1/20=0.05。於 A3 儲存格鍵入公式 0.10，即 2/(n+1)。

Step3:　使用自動填滿，將 A4：A20 以等差數列方式填滿。

Step4:　於 B2 儲存格選擇『公式/插入函數』，則出現「插入函數」對話方塊於該對話方塊的「選取類別」中選擇「統計」；「選取函數」選擇「NORM.S.INV」，再按「確定」，則出現「NORM.S.INV」對話方塊，如圖 8-45(Excel 2007 之前的版本請選擇「NORMSINV」函數)。

圖 8-45

「NORM.S.INV」
對話方塊

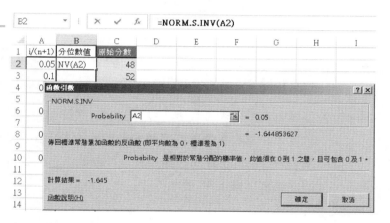

Step5:　將游標置於該對話方塊的 Probability 中，選取 A2 儲存格，再按「確定」，則 B2 儲存格便會出現求得常態的第一個分位數值-1.645。

Step6:　使用自動填滿或其他複製的功能，將 B2 儲存格的公式，複製到 B3：B20。完成結果如圖 8-46。

圖 8-46

完成的工作
表模式

	A	B	C
1	i/(n+1)	分位數值	原始分數
2	0.05	-1.645	48
3	0.1	-1.282	52
4	0.15	-1.036	55
5	0.2	-0.842	57
6	0.25	-0.674	58
7	0.3	-0.524	60
8	0.35	-0.385	61
9	0.4	-0.253	62
10	0.45	-0.126	64
11	0.5	0.000	65
12	0.55	0.126	66

Step7: 接著繪製分布圖。請選定圖 8-46 中 B1:C20 資料區域，再選擇「插入」索引標籤中「圖表」群組裡的「插入 XY 散佈圖或泡泡圖」，如圖 8-47 所示。

圖 8-47

在「圖表」群組裡選擇「插入 XY 散佈圖或泡泡圖」

Step8: 於「插入 XY 散佈圖或泡泡圖」的下拉選框中，選擇「帶有直線及資料標記的 XY 散佈圖」。

Step9: 接著可利用圖表工具下「設計」索引標籤裡的「新增圖表項目」來自行定義圖表標題與座標軸的標題。另外若想將圖表移至新工作表就利用「設計」索引標籤裡的「移動圖表」來進行。最後完成的常態機率圖如圖 8-48 所示。

圖 8-48

常態機率圖

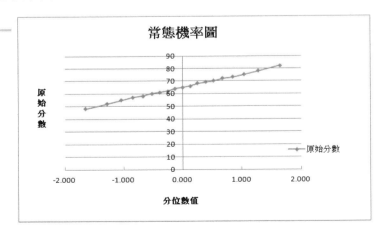

　　由圖 8-48 可看出，其所繪出的常態機率圖近似於一條直線，故可知該組
資料應服從常態分配。

 請根據「敘述統計與直方圖」工作表中的學生成績。針對「統計
學」與「經濟學」兩科目，將其特性與常態分配的特性做比較，
以判斷其是否服從常態分配？

8-7 習題

1. 從 93 年至溪頭遊覽的旅客中，隨機抽出 1000 人，調查其停留天數如下表。

	A	B
1	天數	人數
2	不到1天	507
3	1	284
4	2	133
5	3	65
6	4	11
7	合計	1000

① 本題之母體為何？

② 本題之樣本為何？

2. 請開啟「CH08 習題」檔案中的「汽車銷售」工作表，其中為志志公司各區汽車銷售量(輛)資料。

① 利用「等級和百分比」功能，了解各地區汽車銷售量的排名與百分等級。

② 請於上列結果中，利用函數查詢排行各等級的地區名稱。

3. 根據「CH08 習題」檔案中的「田徑成績」工作表。以下是群選手在某項田徑賽中的比賽成績:(單位:米)試將資料以分組方式分成數組，並作出相對次數分配。求成績超過 5.5 米和不超過 5 米的選手比例。(使用「直方圖」功能，分組考慮組距時，注意超過 5.5 米與不超過 5 米的資料)

4. 根據「CH08 習題」檔案中的「資料分組」工作表。使用 Excel 中的「直方圖」功能，將資料以 6 組與 10 組資料分組，並求取相對次數分配。

5. 請開啓「CH08 習題」檔案中的「電玩次數」工作表，其中爲電動玩具店 40 種不同的電玩機器，在一段時間中各個機器之使用次數，利用「敘述統計」功能，回答下列問題

　① 求出每台機器使用次數的平均數、中位數、眾數、最大值、最小值。

　② 求出每台機器使用次數的變異數、標準差及第一、第三分位數、四分位距、全距。

　③ 求出每台機器使用次數的 95%的信賴區間。

6. 請開啓「CH08 習題」檔案中的「失蹤人口」工作表，其中爲北區與南區失蹤人口的資料，我們希望能按月份統計全部失蹤人口，將 2000 人以下分一組，然後自 2000 人起，每 1000 人爲一單位，最高到 6000 人爲止，高於 6000 人分爲其他，以進行資料分組，並計算分組次數與累積分配次數，最後再產生次數分配與累積次數分配圖。

7. 請開啓「CH08 習題」檔案中的「相關係數」工作表，分析人事費用、銷售量、與廣告成本，三個變數之間的「共變數」與「相關係數」，並說明三個變數之間的關係。

8. 請開啓「CH08 習題」檔案中的「常態分配」工作表，其中爲某一專校科裡 49 名學生的期末統計學的學期成績。

　① 針對資料的各項敘述統計性質，依第一種判斷資料爲常態分配的方法，判斷其是否服從常態分配？

　② 繪製常態機率圖，以判斷其是否服從常態分配？

9. 請開啓「CH08 習題」檔案中的「電腦競試」工作表，該資料爲博碩資訊系電腦競試成績。

　① 請計算中文輸入、程式設計、文書處理三個科目之間的「共變數」與「相關係數」，並說明三個科目成績之間是否有關係。

② 請篩選出 A 班文書處理的成績並複製到另一張新工作表的 A 欄中。

③ 請篩選出 B 班文書處理的成績並複製到上一小題新工作表中 B 欄中。

④ 請計算 A、B 兩班文書處理成績的平均分數、中位數、眾數、最大值、最小值及變異數、標準差及第一、第三分位數、四分位距、全距。

⑤ 按文書處理成績,將 60 分以下分一組,然後每 10 分為一單位,以進行資料分組,並計算分組次數與累積分配次數,最後再產生次數分配與累積次數分配圖

⑥ 請由上兩小題之結果,加以比較 A、B 兩班文書處理成績的優劣與差異。

利用統計函數功能進行下列問題:

10. 有一小孩其用指頭彈棒球卡片,而此卡片落地後會出現正面有人物的機率是 0.9,則:

① 她用指頭彈 2 張棒球卡,落地後 2 張都是正面的機率?2 張都是反面 (沒有人物)的機率?

② 如果改成 3 張,則此 3 張落地後均是正面之機率?均是反面之機率?

11. 台北市交通大隊記錄發現平均每天有 6 件卡車違規事件,求在一天當中超過 9 件卡車違規事的機率。

CHAPTER

09

資料分析與統計應用 (二)

本 章 重 點

了解推論統計基本概念與 Excel 的關係

學習使用 Excel 進行抽樣與母體的估計檢定

學習建立變異數分析模式

學習迴歸分析的模式建立與應用

學習指數平滑法與移動平均法的應用

Download 連線至博碩文化網站下載

CH09 兩個母體檢定、CH09 抽樣與母體估計檢定、
CH09 變異數分析、CH09 迴歸分析、CH09 時間數列

　　上一章中，介紹了如何使用 Excel 所提供的『資料分析』的功能，進行資料的整理與一般敘述統計的應用，包括等級和百分比、一般敘述統計的應用、共變數與相關係數及機率分配與隨機變數等的應用，這些功能讓我們很快可以將大量凌亂的資料經過「整理」而得一具組織的資料。

　　然而，統計最主要的目標之一，在於如何由樣本資訊推論母體的特性，以瞭解我們有興趣的主體，所以「敘述統計」的部份可視為一種「準備」的工作，而最重要目的之一的是「統計推論」。

　　在統計應用中最常見的，便是利用樣本來推估母體的平均數、變異數或兩個母體的表徵數。在管理決策的應用面上，我們則可以利用推論統計的技術來輔助進行品質管制(QC)，或進行市場調查等任務。

　　影響「統計推論」是否正確最主要的原因在於樣本是否具有代表性，而樣本代表性則取決於「抽樣」是否適當。因此本章將先介紹抽樣方法，其次才說明推論統計的估計與檢定，同時本章也將介紹實驗設計與時間數列分析。在第 10 章中，我們將以一實務的「市場調查」為範例，整體說明 Excel 的應用。在本章中，你將學習到：

- ▶ 抽樣的概念與應用

- ▶ 推論統計的應用

- ▶ 實驗設計

- ▶ 時間數列分析

9-1 推論統計

「推論統計」(Inferential Statistics)是利用原始資料來估計或推論我們所感興趣的母體。而這些原始資料是否能準確的估計或推論母體則取決於這些資料的代表性，也就是「抽樣」的代表性。

9-1-1 抽樣

為了解母體的性狀或屬性，經由「抽樣」調查並以其結果推測母體，此為統計推論的必要過程。其概念如圖 9-1 所示。想要由樣本推論母體，其先決條件便是由母體中抽出能代表母體的隨機樣本，也就是進行「抽樣」。經過多次的抽樣必會產生某種規律，即經過多次抽樣後，同一統計量的各個值便可構成一「機率分配」，也就是所謂的「抽樣分配」。

圖 9-1

「抽樣」與
「推論」的概
念

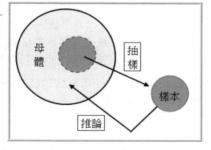

9-1-1-1 抽樣方法

抽樣方法一般可分為隨機抽樣與非隨機抽樣兩種。非隨機抽樣中最常使用的是「便利抽樣」，例如常見的街頭訪問即為便利抽樣；而一般統計上討論的主要是隨機抽樣。常用的隨機抽樣方法有以下四種：

 簡單隨機抽樣法(Simple Random Sampling)

- ▶ 分層隨機抽樣法(Stratified Random Sampling)

- ▶ 集群抽樣法(Cluster Sampling)

- ▶ 系統抽樣法(Systematic Sampling)

其詳細說明請參照表 9-1。

表 9-1 「抽樣方法」的種類介紹

抽樣分類	抽樣的方式
簡單隨機抽樣法 (Simple Random Sampling)	母體中的每個個體被抽中的機會都相同。假設全部母體數為 N，樣本數為 n，如果採投返式，則所有可能的樣本數為 Nn；如果採不投返式且與順序無關，則所有的可能樣本數為 {N!/[(N-n)!*n!]}；其中，"!" 為階乘符號(n!＝1*2*3*…*n)。例如:100 人中要抽出 10 人為樣本，則每人被抽入樣本的機率均為十分之一。常用的簡單隨機抽樣方法有摸彩法與亂數表法。
分層隨機抽樣法 (Stratified Random Sampling)	在抽樣前先將母體個體依其在空間分佈的種類，例如母體的某種性質等，將母體劃分成若干層。然後分別自每一層利用簡單隨機抽樣法抽取若干個體組成樣本;所以在此種抽樣方式中，母體有若干層，樣本亦有若干層。 例如，欲調查國民消費情形，可將國民依所得分為高、中、低三層，再於各層中依比例隨機抽出組成樣本，因此樣本同時考慮了高、中、低三種不同所得的人，故此樣本便具代表性。
集群抽樣法 (Cluster Sampling)	在抽樣前先將母體個體依特殊標準(自然或人為的，如以縣市區分)分成若干集群(Cluster)，以集群為抽樣單位，用簡單隨機抽樣法或非隨機抽樣，自這些集群中抽取一個或數個集群作為樣本。 例如:欲調查某校學生近視的比例(該校共有 80 班，每班約 50 人，即母體共約 4000 人，希望樣本大小為 200 人)。使用集群抽樣，將學生以班級分為 80 群，再利用簡單隨機抽樣抽出 4 班，直接調查此 4 班(約 200 人)學生近視的情況即可。

抽樣分類	抽樣的方式
系統抽樣法 (Systematic Sampling)	將母體所有的個體依次排序,然後分成許多間隔,在第一個間隔中用簡單隨機抽樣法抽出第一個元素,然後每隔一定的個體抽取一個元素,繼而得到所需的樣本。
	例如:從包含 5000 個元素的母體中,抽取樣本數為 50 的樣本,則將母體元素依次排序後,分成 50 個間隔,(即每 5000/50＝100 個元素抽出一個樣本元素),假如第一個間隔中用簡單隨機抽樣法抽出第一個元素為 23,則樣本依序為編號 23,123,223,323,423,523,…,4923。

9-1-1-2 抽樣分配

經過多次抽樣後同一統計量可構成一【機率模型】,其為一種機率分配,稱之為「抽樣分配」。抽樣分配具有兩種功能:

▶ 可測量統計推論過程中不確定性程度的大小。

▶ 可說明推論結果可靠度的大小。

所以,「抽樣分配」是「統計推論」的基礎。也就是說,藉由對抽樣分配的分析與推論,可以得到經由一次抽樣結果來推測母體的可靠度。構成抽樣分配的要素為母體分配、樣本大小、樣本統計量,分別說明如表 9-2。

表 9-2　構成抽樣分配的要素

要素	說明
母體分配	母體不同,則抽樣分配也不同。例如,母體為常態分配,則樣本和的抽樣分配亦為常態分配,絕不會變成二項分配。
樣本大小	樣本大小不同,抽樣分配便也會有所不同。例如,當母體為二項分配時,如果 n 小時,樣本和的抽樣分配便為二項分配;但如果 n 夠大,則樣本和的抽樣分配便趨向常態分配。
樣本統計量	樣本統計量不同,則抽樣分配亦不同。例如,母體為常態分配,則樣本平均數的抽樣分配與樣本變異數的抽樣分配便不相同。

抽樣分配的類別很多，最主要的有以下四種：

▶ 常態分配（Normal Distribution）

▶ 卡方分配（Chi-square Distribution）

▶ F 分配(F-Distribution）

▶ t 分配(Student-t Distribution)

Excel 即根據上述概念，於「分析工具」中提供了「抽樣」的輔助功能。我們以下面的範例來說明相關使用方法。

範例　*周期抽樣與隨機抽樣*

▶ 開啟「CH09 抽樣與母體估計檢定」檔案，選擇「抽樣」工作表，分別以「周(週)期」與「隨機」的抽樣方法，由 50 名學生中抽出 10 名，以進行性向測驗。該 50 名學生的名單如圖 9-2 所示。

圖 9-2

抽樣範例-50
名學生的部份
名單

	A	B
1	學號	姓名
2	888001	林宸旭
3	888002	黃炳璁
4	888003	吳宜眞
5	888004	林向宏
6	888005	李琬茹
7	888006	林毓倫
8	888007	陳偉忠
9	888008	王秀惠
10	888009	黃冠儒
11	888010	陳友敬
12	888011	陳玉玲
13	888012	萬衛華
14	888013	姚瞻海

Step1: 於該名單所在的工作表中，選取『資料/資料分析…』指令，並於「資料分析」對話方塊中選取「抽樣」項目，顯現如圖 9-3 所示「抽樣」對話方塊。

圖 9-3

「抽樣」對話
方塊及其設定
-抽樣方法為
「周期」

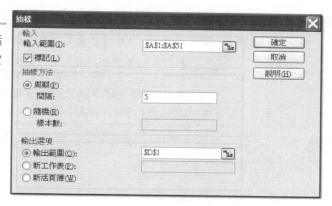

有關「抽樣」對話方塊(圖 9-3)中，各部份的說明及本範例相對輸入的內
容說明如表 9-3。

表 9-3 以週期方式抽樣的模式設定

項目	說明	
輸入範圍	選取您所要進行「抽樣」的資料區域，不能有【非數字】資料，故本範例為$A$1:$A$51。	
標記	如果輸入範圍的第一列或欄包含標記，請選取這個核取方塊。當輸入範圍不包含標記時，請清除這個核取方塊；Excel 會自行決定輸出表格的適當資料標記。本範例第一列包含有標記，因此開啟此核取方塊。	
輸出範圍	顯示「抽樣」出來的個體位置。一般只要設定輸出範圍的左上角儲存格位址便可。本例設為$D$1。	
抽樣方法	周期	輸入要進行抽樣的區間間隔值。輸入範圍中的間隔值以及隨後每一個間隔值都會被複製到輸出欄中，到達輸入範圍底部時，抽樣就會停止。假如間隔值不是數值、間隔值小於等於零、或間隔大於輸入範圍數值的個數，則 Excel 會顯示錯誤訊息。

項目		說明
	隨機	輸入希望 Excel 產生的亂數個數。每個數值都是從輸入範圍中的隨機位置取得。抽樣的數值以「重置」的方式產生；因此，同一個樣本位置可能不只一次被選中。如果設定樣本個數不是數值或者小於等於零，則 Excel 會顯示錯誤訊息。

Step2: 在圖 9-3「抽樣」對話方塊中，抽樣方法選擇周期、間隔為 5，其它相關的設定情形如圖 9-3 所示。

Step3: 於圖 9-3 中，完成所有的設定後，按下「確定」功能鍵，則完成「抽樣」的結果。如圖 9-4 的 D 欄所示。

注意　在圖 9-3「抽樣」對話方塊中的「輸入範圍」必須為數字，即只有學號的部份($A$1:$A$51)；若設定為 $A$1:$B$51(包含姓名)，則 Excel 會出現錯誤訊息。

Step4: 重複上述動作，在圖 9-3「抽樣」對話方塊中，抽樣方法設定為隨機、樣本數為 10，輸出範圍設定於 E1。

Step5: 完成所有的設定後，按下「確定」功能鍵，則完成「隨機抽樣」的結果，如圖 9-4 的 E 欄所示。

圖 9-4

抽樣範例之結果-D 欄為按樣本周期，E 欄為按隨機樣本所產生的抽樣項目

	A	B	C	D	E
1	學號	姓名		888005	888012
2	888001	林宸旭		888010	888014
3	888002	黃炳璁		888015	888030
4	888003	吳宜眞		888020	888028
5	888004	林向宏		888025	888028
6	888005	李琬茹		888030	888035
7	888006	林毓倫		888035	888037
8	888007	陳偉忠		888040	888026
9	888008	王秀惠		888045	888023
10	888009	黃冠儒		888050	888026
11	888010	陳友敬			
12	888011	陳玉玲		週期	隨機
13	888012	萬衞華			
14	888013	姚瞻海			

由圖 9-4 按樣本周期的抽樣結果可知，學號為 888005，888010，…，888050 的這 10 位學生要接受性向測驗。而按隨機樣本數目的抽樣結果，系統會以隨機抽樣的方法抽出 10 位學生要接受性向測驗。

 除自行輸入抽樣資料外，也可利用「亂數產生器」先產生隨機變數，再用本節所介紹的「抽樣」工具，抽出百分之百「隨機」的樣本。

 也可以使用 Index()函數，由產生的學號，顯示相對的人名。這部份可以參考第 8-2 節的說明。

9-1-2 推論統計－單一母體的估計與檢定

當我們自母體中抽出樣本，並藉由此樣本資料的分析結果推論母體的一些參數，此即為推論統計的問題。例如：某候選人於選舉前抽樣調查 1000 位選民，調查其意見，目的是在用此樣本分析的結果，估計出會投他的選民的真實比例。而當我們進行抽樣後，即可用前面幾節所介紹的敘述統計的方法，產生摘要資訊，以說明樣本的特性。然而，更重要的是，從該組樣本資料獲悉有關母體的一些特性，此即為統計推論。最重要的統計推論有兩種：即(1)參數的估計(2)參數的假設檢定。

有關估計的部分，根據估計方法的不同，又可分為【點估計】與【區間估計】兩種。例如，以樣本平均數作為母體平均數的點估計量，以樣本比例作為母體比例的點估計量。而區間估計則是以點估計值為中心，並利用其抽樣分配的性質求出一區間，以推估未知母體參數的範圍，與此區間涵蓋母體參數的機率。

在 Excel 中有些推論統計可直接利用『資料/資料分析…』來進行，如前面幾節的說明，但有些則需利用函數來求得。在本節中，我們會同時使用所

需要的功能，配合 Excel 工作表函數來說明如何處理相關的統計推論問題。以下便以數個範例說明。

範例 *計算信賴區間*

▶ 以「CH09 抽樣與母體估計檢定」檔案上「信賴區間」工作表為例，假設居民的每月開銷服從常態分配。現在抽樣調查某地區 10 位居民的每月開銷，得到其每月開銷如以下資料：11000、36200、24600、8500、51000、20800、17300、42500、31600、17900，試求出此地區居民每月開銷的 98%信賴區間。

Step1: 開啟「CH09 抽樣與母體估計檢定」檔案上「信賴區間」工作表的資料，如圖 9-5 中儲存格 A1:A11。選擇『資料/資料分析…』指令，於出現的「資料分析」對話方塊中，選取「敘述統計」，於敘述統計對話方塊中完成所有設定，如圖 9-5 敘述統計對話方塊中所示。

圖 9-5

10 位居民的每月開銷原始資料及使用敘述統計對話方塊的設定情形

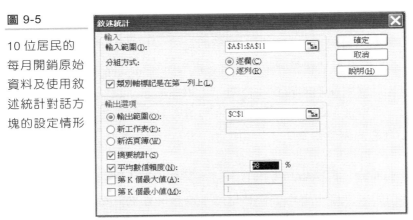

Step2: 於圖 9-5 敘述統計對話方塊中設定完成後，按下「確定」，即可得到如圖 9-6 的結果。

圖 9-6

利用「敘述統計」進行 10 位居民的每月開銷資料分析結果

	A	B	C	D
1	每月開銷		每月開銷	
2	11,000			
3	36,200		平均數	26140
4	24,600		標準誤	4389.386
5	8,500		中間值	22700
6	51,000		眾數	#N/A
7	20,800		標準差	13880.46
8	17,300		變異數	1.93E+08
9	42,500		峰度	-0.6609
10	31,600		偏態	0.548323
11	17,900		範圍	42500
12			最小值	8500
13			最大值	51000
14			總和	261400
15			個數	10
16			信賴度(98.0%)	12384.38

由圖 9-6 中可知，此地區居民每月開銷的 98%信賴區間為 26140 ± 12384.38 = (13755.62, 38524.38)

注意 此範例中，因母體標準差未知而以樣本標準差計算，因此是以 t 分配求得其信賴區間。

另外，若我們想檢定地區居民每月的平均開銷是否為 20000 元？則可進行單一母體平均數的檢定。此檢定的建立假設為虛無假設 H_0：μ =20000，對立假設 H_1：$\mu \neq 20000$；其決策規則為雙尾檢定，若 P 值(P-Value) ＜檢定的顯著水準 α，則決策結果拒絕虛無假設 H_0，即樣本資訊告訴我們地區居民每月的平均開銷不是 20000 元，若 P 值(P-Value)≧檢定的顯著水準 α，則決策結果不拒絕虛無假設 H_0，即樣本資訊告訴我們地區居民每月的平均開銷是 20000 元。

範例　*平均數的 t 檢定-在小樣本的情況下*

 接續以上範例完成後的資料，進行其平均開銷是否為 20000 元的檢定。

在 Excel 中，此檢定並無法使用「資料分析」工具完成，而需利用「統計」函數來進行。由於其樣本數只有 10 個為小樣本，因此使用自由度為 n-1(10-1=9)的 t 分配檢定。

Step1:　利用圖 9-6「敘述統計」的每月開銷分析結果，於任意空白儲存格(如 E3)中設定公式「=D3-20000」。

Step2:　於儲存格 E4 中設定公式「=E3/D4」。如圖 9-7 所示。

圖 9-7

於圖 9-6「敘
述統計」的分
析結果中進行
函數與公式的
設定

E4		f_x	=E3/D4
	C	D	E
1	每月開銷		
2			
3	平均數	26140	6140
4	標準誤	4389.38619	1.398829
5	中間值	22700	

Step3:　於任意空白儲存格（如 E5）中，輸入選擇『公式/插入函數』指令，即出現「插入函數」對話方塊。

Step4:　於「插入函數」對話方塊中，「選取類別」選「全部」，「選取函數」選「TDIST」，按「確定」，則會出現如圖 9-8 的「TDIST」對話方塊。圖 9-8 的「TDIST」對話方塊中，各項設定的說明如表 9-4。

圖 9-8

於「TDIST」對
話方塊中，進
行各項設定

表 9-4 「TDIST」對話方塊中的參數說明

項目	說明
X	為檢定統計量 $t = \dfrac{\bar{x} - \mu}{s \big/ \sqrt{n}}$ 的值，本例的 t 檢定統計量的值位於 E4 儲存格。
Deg_freedom	為 t 分配的自由度，應為 n-1。本例自由度為 9。
Tails	為檢定的特性。1 表示單尾檢定，2 表示雙尾檢定。本例應輸入 2。

Step5: 於「TDIST」對話方塊中，完成各項設定後，按「確定」，則會出現如圖 9-9 中 E5 儲存格的 P 值結果。

圖 9-9

利用統計函數「TDIST」計算一個母體平均數假設檢定的 P 值

	E5	▼	:	×	✓	fx	=TDIST(E4,9,2)	

	A	B	C	D	E
1	每月開銷		每月開銷		
2	11,000				
3	36,200		平均數	26140	6140
4	24,600		標準誤	4389.38619	1.398829
5	8,500		中間值	22700	0.195368

在小樣本的情況下平均數的 t 檢定-結論

由圖 9-9 中得知，所求出的檢定 P 值為 0.195368，大於一般的顯著水準 α 值(常用的 α 值為 0.05)，故決策結果應拒絕虛無假設，即此地區居民其每月平均開銷不是 20000 元。

以「CH08 統計分析」檔案中「檢驗法」(A2:A20)之 19 個分數為例。

❶ 計算這 19 個分數 97%的信賴區間。

❷ 進行其平均分數是否為 60 分的檢定。

若樣本個數超過 30 個(大樣本)，則可應用中央極限定理，即樣本平均數的抽樣分配為近似常態分配。此時便可使用 Excel 的內建函數「Z.TEST」來進行檢定。

範例 　*平均數的 Z 檢定-在大樣本的情況下*

▶ 郵局宣稱其平信的投遞時間不超過 3 天,今隨機抽樣 54 封信件,紀錄其投遞時間天數如下:1、1、2、2、2、2、2、3、3、3、3、3、3、3、3、3、3、3、3、3、3、3、3、3、3、3、3、3、4、4、4、4、4、4、4、4、4、4、4、4、4、4、5、5、5、5、5、5、6、6、6、6、8、9。在顯著水準 α =5%下,請問郵局是否達到其保證?即投遞時間最長為 3 天?範例資料置於「CH09 抽樣與母體估計檢定」檔案的「單一 Z 檢定」工作表中。

　　本範例應進行一個「平均數的單尾檢定」。此檢定的建立假設為虛無假設 H_0: $\mu \leq 3$,對立假設 H_1: $\mu > 3$;其決策規則為單尾(右尾)檢定,若 P 值(P-Value)<檢定的顯著水準 α,則決策結果為拒絕虛無假設 H_0,即郵局宣稱不實,若 P 值(P-Value)≧檢定的顯著水準 α,則決策結果為不拒絕虛無假設 H_0,即郵局宣稱為真。要使用 Excel 的內建函數「Z.TEST」進行檢定的步驟如下:

Step1: 開啟「CH09 抽樣與母體估計檢定」檔案的「單一 Z 檢定」工作表。

Step2: 於任意空白儲存格(儲存格 B2)中,選擇「公式/插入函數」指令,即出現「插入函數」對話方塊。於出現的「插入函數」對話方塊中,「選取類別」選「統計」,「選取函數」選「Z.TEST」,之後按「確定」,則會出現如圖 9-10 的「Z.TEST」對話方塊。圖 9-10 的「Z.TEST」對話方塊中,各項設定的說明如表 9-5。另若為 Excel2007 之前的版本請選擇「ZTEST」函數。

圖 9-10

於「Z.TEST」
對話方塊中，
進行各項設定

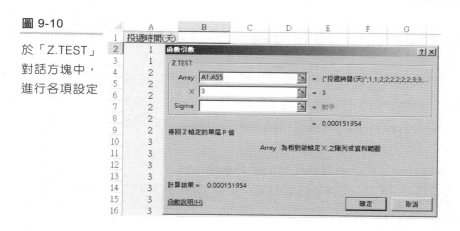

表 9-5 「Z.TEST」函數參數說明

項目	說明
Array	為欲檢定的資料範圍，本例資料位於儲存格 A1:A55。
X	為欲檢定的數值。本例為 3。
Sigma	為母體(已知)之標準差。如被省略，則使用樣本標準差代替。本例應使用樣本標準差代替，因此該欄之設定省略。

Step3: 於「Z.TEST」對話方塊中，完成各項設定後，按「確定」，則會出現如圖 9-11 的 P 值結果。

圖 9-11

利用統計函數
「Z.TEST」，
進行在常態分
配下，一個母
體平均數的假
設檢定

在大樣本的情況下平均數的 Z 檢定-結論

由圖 9-11 中得知，所求出的檢定 P 值為 0.000152，小於一般的顯著水準 α 值(常用的 α 值為 0.05)，故決策結果應拒絕虛無假設，即郵局宣稱不實。

9-1-3 推論統計－兩個母體的估計與檢定

當我們從母體中抽取樣本來推測母體時，為了解其可靠度為何，必須進一步對經由抽樣而得來的統計量進行檢定。在 Excel 的「資料分析」功能中，提供了多項工具(表 9-6)用來處理推論統計的相關議題。

表 9-6 Excel 中用來處理推論統計的相關議題

工具項目	說明
F-檢定:兩個常態母體變異數的檢定	針對兩組的樣本資料，計算各組的樣本變異數與 F 值、臨界值與 P_Value，以進行兩樣本變異數的檢定。使用時，只須在『資料/資料分析…』指令下的「資料分析」對話方塊中選取「F-檢定:兩個常態母體變異數的檢定」項目即可。
t-檢定:成對母體平均數差異檢定	針對兩組成對的樣本資料，計算各組的樣本標準差與平均數、兩「成對樣本差」之標準差、臨界值、t 值與 P_Value，以進行兩成對樣本的平均數差異檢定。使用時，只須在『資料/資料分析…』指令下的「資料分析」對話方塊中選取「t-檢定:成對母體平均數差異檢定」項目即可。
t-檢定:兩個母體平均數差的檢定，假設變異數相等	假設兩母體變異數相等，針對兩組抽樣自不同母體的樣本資料，計算各組的樣本標準差與平均數、兩樣本的標準差、臨界值、t 值與 P_Value，以進行兩樣本的平均數檢定。使用時，只須在『資料/資料分析…』指令下的「資料分析」對話方塊中選取「t-檢定:兩個母體平均數差的檢定，假設變異數相等」項目即可。
t-檢定:兩母平均數差的檢定，假設變異數不相等	假設兩母體變異數不相等，針對兩組抽樣自不同母體的樣本資料，計算各組的樣本標準差與平均數、兩樣本的標準差、臨界值、t 值與 P_Value，以進行兩樣本的平均數檢定。使用時，只須在『資料/資料分析…』指令下的「資料分析」對話方塊中選取「t-檢定:兩母體平均數差的檢定，假設變異數不相等」項目即可。

工具項目	說明
Z-檢定:兩個母體平均數差異檢定	假設兩母體變異數已知,針對兩組抽樣自不同母體的樣本資料,計算各組的樣本標準差與平均數、兩樣本的標準差、臨界值、Z 值與 P_Value,以進行兩樣本的平均數檢定。使用時,只須在『資料/資料分析…』指令下的「資料分析」對話方塊中選取「Z-檢定:兩個母體平均數差異檢定」項目即可。

在以下各小節中,將以範例來說明如何利用 Excel 來進行母體平均數差異檢定與兩個常態母體變異數是否相等的檢定應用。而在對上述統計資料分析做進一步說明前,先對兩個在檢定中常見的名詞進行說明,如表 9-7。

表 9-7　統計檢定的名詞介紹

名詞	意義
型一誤差 (Type one error)	當 H_0 為真,但根據檢定原理拒絕了 H_0,認為 H_1 是對的,因而採取 H_1 所對應的行動 a_1。此種拒絕"對"的 H_0 之錯誤便是型一誤差。通常以 α 值表示型一誤差的最大值,稱為顯著水準。
型二誤差 (Type two Error)	當 H_1 為真,但根據檢定原理拒絕了 H_1,認為 H_0 是對的,因而採取 H_0 所對應的行動 a_0。此種拒絕"對"的 H_1 之錯誤便是型二誤差。

9-1-3-1 Z-檢定: 兩母體平均差檢定

兩母體平均差之 Z-檢定,是假設兩母體變異數已知,針對兩組抽樣自不同常態母體的樣本資料(或兩組樣本數均不小於 30 的大樣本情況下),計算兩樣本差值的平均值與標準差,以進行兩樣本的平均數檢定。此方法可應用在比較不同分區之經銷點平均銷售量是否有差異?或是比較兩地區的平均溫度;兩地區的平均房價;兩球隊的平均打擊率;男女的平均薪資;使用兩種不同化學肥料之農作物的平均產量…等等。以下便舉一例說明如何使用 Excel 來進行兩母體平均差之檢定。

範例 *Z-檢定: 兩母體平均數差異檢定*

此檢定方法適用於兩樣本大小均不小於 30 的情況。

以「CH09 兩個母體檢定」範例檔案的「Z 檢定」工作表為例,某公司欲檢定北高兩個不同銷售地區的平均銷售額是否有差異,隨機抽取 30 天的樣本資料,如圖 9-12 所示。以「Z- 檢定:兩個母體平均數差異檢定」進行兩地區的銷售能力差異檢定。假設型一誤差(α)=5%。

Step1: 開啟「CH09 兩個母體檢定」檔案的「Z 檢定」工作表。如圖 9-12 所示。

圖 9-12

北高兩地區的
銷售額抽樣樣
本一各 30 天

	A	B	C
1	抽出30個銷售額之樣本		
2	編號	臺北	高雄
3	1	32,104	41,271
4	2	30,891	37,864
5	3	29,946	42,908
6	4	26,058	51,720
7	5	45,810	29,391
8	6	29,982	30,108
9	7	30,937	40,555
10	8	31,680	50,246
11	9	45,112	48,829

Step2: 在進行 Z- 檢定之前,首先應計算兩組資料的樣本變異數。利用 VAR()統計函數,可計算兩樣本的變異數,在本範例中將結果顯示在儲存格 E1 及 F1。

圖 9-13

求樣本變異數
之結果

	B	C	D	E	F	G
	E1			f_x =VAR(B3:B32)		
1	30個銷售額之樣本			83075707	91075043	
2	臺北	高雄				
3	32,104	41,271				

注意 本章所產生的任何結果報表都將會因使用者設定的數字格式,或是設定的欄寬而會顯示不同的精確度數值。

Step3: 建立假設。H_0: $\mu_{北}-\mu_{高}=\mu_0=0$(表示此北高兩銷售地區的平均銷售額相同，為雙尾檢定)；H_1: $\mu_{北}-\mu_{高}=\mu_0\neq0$

Step4: 選取『資料/資料分析…』指令，產生「資料分析」對話方塊。然後選取「Z-檢定:兩個母體平均數差異檢定」項目，產生「Z-檢定:兩個母體平均數差異檢定」對話方塊。

Step5: 於「Z-檢定:兩個母體平均數差異檢定」對話方塊中進行設定，如圖 9-14 所示。

圖 9-14

「Z-檢定:兩個母體平均數差異檢定」對話方塊

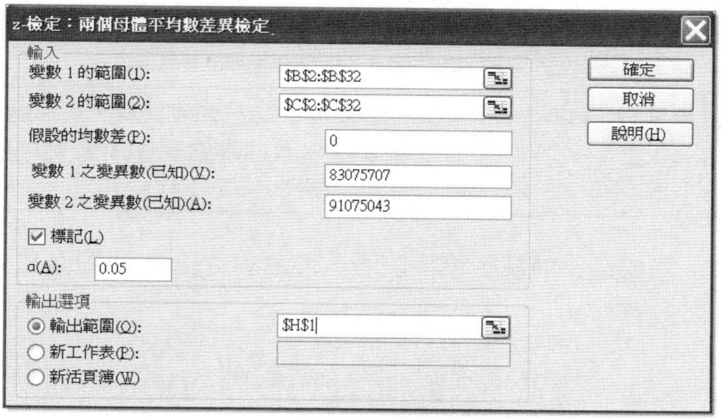

在圖 9-14「Z-檢定:兩個母體平均數差異檢定」之對話方塊中，其各部份解釋，以及在本範例下的設定，說明如表 9-8。

表 9-8 「Z-檢定:兩個母體平均數差異檢定」模式設定

項目	說明
變數 1 的範圍	用於設定變數一輸入範圍。在本範例中(圖 9-12)由於變數一資料區域為 B2:B32，所以設定為 B2:B32。
變數 2 的範圍	用於設定變數二輸入範圍。在本範例中(圖 9-12)由於變數二資料區域為 C2:C32，所以設定為 C2:C32。
輸出範圍	用於設定輸出範圍，通常只需設定輸出範圍左上角的儲存格位址。本範例中設定為 H1。

項目	說明
標記	設定資料的類別標記，是否位在所選區域的上端或最左端。在本範例中 B2:C2 為類別標記，所以開啟此核對方塊。
α 值	設定型一誤差值。在本範例中型一誤差值為 5%。
假設的均數差	在虛無假設中，為 "變數 1-變數 2" 所設定的值，如果設定為 "0"，則表示於虛無假設中假設檢定的兩母體的平均數並無差異。在本範例中其值設為 "0"。
變數 1 之變異數(已知)	用於設定母體 1 的已知變異數。若母體變異數未知，則以樣本變異數估計之。在本範例中樣本變異數為 83075707.4(圖 9-13 的 E1)。
變數 2 之變異數(已知)	用於設定母體 2 的已知變異數。若母體變異數未知，則以樣本變異數估計之。在本範例中樣本變異數為 91075043.1(圖 9-13 的 F1)。

Step6: 完成必要的設定後，按下「確定」功能鍵， 便產生如圖 9-15 的統計資料。

圖 9-15

「Z-檢定:兩個母體平均數差異檢定」所產生的統計資料

	H	I	J
1	z 檢定：兩個母體平均數差異檢定		
2			
3		臺北	高雄
4	平均數	40066.156	40571.1418
5	已知的變異數	83075707	91075043
6	觀察值個數	30	30
7	假設的均數差	0	
8	z	-0.209593	
9	P(Z<=z) 單尾	0.4169925	
10	臨界值：單尾	1.6448536	
11	P(Z<=z) 雙尾	0.833985	
12	臨界值：雙尾	1.959964	

 兩母體平均數差異檢定「Z-檢定」結論

由圖 9-15 中，可得知其標準 z 統計量為-0.2096，而其雙尾的 z 臨界值為 1.96，由於左尾 z 臨界值-1.96<標準 z 統計量為-0.2096<右尾 z 臨界值 1.96，所以我們接受 H_0 的假設(或稱為不拒絕 H_0 的假設)。另外從雙尾 P-Value＝0.8340＞α 值＝0.05，亦可得到相同的（接受 H_0）結論，即北高兩個不同銷售地區的平均銷售能力並無差異。

技巧

在統計檢定中我們通常會將想要拒絕的假設放在 H_0，因此若檢定結果為接受 H_0 時，我們會說「根據這些樣本資訊值，並不足以令我們確信兩母體平均數是不同的。」

9-1-3-2 F-檢定: 兩個常態母體變異數是否相等的檢定

在某些統計應用的例子上，我們必須面臨比較兩個母體變異數的情況。例如，比較兩種不同生產過程所導致的產品品質變異性，兩種裝配方法其裝配時間的變異性，或者兩種取暖裝置其溫度的變異性…等等。除此之外，在比較兩個母體平均數是否有差異時，也隨著此兩個母體變異數是否相等而有不同的檢定方法。

當你想對兩母體的變異數進行檢定時，不論是否知道該母體的平均數，你都可以由兩母體中各自隨機抽取一組樣本，樣本個數分別為 n_1 與 n_2，樣本變異數為:「S_1^2」、「S_2^2」，利用「F-檢定:兩個常態母體變異數的檢定」來對母數:「σ_1^2」、「σ_2^2」所建立的假設進行檢定。在本小節中以針對兩種不同的電腦(桌上型與攜帶型)裝配時間的變異性之檢定範例，說明「F-檢定:兩個常態母體變異數是否相等的檢定」項目的應用。

範例 *F-檢定:兩個常態母體變異數是否相等的檢定*

▶ 以「CH09 兩個母體檢定」檔案的「裝配時間」工作表中的資料為例，假設電腦裝配時間服從常態分配。國清電腦公司為檢定兩種不同的電腦 (桌上型與攜帶型)裝配時間的變異性是否有差異，所以便進行抽樣;其抽樣樣本資料，置於「CH09 兩個母體檢定」檔案的「裝配時間」工作表中，如圖 9-16 所示。假設型一誤差(α 值)= 5%。

圖 9-16

兩種不同的電
腦(桌上型與
攜帶型)裝配
時間的抽樣樣
本

	A	B	C
1		電腦裝配時間(分鐘)	
2	編號	桌上型電腦	可攜式電腦
3	1	383	369
4	2	400	385
5	3	495	356
6	4	417	448
7	5	388	338
8	6	370	355
9	7	331	479
10	8	427	423
11	9	315	
12	10	389	
13	11	482	
14	12	314	

Step1: 開啟「CH09 兩個母體檢定」檔案的「裝配時間」工作表。

Step2: 建立假設。H_0: $\sigma_1^2 = \sigma_2^2$ (表示桌上型與攜帶型的電腦裝配時間的變異數相同,為雙尾檢定);H_1: $\sigma_1^2 \neq \sigma_2^2$。

Step3: 選取『資料/資料分析…』指令,並於「資料分析」對話方塊中選取「F-檢定:兩個常態母體變異數的檢定」項目,產生如圖 9-17「F-檢定:兩個常態母體變異數的檢定」的對話方塊。

圖 9-17

「F-檢定:兩
個常態母體變
異數的檢定」
對話方塊

在圖 9-17「F-檢定:兩個常態母體變異數的檢定」之對話方塊中,其各部份解釋及因應欲完成的處理,說明如表 9-9。

表 9-9 「F-檢定:兩個母體變異數差異檢定」模式設定

項目	說明
變數 1 的範圍	用於設定變數 1 輸入範圍。在本範例中(視圖 9-16)由於變數 1 資料區域位在 B2:B14,所以設定為 B2:B14
變數 2 的範圍	用於設定變數 2 輸入範圍。在本範例中(視圖 9-16)由於變數 2 資料區域位在 C2:C10,所以設定為 C2:C10。
標記	設定資料的類別標記,是否為所選區域的上端或最左端。在本範例中上端的 B2:C2 為類別標記,所以開啟此核取方塊。
α 值	設定型一誤差值。在本範例中型一誤差值為 5%。
輸出範圍	設定輸出範圍,通常只需設定輸出範圍左上角儲存格位址便可。本範例中設定為 E1。

Step4: 於圖 9-17「F-檢定:兩個母體變異數的檢定」對話方塊中進行設定。

Step5: 於圖 9-17 完成必要的設定後,按下「確定」功能鍵,便產生如圖 9-18 之統計資料。

圖 9-18

「F-檢定:兩個常態母體變異數的檢定」所產生的統計資料

	E	F	G
1	F 檢定:兩個常態母體變異數的檢定		
2			
3		桌上型電腦	可攜式電腦
4	平均數	392.583333	394.125
5	變異數	3358.44697	2541.26786
6	觀察值個數	12	8
7	自由度	11	7
8	F	1.32156355	
9	P(F<=f) 單尾	0.36676334	
10	臨界值:單尾	3.60303727	

兩個常態母體變異數是否相等-「F-檢定」結論

由圖 9-18 中,因本題目為雙尾檢定,故雙尾 P-Value=0.37*2=0.74> α 值 =0.05,所以決策結果為接受 H_0 的結論。換句話說,兩種電腦裝配時間的變異數並無顯著差異。

在圖 9-18 中，「F-檢定:兩個常態母體變異數的檢定」所產生的統計資料，P 值與臨界值均為單尾檢定，所以在兩個常態母體變異數差異是否相等的雙尾檢定中，只可以使用 P 值處理(但需要乘以 2 倍)，無法直接使用 F 統計量與臨界值比較方式處理。

9-1-3-3 t-檢定: 兩母體平均數差的檢定，假設變異數相等

在上一小節中，利用「F-檢定:兩個常態母體變異數是否相等的檢定」得知桌上型與攜帶型的電腦裝配時間的『變異數』並無差異。因此，本小節可利用「t-檢定:兩母體平均數差的檢定，假設變異數相等」繼續分析:桌上型與攜帶型電腦的平均裝配時間是否有差異？

若上一小節中，利用「F-檢定:兩個常態母體變異數是否相等的檢定」得知桌上型與攜帶型的電腦裝配時間的變異數若有差異，則必須使用下一小節(9-1-3-4 節)「t-檢定:兩母體平均數差的檢定，假設變異數不相等」的方法來分析。

範例 *t-檢定:兩母體平均數差的檢定，假設變異數相等*

▶ 接續圖 9-16 桌上型與攜帶型電腦裝配時間的資料，進一步分析二者之平均裝配時間是否有差異？型一誤差(α 值)=5%

Step1: 開啟「CH09 兩個母體檢定」檔案的「裝配時間」工作表。

Step2: 建立假設。$H_0: \mu_1 - \mu_2 = 0$ (表示桌上型與攜帶型電腦之平均裝配時間相同，為雙尾檢定)；$H_1: \mu_1 - \mu_2 \neq 0$。

Step3: 選取『資料/資料分析…』指令，並於「資料分析」對話方塊中選取「t-檢定:兩母體平均數差的檢定，假設變異數相等」項目，產生如圖 9-19 的對話方塊。

圖 9-19

「t-檢定:兩母
體平均數差的
檢定，假設變
異數相等」對
話方塊

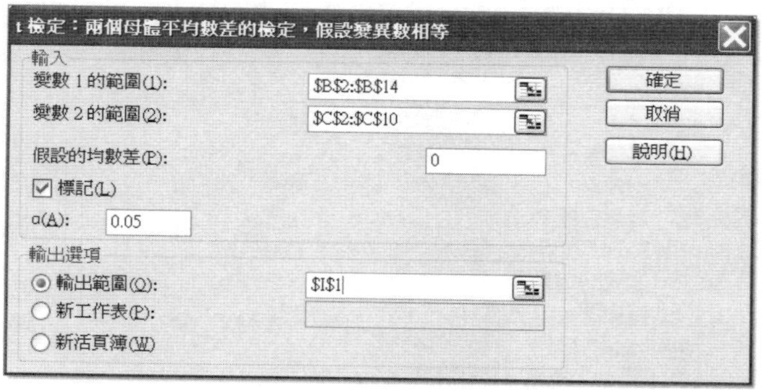

在圖 9-19「t-檢定:兩母體平均數差的檢定，假設變異數相等」之對話方塊中，其各部份解釋及因應欲完成的處理，說明如表 9-10。

表 9-10　「t-檢定:兩母體平均數差的檢定，假設變異數相等」模式設定

項目	說明
變數 1 的範圍	設定變數一輸入範圍。在本範例中由於變數一資料區域為 B2:B14，所以設定為 B2:B14。
變數 2 的範圍	設定變數二輸入範圍。在本範例中由於變數二資料區域為 C2:C10，所以設定為 C2:C10。
輸出範圍	設定輸出範圍，通常只需設定輸出範圍左上角的儲存格位址。本範例中設定為 I1。
標記	設定資料的類別標記，是否位在所選區域的上端或最左端。在本範例中 B2:C2 為類別標記，所以開啟此核取方塊。
α 值	設定型一誤差值。在本範例中型一誤差值為 5%。
假設的均數差	在虛無假設中，為 "變數 1-變數 2" 所設定的值，如果設定為 "0"，則表示於虛無假設中假設檢定的兩母體的平均數並無差異。在本範例中其值設為 "0"。

Step4:　於圖 9-19「t-檢定:兩母體平均數差的檢定，假設變異數相等」對話方塊中設定所需的參數。完成必要的設定後，按下「確定」功能鍵，便產生如圖 9-20 的統計資料。

圖 9-20

「t-檢定:兩母體平均數差的檢定,假設變異數相等」所產生的統計資料

	I	J	K	L	M
1	t 檢定:兩個母體平均數差的檢定,假設變異數相等				
2					
3		桌上型電腦	可攜式電腦		
4	平均數	392.583333	394.125		
5	變異數	3358.44697	2541.26786		
6	觀察值個數	12	8		
7	Pooled 變異數	3040.65509			
8	假設的均數差	0			
9	自由度	18			
10	t 統計	-0.061253			
11	P(T<=t) 單尾	0.47591635			
12	臨界值:單尾	1.73406306			
13	P(T<=t) 雙尾	0.95183271			
14	臨界值:雙尾	2.10092367			

「t-檢定:兩母體平均數差的檢定,假設變異數相等」結論

由圖 9-20 的結果報表中,可得知其 t 統計量為-0.061,而其雙尾的 t 臨界值為 2.101,由於【左尾 t 臨界值-2.101<t 統計量-0.061<右尾 t 臨界值 2.101】,所以我們接受 H_0 的假設。另外從【雙尾 P-Value=0.952>α 值=0.05】,亦可得到相同的(接受 H_0)結論,即桌上型與攜帶型電腦之平均裝配時間並無差異。同時可知:桌上型電腦的平均裝配時間為 392.583 分鐘,攜帶型電腦的平均裝配時間則為 394.125 分鐘。

技巧　此檢定方法適用於兩母體均為常態分配且母體變異數均未知但相等,而兩樣本個數均小於 30 的情況。

9-1-3-4 t-檢定: 兩母體平均數差的檢定,假設變異數不相等

針對兩組抽樣自不同常態母體(母體變異數未知)的樣本資料,利用 9-1-3-2 介紹的「F 檢定」得到其母體變異數並不相等時,則可使用本節所介紹之方法來檢定兩母體平均數是否相等。

範例　t-檢定:兩母體平均數差的檢定，假設變異數不相等

▶ 欲比較男女生的平均睡眠時間是否有差異。假設男女生的睡眠時間服從常態分配，現在隨機抽樣 15 位男性與 18 位女性，記錄其平均每晚的睡眠時間，資料置於「CH09 兩個母體檢定」檔案的「睡眠時間」工作表中，如下圖 9-21 所示。檢定男女生的平均睡眠時間是否有差異？型一誤差(α 值)=5%

Step1: 開啟「CH09 兩個母體檢定」檔案的「睡眠時間」工作表。

圖 9-21

男女生睡眠時間的抽樣資料

Step2: 先使用 9-1-3-2 節介紹的「F 檢定:兩個常態母體變異數是否相等的檢定」得到圖 9-22 的結果。發現 P 值 =0.0033*2=0.0066< α 值 =0.05，因此這兩母體變異數並不相等。

	A	B	C
1	男女睡眠時間(小時)		
2	編號	男	女
3	1	7	9
4	2	5.5	8.5
5	3	9	9.5
6	4	6.5	9
7	5	6	6.5
8	6	9	8
9	7	7.5	7.5
10	8	8	8
11	9	7	9
12	10	9	9
13	11	6	7.5

圖 9-22

「F-檢定:兩個常態母體變異數的檢定」所產生的統計資料

	E	F	G
1	F 檢定：兩個常態母體變異數的檢定		
2			
3		男	女
4	平均數	7.1	8.194444444
5	變異數	2.5785714	0.621732026
6	觀察值個數	15	18
7	自由度	14	17
8	F	4.1474	
9	P(F<=f) 單尾	0.0033377	
10	臨界值：單尾	2.328953	

Step3: 建立假設。$H_0:\mu_1-\mu_2=0$(表示男女之平均睡眠時間相同，為雙尾檢定)；$H_1:\mu_1-\mu_2\neq0$

Step4: 選取『資料/資料分析…』指令，並於產生的「資料分析」對話方塊中選取「t-檢定:成對母體平均數差的檢定，假設變異數不相等」

項目，產生如圖 9-23 的「t-檢定:兩母體平均數差的檢定，假設變異數不相等」對話方塊。

圖 9-23

「t-檢定:兩母體平均數差的檢定，假設變異數不相等」對話方塊

Step5: 於圖 9-23 的對話方塊完成所有的設定後，按下「確定」功能鍵，便產生如圖 9-24 的統計資料。

圖 9-24

「t-檢定:兩母體平均數差的檢定，假設變異數不相等」產生的統計資料

	I	J	K	L	M
1	t 檢定：兩個母體平均數差的檢定，假設變異數不相等				
2					
3		男	女		
4	平均數	7.1	8.1944444		
5	變異數	2.5785714	0.621732		
6	觀察值個數	15	18		
7	假設的均數差	0			
8	自由度	20			
9	t 統計	-2.4087464			
10	P(T<=t) 單尾	0.0128848			
11	臨界值：單尾	1.724718			
12	P(T<=t) 雙尾	0.0257697			
13	臨界值：雙尾	2.0859625			

 「t-檢定:兩母體平均數差的檢定，假設變異數不相等」結論

由圖 9-24 中，得知其【t 統計量為-2.409<左尾 t 臨界值-2.086】。又由【雙尾 P-Value=0.026<α 值=0.05】。均顯示拒絕 H_0。因此男女之平均睡眠時間並不相同。

技巧

此檢定方法適用於兩母體均為常態分配且母體變異數未知且不相等，而兩樣本個數均小於 30 的情況。

事實上，在 Excel 的「t-檢定:兩母體平均數差的檢定，假設變異數相等」或「t-檢定:兩母體平均數差的檢定，假設變異數不相等」輸出報表中，也可進行單尾檢定。如上例中，若假設 $H_0:\mu_1-\mu_2\leq0$，則表示男生之平均睡眠時間比女生少。若假設 $H_0:\mu_1-\mu_2\geq0$，則表示男生之平均睡眠時間比女生多。而其檢定方法則是以 t 統計值的絕對值與單尾的 t 臨界值作比較。

9-1-3-5 t-檢定: 成對母體平均數差異檢定

在上幾節中介紹了如何使用 Excel 進行統計的各種檢定，但有些問題卻不能或不適合使用上述的統計方法進行檢定，例如:想測試減肥藥的減肥效果、改變教學方式後對學生成績的影響、比較互相競爭的二家商店之商品價格…等等，針對這些問題的抽樣都必須以一對一的方式，也就是說必須以「成對」的方式進行比較，因此本節將介紹如何使用 Excel 來進行「成對母體平均數差異檢定」。

範例 *t-檢定:成對母體平均數差異檢定*

▶ 比較二家互相競爭的商店之商品價格，隨機選擇 12 種相同的商品項目，二家的售價置於「CH09 兩個母體檢定」檔案的「商品價格」工作表中，如下圖 9-25 所示。請比較這二家商店產品的平均價格是否有差異？型一誤差(α值)＝5%

Step1: 開啟「CH09 兩個母體檢定」檔案的「商品價格」工作表。

Step2:　建立假設。H_0:D(即$\mu_1-\mu_2$)=0(表示二家商店產品的平均價格相同，為雙尾檢定)；H_1:$D\neq0$。

圖 9-25

二家商店 12 種相同的商品項目之售價

	A	B	C
1	商品價格(元)		
2	商品項目	A商店	B商店
3	1	89	95
4	2	59	55
5	3	129	149
6	4	150	169
7	5	249	239
8	6	65	79
9	7	99	99
10	8	199	179
11	9	225	239
12	10	50	59
13	11	199	219
14	12	179	199

Step3:　選取『資料/資料分析…』指令，並於「資料分析」對話方塊中選取「t-檢定:成對母體平均數差異檢定」項目，以產生「t-檢定:成對母體平均數差異檢定」的對話方塊，並進行各部份的設定，如圖 9-26 所示。

圖 9-26

「t-檢定:成對母體平均數差異檢定」對話方塊設定情形

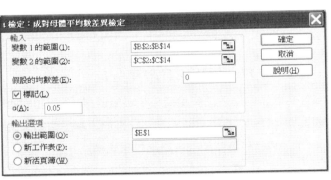

Step4:　於圖 9-26 完成必要的設定後，按下「確定」功能鍵，便產生如圖 9-27 之統計資料。

圖 9-27

「t-檢定:成對母體平均數差異檢定」所產生的統計資料

	E	F	G
1	t 檢定:成對母體平均數差異檢定		
2			
3		A商店	B商店
4	平均數	141	148.333
5	變異數	4760.55	4740.61
6	觀察值個數	12	12
7	皮耳森相關係數	0.98143	
8	假設的均數差	0	
9	自由度	11	
10	t 統計	-1.91255	
11	P(T<=t) 單尾	0.04109	
12	臨界值:單尾	1.79588	
13	P(T<=t) 雙尾	0.08218	
14	臨界值:雙尾	2.20099	

「t-檢定:成對母體平均數差異檢定」結論

由圖 9-27 的結果報表中,可得知其【左尾 t 臨界值-2.201<t 統計量-1.913<右尾 t 臨界值 2.201】。又由【雙尾 P-Value=0.082>α 值=0.05】。二者均顯示接受 H_0。因此二家商店產品的平均價格並無顯著差異。

技巧

上述檢定中若採左尾檢定 $H_0:D\geq0$(表示 A 商店產品的平均價格較高),而由圖 9-27 中,得知 t 統計量-1.913< 單尾(左尾) t 臨界值-1.796,故拒絕 H_0,即「A 商店產品的平均價格較 B 商店低」,此結論似乎與雙尾檢定的結論「二家商店產品的平均價格並無顯著差異」矛盾,主要的原因是 t 統計量-1.913 與單尾臨界值-1.796,雙尾臨界值-2.201 這些值的差異並不大,故有可能為抽樣誤差所造成,因此建議應再抽樣其它商品項目以重新檢定之。

9-2 變異數分析

統計資料常受多種因素的影響，而使各個體的某種特徵發生差異，例如研究農作物產量者都知道，影響農作物產量的因素很多，如種子、肥料、土壤、排水、氣溫、雨量…等，對這種影響因素所造成之變異的觀察與驗證的統計方法，稱為「變異數分析」 (Analysis of Variance，ANOVA)。其方法是將樣本的總變異分解為各已知原因所引起的變異，即為已解釋變異，與未解釋的變異，再配合各部份變異的自由度形成變異數，根據這些變異數以檢定各變異是否顯著，故變異數分析也為一種統計檢定方法。

變異數分析如加入實驗設計，可增加分析的精確度。「實驗設計」主要是利用重複性和隨機性，使特定因素以外的其他已知及未知因素的影響相互抵消於無形，以淨化觀察特定因素的影響效果，進而提高分析結果的精確度。

在管理面上常見的應用範例則主要在於利用 "變異數分析" (ANOVA)來檢定三個或三個以上母體平均數是否相等。亦即藉由變異數分析，來了解造成某個結果的成因。舉例說明，企業在進行定價策略時，為避免定價過高影響銷售量或定價過低影響利潤，便會先選取一個固定區域，以不同的定價來觀察市場反應，再藉由變異數分析來觀察定價是否會影響銷售量。

另一方面，我們可以利用迴歸(Regression)分析，根據歷史資料，來建立目標變數與環境、決策變數的相關性模式。例如，如果我們認為銷售量(目標變數)與季節(環境變數)、廣告量(決策變數)三者間具有相關性，則我們可以建立一迴歸模式以瞭解各因素之間的關係，以便制定最佳的廣告策略。此部份將在 9-3 節中介紹。

Excel 的資料分析中，提供了數項工具，用來處理變異數分析的相關議題。其詳細說明請見表 9-11。

表 9-11　Excel 中用來處理變異數分析的相關工具

項目	說明
單因子變異數分析	針對兩組或兩組以上的樣本資料，藉著進行變異數分析，以檢定其樣本 "平均數" 是否相等。系統處理時，會計算出統計學上標準的變異數分析表。使用時，只須在『資料/資料分析…』指令下的「資料分析」對話方塊中選取「單因子變異數分析」項目即可。
雙因子變異分析:重複試驗	針對兩組或兩組以上的樣本資料，在兩個不同的因子影響下，藉由重複實驗取得實驗數據，再以變異數分析檢定其樣本平均數是否相等，來了解實驗中不同因子對結果的影響。系統處理時，會計算出統計學上標準的雙因子變異分析表。使用時，只須在『資料/資料分析…』指令下的「資料分析」對話方塊中選取「雙因子變異分析:重複試驗」項目即可。
雙因子變異分析:無重複試驗	針對兩組或兩組以上的樣本資料，在兩個不同的因子影響下，藉由不重複實驗取得實驗數據，再以進行變異數分析，檢定其樣本平均數是否相等，來了解實驗中不同因子對結果的影響。系統處理時，會計算出統計學上標準的雙因子變異分析表。使用時，只須在『資料/資料分析…』指令下的「資料分析」對話方塊中選取「雙因子變異分析:無重複試驗」項目即可。

9-2-1　單因子變異數分析

先前之統計學最多只討論到兩個母體平均數的比較，當我們想進一步比較兩個以上母體時，為了使型一誤差的機率控制在既定的顯著水準之下，將需使用的「變異數分析」。變異數分析的基礎假設有三：(1)觀測值來自常態分配的母體。(2)觀測值代表母體之的隨機樣本，且相互獨立。(3)母體間的變異數是相同的。

當我們只考慮觀察值以一個標準為分類基礎時，稱為「單因子分類」(One-factor Classification)。如人按 "性別" 進行分類；按小麥的 "品種" 作分類。單因子變異數分析是變異數分析中最簡單的模式，它只考慮一個影響

因素；即觀察該因素的不同狀態下，對研究對象(主題)的影響是否有顯著性的差異，此影響的一般性比較便是「平均數」的比較。

如果此影響因素只分成兩類，那就可以採用「t檢定」來對兩個平均數是否有顯著差異的檢定。但如果要對 "兩組以上" 的平均數同時進行是否有顯著差異的檢定時，「變異數分析」堪稱為最有效的方法。

範例 　單因子變異數分析

(▶) 華清公司的行銷研究人員為瞭解三種不同的價格策略下，對銷售情況的影響。隨機安排 15 家商店，以不同的價格銷售該產品，其銷售資料置於「CH09 變異數分析」檔案的「定價策略」工作表中，如圖 9-28 所示。

圖 9-28

價格策略、銷售資料與「資料分析」對話方塊

	A	B	C	D	E	F
1	華清公司定價策略研究					
2	價格	銷售量				
3	20元	491	579	451	521	503
4	22元	588	502	550	520	470
5	24元	533	628	501	537	561

Step1: 開啟「CH09 變異數分析」檔案的「定價策略」工作表。

Step2: 建立統計假設。$H_0: \mu_1 = \mu_2 = \mu_3$(表示三種價格的平均銷售量均相同)；$H_1: \mu_1$，$\mu_2$，$\mu_3$ 不全相等。

Step3: 選取『資料/資料分析…』指令產生「資料分析」對話方塊。然後選取「單因子變異數分析」項目，產生如圖 9-29 的「單因子變異數分析」對話方塊。

圖 9-29

「單因子變異
數分析」對話
方塊及其設定
情形

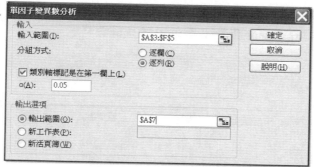

在圖 9-29 的「單因子變異數分析」對話方塊中，各部份的解釋及其必要
的設定如表 9-12。

表 9-12　「單因子變異數分析」模式設定說明

項目	說明
輸入範圍	設定變數一輸入範圍。在本範例中由於變數資料區域位於 A3:F5，故於此設定為 A3:F5。
輸出選項	用於設定輸出範圍，共提供了「輸出範圍」、「新工作表」、「新活頁簿」等輸出範圍，通常只需設定輸出範圍之左上角的儲存格位址即可。本範例中我們設定輸出範圍為 A7。
分組方式	設定資料分類是逐欄或是逐列。因本範例中係以價格分類，故分組方式為逐列。
類別軸標記是在第一欄上	設定資料的類別標記位置，以「逐欄」分組時是位在所選區域的最上端，或者以「逐列」分組時是位在最左端。本範例中，第一欄為類別標記，所以應開啟此核取方塊。
α 值	設定型一誤差值。在本範例中型一誤差值為 5%。

Step4: 於圖 9-29 完成必要的設定後，按下「確定」功能鍵，系統經過短暫處理後便會產生如圖 9-30 的統計資料。

圖 9-30

「單因子變異數分析」所產生的統計資料

	A	B	C	D	E	F	G
7	單因子變異數分析						
8							
9	摘要						
10	組	個數	總和	平均	變異數		
11	20元	5	2545	509	2192		
12	22元	5	2630	526	2042		
13	24元	5	2760	552	2261		
14							
15							
16	ANOVA						
17	變源	SS	自由度	MS	F	P-值	臨界值
18	組間	4690	2	2345	1.083141	0.369447	3.88529
19	組內	25980	12	2165			
20							
21	總和	30670	14				

「單因子變異數分析」結論

由圖 9-30 中，【F 統計量 1.0831＜F 臨界值 3.8853】，所以我們接受 H_0 的假設，【P 值＝0.37＞α 值＝0.05】亦顯示接受 H_0，即表示「沒有充分證據顯示定價策略是會影響銷售量」。事實上，對於我們只考慮少量的觀察值，這樣的結果並無令人驚訝之處，除非進一步在每一個價格下增加觀察值個數，才能肯定該產品價格是否真的會影響銷售量。

9-2-2 雙因子變異數分析

雙因子變異數分析因其實驗是「重複」或「未重複」，而分成「雙因子變異數分析：無重複試驗」與「雙因子變異數分析：重複試驗」兩種分析模式。

「雙因子變異數分析」是同時觀察兩個影響因素：即觀測值可按兩種標準 A、B 分類而將數個觀測值排列成方陣形狀，各列表示 A 分類標準；而各行則表示 B 分類標準。在每一個交集項下只做一次試驗，則稱之「雙因子變異分

析:無重複試驗」；而在每一個交集項下可進行一次以上的試驗則稱之為「雙因子變異數分析:重複試驗」。

以下便以不同的範例，來說明「雙因子變異數分析:無重複試驗」及「雙因子變異數分析:重複試驗」的應用。

9-2-2-1 雙因子變異數分析:無重複試驗應用範例

範例 *雙因子變異數分析:無重複試驗應用範例*

▶ 某公司為檢定包裝方式對產品銷售是否造成影響，分別於五家不同百貨公司進行試銷一個星期，其銷售量資料置於「CH09 變異數分析」檔案的「包裝與銷售」工作表中，如圖 9-31 所示。

圖 9-31

「包裝方式對產品銷售是否造成影響」之資料範例

	A	B	C	D	E	F
1		公司				
2	包裝方式	甲	乙	丙	丁	戊
3	A	12	2	8	1	7
4	B	20	14	17	12	17
5	C	13	7	13	8	14
6	D	11	5	10	3	6

Step1: 開啟「CH09 變異數分析」檔案的「包裝與銷售」工作表。

Step2: 建立假設。$H_0:\mu_1=\mu_2=\mu_3=\mu_4$(表示四種包裝的平均銷售量均相同)；$H_1:\mu_1$，$\mu_2$，$\mu_3$，$\mu_4$ 不全相等

Step3: 選取『資料/資料分析…』指令，產生「資料分析」對話方塊。再於「資料分析」對話方塊中選取「雙因子變異分析:無重複試驗」項目，產生如圖 9-32 的「雙因子變異數分析:無重複試驗」對話方塊。並於圖 9-32 的「雙因子變異數分析:無重複試驗」對話方塊中進行必要的設定，如圖 9-32 所示。

圖 9-32

「雙因子變異數分析:無重複試驗」對話方塊及其設定情形

Step4: 於圖 9-32 完成必要的設定後,按下「確定」功能鍵,便產生如圖 9-33 的統計資料。

圖 9-33

「雙因子變異分析:無重複試驗」所產生之統計資料

8	雙因子變異數分析:無重複試驗						
9							
10	摘要	個數	總和	平均	變異數		
11	A	5	30	6	20.5		
12	B	5	80	16	9.5		
13	C	5	55	11	10.5		
14	D	5	35	7	11.5		
15							
16	甲	4	56	14	16.6667		
17	乙	4	28	7	26		
18	丙	4	48	12	15.3333		
19	丁	4	24	6	24.6667		
20	戊	4	44	11	28.6667		
23	ANOVA						
24	變源	SS	自由度	MS	F	P-值	臨界值
25	列	310	3	103.3	51.6667	3.9E-07	3.4903
26	欄	184	4	46	23	1.5E-05	3.25916
27	錯誤	24	12	2			
28							
29	總和	518	19				

 「雙因子變異分析:無重複試驗」結論

由圖 9-31 的範例中,我們得知「包裝」因素為「列」;而「公司」因素為「欄」。所以在圖 9-33 中,可得到其「列」的 F 統計量為 51.667,而其「列」的 F 臨界值為 3.49,因為 51.667>3.49,所以我們拒絕 H_0 的假設,P 值=$3.9*10^{-7}$<α 值=0.05 亦顯示拒絕 H_0,即不同包裝的銷售量具有顯著差異。

技巧

直接由圖 9-33 的 ANOVA 分析表也可進行「公司」因素是否會影響銷售量之檢定。由於「公司」因素為「欄」，在圖 9-33 的變異數分析表中，「欄」的 F 統計量為 23，而「欄」的 F 臨界值為 3.259，因為 23>3.259，所以我們可以認為產品所陳列的百貨公司對其銷售量也有顯著的影響。

有時我們在進行實驗設計之結果紀錄並非如圖 9-31 的方式，而是直接紀錄各種情形之銷售量，此時我們可使用 Excel 的「插入/樞紐分析表」功能，產生如圖 9-31 之資料表示方式，之後再依上述範例之步驟進行變異數分析。以下便舉一例說明其用法。

範例 *以樞紐分析表功能彙總資料*

▶ 上述範例中該公司為檢定包裝方式對產品銷售是否造成影響，分別於五家不同百貨公司進行試銷一個星期，其銷售量紀錄置於「CH09 變異數分析」檔案的「原始資料」工作表中，如右圖 9-34。請先將資料整理成圖 9-31 的形式，然後進行分析。

圖 9-34

「不同公司及不同包裝方式的產品銷售量」之資料記錄

	A	B	C
1	公司	包裝方式	銷售量
2	甲	A	12
3	甲	B	20
4	甲	C	13
5	甲	D	11
6	乙	A	2
7	乙	B	14
8	乙	C	7
9	乙	D	5
10	丙	A	8
11	丙	B	17
12	丙	C	13
13	丙	D	10

Step1: 開啟「CH09 變異數分析」檔案的「原始資料」工作表，並將游標置於表中任一儲存格上。

Step2: 選取『插入/樞紐分析表…』指令，產生「建立樞紐分析表」對話方塊。

Step3: 在「選擇您要分析的資料」中，Excel 已預先選定「選取表格或範圍」並自動選取資料清單範圍。若自動選取的範圍不正確，則請重新選定。

 技巧

使用者也可以在此一步驟中，直接按下「確定」功能鍵，以產生如圖 9-35 的分析狀態。

Step4: 在「建立樞紐分析表」對話方塊中，也可選擇所產生的樞紐分析表，是置於新工作表中或是已經存在的工作表中。在本例中我們選取新工作表，之後按下「確定」功能鍵，則新工作表中會顯示一空白的工作表畫面，包含欄列欄位與值欄位，並出現「樞紐分析表欄位」工作窗格，如圖 9-35 所示。

圖 9-35

輸出新工作表及「樞紐分析表欄位」工作窗格

Step5: 我們可直接利用「樞紐分析表欄位」工作窗格，進行樞紐分析版面配置的設定。利用滑鼠將「包裝方式」拖曳至「列」欄位，將「公司」拖曳至「欄」欄位，同時將「銷售量」拖曳至「值」欄位，則出現如圖 9-36 的結果(圖 9-36 已另行修改了標題名稱)。

圖 9-36

利用滑鼠直接拖曳「資料按鈕」以進行樞紐分析版面配置之結果

	A	B	C	D	E	F	G
1							
2							
3	加總 - 銷售量	公司 ▼					
4	包裝方式 ▼	甲	乙	丙	丁	戊	總計
5	A	12	2	8	1	7	30
6	B	20	14	17	12	17	80
7	C	13	7	13	8	14	55
8	D	11	5	10	3	6	35
9	總計	56	28	48	24	44	200

Step6: 產生如圖 9-36 結果後，便可再依圖 9-31 之範例步驟進行變異數分析。

9-2-2-2 雙因子變異數分析:重複試驗應用範例

範例　**雙因子變異數分析:重複試驗應用範例**

▶ 某公司為了試驗不同的原料(A、B、C)與不同的生產方法(甲、乙)對產品的保存期限是否有影響。遂進行重複實驗。相關實驗資料置於「CH09 變異數分析」範例檔案的「原料生產」工作表。如圖 9-37。

圖 9-37

「三原料與二生產方法的保存期限」的資料範例

	A	B	C	D
1			原料	
2	方法	A	B	C
3	甲	42	51	43
4		40	52	44
5		52	50	54
6	乙	36	35	36
7		38	47	42
8		32	38	36

根據這些實驗資料，我們希望檢定的項目有：

▶ 生產方法對於保存期限是否有影響？

▶ 原料對於保存期限是否有影響？

▶ 原料與生產方法對於保存期限是否有交互作用？

Step1: 開啟「CH09 變異數分析」檔案的「原料生產」工作表。

Step2: 建立假設。

(1) H_0:生產方法不影響保存期限，H_1:生產方法會影響保存期限

(2) H_0:原料不影響保存期限，H_1:原料會影響保存期限

(3) H_0:無交互作用，H_1:有交互作用

Step3: 選取『資料/資料分析…』指令，並於產生的「資料分析」對話方塊中選取「雙因子變異數分析:重複試驗」項目，產生如圖 9-38 的「雙因子變異數分析:重複試驗」對話方塊。

圖 9-38

「雙因子變異數分析:重複試驗」對話方塊

Step4: 於圖 9-38 的「雙因子變異數分析:重複試驗」對話方塊中，各部份的解釋及其必要的設定如表 9-13。

表 9-13　「雙因子變異數分析:重複試驗」模式設定說明

項目	說明
輸入範圍	設定變數一輸入範圍。在本範例中由於變數資料區域位於 A2:D8，故於此設定為 A2:D8。
輸出範圍	設定輸出範圍，通常只需設定輸出範圍左上角的儲存格位址。本範例中設定為 A10。
α 值	設定型一誤差值。在本範例中型一誤差值為 5%。
每一樣本的列數	此為「重複實驗」的次數。亦每一組相對的樣本資料所佔的列數。在本範例中重複實驗 3 次，故設定為 3。

Step5: 於圖 9-38 完成必要的設定後,按下「確定」功能鍵,便產生如圖 9-39 的統計資料。

圖 9-39

「雙因子變異數分析:重複試驗」所產生的部份統計資料。

	A	B	C	D	E	F	G
10	雙因子變異數分析:重複試驗						
12	摘要	A	B	C	總和		
13	甲						
14	個數	3	3	3	9		
15	總和	134	153	141	428		
16	平均	44.6667	51	47	47.5556		
17	變異數	41.3333	1	37	27.5278		
19	乙						
20	個數	3	3	3	9		
21	總和	106	120	114	340		
22	平均	35.3333	40	38	37.7778		
23	變異數	9.33333	39	12	19.1944		
25	總和						
26	個數	6	6	6			
27	總和	240	273	255			
28	平均	40	45.5	42.5			
29	變異數	46.4	52.3	43.9			
32	ANOVA						
33	變源	SS	自由度	MS	F	P-值	臨界值
34	樣本	430.222	1	430.222	18.4821	0.00103	4.74722
35	欄	91	2	45.5	1.95465	0.18415	3.88529
36	交互作用	3.44444	2	1.72222	0.07399	0.92911	3.88529
37	組內	279.333	12	23.2778			
39	總和	804	17				

「雙因子變異數分析:重複試驗」結論

由圖 9-39 中,我們可得知:

■ 變異來源為"生產方法"的 F 統計量為 18.482,而 F 臨界值為 4.7472,因為 18.482>4.7472,所以我們拒絕 H_0 的假設,即不同生產方法會影響保存期限。

■ 變異來源為"原料"的 F 統計量為 1.9547,而 F 臨界值為 3.8853 因為 1.9547<3.8853,所以我們接受 H_0 的假設。換言之,不同原料不會影響保存期限。

■ 變異來源為 "交互作用" 的 F 統計量為 0.074，而 F 臨界值為 3.88539，因為 0.074<3.8853，所以我們認為生產方法與原料間不具交互作用。換句話說，產品的保存期限不會因原料配合適當的生產方法而有所差異。

9-3　迴歸分析

　　在週遭的各個現象當中，由於各種因素的交互影響，使一群體內個體中的兩種或兩種以上的特性之間，如人的身高與體重；以及兩個或兩個以上的群體之間，如家庭的收入與支出，有【關係性】存在，即此兩組或兩組以上變數之間具有相關性，而研究一個或多個自變數對另一個特定因變數的影響情況的，稱之為「迴歸分析」(Regression Analysis)。

　　在迴歸分析中最簡單的模型是二變數的直線迴歸關係式(簡單直線迴歸分析)，僅討論一個自變數對一個特定因變數的影響情況。較複雜的是多元迴歸分析，顧名思義即討論多個自變數對一個特定因變數的影響情況。

　　在本節中將舉一廣告與銷售量的歷史資料，來說明「迴歸」項目的應用，並利用迴歸(Regression)方法來估計在不同的廣告量下的可能銷售量。如果我們認為廣告與銷售量確實呈直線相關，則線性迴歸模式可設為：

　　Y(銷售量)=A+BX(廣告)

但真實的情況，銷售量不可能會隨廣告量而無限遞增。實務上線性迴歸模式只有在部份範圍內適用，因此必須確定模式的適用範圍。

9-3-1 簡單迴歸分析應用範例

以下便以一範例說明如何使用 Excel 簡單迴歸分析工具。

範例　*簡單迴歸分析*

▶ 國清電腦公司市場分析人員根據歷史資料，認為其產品的銷售量與廣告量有關，其資料置於「CH09 迴歸分析」檔案的「簡單迴歸」工作表。如圖 9-40 所示。

Step1:　開啟「CH09 迴歸分析」檔案的「簡單迴歸」工作表。

Step2:　在使用簡單直線迴歸分析之前，可先利用「統計散佈圖」，以視覺的判斷方式來確認廣告量與銷售量兩者是否呈直線關係，如圖 9-40 所示。

圖 9-40

廣告、銷售量資料與其散佈圖

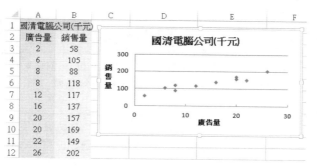

Step3:　由圖 9-40 中之散佈圖可看出廣告與銷售量之間「似乎」呈直線關係，因此可使用簡單直線迴歸分析。

Step4:　選取『資料/資料分析…』指令，產生「資料分析」對話方塊，然後選取「迴歸」選項，便會出現如圖 9-41 的「迴歸」對話方塊。

圖 9-41

「迴歸」對話
方塊與相關
的設定

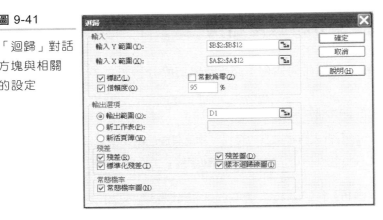

圖 9-41「迴歸」對話方塊中，各部份的意義及其對應範例的設定如表 9-14。

表 9-14　回歸模式的設定說明

項目	說明
輸入 Y 範圍	用於設定目標變數(Dependent Variable)輸入範圍。在本範例中(圖 9-40)由於目標變數 - 銷售量資料區域位於 B2:B12，所以設定為 B2:B12。
輸入 X 範圍	用於設定因變數 (Independent Variable)輸入範圍。在本範例中(圖 9-40)由於因變數 - 廣告量資料區域位於 A2:A12 ，所以設定為 A2:A12。同時如「Y 值輸入範圍」般，變數資料範圍亦應鍵於同一欄中，否則系統亦會產生錯誤。但在迴歸模式中，可同時存在多個因變數，此時「輸入 X 範圍」形成一多「欄」的方式。而每一欄存放一因變數資料，此即是多元迴歸分析。
常數為零	設定直線迴歸分析模式其迴歸線通過原點，即其常數項 A 為 "零"。本範例中由圖 9-40 之散佈圖看出，應未通過原點，因此不需開啟此核取方塊。
標記	主要設定資料的類別標記，是否為所選區域的第一列。在本範例中 A2:B2 為類別標記，所以開啟此對話方塊。
信賴度	設定信賴度值。在本範例中信賴為 95%，則當我們產生迴歸分析的彙總報表時，系統便會針對所估計出的迴歸係數，計算信賴區間值。

項目	說明
輸出範圍	用於設定迴歸分析彙總報表輸出範圍,通常只需設定輸出範圍左上角的儲存格位址即可。在本範例中輸出範圍為設定為 D1。
殘差	主要設定是否需計算估計之殘差(Residuals),即在迴歸模式下的估計值與實際觀測值之差。本範例中開啟此核取方塊。
標準化殘差	主要設定是否需計算估計殘差之標準化。本範例中開啟此核取方塊。
殘差圖	主要設定是否需繪製殘差之散佈圖。本範例中開啟此核取方塊。
樣本迴歸線圖	主要設定是否需繪製代表估計值與實際觀測值之圖形。本範例中開啟此核取方塊。
常態機率圖	主要設定是否需繪製代表實際觀測值常態分佈之"常態機率圖"。本範例中開啟此核取方塊。

 注意 目標變數資料範圍應鍵入於同一欄中,否則系統會產生錯誤。

Step5: 在圖 9-41「迴歸」對話方塊中完成各項設定後,按下「確定」功能鍵時,系統經過短暫的處理便會產生如圖 9-42 至圖 9-45 的彙總報表。

圖 9-42

迴歸分析彙總報表(一)

	D	E	F	G	H	I	J	K	L
16		係數	標準誤	t 統計	P-值	下限 95%	上限 95%	下限 95.0%	上限 95.0%
17	截距	60	9.22603481	6.503335532	0.000187444	38.72471182	81.27528818	38.72471182	81.27528818
18	廣告量	5	0.580265238	8.616749156	2.54887E-05	3.661905096	6.338094904	3.661905096	6.338094904

 迴歸分析結論

▶ 係數(Coefficients)

我們可由圖 9-42 中【係數】得到迴歸係數,如此配合『Y(銷售量)=A+BX(廣告)』模式,因為 A=60;B=5,所以此估計迴歸模式可寫為:

Y(銷售量)=60+5X(廣告)

▶ t 檢定與 p 值

而 t 統計量與 P_Value 兩個值可讓我們進行 X 的之係數參數 β (估計值為 5)是否為 "0" 的檢定,即檢定 Y(銷售量)與 X(廣告)是否具直線關係。其解法如下:

$$H_0: \beta = 0 \text{ v.s. } H_1: \beta \neq 0$$

因為信賴度為 95%,α =5%;且自由度為 8,係數參數檢定為雙尾檢定所以查表可得 t 臨界值為 t(0.025,8)=2.306。

統計查表部份可用 Excel 統計函數 TINV 來完成,其函數格式為:

TINV(雙尾顯著水準, 自由度)

如本例的做法僅須在空白儲存格鍵入= TINV(0.05,8),按下 [ENTER] 鍵,即會計算出 t 臨界值為 2.306。

因為廣告的 t 統計量=8.6167>t 臨界值=2.306。所以在 α =5%下,我們拒絕接受 $H_0: \beta = 0$,即 Y(銷售量)與 X(廣告)具有直線關係。

除了用上述的方式外,我們也可以利用 P-value 以便更快速的檢定 Y(銷售量)與 X(廣告)是否具直線關係。因為廣告的 P-value=2.55×10^{-5} =0.0000255,非常接近 0,當然遠小於 α 值(=5%),所以我們拒絕接受 $H_0: \beta = 0$。

注意

上述檢定結果若為【接受 H_0】,並不表示 Y(銷售量)與 X(廣告)無關。僅代表在此項資料的 X(廣告)範圍內不具線性關係而已。

上述之檢定在 α =5%下，我們拒絕接受 H_0: β =0，且 X 的係數估計值為 5 大於 0，即由資料可證明 Y(銷售量)會隨 X(廣告量)遞增。

▶ 95%信賴上、下限值

信賴上、下限則相對於我們在圖 9-42 中的「信賴度」中設定的 95%，所以系統會計算出 "迴歸係數" 的 95%信賴區間值。如廣告量的 95%信賴區間值為(3.6619,6.3381)，表示我們有 95%的把握，確信增加一單位(1000)的廣告量，平均可增加約 3.6619 至 6.3381 單位(1000)的銷售量。

除圖 9-42 外，有一部份的資料顯示如圖 9-43，其應用如下：

圖 9-43

迴歸分析彙總
報表(二)

	D	E	F	G	H	I
1	摘要輸出					
2						
3	迴歸統計					
4	R 的倍數	0.9501				
5	R 平方	0.9027				
6	調整的 R 平	0.8906				
7	標準誤	13.829				
8	觀察值個數	10				
9						
10	ANOVA					
11		自由度	SS	MS	F	顯著值
12	迴歸	1	14200	14200	74.24836601	2.54887E-05
13	殘差	8	1530	191.25		
14	總和	9	15730			

在圖 9-43 的迴歸分析彙總報表(二)中，除了可得一變異數分析表(ANOVA)外，另有「判定係數」來協助我們判斷迴歸關係的強度及迴歸模型之解釋能力。

迴歸分析的主要目的在於預測，因此在樣本迴歸模型建立後，須檢視其模型之配適度(goodness of fit)。分析的方式是將觀察值 y 的總變異(SST)，分成兩個部份：

迴歸直線可解釋的部份，稱為迴歸變異(SSR)；
無法由線性關係解釋的部份，稱為殘差(SSE)；

這整個分析的過程即為迴歸變異分析(ANOVA for Regression)。即

SST=SSR+SSE

若每一觀察值都落在樣本迴歸直線，即 SSE=0；此時 SST=SSR(SSR/SST=1)，亦即總變異可完全由迴歸變異來解釋，也就是說，此一迴歸模型的解釋能力最大。又若 SSE=SST 時，此時 SSR=0，表示迴歸模型的解釋能力為 0。因此，利用此概念可建立「判定係數」來檢視模型之配適度。

- 判定係數(Coefficient of Determinantion)

判定係數(R 的平方)=SSR/SST，其值介於 0 與 1 之間，當此值愈接近 1 時，表示迴歸關係愈強或迴歸模型之解釋能力愈高。在圖 9-43 的迴歸分析彙總報表(二)中，其判定係數(R 的平方)=0.9，非常接近 1，表示迴歸關係相當強，即迴歸模型之解釋能力非常高。也就是說，銷售量的總變異中，已有 90%被廣告量所解釋(因廣告量而引起)。

- F 檢定

判定係數(R 的平方)可協助我們判斷迴歸關係的強度及迴歸模型之解釋能力。但卻無法判斷此關係強度或解釋能力是否具有「統計顯著性」(statistically significant)。直覺上，在相同的判定係數下，包含 30 個樣本點的迴歸關係應比包含 10 個樣本點的迴歸關係更具統計顯著性。

利用迴歸分析所產生的變異數分析表(ANOVA)，最主要的功能便是讓我們進行迴歸關係強度及迴歸模型解釋能力之顯著性檢定。其解法如下:

$H_0: \beta = 0$ v.s. $H_1: \beta \neq 0$

由圖 9-43 我們可得知其 F 統計量為 74.2484，在 $\alpha = 5\%$ 下其 F 臨界值為 $F(0.05,1,8) = 5.3177$。

統計查表部份可用 Excel 統計函數 FINV 來完成,其函數格式為:

FINV(信賴係數,分子自由度,分母自由度)

如本例的做法僅須在空白儲存格鍵入 =FINV(0.05,1,8),按下 [ENTER] 鍵,即會計算出 F 臨界值為 5.3177。

因為 F 統計量為 74.2484 > F 臨界值 = 5.3177,故我們拒絕 H_0 之假設,表示銷售量與廣告量之間具有顯著的統計關係。

F 檢定與 T 檢定的區別如下:

❶ T 檢定用於個別迴歸係數之顯著性檢定,而 F 檢定用於整條迴歸模型之顯著性檢定。

❷ 在簡單直線迴歸模型的情形下,兩者之檢定值有平方關係,即 $\{T(n-1)\}^2 = F(1,n-1)$。

如上例中,t 統計量 = 8.6167 > t(0,025,8) = 2.306,F 統計量為 74.2484 = $(8.6167)^2$ > F 臨界值為 5.3177 = $(2.306)^2$。

除圖 9-42 及圖 9-43,另有一部份的資料彙總報表顯示如圖 9-44,其應用如下:

圖 9-44

迴歸分析彙總報表(三)

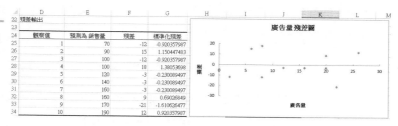

▶ 殘差分析

在迴歸模式中,必須假設誤差項為獨立且具有平均數為 0,變異數為未知的 σ^2 之常態分配。因此殘差分析可幫助我們來判斷這些假設在應用上是

否成立。如果對於誤差項的假設成立,而我們所建立的模式也適當的話,則其殘差圖會形成一條水平帶狀的圖形。

由圖 9-44 得知殘差值最大為 18,最小為-21,呈現常態分配。同時其殘差圖亦形成一條水平帶狀的圖形。因此對於誤差項的假設成立,表示 Y(銷售量)與 X(廣告量)之間的線性關係是適當的。

▶ 樣本迴歸線圖之輸出結果

圖 9-45

迴歸分析彙總
報表(四)樣本
迴歸線圖

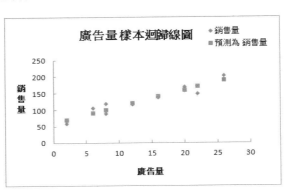

由圖 9-45 可看出,使用估計迴歸模式:Y(銷售量)=60+5X(廣告)來預測的銷售量與實際銷售量之間的差異很小。

範例　修改樣本迴歸線圖

▶ 若產生的樣本迴歸線圖 9-45 中,沒有出現以直線連接各點,我們可自行選擇其顯示的曲線,其方法如下:

Step1: 於圖 9-45 迴歸分析之樣本迴歸線圖中,以滑鼠進入圖形的編輯。

Step2: 於資料點上按右鍵後選取「資料數列格式」,則會出現如圖 9-46 的「資料數列格式」工作窗格(Excel2010 之前的版本會出現對話方塊)。

圖 9-46

「資料數列格式」工作窗格

Step3: 於圖 9-46「資料數列格式」工作窗格中,可自行選擇填滿與線條、效果、數列選項…等的修改。例如選取「填滿與線條」,並修改線條的形式為「自動」。則圖形會出現如下圖 9-47 的改變。

圖 9-47

改變圖樣線條的樣本迴歸線圖

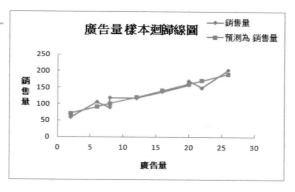

　　就行銷學的角度說明,廣告與銷售量並不會呈現「直線正相關」,廣告量的效果就經濟學的角度而言會呈「邊際遞減」,且一般在行銷學上常以「非線性」的函數來表達,例如,同時考慮了季節變動因素,則其模式可以表達為:

$$Y(銷售量)=Z(季節)(B+X(廣告))^{0.5}$$

　　無論如何,一元直線迴歸模式乃為最基本的型態,即使多元非線性模式也可轉換成簡單的線性迴歸模式,再利用 Excel 來處理。當然,除了廣告量的效果呈邊際遞減外,廣告量對企業的獲利亦不會無限延伸,而且企業亦有廣

告預算的限制，所以即使我們求出廣告、銷售量的迴歸模式，在進行決策制定時仍需考量預算的限制。

9-3-2 多元迴歸分析應用範例

在 9-3-1 節中，我們已提過簡單直線迴歸的範例。在本節則繼續介紹多元迴歸分析的應用範例。

範例　多元迴歸分析

▶ 在 9-3-1 的範例中，分析人員認為影響銷售量的因素不單是廣告量，而與銷售人員人數也有關，則我們應進行「多元迴歸分析」。根據歷史銷售記錄 10 個月份的資料置於「CH09 迴歸分析」檔案的「多元迴歸」工作表中，如圖 9-48。

圖 9-48

多元迴歸應用範例

	A	B	C
1		國清電腦公司	
2	廣告量(千元)	銷售員人數	銷售量(千元)
3	2	3	58
4	6	5	105
5	8	3	88
6	8	4	118
7	12	5	117
8	16	4	137
9	20	5	157
10	20	6	169
11	22	4	149
12	26	6	202

處理多元迴歸模式，一如簡單迴歸模式般，須在「資料分析」對話方塊中選取「迴歸」項，而畫面上便會出現「迴歸」對話方塊，接著在「迴歸」對話方塊進行必要的設定即可。由於「迴歸」對話方塊已於前一小節中詳述，在此不再贅述。當完成所有設定後，按下「確定」功能鍵，即可產生相關的迴歸分析彙總表。如圖 9-49 至 9-51。

圖 9-49

多元迴歸分
析彙總表
(一)

	F	G	H	I	J	K	L	M	N
12		係數	標準誤	t 統計	P-值	下限 95%	上限 95%	下限 95.0%	上限 95.0%
13	截距	19.8152	13.8064	1.4352	0.1944	-12.8317	52.4622	-12.8317	52.4622
14	廣告量(千元)	3.9174	0.5130	7.6369	0.0001	2.7045	5.1304	2.7045	5.1304
15	銷售員人數	12.2979	3.7728	3.2596	0.0139	3.3766	21.2192	3.3766	21.2192

多元迴歸分析結論

由圖 9-49 的彙總表(一),可得到以下的結論:

▶ 估計迴歸模式之取得:

> 銷售額(Y)=A*廣告量(X$_1$)+B*銷售員人數(X$_2$)+C

因 A=3.9174,B=12.2979,C=19.8152,因此多元迴歸模式可寫為:

> 銷售量=3.9174*(廣告量)+12.2979*(銷售員人數)+19.8152

▶ 各項係數之檢定:

> H$_0$: β_1=0 v.s. H$_1$: $\beta_1 \neq 0$

信賴度為 95%,故 α=5%,自由度為 7,則 t 臨界值為 t(0.025,7)=2.365。因為廣告的 t 統計量=7.6369>2.365。所以在 α=5%下,我們拒絕接受 H$_0$:β$_1$=0,即 Y(銷售量)與 X$_1$(廣告)具有直線關係。

> H$_0$: β_2=0 v.s. H$_1$: $\beta_2 \neq 0$

因為銷售員人數的 t 統計量=3.2596 >t(0.025,7)=2.365。所以在 α=5%下,我們拒絕接受 H$_0$:β$_2$=0,即 Y(銷售量)與 X$_2$(銷售員人數)具有直線關係。

除了用上述的方式外,我們也可以利用 P-value 以便更快速的檢定 Y(銷售量)與 X$_1$(廣告)及 X$_2$(銷售員人數)是否具直線關係。因為廣告的 P-value=0.0001,非常接近 0,當然遠小於 α 值(=5%),所以拒絕接受 H$_0$:

$\beta_1 = 0$。且因為銷售員人數的 P-value＝0.0139，小於 α 值(＝5%)，所以同時也拒絕接受 $H_0: \beta_2 = 0$。

▶ 95%信賴上、下限值：

廣告量的 95%信賴區間值為(2.7045，5.1304)，表示有 95%的把握，確信增加一單位(1000)的廣告量，平均可增加約 2.7045 至 5.1304 單位(1000)的銷售量。又銷售員人數的 95%信賴區間值為(3.3766，21.2192)，表示有 95%的把握，確信增加一位銷售員，平均可增加約 3.3766 至 21.2192 單位(1000)的銷售量。

圖 9-50

多元迴歸分析彙總表(二)

	F	G	H	I	J	K	L	M	N
2	摘要輸出								
3				ANOVA					
4	迴歸統計				自由度	SS	MS	F	顯著值
5	R 的倍數	0.9805		迴歸	2	15122.344	7561.1721	87.1023	0.00001
6	R 平方	0.9614		殘差	7	607.65589	86.807984		
7	調整的 R 平方	0.9503		總和	9	15730			
8	標準誤	9.3171							
9	觀察值個數	10							

由圖 9-50 的彙總表(二)，可得到以下的結論：

▶ 判定係數

其判定係數＝0.9614，很接近 1，故利用 X_1(廣告)及 X_2(銷售員人數)可解釋 96.14%的變異。

一般說來，當加入迴歸模式的自變數愈多，其判定係數的增加是必然的。為消除自變數個數對判定係數的影響，故使用「調整的判定係數(R_a^2)」來分析。由圖 9-50 中得知其「調整的 R 平方」＝0.9503，依然非常接近 1，故利用 X_1(廣告)及 X_2(銷售員人數)來解釋銷售量是恰當的。

▶ F 檢定

亦即檢定 Y(銷售量)與 X_1(廣告)、X_2(銷售員人數)是否有關。($\alpha = 0.05$)

$H_0: \beta_1 = \beta_2 = 0$ v.s. $H_1: \beta_i$ 不全為 0 (i=1,2)

由於 F 統計量為 87.1023 >F(0.05,2,7)＝4.74。所以在 95%的信賴水準下，拒絕 H₀。表示 Y 與 X₁、X₂ 有關。即利用估計迴歸模式「銷售量＝3.9174*(廣告量)＋12.2979*(銷售員人數)＋19.8152」，在自變數樣本範圍內預測銷售量是有效的。

圖 9-51

多元迴歸分析彙總表(三)

	F	G	H	I	J	K	L	M
19	殘差輸出							
20			預測					
21	觀察值	銷售量(千元)	殘差	標準化殘差			銷售員人數 殘差圖	
22	1	64.5439	-6.5439	-0.7024				
23	2	104.8095	0.1905	0.0204				
24	3	88.0485	-0.0485	-0.0052				
25	4	100.3464	17.6536	1.8948				
26	5	128.3141	-11.3141	-1.2143				
27	6	131.6859	5.3141	0.5704				
28	7	159.6536	-2.6536	-0.2848				
29	8	171.9515	-2.9515	-0.3168				
30	9	155.1905	-6.1905	-0.6644				
31	10	195.4561	6.5439	0.7024				

殘差分析

由圖 9-51 得知殘差值最大為 17.6536，最小為-11.3141，呈現常態分配。同時其殘差圖亦形成一條水平帶狀的圖形。因此對於誤差項的假設成立，表示 Y(銷售量)與 X₁(廣告量)及 X₂(銷售員人數)之間的線性關係是適當的。

9-4　時間數列分析

「時間數列」是依時間先後分類的統計數列，其有兩個變數，自變數為時間，而因變數為各時間所相對發生的數量或數值。例如生產量、銷貨量、物價、股價…等任何一組變數，若按時間順序排列者，即為「時間數列」。由於經濟現象與商情動態大都是連續發生而成時間數列，所以時間數列分析對學習商管課程或是直接從事商業相關分析的人，是一相當重要的課題。

此外，工商企業從事任何涉及未來問題的決策都須運用到「預測」，時間數列分析為 "動態" 的預測，即是根據以往的變動趨勢，用以預測未來可能發生的情況。因為許多前一(幾)期現象都是由更早以往的事實演化來，而前期已發生的事實對於未來情況的演變又往往具有影響，因此如果希望預測

準確可靠，則必須對數列趨勢的發展與動態作深入的研究，此即為「時間數列」分析的目標。

通常統計學家把影響時間數列的成分分為下列四個部份：

- ▶ **長期趨勢**：一現象在長期內受某種基本原因支配，如經濟性的、社會性的、文化性的…等的原因，只要基本原因不改變，則其移動現象會呈穩定緩慢而有規律的小幅度變動。

- ▶ **季節變動**：為一種週期變動，週期為一年或少於一年。最常見的季節變動是由氣候改變所產生，如冷氣的銷售量，電力的需求，啤酒的需求…等。

- ▶ **循環變動**：與季節變動類似，為一種週而復始的變動，但無嚴格的週期，通常循環週期為三至五年。通常應用在經濟循環或商情循環上。

- ▶ **不規則變動**：此種變動在時間上是不定期的，而且變化程度也無規律。產生不規則變動的原因不外乎戰爭、政府的政策改變、天災、罷工…等。

時間數列可由以上四個成分構成，後兩者因循環期不固定且長短不一，而不規則變動的產生因素突如其來，因此僅能就長期趨勢與季節變動兩個項目來預測未來，循環變動與不規則變動即產生預測值的誤差。倘要減少預測誤差，則僅作短期預測，並隨時更新或補充新資料，以對最近的未來作預測。

在 Excel 中，提供了兩種「時間數列」分析工具，指數平滑法與移動平均法，可進行長期趨勢的預測分析，以下就分別介紹如何使用。

9-4-1 指數平滑法

指數平滑法是 Robert G‧Brown 所提出，其為一種簡單計算加權移動平均的程序，係利用時間數列資料作短期預測。

Robert G．Brown 認為時間數列的態勢具有穩定性或規則性，所以時間數列可被合理地順勢推延；由於他認為最近的過去態勢，在某種程度上會持續到最近的未來，所以將較大的權數放在最近的資料上。此法的基本公式為：

$$F_t(本期預測值)=F_{t-1}(前期預測值)+W[Y_{t-1}(前期實際需求值)-F_{t-1}(前期預測值)]$$

公式中的 W 代表一種「阻尼因子」，作為預測誤差之敏感性調整，其值介於 0 與 1 之間。本期預測值(New Forecast)即現在對未來的預測，前期預測值(Current Forecast)表示過去對現在所作的預測。上式可改寫為：

$$F_t=(1-W)F_{t-1}+WY_{t-1}$$
$$=(1-W)[(1-W)F_{t-2}+WY_{t-2}]+WY_{t-1}$$
$$=(1-W)^2F_{t-2}+W(1-W)Y_{t-2}+WY_{t-1}$$
$$=……$$

由上式可得知，時期 t 的預測，可根據所有以前各時期的實際需求來作預測，但是離預測期越近之需求的阻尼因子值越高，所以使用此法作預測時，必須謹慎選取阻尼因子。如果阻尼因子訂得過高，所作的預測將受鄰近時期需求的不規則變動影響，反之如果阻尼因子訂得過低，則預測對近期需求的變動反應，反而會很遲鈍，所以「阻尼因子」必須訂得非常適當，才能得到有效的預測值。茲舉一例說明。

範例　指數平滑法的應用

▶ 華華公司過去 10 年的銷售額(百萬)資料置於「CH09 時間數列」檔案的「銷售記錄」工作表，如圖 9-52 所示。利用指數平滑法算出各年銷售額的預測值為何？

Step1:　開啟「CH09 時間數列」檔案的「銷售記錄」工作表。

圖 9-52

華華公司過去 10 年的銷售量資料

	A	B
1	華華公司銷售記錄	
2	年別	銷售額(百萬)
3	1989	598
4	1990	787
5	1991	666
6	1992	569
7	1993	561
8	1994	915
9	1995	947
10	1996	791
11	1997	1114
12	1998	1591

Step2:　選取『資料/資料分析…』指令，並選取「資料分析」對話方塊中的「指數平滑法」項目，以產生如圖 9-53 的「指數平滑法」對話方塊。

圖 9-53

「指數平滑法」對話方塊各項目之設定情形

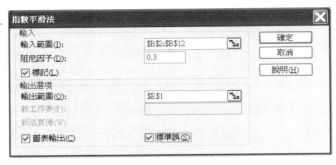

Step3:　在「指數平滑法」對話方塊中各項目之說明及其設定情形如圖 9-53 所示。對話方塊中各項目之設定說明如表 9-15。

表 9-15　「指數平滑法」模式設定說明

項目	說明
輸入範圍	資料的位址。本範例為 B2:B12。
輸出範圍	設定報表的輸出範圍，僅需設定輸出範圍的左上角儲存格位址。本範例設為 E1。
標記	如果輸入範圍的第一列或欄包含標記，請選取這個核取方塊。當輸入範圍不包含標記時，請清除這個核取方塊；Excel 會自行決定輸出表格的適當資料標記。本範例第一列有標記，故開啟此核取方塊。
阻尼因子	作為預測誤差敏感性的調整，其值介於 0 與 1 之間。本範例設定為 0.3。
「標準誤」	指數平滑處理結果的同時，右邊會出現一行顯示每年的標準誤。在本範例中開啟「標準誤」核取方塊。
「圖表輸出」	指數平滑處理後會顯示其相對應的「統計圖表」。在本範例中開啟「圖表輸出」核取方塊。

Step4:　完成上述設定後，選取「確定」功能鍵，即產生如圖 9-54 所示的「指數平滑法」處理結果。

圖 9-54

「指數平滑法」處理結果

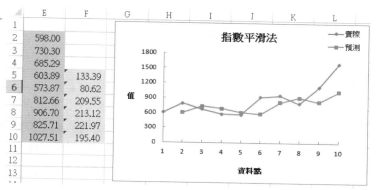

指數平滑法結論

在圖 9-54「指數平滑法」統計報表中，左側一欄（E 欄）是「預測值」，右側一欄（F 欄）為「標準誤」，同時，Excel 是以公式計算出「預測值」與「標準誤」。

在 Excel 中，當我們設定公式或函數時，若所設定的引數位址可能不是一個正確或是慣用而相對的位址時，便會顯示「智慧標籤」。在指數平滑法的輸出結果中，也會顯示智慧標籤，使用者可以不予理會。

9-4-2 移動平均法

求長期趨勢的另一種方法，其是將所分析的時間數列 Y，逐年、逐季、逐月或逐日順序移動，陸續取若干年、季、月或日的數值平均之，得一連串由平均數構成的數列，其結果便是所求的長期趨勢 T。

移動平均法的公式如下：

$$F_{j+1} = \frac{\sum_{i=1}^{n} A_{j-i+1}}{n}$$

493

其中，n 為我們所要求算的趨勢「期間」；F_{j+1} 是 j+1 期的預測值，A_{j-i+1} 則是在 j-i+1 期的實際值。茲舉一例說明之。

範例　移動平均法的應用

 某百貨公司決定延長週一至週三晚間的營業時間，因此雇用學生打工。經五週來觀察所得的抱怨次數，資料置於「CH09 時間數列」檔案的「改善品質」工作表中，如圖 9-55 所示。請以「移動平均法」求出三天為一期的移動平均趨勢值。

Step1:　開啟「CH09 時間數列」檔案的「改善品質」工作表。

圖 9-55

百貨公司五週
來所得的抱怨
次數資料

	A	B	C
1	週次	日數	次數
2	一	1	22
3		2	30
4		3	57
5	二	1	24
6		2	41
7		3	62
8	三	1	52
9		2	25
10		3	48
11	四	1	15
12		2	45
13		3	35
14	五	1	24
15		2	53
16		3	62

Step2:　選取『資料/資料分析…』指令，並選取「資料分析」對話方塊中的「移動平均法」項目，以產生如圖 9-56 的「移動平均法」對話方塊。

圖 9-56

「移動平均
法」對話方塊

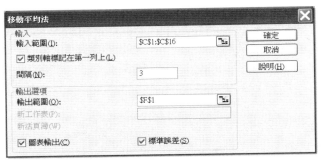

Step3: 在「移動平均法」對話方塊中各項目之說明及其設定如圖 9-56 所示。對話方塊中各項目之設定說明如表 9-16。

表 9-16 「移動平均法」模式設定

項目	說明
輸入範圍	資料的位址。本範例為 C1:C16。
輸出範圍	設定報表的輸出範圍，僅需設定輸出範圍的左上角儲存格位址。本範例設為 F1。
類別軸標記在第一列上	如果輸入範圍的第一列或欄包含標記，請選取這個核取方塊。當輸入範圍不包含標記時，請清除這個核取方塊；Excel 會自行決定輸出表格的適當資料標記。本範例第一列有標記，因此開啟此核取方塊。
間隔	即是設定平均趨勢期間。在本範例中為三天期的平均趨勢，故「間隔」設定為 3。
「標準誤差」核取方塊	開啟標準誤差則在顯示移動平均處理結果時，右邊會出現一行顯示各相對資料的標準誤差。在本範例中開啟「標準誤差」核取方塊。
「圖表輸出」核取方塊	移動平均處理後會顯示其相對應的「統計圖表」。在本範例中開啟「圖表輸出」核取方塊。

Step4: 完成上述設定後，選取「確定」功能鍵，即產生如圖 9-57 所示的「移動平均法」處理結果報表與統計圖。

圖 9-57

「移動平均法」統計報表與統計圖表

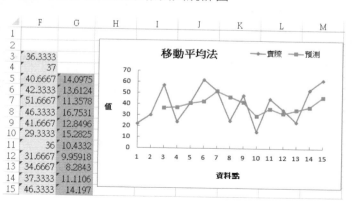

移動平均法結論

在圖 9-57「移動平均法」統計報表中，與「平滑指數」的方式一樣，左側一欄（F欄）是「預測值」，右側一欄（G欄）為「標準誤」，同時，Excel 是以公式計算出「預測值」與「標準誤」。同時亦會顯示「智慧標籤」，使用者可以忽略。

技巧

用過去的歷史資料來預測現在或本期方式，除 9-4-1 節所介紹的「指數平滑法」與本節所介紹的「移動平均法」外，在 9-3 節已介紹的「迴歸分析」亦是另一項絕佳的方法。要使用「迴歸分析」的方法為：選取『資料/資料分析…』指令，產生「資料分析」對話方塊，然後選取「迴歸」選項，而後在「迴歸」對話方塊進行必要的設定即可。詳細過程可參考前一小節(迴歸分析)。

若想利用過去所發生的歷史資料，以各種不同的「曲線」型態來預測未來，也可在以歷史資料產生統計曲線後，選定某一數列，再選取『設計/新增圖表項目/趨勢線』指令，然後於產生的下拉選框中選定即可。

範例　*以「趨勢線」產生迴歸曲線與函數*

▶ 依續上一範例圖 9-57 輸出圖形為基礎，直接利用「趨勢線」功能產生迴歸預測曲線與函數。

Step1:　選取『設計/新增圖表項目/趨勢線』指令後，於產生的下拉選框中可選擇「趨勢預測/迴歸分析類型」，在此要選擇「線性」，如圖 9-58 所示。

圖 9-58

選取『設計/
新增圖表項目
/趨勢線』指令

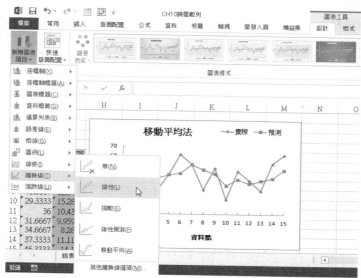

Step2: 於產生的「加上趨勢線」對話方塊中，選擇「實際」，如圖 9-59
所示。

圖 9-59

於「加上趨勢
線」對話方塊
中，指定「根
據數列加上趨
勢線」項目

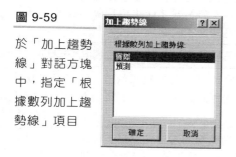

Step3: 趨勢線已加入圖表中。而若要對趨勢線進行設定，請在趨勢線上按
右鍵並選取「趨勢線格式」，如此便會產生「趨勢線格式」工作窗
格，如圖 9-60 所示。

圖 9-60

於「趨勢線格
式」工作窗格
進行各項設定

「趨勢線格式」工作窗格中的各項目之設定說明如表 9-17 所示。

表 9-17　「趨勢線格式」設定

項目	說明
趨勢線名稱	為趨勢線命名，若未命名則 Excel 會自動以趨勢預測類型顯示趨勢線名稱。本範例未命名。
趨勢預測	設定趨勢預測為正推或倒推幾個週期。本範例未設定。
「設定截距」核取方塊	如果已知趨勢線會通過 Y 軸的座標數值，則可設定截距。若趨勢線通過原點時，則可設定截距為 0。本範例並未設定截距。
「圖表上顯示公式」核取方塊	於趨勢線上顯示趨勢線的方程式。在本範例中，因趨勢類型為線性，故會在趨勢線上顯示其線性方程式。
「圖表上顯示 R 平方值」核取方塊	在趨勢線上會顯示其判定係數，判定係數介於 0 與 1 之間，越接近 1 時，其模型的解釋力越高。在本範例中開啟此核取方塊。

Step4: 於「趨勢線格式」工作窗格中,進行各項設定,如圖 9-60 所示, 之後選取「確定」功能鍵,即產生如圖 9-61 的結果。

圖 9-61

直接利用「趨勢線」功能產生實際資料之迴歸預測曲線與函數

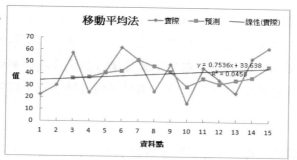

由圖 9-61 可知,直接產生實際資料的趨勢線方程式為 Y=0.7536X+33.638,其判定係數為 0.0458。

附註 若為 Excel2010/2007 請選取『版面配置/趨勢線/線性趨勢線』指令來加上趨勢線;若為 Excel2003 請選取『圖表/加上趨勢線』指令來加上趨勢線。

499

9-5 習題

1. 在「CH09 習題」檔案的「打字速度」工作表，某大公司想知道辦公室內播於不同音樂對於打字小姐的生產力有無影響，公司以輕音樂、搖滾樂、古典音樂及不放音樂，在打字間各播放數天且隨機觀察二個小時內打字數目。在顯著水準 α=0.05 下，檢定不同音樂狀況下打字的平均數是否有差異。

2. 在「CH09 習題」檔案的「家庭開銷」工作表，紀錄十五個家庭的開銷資料彙總表，

    ① 試求出此地區居民每月娛樂消費的 95%信賴區間。

    ② 最後進行娛樂消費是否為 9500 元的檢定。

3. 針對「CH09 習題」檔案的「數學競試」工作表進行下列操作

    ① 依其所得的資料，是否服從常態分配？

    ② 繪製常態機率圖，以判斷其是否服從常態分配？

    ③ 檢定男、女同學競試成績的平均值是否有差異，以型一誤差(α)=5%進行檢定。

4. 根據「CH09 習題」範例檔案的「CH09 迴歸分析」工作表進行下列分析。

    ① 房屋仲介業者，依其收集的資料，認為每月的景氣燈號與該月份的業績相關，試以迴歸分析討論之。

    ② 接續上例，分析人員認為影響該月份的業績，不只該月份的景氣燈號，也和每月的雨天日數有關，試以多元迴歸分析討論之。

5. 根據「CH09 習題」範例檔案的「超商營業」工作表進行下列分析。

　① 針對每季的營業紀錄，試利用「指數平滑法」算出各季營業的預估值。

　② 請以「移動平均法」求出以年為一期的平均移動趨勢值。

　③ 利用上小題所產生的圖形，以「趨勢線」功能產生迴歸預測曲線與函數。

6. 根據「CH09 習題」檔案中的「睡眠研究」工作表。某一大學的學生報紙進行一項有關學生睡眠習慣的研究，在此研究中有一部分是收集男、女學生每晚的睡眠時間的資料。根據資料，你能否在 5%的顯著水準下，認為學生平均睡眠時間會因性別而有所差異？

7. 根據「CH09 習題」檔案中的「汽車速度」工作表。某警察局進行一項實驗以評估雷達偵測器裝置對汽車速度的影響，在高速公路上隨機抽樣 10 輛汽車，測量其在通過偵測器前後之車速(英哩/小時)並記錄。根據資料，你能否在 5%的顯著水準下，認為雷達偵測器裝置對汽車速度會有影響？

8. 根據「CH09 習題」檔案中的「等待時間」工作表，其中為某超市老闆研究顧客結帳等待時間(y)，與櫃檯結帳人員個數(x)之間的關係，得到的資料表。

　① 請根據資料，計算其相關係數。

　② 又在 5%的顯著水準之下，顧客等候付帳的時間與櫃檯結帳人員數目之間是否相關？

　③ 又請根據上述資料，計算顧客等待付帳的時間，與櫃檯結帳人員數目之間的直線迴歸方程式。

9. 根據「CH09 習題」檔案中的「安全教育」工作表。華華公司為評估四種不同的員工職業安全教育方式的效果，該公司將 20 名員工隨機分成四組，第一組閱讀安全手冊，第二組參加安全講習，第三組觀看錄影帶，第四組以小組進行討論。四種課程結束後，進行一項測驗，滿分為 10 分，其成績結果如「問卷調查」工作表所示。

　① 利用 EXCEL 之單因子變異數分析檢定四組之平均分數是否有差異？

　② 說明四種教育方式的效果

10. 根據「CH09 習題」檔案中的「甄選測驗」工作表。萬大公司的人力資源部門經理欲甄選新的業務人員，他設計了一份測驗卷，希望能有效的預測銷售能力。為測試該測驗卷的有效性，他隨機抽出五名有經驗的業務人員並施以測驗。測驗成績與其週業績列於工作表中。

　① 試繪出測驗成績與週業績之散佈圖，並判斷二者是否有直線關係？

　② 計算二者之樣本相關係數，並說明此值之意義。

　③ 找出二者之估計迴歸式。

11. 開啟「CH09 習題」檔案，選擇「學生成績」工作表，此工作表乃抽樣 49 位學生的統計學及經濟學成績，請問在 5%的顯著水準下，兩科目之平均成績是否有差異？

12. 開啟「CH09 習題」檔案，選擇「汽車銷售」工作表，此工作表是抽樣北高兩地 12 月份之汽車銷售量，請問在 5%的顯著水準下，兩地之汽車平均銷售量是否有差異？ (假設北高資料為獨立收集而得)。

13. 請開啟「CH09 習題」檔案中的「家庭所得」工作表，該工作表係去年某地四區家庭所得樣本資料，試利用「單因子變異數分析」進行四區所得是否有差異的變異數分析，並將輸出範圍設定為工作表的 A9 儲存格。。

14. 請開啓「CH09 習題」檔案中的「研習成績」工作表，該工作表係五名公司推薦的經理級主管參加企管研習班所得各科成績資料，利用「雙因子變異數分析:無重複試驗」進行下列各項的變異數分析。各課程的難易程度是否相同?學員的能力是否相等?檢定顯著水準 α 設爲 0.01

15. 請開啓「CH09 習題」檔案中的「百貨包裝」工作表，該工作表係某公司爲了試驗不同的包裝方式(A、B、C)或不同的百貨公司(甲、乙、丙、丁)對產品的銷售量是否有影響?遂於各百貨公司各試銷 3 次,所紀錄之銷售量資料,利用「雙因子變異數分析:重複試驗」進行下列各項的變異數分析。檢定顯著水準 α 設爲 0.05。

　① 三種包裝方式的銷售量是否相同?

　② 四家百貨公司的銷售量是否相等?

　③ 包裝方式與百貨公司間是否有交互作用?

16. 請開啓「CH09 習題」檔案中的「儲蓄所得」工作表，該工作表係去年某地五個家庭儲蓄及所得樣本資料,試利用「簡單迴歸分析」進行以儲蓄爲因變數,以所得爲自變數之迴歸分析,並說明其迴歸方程式爲何?

17. 請開啓「CH09 習題」檔案中的「迴歸練習」工作表，該工作表係去年某地五個家庭儲蓄、所得、資產及子女數樣本資料,試利用「多元迴歸分析」進行以儲蓄爲因變數之迴歸分析,並說明其迴歸方程式爲何。

18. 請開啓「CH09 習題」檔案中的「銷售數量」工作表，該工作表係 86 年至 87 年間,某公司每月個人電腦銷售台數資料,試利用「指數平滑法」進行時間數列分析,並製作圖表輸出。假設阻尼因子爲 0.35。

19. 請開啟「CH09 習題」檔案中的「外銷金額」工作表,該工作表係某貿易
    公司最近五年(85-89 年),每季外銷金額的資料(單位:十萬美元),

    ① 試利用「移動平均法」進行時間數列分析,並製作圖表輸出。

    ② 針對上述圖表結果,試利用「趨勢線」功能,產生實際外銷金額資料的
       迴歸預測曲線及預測函數。

20. 利用統計函數功能進行下列問題

    ① 在某一大飯店隨機抽樣 100 位顧客,調查其平均等候點餐的時間為 6 分
       鐘,標準差為 5.4 分鐘。請建立此速食店顧客平均等候時間的 98%信賴
       區間。

    ② 麵包製造者在產品營養成分上標示,一盎斯的起司蛋糕包含了 88 卡洛
       里的熱量,隨機抽樣 36 份起司蛋糕。發現其每盎斯平均含 90 卡洛里的
       熱量,標準差為 4 卡洛里,請在 4%的顯著水準下,檢定真正的平均熱
       量是否標示的要高?

    ③ 某種絕症病人的平均存活時間為 4.8 年,今針對 22 名病患進行新治療
       實驗,發現其平均存活時間為 5.5 年,標準差為 1.1 年,請在 0.01 的顯
       著水準下,使用 p 值檢定該新治療法是否有顯著的改善?

    ④ 某研究針對一大型公司相同職務的男女員工薪資進行比較。隨機抽樣
       100 位女性,平均每小時工資為 140,標準差為美金 40。隨機抽樣 75
       位男性,平均每小時工資為美金 185,標準差為美金$55。在 5%的顯著
       水準下,此資料能否證明女性平均薪資低於男性?

市場調查個案分析

本 章 重 點

了解市場調查的基本概念

了解問卷的結構與設計

學習運用 Excel 進行問卷整理

學習運用 Excel 樞紐分析與資料分析工具，用於進行問卷分析

了解 Excel 強大的統計分析功能後，在本書的最後一章，將舉一完整的市調個案分析，讓讀者可以更能融會貫通 Excel 於市場調查的應用。

10-1 市場調查之基礎概念

10-1-1 市調的內容與概念

從行銷管理的學理來說，制定一份契合企業需求的行銷策略，可以從所謂的 4P 角度切入，包含產品本質、定價、銷售通路與促銷等四個項目進行，其中最重要的關鍵之一，就是了解企業目標市場上的客戶，對於企業準備上市或已經上市的商品或服務的認知，以及目標市場客戶的一般性消費行為。而要取得消費者的認知，或是掌握消費者的消費行為動向，便是消費者行為研究的重點，而其中最常被運用的工具就是市場調查與統計分析。

可做為市場調查的內容相當的廣泛，主要可以使用行銷學上的主題為思考的依據，從整體市場面分析、消費者行為研究到行銷策略組合(4P)來作為初步的分類，但更重要的是在進行市場調查之前應該先釐清市場調查的目的為何？例如是想作為新產品上市的策略制定，還是想了解消費者對於已上市商品的反應，亦或了解競爭對手的市場現況，或是想了解消費者普遍性的消費行為與傾向等等。確立研究目標後，才可以進行市調的研究工作。究竟應該調查什麼，其大致內容說明如表 10-1。

表 10-1　市場調查的內容

市場調查的內容	項目
市場與銷售分析	分析市場的特徵
	調查市場之需求量及其變化
	瞭解未來潛在之需求變化
	市場佔有率分析
	探討銷售量變化及其原因
消費者調查	調查消費者購買與使用行為
	調查消費者購買產品動機與影響因素
	調查消費者購買及使用產品數量與頻率
	瞭解品牌知名度、印象與偏好程度
	調查消費者使用產品滿意與不滿意的成因
產品研究	產品的包裝研究
	產品的生命週期研究
	新產品試銷調查
	產品口味測試與調查
	產品命名研究
廣告研究	廣告效果研究
	廣告媒體評估
	廣告預算擬定
價格調查	成本、售價與利潤調查及分析
	價格彈性分析
	價格促銷效果分析
競爭者調查分析	競爭者的產品調查
	競爭者的產品訂價
	競爭者的銷售策略
	競爭者的產品廣告效應

表 10-1 是表列出在商業市調的範疇中，可能進行調查的項目。但是，當我們真正進行市調的活動時，通常是在特定的目的與需求下進行，因此，真正調查的內容(也是問卷設計的內容)，大概分成兩類：

▶ 評價與認知

調查產品與品牌知名度、廣告認知與聯想、產品或服務的整體或是特定屬性的評價，以及評價的理由等等。

▶ 消費理由與消費行為

包含消費品牌、價格、數量購買決策因素、購買或拒絕理由、使用情況等等…

簡單的說，市場調查是一種科學的研究方法，也是一種跨領域的應用科學，要讓市場調查的結果，能夠即時而有效的反映出市場調查的目的，並提供決策層參考，必須結合數個學科與技能，方能達到事半功倍的效果。包括

▶ 科學概念

▶ 行銷學

▶ 統計學

▶ 電腦統計分析工具

而廣義的來說，本書所描述的市調理論、方法與工具，除了可以應用在一般商業領域，也可以使用於其他社會科學調查或是民意調查等等。

10-1-2 現有的市場資訊

在進行市場調查時，有些資訊是屬於既存的資料，這些我們稱之為次級資料。這些資料包括以下四大類。

- ▶ **企業內部資料**：來自於公司內部的歷史銷售資料，各種銷售計畫、預測與研究報告。

- ▶ **產業情報**：由研究機構或是出版社，針對產業或是企業所進行的研究而提出的研究報告。

- ▶ **官方統計資料**：如行政院主計處、經建會，中央銀行、內政部...等，其定期或不定期的出版品，是提供市場調查單位大量寶貴的次級資料的主要來源。

- ▶ **特定市場資訊調查機構**。

10-2 │ 市場調查的步驟

「市場調查」在一般商學領域中可以說是一專門的學科，具有一定的思考邏輯與操作步驟。不論是使用哪一種市調工具與方法，若能依據本節所描述的步驟來進行，則可以按部就班完成市調的工作。

第一步：擬定問題與假設（確立市場調查的目的）

第二步：決定所需資料

市場調查所需研究與收集的資料大概分為兩類，分別為初級(Primary)資料與次級(Secondary)資料。前者為針對特定研究目的而直接搜集的資料，後者則是組織企業內外部現有的資料。

初級(Primary)資料適用於推定消費者行為模式與其他特定屬性方面的分析，次級(Secondary)資料主要用來分析整體市場較適宜。初級資料的有效性，大部份決定於收集資料的方法，而次級資料的選擇應考慮資料的來源與可信賴度。

第三步：決定收集資料的方法

若無適用的次級資料，初級資料的收集則為必需的步驟，收集初級資料的方法，最常見的有四種，分別為訪問法，觀察法、實驗法與展示法。

第四步：抽樣設計

決定樣本的性質（即調查的對象），樣本大小及抽樣方法。市場調查的結果是否足以信賴，在於樣本大小與抽樣方法等問題。樣本太小，結果可能不具代表性；樣本過大，卻增加成本負擔並且會喪失時效。因此決定樣本的大小應考慮四項因素：

- ▶ 可動用的調查經費

- ▶ 可接受的統計誤差

- ▶ 決策者所願冒的風險

- ▶ 所研究問題的基本性質

有關樣本大小的考量與計算，請參考下一節說明。此外，抽樣的方法可分為機率與非機率抽樣。每一種抽樣類別都包含了不同的抽樣方法。有關抽樣方法，請參考第 9 章，表 9-1 的說明。

第五步：預試

在大規模調查之前，要先進行小規模（通常抽樣個數為 20 左右）的調查，「預試」的目的在找出問卷、觀察方法或實驗過程中潛在的問題，以便修正設計。

第六步：估計所需的調查時間及經費

市場調查是一件高成本支出、且耗時費事的工作，因此，在進行市調之前，一般必須對於調查時間及經費進行估計。

第七步：收集資料

依前述各項設計，進行資料的收集工作。例如，若採用郵寄問卷的方式，則應該開始進行問卷設計、寄發、回收、過濾與整理問卷資料。我們將在後續的各節中，陸續說明問卷設計的技巧，以及如何利用電腦軟體進行資料整理。

第八步：分析與解釋資料

資料的分析工作包括檢查初級資料、証實樣本有效性、編表及進行適當的統計分析與檢定，並透過此過程證實更多的市場訊息與假設。在本書中，我們將利用 Excel 強大的資料處理功能說明如何輔助市場調查的進行。

當我們將問卷的結果，於 Excel 中整理分析後，接下來更進一步的應用，便是將統計結果，依據統計理論推演成具有可以提供經營建議的資訊。

第九步：提出研究報告

書面報告一般分為兩類：

▶ **技術性報告**：強調研究的方法與基本假設，並敘述研究的發現

▶ **通俗性報告**：主要在聽取市場研究專家或公司行政決策者的建議，不要有太多的細節，著重研究的發現與結果。

10-3 | 抽樣調查的意義與樣本大小

10-3-1 抽樣調查的考慮因素

要瞭解市場訊息，基本上有兩種方式，分別為普查與抽樣調查。所謂「普查」即針對母體中的成員一一進行觀察、訪問與記錄，進而取得資料。但是普查工作耗費大量人力、物力及時間才得以完成，也常因母體資料取得不易而無法進行，因此在企業上運用普查方法進行資料蒐集的情形很少見，而多以抽樣調查來進行。主要的考量點有三點：

- ▶ 時間、人力及預算考量

- ▶ 操作過程的精確性

- ▶ 破壞性檢驗

10-3-2 誤差的種類與樣本大小

抽樣的目的主要是由樣本來推估母體，抽樣過程會產生抽樣誤差。為要節省成本與時間，這些誤差通常被允許。然而，要減少抽樣誤差，除了更精確的操作訓練外，也可以藉由提高樣本數目來達成目的。

另一種誤差為「非抽樣誤差」，包括可能來自設計階段誤差(如地區界定不清或遺漏，訪問技術及度量方法不當等等)；調查過程誤差(如操作人員的不當)；資料處理階段的誤差(如資料篩選、編碼、分析、確認等誤差)。

抽樣調查的樣本太小，結果可能不具代表性，也導致抽樣誤差可能過大；樣本過大，卻增加成本負擔，但能降低抽樣誤差。因此如何決定樣本大小，

是決定調查結果的重要關鍵之一。一般的統計書籍均有詳細的討論，此處只提出常用的兩個公式如下：

▶ 估計μ時

樣本大小　$n = \left(\dfrac{z_{\frac{\alpha}{2}} \times \sigma}{e} \right)^2$

其中 z 由信賴水準大小所決定(1-α即為顯著水準)，可由常態分配表中查得；σ 為母體標準差，通常未知，而以樣本標準差 s 取代；e 則為可容忍的誤差大小。

▶ 估計 p 時

樣本大小　$n = \left(\dfrac{z_{\frac{\alpha}{2}}}{e} \right)^2 \times p \times (1-p)$　或最保險之樣本數　$n = \dfrac{1}{4} \times \left(\dfrac{z_{\frac{\alpha}{2}}}{e} \right)^2$

其中 z 由信賴水準大小所決定(1-α即為顯著水準)，可由常態分配表中查得；p 為母體比例，通常未知，而以樣本比例 $\bar{p}$ 取代，若尚未進行抽樣樣本比例 $\bar{p}$ 亦是未知則使用最保險之樣本數；e 則為可容忍的誤差大小。

接著以 Excel 為工具，說明如何進行市調過程中的各種資料處理與分析。

範例　計算樣本數量大小

▶ 以「CH10 市場調查資料庫範例」範本檔案中的「樣本大小」工作表為例，使用 Excel「常態分配」函數功能，建立一分析模式，求出在估計母體比例為 P=0.5 時的樣本大小。(其中信賴水準為 0.9，可容忍的誤差大小 e 為 0.03)。

Step1:　開啟「CH10 市場調查資料庫範例」範本檔案中的「樣本大小」工作表，首先因常態分配是屬於雙尾分配，因此以 NORM.INV()函數

計算 Z 值。當要求「信賴水準」為 0.9 時(也就是區域為 0.9)，從左邊單側累積的機率應 0.95。

Step2: 就模式的設計上，我們可以使用 Excel 的簡單公式來計算累積機率值。首先在 A2 儲存格中鍵入信賴水準 0.9。

圖 10-1

以信賴水準計算函數所需的累積機率值

Step3: 接著於 B2 儲存格中設定公式，根據 A2 的信賴水準計算累積機率值。公式設定為＜*=50%+A2/2*＞。

Step4: 選定 C2 儲存格，選擇『公式/插入函數』指令，再於「或選取類別」中選「統計」，於「選取函數」中選「NORM.INV」(若為 2007 之前的版本請選「NORMINV」)，並選擇「確定」，則出現圖 10-2 的對話方塊。

圖 10-2

於 NORM.INV() 函數對話方塊中的設定

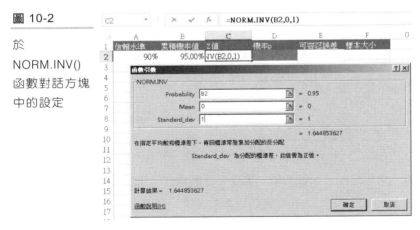

Step5: 於圖 10-2 對話方塊中，進行各項引數設定：Probability(機率)為儲存格 B2 的值，因要查出「標準常態分配」的 z 值，因此 Mean(平均數)為 0，Standard-dev(標準差)為 1，設定完畢後按下「確定」即可得到結果。此動作也相當於傳統統計書籍中的查表。

技巧　在本範例中，使用統計函數 NORM.INV()計算 Z 值。若不知道函數的英文名稱，於 Excel 中，可使用「搜尋函數」功能，鍵入簡短描述來說明要進行的處理，然後按一下「開始」功能鍵，電腦便會搜尋建議採用的函數。

技巧　有時候會設定顯著水準 α 的值(信賴水準即為 1-α)來尋求樣本數的大小。假設 α=0.10 時只需在「NORM.INV」函數的 Probability(機率)為儲存格輸入 1-α/2=0.95 即可。

Step6: 因本範例機率 p 為 0.5，繼續在儲存格 D2 鍵入機率值 0.5，在儲存格 E2 鍵入可容忍誤差 0.03，最後於儲存格 F2 鍵入公式＜**= C2^2*D2*(1-D2)/E2^2**＞，即可求出所需調查樣本大小約為 752。

技巧　因為樣本數不可以為小數，並且應該要無條件進位，因此，F2 儲存格應加上 ROUNDUP()函數，以無條件進位到整數，整個函數的寫法如下。最後結果如圖 10-3。

=ROUNDUP(C2^2*D2*(1-D2)/E2^2,0)

圖 10-3

求樣本大小的公式設定及其結果

	A	B	C	D	E	F
	信賴水準	累積機率值	Z 值	機率p	可容忍誤差	樣本大小
2	90%	95.00%	1.644853627	0.5	0.03	752

F2 ▼ : × ✓ fx =ROUNDUP(C2^2*D2*(1-D2)/E2^2,0)

技巧　當我們建立好此一模式，便可以代入其他參數，而得到不同的樣本大小，例如，當要求計算母體比例 p 為 0.4，信心水準為 0.8，可容忍的誤差大小 e 為 0.05 的樣本大小，則只需要於代入這些參數，便可以得到結果為 158。

10-4 問卷的設計準則

　　訪問法是最常用來作為廣泛收集市場資訊的方法。當我們使用訪問法來進行資料的收集，不論是以何種形式與受訪者互動，『問卷』都是市場調查最主要也是最基本的工具之一，其目的是幫助研究者收集到受訪者對研究主題有關的意見、態度以及行為傾向。

10-4-1 問卷的主要結構

　　對於用來作為一般市調的問卷結構，問卷的主體可以分成兩部分，第一部份為以不同的屬性紀錄受訪者的資訊，稱之為「基本資料」部分，如以性別、年齡、年薪等來區隔受訪者(消費者)。這一部分通常在統計分析時，會轉換成樣本組成分析，並作為與第二部分主要問題的分析標準。

　　問卷第二部分主要為反應出問卷的目的，度量受訪者的消費行為與態度傾向。例如詢問受訪者對特定產品的消費行為與認知，對某一主題的傾向與評價等等。但一份標準的問卷，不論是從事專業的學術研究或是一般性的市調，都應包含有一充分的說明，因此，一般問卷的完整格式包含三大部分。

PART I 前言說明

　　此一部分大都放置於問卷的最前端，目的在於說明本研究調查的目的、調查單位以及完成後的價值。主要的目的是希望獲取受訪者的認同，並降低受訪者的抗拒。在這一部分通常也會補充說明填寫問卷所需注意的事項，同時也會補充說明保密原則。如圖 10-4 即是本書所使用範例問卷的前言部分…

圖 10-4

適當的問卷前
言有助於受訪
者的答題意願

問卷編號：＿＿＿＿

啤酒消費行為問卷

您好！本研究主要是為了解目前國內消費者飲用啤酒的消費習慣，以及對啤酒的認知。希望您能花幾分鐘的時間回答下列的問題。本調查純粹作為學術之用途，並且恪遵資料保護法決定不會洩漏您個人的任何資料，非常感謝您的合作。若您期望能收到此次市調的研究報告，請留下您的聯絡方式，我們在完成報告後，會立即寄上一份資料。

啤酒消費研究中心 敬啟

PART II 基本資料

第二部分主要是收集受訪者的特徵資料，也就是「基本資料」。這類的資料有時候在訪問最後才進行收集。在一般問卷調查中，常見的「基本資料」包括受訪者的性別、年齡、教育程度、職業、婚姻與子女、收入與可支配所得、居住地區、黨籍、省籍與宗教信仰等等，到底哪些項目應該列入問卷之中，主要依調查研究的需要與假設來決定。例如，進行啤酒消費行為的調查時，若我們假設啤酒的消費行為，可能與居住地區或籍貫有關，則必須在基本資料的問卷中，放入居住地區或籍貫。

從行銷學中的消費者行為研究來看，會將消費者以不同的屬性進行分類，以便在制定行銷決策時，可以針對不同的消費族群(市場區隔)運用不同的行銷策略。若是市場調查的目的主要是使用於行銷研究，則更應以行銷決策制定時的區隔變數來做為基本資料的收集方向。

若是從市調的研究分析來看，「基本資料」在進行統計分析時，會有二大主要的作用。

▶ 進行樣本組成分析，並與母體進行樣本代表性檢定，以確定樣本的代表性。例如，假設要進行抽樣的母體為全國的民眾，以性別來區分，全國民眾的男女比例必然具備有一客觀的數據，若是抽樣樣本的性別比例與實際的比例差異太大，則可足以判定此資料可能不具代表性。

▶ 研究者可藉由基本資料與各項主要問卷的答案進行交叉分析，以瞭解不同屬性受訪者的行為或態度是否有明顯的差異，這種分析結果對於行銷策略制定時的市場區隔計畫非常有用。

如以本書所附問卷範例來說，只取性別、學歷與年齡三項變數作為基本資料項目。

PART III 行為與態度的衡量

第三部份就是問卷的主體，包含依市調目的而設計的各種問題。大致可分為兩類，主要是為了了解受訪者的消費(選擇)行為與對特定產品或服務(議題)的態度與認知。而所必須涵蓋的內容，應依據研究的目的來設計。例如，進行一般性消費行為調查，與針對特定產品制定行銷策略所涵蓋的問卷內容就不一樣，即使消費行為研究是為了行銷策略的制定，輔助產品設計策略與推廣策略所需的問卷內容也會有所差異，前者著重於目標市場消費者對於產品的功能的期望，後者則偏重於定價、通路與促銷策略等等。

▶ 掌握消費行為

這一部分的問題主要是詢問受訪者過去已發生，或是未來可能的消費行為。尤其是針對消費行為的調查，研究者通常希望從過去及現在的行為，甚至詢問未來的可能消費行為，預測其未來消費的可能性，以判斷未來消費市場的潛力。一般消費行為的調查項目，可以從行銷學上的 4P 來架構，包括品牌忠誠、產品屬性、數量、購買頻率、動機、消費金額、通路與訊息來源等等。如圖 10-5 便是本章範例問卷中用來獲取消費者消費行為的問題。

圖 10-5

用來取得消費
者消費行為的
問卷

2. 請問您是否有喝過啤酒?
　　□是□否（答 "否" 者請接第 6 題回答）

3. 哪一種啤酒品牌是您最常喝的?
　　□台灣啤酒□海尼根□美樂□麒麟 □黑麥格□其他

4. 您通常在哪裡購買啤酒?
　　□便利商店□雜貨店□量販店□超市□福利中心□酒類專賣店□其他

5. 請問您每週飲用量為_____毫升(cc)

▶ 態度與認知的問題

此類問題是要探討受訪者對特定問題的感受或認知。例如對某項產品或服
務的滿意度、對政府施政績效的滿意度等。事實上,處理態度方面的問題
比取得消費行為的資料要更為複雜與困難。在操作上,也會配合某些度量
的方法來取得受訪者的態度傾向。如在本書範例的問卷中,便以李克尺度
法來量化受訪者對於啤酒的喜好程度。當然李克尺度法,也同樣可以用在
消費行為的調查。

圖 10-6

用來取得消費
者態度與認知
的問卷

6. 依您對下列問題的同意程度,在適當的空格□內打∨

	非常不同意	不同意	無意見	同意	非常同意
①與朋友聊天聚會啤酒可增加熱鬧歡樂的氣氛	□	□	□	□	□
②啤酒是解渴的最佳飲料	□	□	□	□	□
③喝啤酒容易發胖不宜多喝	□	□	□	□	□
④啤酒的營養價值很高	□	□	□	□	□
⑤啤酒有苦味還不如喝其他的飲料	□	□	□	□	□

【**注意**】針對態度認知與偏好程度的問卷設計,為避免受訪者亂填,
而更正確的取得消費者的偏好,所有的問題未必會皆以正面
表述來陳述。如圖 10-6 範例的問卷中,第 3 與第 5 小題即是
負面陳述。針對類似的問題,在將問卷整理至資料庫時,要

特別注意。

10-4-2 問卷設計中的尺度意義

　　事實上，在問卷中的每一個題目，只要是屬於結構性問卷(封閉性)都是以「尺度」的方式來呈現每一問題的選項。一般常用的「尺度」共分四類，這四類有可能出現於商業市調的問卷中。

(▶) **名目尺度**：將問卷選項分類，各選項間並沒有順序或是邏輯上的關係。譬如，我們於圖 10-5 的問卷中，用來詢問受訪者心目中的第一品牌與何處購買，其中的選項，彼此並沒有順序或是邏輯上的關係，這些都是屬於名目尺度。在統計上，我們主要計算其個數，並以「眾數」為集中程度的統計量。

(▶) **順序尺度**：問卷各選項間具有順序或是邏輯關係。譬如，詢問基本資料中的學歷，我們按學歷的高低來呈現選項。因為各選項間具有順序關係，因此在進行統計分析時，除了統計各別選項外，也可以統計「累計次數」。例如，於本書的問卷範例中，我們可以統計「高中以下」(含國中與高中)的選擇次數。在統計上，我們除了計算個數外，我們也常用「中位數」來表示集中程度。

(▶) **區間尺度**：問卷各選項間的間隔「差」具有意義，但絕對值不具意義。例如，在本範例圖 10-6 中，我們使用李克尺度法，來度量消費者對啤酒的印象。在編碼的過程中，我們會分別以(-2,-1,0,1,2)來代表每一個相對選項的值，這些值可以用來進行敘述統計的運算，以反映出啤酒印象，但是個別的每一個值，如-1，則不具意義。

(▶) **比率尺度**：問卷各選項的值是具有意義的。通常在問卷中，只要針對數值型態的資料，都可以轉化成比率尺度來呈現。在本書的範例問卷中，針對年齡與飲酒量，是以非結構性(開放性)型態來詢問，但在很多時候，也可以將這些量化的開放性問題，轉換成比率尺度，以進行分析，如將年齡區

分成 20 歲以下、21-30、31-40、41-50 與 50 歲以上等五個選項來供受訪者回答,或是不改變問卷的開放性格式,而於進行統計時,配合軟體的功能,轉換成比率尺度來呈現。

以上四個尺度中,前兩項是屬於非數值型態的資料,著重於「質」的分析,在統計分析上,著重於計算次數,並且多以長條圖來呈現;而後兩者則是屬於數值型態的資料,著重於「量」的分析,可以進行敘述統計、相關係數與其他統計分析。但真正在處理問卷分析時,也可能會因應特定需求,在尺度之間進行轉換,例如,我們將名目尺度中的性別選項,以 0 與 1 進行編碼,而於必要的處理上進行運算。

10-4-3 問卷設計的要點

10-4-3-1 問卷型態的設計

只要使用的資料收集方法為訪問法,不論是透過人員訪談、郵件、電話或是電子郵件與網頁,都必須使用問卷。問卷的型態分為兩大類,分別為封閉式與開放式問卷兩種。又稱為結構性問卷與非結構性問卷。

▶ 「封閉式」問卷

是指受訪者可能的答案,都將出現問卷中。例如,在本書的範例問卷中,詢問受訪者的性別時,區分成男與女兩個選項。

▶ 「開放式」問卷

主要是讓受訪者可以自由地回答心中的答案,例如,詢問學歷時,可以直接以空白的方式讓受訪者填寫。此兩種問卷的優缺點比較如表 10-2。

表 10-2　開放性問卷與封閉性問卷的優缺點比較

	結構性問卷（封閉式）	非結構性問卷（開放式）
優點	■ 答案標準化，資料較易分析整理 ■ 受訪者能更清楚問題的意義與範圍，降低答非所問的可能 ■ 對於敏感性問題，受訪者可以使用區間的答案取代直接的答案，例如詢問薪資時，可以以區間的方式詢問	■ 彌補研究者對問題答案並無法完全掌握的缺點 ■ 可以作為設計問卷前的參考 ■ 可以取得更精確的數字，如實際年齡或是可支配所得，並可以進行較多的統計量分析
缺點	■ 無法精確掌握受訪者的態度與傾向 ■ 能產生的分析統計量較數字型態的開放性問卷少，如封閉性問卷無法直接統計兩個變量之間的相關係數(必須經過轉換) ■ 可能的答案過多 ■ 區間過大時，各受訪者的差異鑑別度低	■ 花費時間較多，易使受訪者厭煩 ■ 所得資料容易產生語意上的誤差 ■ 針對非數字性的開放性問卷答案，無法有效的進行統計分析

　　以本章的範例問卷而言，如詢問基本資料的年齡部分，與如圖 10-5 的第五題便是開放性問卷。非數值型態的開放性問卷在統計分析上比較困難。通常，針對類似的問題，我們可以採取以下的兩種處理方式：

▶ **完整保存**：主要是希望能夠從不同的反應中，完整收集到研究者所沒有想到的意見或是創意。

▶ **事後編碼**：閱讀完所有可能的答案後，再將不同的答案類型予以分類並進行編碼，並進行統計。

　　在本書中，主要是以封閉性問卷與數值型態的開放性問卷為主。

10-4-3-2 問卷設計的其他注意事項

除了針對研究目的以設計問卷外,在設計問卷時,其他必須注意的事項如下:

▶ 提及人事時地物,必須陳述清楚,並應力求簡短。

▶ 語義應精確

▶ 避免提問與調查內容無關的問題

▶ 避免些敏感性問題或是使用者沒有能力立即回答的問題

▶ 避免誘導性與威脅性的問題

10-5 研究個案說明與問卷實作

在了解了市場調查的步驟,與問卷設計的基本理念之後,接著本章將以一實際的研究個案為範例,說明如何結合 Excel 功能與統計理論,完成市場調查的分析。由於本書中主要強調說明如何應用 Excel 來完成市調分析,因此,在進行調查的方式,並未完全依照統計學上的要求,在考慮時間及可行性下,因而採取非隨機的便利抽樣;並有如下幾個假設:

▶ 為簡化資料的輸入,樣本大小設定為 250 份。最後取得有效問卷樣本 217 份。

▶ 調查的方式係利用學生擔任訪問員,以直接訪談的方式進行。

▶ 調查的時間為期三週。

▶ 調查地點則在天母及臺北車站附近。

▶ 假設性別、年齡、教育程度與啤酒的消費行為有關。

為了呈現不同的問卷面向，所設計的問題，涵蓋了開放與封閉性問卷型態，並且包含行為與態度兩方面的度量，以便讓讀者可以體會不同問卷型態的操作方式。

圖 10-7

啤酒消費行為
研究的範例問
卷

問卷編號：＿＿＿＿

啤酒消費行為問卷

您好！本研究主要是為了瞭解目前國內消費者飲用啤酒的消費習慣，以及對啤酒的認知。希望您能花幾分鐘的時間回答下列的問題。本調查純粹作為學術之用途，並且恪遵資料保護法決定不會洩漏您個人的任何資料，非常感謝您的合作。若您期望能收到此次市調的研究報告，請留下您的聯絡方式，我們在完成報告後，會立即寄上一份資料。

啤酒消費研究中心 敬啟

1. 受訪者基本資料：
  a. 性別：□男 □女
  b. 年齡：＿＿
  c. 學歷：國中

2. 請問您是否有喝過啤酒？
  □是 □否（答 "否" 者請接第 6 題回答）

3. 哪一種啤酒品牌是您最常喝的？
  □台灣啤酒 □海尼根 □美樂 □麒麟 □黑麥格 □其他

4. 您通常在哪裡購買啤酒？
  □便利商店 □雜貨店 □量販店 □超市 □福利中心 □酒類專賣店 □其他

5. 請問您每週飲用量為＿＿＿＿毫升(cc)

6. 依您對下列問題的同意程度,在適當的空格□內打∨

	非常不同意	不同意	無意見	同意	非常同意
①與朋友聊天聚會啤酒可增加熱鬧歡樂的氣氛	□	□	□	□	□
②啤酒是解渴的最佳飲料	□	□	□	□	□
③喝啤酒容易發胖不宜多喝	□	□	□	□	□
④啤酒的營養價值很高	□	□	□	□	□
⑤啤酒有苦味還不如喝其他的飲料	□	□	□	□	□

7. 請問您未來是否會再次購買該品牌之啤酒？
  □是 □否

※※謝謝您的合作※※

　　如圖 10-7 所示是本書範例中根據市調目的所設計的問卷。該問卷可利用一般文書處理，如 Word 來製作。尤其若是希望以電子郵件方式傳遞問卷，更可以利用 Word 的電子表單功能來製作問卷,以便簡化受訪者填寫資料的繁複過程,尤其若是具備有程式設計與資料庫的處理能力,可以搭配 VBA 等程

式語言，將問卷的內容直接彙整於資料庫中。有關 Word 製作技巧，請參閱其他相關 Word 書籍。

10-6 問卷結果編碼與問卷資料庫

在進行大規模調查之前，假設已經按照正確的市調方法與步驟，預作了 20 份左右的問卷進行「預試」，並修改問卷不適宜的地方。最後問卷內容可以參考 10-7 所示。在回收了問卷之後，接著說明如何利用 Excel 將這些回收的問卷，以更有系統的方式進行編碼與整理，以便於 Excel 中進行問卷資料的分析。共有以下 4 個步驟必須處理。我們也同時說明在 Excel 方面的操作技巧。

10-6-1 初步檢查

問卷回收後，首先要進行初步的檢查，如有未按規定圈選、未完成問卷或字跡模糊難以辨認者，均列為無效問卷予以刪除。本次調查 250 份中共有 33 份無效問卷，因此有效問卷有 217 份。

在專業的問卷設計中，會加入相互矛盾的兩個問題，以根據受訪者回答的內容，自動檢查是否有衝突，或是驗證受訪者是否有專注回答問題，以判斷是否為有效問卷。

10-6-2 編碼

透過編碼的過程，我們將所有問卷的答案換成數字以便計算或列表。編碼可在收集資料之前便於問卷上編好，也可在問卷回收之後才進行編碼的工作。每一個答案都將對應一個代碼，且彼此不可重覆，以免妨礙資料的整理。

編碼所用的英文代號,將與未來 Excel 資料庫中的「欄位名稱」對應。以本書範例而言,本次調查採事後編碼。編碼之結果如圖 10-8 所示。

圖 10-8

問卷編碼後的結果

啤酒消費研究中心 敬啟

1. 受訪者基本資料:
   a. 性別:B1 □男　B2 □女
   b. 年齡:C ___
   c. 學歷:D 國中(1 國中 2 高中 3 大專(學)4 大專(學)以上)

2. 請問您是否有喝過啤酒?
   E1 □是　E2□否(答 "否" 者請接第 6 題回答)

3. 哪一種啤酒品牌是您最常喝的?
   F1 □台灣啤酒 F2 □海尼根 F3□美樂 F4 □麒麟 F5□黑麥格 F6□其他

4. 您通常在哪裡購買啤酒?
   G1□便利商店 G2 □雜貨店 G3 □量販店 G4 □超市 G5 □福利中心 G6 □酒類專賣店 G7 □其他

在編碼的過程中,我們從 B 開始編,主要是將 A 留給問卷編號使用;同時,若是遇到封閉性問卷,每一個編碼的後面的數字便是代表要輸入到 Excel 資料庫的代表數字。(已編碼的 Word 電子問卷檔案,可以參考本書所附光碟「消費行為問卷(編碼)」)

 注意　在編碼的過程中,最重要需要注意的地方就是針對「態度」方面的問卷編號,若是我們在問卷設計時,使用了如李克尺度問卷,同時部分問題是以負面陳述,則編碼時,必須與正面陳述的題目順序相反。如圖 10-9 便是針對本範例中的第六大題所進行的編碼。

圖 10-9

針對態度與偏好問卷中，負面陳述的編碼

6. 依您對下列問題的同意程度,在適當的空格□內打∨

	非常不同意	不同意	無意見	同意	非常同意
①與朋友聊天聚會啤酒可增加熱鬧歡樂的氣氛	I1 □	I2 □	I3 □	I4 □	I5 □
②啤酒是解渴的最佳飲料	J1 □	J2 □	J3 □	J4 □	J5 □
③喝啤酒容易發胖不宜多喝	K5 □	K4 □	K3 □	K2 □	K1 □
④啤酒的營養價值很高	L1 □	L2 □	L3 □	L4 □	L5 □
⑤啤酒有苦味還不如喝其他的飲料	M5 □	M4 □	M3 □	M2 □	M1 □

此外，對於一個題目中只有兩個選項的邏輯式問題(如性別、是否喝過啤酒與是否會再購買等題目的編碼，若是考慮到未來分析時，可能會以統計量來代表「程度」，則也可以考慮使用(0,1)的編碼組合，取代(1,2)的組合，以便未來分析時，可以直接以此編碼數字進行統計。如當「是否會再購買」的統計量為 0.8，表示很有可能會再購買。

10-6-3 建立資料庫

將需要的標題(編號、性別、年齡...等)輸入至工作表中，再將受訪者的答案(217 份有效問卷結果)一一輸入各欄位內。除年齡與每週飲酒的 CC 數因為屬於開放性問卷，因此請輸入實際資料外，其他均輸入代碼。其部份輸入結果如圖 10-10 所示。相關的資料都已經建立於「CH10 市場調查資料庫範例」檔案中。讀者可以自行參考。

圖 10-10

原始問卷資料庫的部份內容

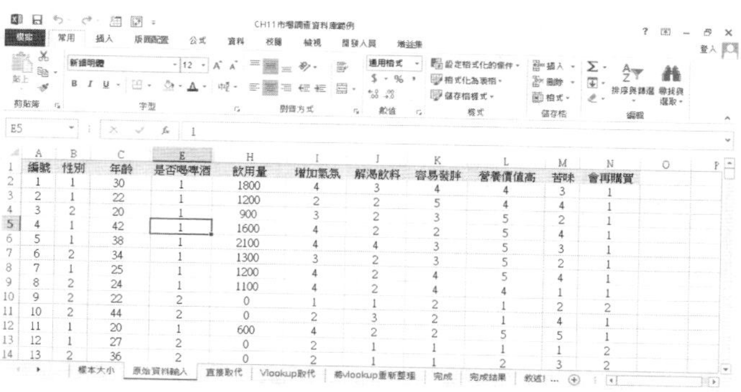

編號	性別	年齡	是否喝啤酒	飲用量	增加氣氛	解渴飲料	容易發胖	營養價值高	苦味	會再購買
1	1	30	1	1800	4	3	4	4	3	1
2	1	22	1	1200	2	2	5	4	4	1
3	2	20	1	900	3	2	3	5	2	1
4	1	42	1	1600	4	2	2	5	4	1
5	1	38	1	2100	4	4	3	5	3	1
6	2	34	1	1300	3	2	3	5	2	1
7	1	25	1	1200	4	2	4	5	4	1
8	2	24	1	1100	4	2	4	4	1	1
9	2	22	2	0	1	1	2	1	2	2
10	2	44	2	0	2	3	2	1	4	1
11	1	20	1	600	4	2	2	5	5	1
12	1	27	2	0	2	1	1	1	1	2
13	2	36	2	0	2	1	1	2	3	2

10-6-4 取代編碼

　　由於為了簡化資料的輸入，因此將問卷結果予以編碼，但之後的分析過程，除了特定數字型態的資料外，卻希望能直接顯示各選項的內容，以彰顯統計分析的意義。要達到此一目的，可利用『常用/尋找與選取/取代...』指令，或利用 VLOOKUP()函數，將資料庫的數字編碼內容改為原始文字。以下介紹使用『常用/尋找與選取/取代...』指令取代編碼的方式。有關利用 VLOOKUP()函數的部分，讀者可以自行參考 5-4 節介紹後，於範例檔案中自行練習。若想逐步跟著操作的讀者，請開啟相對的範例檔案進行練習。

範例 *使用『常用/尋找與選取/取代...』指令轉換編碼*

 利用『常用/尋找與選取/取代...』指令的方法，將「CH10 市場調查資料庫範例」檔案「直接取代」工作表的「性別」一欄進行將編碼取代成具有意義的選項文字。

Step1:　　選取「直接取代」工作表資料庫中「性別」一欄，再選取『常用/尋找與選取/取代...』指令，如圖 10-11 所示。

圖 10-11

選定要取代的資料區域後，選取『常用/尋找與選取/取代...』指令

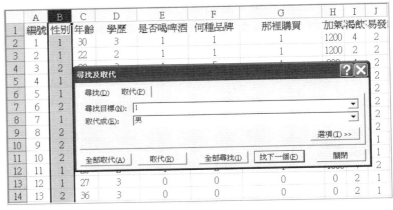

Step2: 於「尋找與取代」對話方塊的「尋找目標」文字方塊中鍵入「1」，「取代成」文字方塊中鍵入「男」，按下「全部取代」功能鍵，即可以將「1」全取代成「男」。

Step3: 接著重複前面步驟，將「2」取代成「女」。最後可以按下「關閉」功能鍵關閉「尋找與取代」對話方塊。

Step4: 依此方式，將「直接取代」工作表資料庫中的代碼逐一取代原始編碼，即可得到方便閱讀的有意義結果。

注意

在進行每一項目取代的過程，務必確定先選定「該欄位」，若只有選取一儲存格，則 Excel 將會針對整個資料庫進行取代，而產生將別的欄位(題目)中的"1"的答案也取代成"男"，如此便會發生錯誤。

附註

第二種整理資料庫的方式，是使用 VLOOKUP()函數來進行。運用 VLOOKUP()函數的前提是必須是有一個對照表，作為編號與相對文字的對照。如圖 10-12 所示。

圖 10-12

將原始編碼的資料庫，需要取代的資料欄位後，新增一欄位

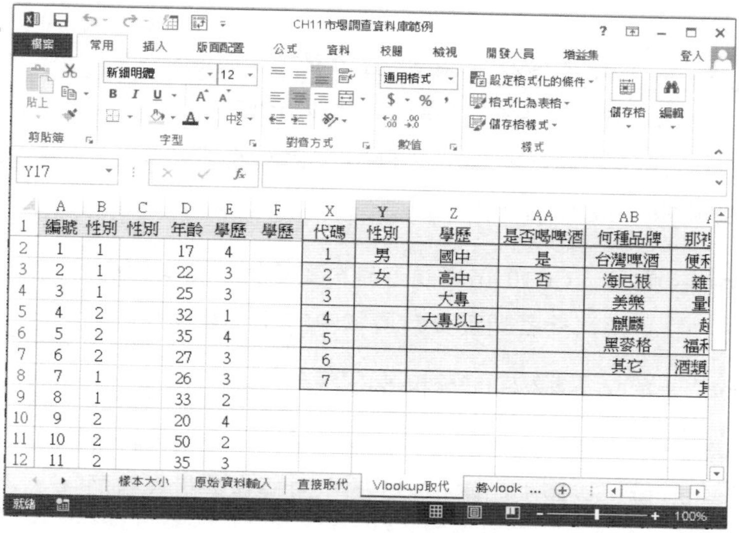

10-7 基礎分析－樣本組成分析

在上一節中已說明如何將收回之問卷製成資料庫，本節開始將介紹如何利用 Excel 進行資料的分析。對於問卷調查結果的整理分析，一般可分為調查對象的組成分析(通常為基本資料的分析)及問題結果的分析；前者在判別此調查的代表性，當調查對象的組成與母體類似時，問題的分析結果才能推論整個母體的情況。這一部份簡單的說，便是對於「基本資料」的分析。在本章中，則先說明抽樣樣本的組成分析。

10-7-1 樣本組成分析

基本資料通常是市場區隔中最重要的人口統計變數，為了了解受訪者的組成，可利用 Excel 中的『小計』指令或『樞紐分析表』功能來進行。由於使用『資料/小計...』指令的方法必須先將資料排序，因此針對類似的分析，都使用較簡易的『插入/樞紐分析表...』指令來進行。此一功能也用在後續的因素分析上。

範例　　「基本資料」之群組分析

▶ 以「CH10 市場調查資料庫範例」檔案中的「完成」工作表為例，進行以「學歷」變數為主的群組分析。請利用『插入/樞紐分析表...』指令進行。並產生相對的百分比統計圖。

Step1:　開啟「CH10 市場調查資料庫範例」檔案中的「完成」工作表，並選定消費者調查資料清單中的任一儲存格。

Step2:　選取『插入/樞紐分析表...』指令產生「建立樞紐分析表」對話方塊。

Step3:　若確定有選取到資料庫中的任一儲存格，請直接按下「完成」功能鍵，以產生如圖 10-13 的空白樞紐分析表畫面。

圖 10-13

產生空白的樞
紐分析畫面

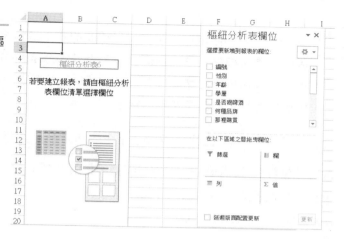

Step4:　接著依據分析的要求，將「學歷」分別從「樞紐分析表欄位」工作
　　　　窗格中拖曳到「列欄位」與「值欄位」，便會成為類似圖 10-14 的
　　　　狀態。因為「學歷」屬於文字欄位，因此會以「計數」為預設統計
　　　　方式。

技巧　為了更有意義的顯示樞紐分析表上的資訊，可以針對統計的
　　　　名稱，將資料由「計數－學歷」改為「學歷人數統計」

圖 10-14

產生「學歷」
群組分析表

注意　圖 10-14 在預設的狀態下，是以比劃順序來顯示選項項目，因此一題目屬於「順序尺度」，若希望學歷依國中、高中、大專、大專以上的順序排列方式，可以直接於圖 10-14 中拖曳欄位邊框，以調整顯示的順序。

Step5:　接著，選取『分析/樞紐分析圖』指令，再選擇「立體圓形圖」。

Step6:　選取『設計/新增圖表項目/資料標籤/其他資料標籤選項』指令。然後在出現的「資料標籤格式」工作窗格裡勾選「值」「百分比」項目以顯示出百分比與數值，如圖 10-15。必要時候，也調整統計表繪圖區大小與字型大小。

圖 10-15

產生群組分析的統計圖

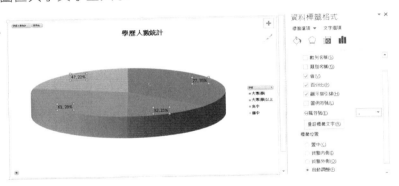

範例　*建立「百分比」分析表*

⊙ 依續上例，針對「樞紐分析表」，除了產生統計個數，也可以「百分比」來顯示群組資料。也就是同時顯示個數與百分比，如圖 10-16。

圖 10-16

進行群組分析顯示兩個統計量

學歷	學歷人數統計	百分比
大專(學)	77	35.48%
大專(學)以上	32	14.75%
高中	61	28.11%
國中	47	21.66%
總計	**217**	**100.00%**

Step1: 於圖 10-14 中，繼續將「樞紐分析表欄位」工作窗格中的「學歷」
拖曳到「統計欄位」(值)，並將「欄欄位」中的「值」拖曳到「列
欄位」，形成如圖 10-17 的狀態，有兩個統計量，都是統計「個數」
(即是問卷個數)。

Step2: 以滑鼠右鍵選取「計數－學歷」項目，產生如圖 10-17 的快顯功能
表。

圖 10-17

產生兩個統計
值，並且顯示
快顯功能表

Step3: 選取『值欄位設定』指令，產生如圖 10-18 的「值欄位設定」對話
方塊。

圖 10-18

以「值欄位設
定」對話方塊
建立百分比統
計欄位

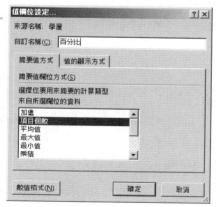

Step4: 於圖 10-18 對話方塊中切換到「值的顯示方式」索引標籤，則對話方塊就會顯示「值的顯示方式」的選項。

Step5: 在圖 10-18 中，除了可以在「自訂名稱」中改變顯示名稱外，還可切換到「值的顯示方式」索引標籤來對「值的顯示方式」進行設定。以本範例來說，因為是屬於單欄資料，因此，可以在「值的顯示方式」的選項下，選取「欄總和百分比」或「總計百分比」。

Step6: 按下「確定」功能鍵後，便可以將圖 10-17 的樞紐分析表改成如圖 10-19 的狀態。

圖 10-19

更改統計個數而以百分比顯示

Step7: 若要達到圖 10-16 的需求，只要於圖 10-19 中把「樞紐分析表欄位」工作窗格下方「列欄位」裡的「值」拖曳到「欄欄位」便可成為圖 10-16 的狀態。

10-7-2 統計圖表輔助

在前面的操作範例中，已經可以很清楚地知道，產生樞紐分析表之後，可以直接利用『分析/樞紐分析圖』指令來產生統計圖。

技巧 　將調查結果製成報告(不論是書面或是口頭報告)時，太多的
數據常常會使讀者混淆了真正資訊的重點，因此「圖表化」
是將「數據」更具體呈現的方式之一。

　　若進行樞紐分析時，是以「統計圖表」為主，也可以在製作樞紐分析
圖表時，直接產生樞紐分析統計圖報表。

　　要建立「樞紐分析圖」有兩種方式。一種是從『插入/樞紐分析圖』指令
中直接產生，另一種是產生「樞紐分析表」後，再利用此表的資料產生統計
圖。第二種方法，我們已經於前面的範例中說明，接著，直接以問卷資料庫
中的範例來直接產生樞紐分析統計圖。

範例　　*產生群組分析之樞紐分析圖*

▶ 以「CH10 市場調查資料庫範例」檔案中的「完成」工作表為例，使用統計
圖表的方式，進行以受訪者「年齡」變數為主的群組分析。並以每五歲為
一組，使用包含百分比的「子母圖」來呈現分析資料。佔有率低於 15% 的，
以「第二組」資料顯示。

Step1: 　將游標放置在「完成」工作表中的任一儲存格上，選取『插入/樞
紐分析圖…』指令，產生「建立樞紐分析圖」對話方塊。

Step2: 　在「選擇您要分析的資料」中選定「選取表格或範圍」選項。

Step3: 　選擇「確定」功能鍵即可得到專門提供給使用者進行建立樞紐分析
圖的畫面。同時會顯示「樞紐分析圖欄位」工作窗格。如圖 10-20。

圖 10-20

啟動預設的樞
紐分析圖工作
畫面

Step4: 接著，如進行工作表分析一樣，可以使用滑鼠直接從「樞紐分析圖
欄位」工作窗格中拖曳欄位，以從不同的角度分析資料。在本範例
中，要進行「年齡」層的群組分析，因此，於「樞紐分析圖欄位」
工作窗格中將「年齡」欄位拖曳到下方的「座標軸(類別)」、拖曳
任何一個「文字」欄位(如性別)到值欄位。如此可以得到初步的統
計圖，如圖 10-21。

圖 10-21

產生預設的統
計圖

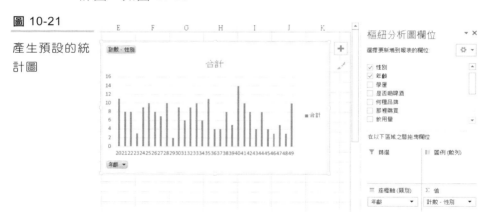

Step5: 因為本範例是要求以「5 歲」為一組來進行年齡的分組，因此，將
游標移到左方自動產生之樞紐分析表的「年齡」上，按下滑鼠右鍵，
啟動快顯功能表，然後選取『群組』指令，產生圖 10-22 的「群組」
對話方塊。

圖 10-22

為「數列」資
料設定群組

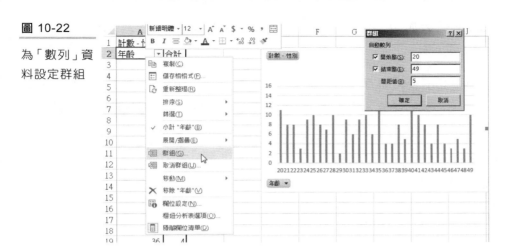

Step6: 依照圖 10-22 的「群組」對話方塊設定，其中主要是將間距值改為
5。若有必要，也可以調整開始點與結束點。

Step7: 按下「確定」功能鍵，便可以完成預設的長條圖統計圖。

Step8: 但此長條圖還不是所需要的統計圖類型。接著在長條圖的環境中，
可以選取『設計/變更圖表類型』指令，產生如圖 10-23 的對話方塊。

圖 10-23

選取「子母圖」
圖形來表達

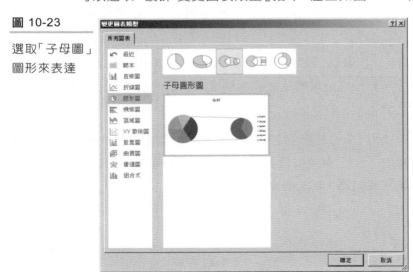

Step9: 在圖 10-23 中，選取「圓形圖」類型中的「子母圓形圖」副圖表類型。

Step10: 按下「確定」功能鍵後，可以得到初步的雛形。接著在資料數列上按右鍵後選取「資料數列格式」，啟動如圖 10-24 的「資料數列格式」工作窗格。

圖 10-24

啟動「資料數列格式」工作窗格

Step11: 依照範例題目的要求，在圖 10-24 中，請將「區分數列資料方式」改為「百分比值」，「值小於」設定為 15%，然後調整第二區域的大小。

Step12: 此外，也請選取『設計/新增圖表項目/資料標籤/其他資料標籤選項』指令。然後在出現的「資料標籤格式」工作窗格裡設定顯示「值」、「百分比」。

Step13: 最後使用 Excel 統計圖表的技巧，為統計圖變更樣式等等。甚至可以選取『分析/欄位按鈕』指令，將樞紐分析的專用欄位按鈕隱藏，最後形成如圖 10-25 的結果。

圖 10-25

以「子母圖」
產生群組分析

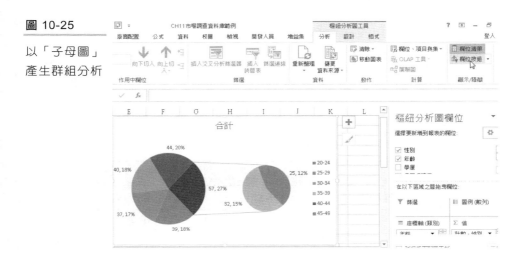

在上述的圖表製作過程中，運用了 Excel 樞紐分析表中的「群組」功能，將個別年齡項目，以五歲為一組，進行分組。而年齡原本是開放性問題，我們便是使用「群組」功能，將此問題轉化成具有「比率尺度」的封閉性格式，以進行個數統計分析。

秘訣 ── 針對數值型態的開放性題目，如年齡或是飲酒量，我們可以使用第 8 章的【敘述統計】方法，產生更多的統計量，以反映出消費的行為或是態度。

10-7-3 樣本組成分析結果

在上一節中，我們說明了如何利用 Excel 樞紐分析進行受訪者的基本資料分析。利用這些方法，我們可得到受訪者的基本特性分析如下。除了以「表格」方式呈現外，對於這些基本的「群組分析」，更可以善用 Excel 的統計圖表，尤其是「圓形圖」系列的統計圖來表達。

▶ 性別

在此次訪問中，共有 217 份，其中男性佔了 54.84%，女性佔了 45.16%，顯示此次調查中男性較多，男女比例與母體(台北地區)性別比例相去不遠。詳見表 10-3。

表 10-3 「性別」之樞紐分析結果報表

性別群組分析		
性別	小計	百分比
男	119	54.84%
女	98	45.16%
總計	217	100.00%

▶ 年齡

從受訪的基本資料分析中，我們發現年齡層分布平均。一般的市調中，若對於受訪者沒有刻意操作(例如只選擇特定年齡的受訪者)，年齡應該不會集中於 20-50 之中，同時各分組資料的個數也不會太平均。在本範中，對於抽樣方法並沒有要求很高，因此可能產生此樣本偏差的現象。結果詳見表 10-4。

表 10-4 「年齡」之樞紐分析結果報表

年齡群組分析		
年齡	人數	百分比
20-24	39	17.97%
25-29	37	17.05%
30-34	40	18.43%
35-39	32	14.75%
40-44	44	20.28%
45-50	25	11.52%

年齡群組分析		
年齡	人數	百分比
總計	217	100.00%

 教育程度

訪問中，大專(含)以上學歷者佔了約一半(50.23%)，其次為高中程度，顯見調查對象的學歷集中在大專(含)以上程度，與實際母體中，相對年齡層內的學歷結構有所差異，顯示可能有樣本偏差的問題。詳見表 10-5。

表 10-5 　「教育程度」之樞紐分析結果報表

學歷群組分析		
學歷	人數	百分比
國中	47	21.66%
高中	61	28.11%
大專	77	35.48%
大專以上	32	14.75%
總計	217	100.00%

10-8 　消費者行為統計與複選處理

10-8-1 消費者行為基本分析—次數分配

一般進行市場問卷調查於問卷收回之後，需先將回收問卷之答案整理於資料庫中，再進行資料的分析。問卷調查的分析，一般可分為調查對象的樣本組成分析及主要問卷分析，前者在判別此調查的代表性，當調查對象的組成與母體類似時，問卷之分析結果才能推論整個母體的情況，而後者則是調查最主要的目的。

從問卷結構說明一節中，我們知道在問卷結果的部分主要分消費行為與態度兩部份，對商業性市調的多數問卷來說，會包含這兩部份。在分析的技巧部分，若是針對開放性問卷的問題，可以善用更多的【敘述統計】來處理，若是針對封閉性問卷，則基本上是以「計算個數」為主，也就是進行次數分配的統計。而一般來說，若是針對行為調查的部份，多數是屬於封閉性問卷，如本書範例問卷中的二至四題題目，則也是以「次數分配」為主。

10-8-1-1 封閉性問卷的次數分配

因此，基本分析報告中，必須將能表達出消費者基本消費行為的選項次數分配統計量列出。例如，至少必須能描述有喝過啤酒與沒喝過的個數與比例，或是最常喝的啤酒品牌個數與比例等等。

要進行各種不同答案的統計分析與進行樣本組成分析的操作方式完全一樣，仍以「樞紐分析」為主要的分析工具，如針對「最常飲用品牌」的統計，使用樞紐分析表基本功能便可以得到如圖 10-26 的分析圖表。

圖 10-26

針對最常用品牌的問卷結果統計

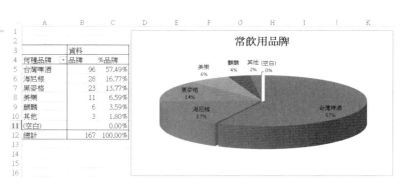

請使用 Excel 樞紐分析表功能，針對「CH10 市場調查資料庫範例」檔案中的「完成」工作表，完成如圖 10-26 的樞紐分析圖表。

當我們從問卷上取得消費者行為的各項單項統計之後，可以略知消費者的消費行為傾向。據此，行銷策略的制定者，已經可以透過問卷的結果掌握市場的動態，如市場的第一品牌與最使用的通路等等訊息；但是如果要進一步制定市場區隔的行銷策略，例如，想針對大學以上學歷的消費者制定通路的策略，則必須進行交叉分析與相關性等檢定，以便掌握更精緻市場訊息制定有效的市場策略。這部分我們在下一節以後的內容中說明。

10-8-1-2 開放性問卷的次數分配

針對開放性問卷，只要是屬於數值型態的問題，仍然可以使用樞紐分析的功能，進行分析。在上一節中，也曾經針對年齡，使用樞紐分析表的群組功能，於統計圖表的繪製時，將年齡分組以計算發生的次數，並且最後以母子圖的方式呈現。

然而，在問卷的處理過程中，我們還是會時常遇到數值型態的開放性問卷，必須進行次數分配。舉一範例說明。

範例　　*使用群組功能進行開放性問卷分析*

▶ 在問卷中的第五題，是以開放性問卷的形式，詢問每周飲用啤酒的飲用量，請以每 500CC 為一組計算每一組的次數與累計次數的分配。

Step1: 開啟「CH10 市場調查資料庫範例」檔案中的「完成」工作表，並選定消費者調查的資料清單中的任一儲存格。接著選取『插入/樞紐分析表⋯』指令產生「建立樞紐分析表」對話方塊。

Step2: 若確定有選取到資料庫中的任一儲存格，可以直接按下「確定」功能鍵，產生空白樞紐分析表畫面。

Step3: 接著依據分析的要求，將「飲用量」從「樞紐分析表欄位」工作窗格中拖曳到「列欄位」，然後拖曳任何兩個文字欄位(如學歷重複拖曳兩次)到「值欄位」，再將「欄欄位」中的「值」拖曳到「列

欄位」，便會成為如圖 10-27 的狀態。因為「學歷」屬於文字欄位，因此會以「計數」為預設統計方式。

圖 10-27

進行開放性數值型態問卷統計

Step4: 因為我們希望將飲用量以每 500CC 區隔，因此接著將游標放置於 A 欄飲用量下方的任一數值上，按下滑鼠右鍵選取『群組』指令，顯示如圖 10-28 的「群組」對話方塊，並且進行如圖 10-28 的設定。

圖 10-28

進行群組設定

Step5: 按下「確定」功能鍵後，便可以得到分組的結果。其中「飲用量<1」的那一組，即是代表飲用量為 0，也就是不喝酒的人數。分組後的結果可以參考圖 10-29 顯示。

Step6: 接著進行「累計次數分配」統計。請以滑鼠右鍵選取任何一個「計數－學歷 2」的項目，便會產生快顯功能表。請選取『值欄位設定』指令，產生「值欄位設定」對話方塊。

Step7: 於對話方塊中切換到「值的顯示方式」索引標籤，如此便會顯示「值的顯示方式」的選項。因為我們希望將「計數－學歷 2」的項目，改以累計次數方式顯示，因此，必須在「值的顯示方式」的

選項下,選取「計算加總至」,並設定「基本欄位」為「飲用量」。
按下「確定」功能鍵後,便可以將其中一欄位的「簡單計數」,改
為「累進計數」。

圖 10-29

將其中一個計
算項目改為累
計

Step8: 最後我們可以將「列欄位」中的「值」拖曳到「欄欄位」,並進行
欄位名稱的變更,最後可以得到如圖 10-30 的報表狀態。

圖 10-30

針對開放性數
值問卷進行次
數與累計次數
分配報表分析

	A	B	C
1			
2			
3	飲用量	次數	累計次數
4	<1	50	50
5	1-500	15	65
6	501-1000	16	81
7	1001-1500	76	157
8	1501-2000	58	215
9	2001-2500	2	217
10	總計	217	

10-8-2 複選的處理

在本章的問卷範例中,並沒有考慮複選的處理,但是,在許多的問卷中,
會使用到複選來反應出市調的目的。使用 Excel 為分析工具,當分析者面臨到
問卷中有複選時,則必須另行調整。

會以複選的處理來作為問卷的題型,基本上可以分成兩類,第一類是複選中的每一答案可以視為同等比重,例如,以問卷範例第四題,改成可以複選。

圖 10-31

簡單複選題
的題型

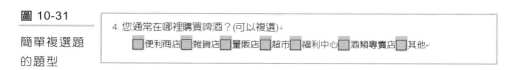

在以上的問卷類型中,不管受訪者如何選擇,並不強調各個複選答案間,相對的差異,例如,受訪者也許選擇便利商店買酒的頻率高於量販店,但對他來說都是屬於常購買酒的地方,因此,當以圖 10-31 的方式來詢問時,並無法反映出受訪者於便利商店與量販店的購買頻率差異。

此時統計的目的將偏重於計算個數。因為是複選,所以每一選項答案個數的加總將大於總受訪人數。而對於如圖 10-31 的題目,每一個可能的答案,只有是與否兩種可能,因此也可以將問卷改為如圖 10-32 的形式。如此進行分析時,每一個可能的答案都將獨立成為單獨欄位。

圖 10-32

於問卷設計時
便將複選改為
多個單選

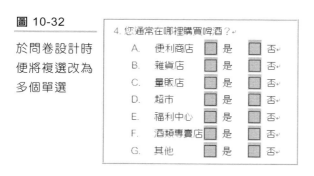

第二類的複選類型是每一個答案可能比重不同,此時在問卷的設計上,可以使用類似問卷範例第六題,取得消費者啤酒印象的做法,將每一個可能候選的答案,配合李克尺度的方式來處理,例如

圖 10-33

答案選項間有
不同權重的複
選題轉換

1. 請問下列哪些因素是影響您對電腦書籍選擇的因素與相對重要性
   (a)　(　)　價格　　(1)極為重要　(2)重要　(3)沒影響 (4)不重要 (5)極不重要
   (b)　(　)　包裝　　(1)極為重要　(2)重要　(3)沒影響 (4)不重要 (5)極不重要
   (c)　(　)　內容　　(1)極為重要　(2)重要　(3)沒影響 (4)不重要 (5)極不重要
   (d)　(　)　印刷　　(1)極為重要　(2)重要　(3)沒影響 (4)不重要 (5)極不重要

　　對於第二種複選問卷型態，主要是使用下一章「消費者態度調查與敘述統計分析」的方式來處理，而對於第一種方式的複選，假設我們在設計問卷時，只是使用如圖 10-31 的呈現方式，並沒有改成圖 10-32 的呈現方式，則在進行分析時，可以有兩種轉換處理的方式。

▶　將複選的每一個答案，轉換成多個單選，每一單選只有「選」或是「不選」兩種可能。

　　例如我們將前述對於通常購買啤酒的複選題目，於資料輸入時，轉換成如圖 10-32 的題目類型，每一個可能的答案在 Excel 工作表中都獨立成為一個題目(欄位)。而以圖 10-32 的編碼方式輸入資料於資料庫後，整個資料庫的狀態，將形成類似圖 10-34 的狀態。

圖 10-34

複選題於
Excel 資料
庫中呈現的
方式之一

	A	B	C	D	E	F	G	H	I	J
1	編號	性別	年齡	學歷	是否喝啤酒	何種品牌	便利商店	雜貨店	量販店	福利中心
2	1	男	30	大專(學)	是	台灣啤酒	是	是	否	否
3	2	男	22	高中	是	台灣啤酒	否	否	否	否
4	3	女	20	大專(學)	是	黑麥格	是	否	是	是
5	4	男	42	大專(學)以上	是	台灣啤酒	是	否	是	否
6	5	男	38	高中	是	美樂	否	否	是	是
7	6	女	34	大專(學)	是	台灣啤酒	是	否	是	是
8	7	男	25	國中	是	台灣啤酒	是	是	是	否
9	8	男	24	大專(學)	是	台灣啤酒	否	是	是	否
10	9	女	22	大專(學)	否		否	否	否	否
11	10	女	44	高中	否		否	否	否	否
12	11	男	20	高中	是	海尼根	是	否	否	否
13	12	男	27	大專(學)	否		否	否	否	否

　　使用上述的方式，進行複選題的呈現，從分析的角度上來看，可以觀察出每一種通路(購買管道)的選擇行為與其他行為或是偏好之間的關係。但如果我們仍然希望以「哪裡購買」為一統計的對象，則複選的第二種處理方式，則是將複選題呈現於另一個工作表中。

▶ 將複選題於另一個工作表中呈現，配合編號，每一編號有幾個選項，就會有幾列。

由於每一受訪者，對於可以複選的答案不只有一項，配合編號，每一編號有幾個選項，就會有幾列，例如，編號 1 號選擇 1、2、3，編號 2 選擇 2 與 4，編號 3 選擇 1、3、4、5...則在資料庫中的表達，便如圖 10-35 所示。

圖 10-35

將複選題獨立於一張工作表進行資料輸入

	A	B
1	編號	那裡購買
2	1	1
3	1	2
4	1	3
5	2	2
6	2	4
7	3	1
8	3	3
9	3	4
10	3	5

如果從資料庫的觀點，複選題目的資料表，與單選題目的資料表，是一個「多對一」的關係，要進行合併的動作，在 Excel 中可以使用 VLOOKUP() 函數來進行。合併後如圖 10-36 的狀態，最後再進行編碼與取代，以進行後續的分析。

我們可以在圖 10-36 的畫面中發現，每一個受訪者，只要於複選的題目中，回答兩個選項，則其他單選的答案便會重複出現兩次。以此類推。倘若有三個題目以上複選，則單選的部分將會以乘數的方式重複。這在 Excel 的處理上是相當的繁複。因此若是問卷是包含有多個複選題，則建議配合其他標準資料庫軟體，如 ACCESS，或是以 SPSS 等專業統計軟體來處理。

圖 10-36

利用 VLOOKUP() 函數進行工作表合併

C2				fx	=VLOOKUP(A2,原始資料輸入!$A$2:$N$218,2)					
	A	B	C	D	E	F	G	H	I	J
1	編號	那裡購買	性別	年齡	學歷	是否喝啤酒	何種品牌	飲用量	增加氣氛	解渴飲料
2	1	1	1	30	3	1	1	1200	4	2
3	1	2	1	30	3	1	1	1200	4	2
4	1	3	1	30	3	1	1	1200	4	2
5	2	2	1	22	2	1	1	1200	2	2
6	2	4	1	22	2	1	1	1200	2	2
7	3	1	2	20	3	1	5	900	4	2
8	3	3	2	20	3	1	5	900	4	2
9	3	4	2	20	3	1	5	900	4	2
10	3	5	2	20	3	1	5	900	4	2

10-9 消費者態度調查與敘述統計分析

統計學上「敘述統計」主要的重點在於原始資料的收集、整理、陳示、分析、解釋,進而了解母體的特性。一般而言,我們會以『集中程度』與『離散程度』兩個角度來觀察。並以平均數、變異數、標準差、眾數、中位數、偏態與峰態等代表母體特徵的資訊來表達。此外,我們也常會將原始資料以統計圖表的方式展示。

前面已經介紹過受訪者基本資料的分析方法,並已大略了解樣本的組成結構,也同時運用了相同的統計方式,統計每一單項題目的各項答案個數。在接下的內容中,則將介紹如何利用 Excel 針對問卷上的各項問題資料進行分析,使用的分析工具包括:敘述統計分析、兩平均數差異的 t 檢定、單因子變異數分析、樞紐分析,最後並說明利用卡方檢定(Chi-square Test)進行變數間是否相關的檢定。

10-9-1 使用綜合判斷分數反映消費者的態度

在前一節中對消費的「行為」,我們已經使用樞紐分析表進行最簡單的個數與比例分析,並針對開放性數值類型的問題,以群組功能產生出具有比率尺度的分析資料;而對於「態度」部分的調查,因為往往會運用「區間尺度」來度量,如本章範例使用「李克尺度法」來度量受訪者對於啤酒的偏好印象,因此在進行所有的分析之前,應先以一綜合判斷分數來反映出消費者對特定產品的印象,然後再利用其他敘述統計的功能進行初步的分析。

範例 *建立綜合判斷分數,反映綜合印象分數*

▶ 開啟「CH10 市場調查資料庫範例」檔案中的「完成」工作表,該工作表係啤酒消費調查,經過整理、編碼的結果。請新增一個欄位,利用簡單函數建立綜合判斷分數,反映出每一受訪者的啤酒印象。

從問卷範例中，我們可以理解問卷第六題主要是讓受訪者以「同意程度」來表達他們對問題的滿意程度。在處理上，必須將受訪者的答案轉換成「分數」。轉換方式是根據一般常用的李克綜合五點尺度法。其計分方式為第 1、2、4 小題為對啤酒的正向描述，故非常同意為 5 分，同意為 4 分，無意見 3 分，不同意 2 分，非常不同意 1 分。第 3、5 小題為對啤酒的負向描述，故非常同意為 1 分，同意為 2 分，無意見 3 分，不同意 4 分，非常不同意 5 分，這部分已經在「編碼」過程中進行。將同意程度結果做轉換成綜合判斷的印象分數方式可利用 Excel 函數進行。

Step1: 開啟「CH10 市場調查資料庫範例」檔案中的「完成」工作表，新增一欄位，可以命名為「印象分數」。

Step2: 設定 SUM()公式，以統計 I 到 M 欄的加總。

Step3: 將公式往下複製完成所有受訪者印象分數的統計。

圖 10-37

完成印象分數的統計

	H	I	J	K	L	M	N	O
1	飲用量	增加氣氛	解渴飲料	容易發胖	營養價值高	苦味	印象分數	會再購買
2	1200	4	2	4	4		15	是
3	1200	2	2	5	4	4	17	是
4	900	4	2	4	5	2	17	是
5	1600	4	2	2	5	4	17	是
6	1800	4	2	3	5	1	15	是
7	1300	3	2	3	5	2	15	是
8	1200	4	2	4	5	4	19	是
9	1100	4	2	4	5	1	16	是
10	0	1	1	2	1	2	7	否

N2 ▼ fx =SUM(I2:M2)

10-9-2 使用敘述統計描述消費者的態度與認知

在問卷中只要是屬於開放性問卷或是數字的問題，均可以進行敘述統計分析。如問卷中的問題 5 與問題 6，尤其問題 6 已經轉換成總和印象分數。接著舉一例說明其應用。

範例　*使用敘述統計描述消費者的態度與認知*

▶ 問卷第六題主要是讓問卷受訪者以「同意程度」來表達他們對問題的滿意程度，我們在圖 10-37 已經將受訪者的答案轉換成【分數】。依續上例，假設讀者已經完成了「印象分數」的欄位，針對「完成」工作表，請配合 Excel 的自動篩選功能，進行不同性別的受訪者，對於印象分數的集中與離散程度的統計分析。(中繼的資料放置於「敘述統計」工作表中)

Step1: 依續圖 10-37 的分析結果，請選定資料庫任一儲存格後，選取『資料/篩選』指令，開啟自動篩選功能，如圖 10-38，在「性別」欄位中篩選出【女】性。以便顯示女性的印象分數。

圖 10-38

選擇『資料/篩選』指令以便分析不同性別的「啤酒」印象

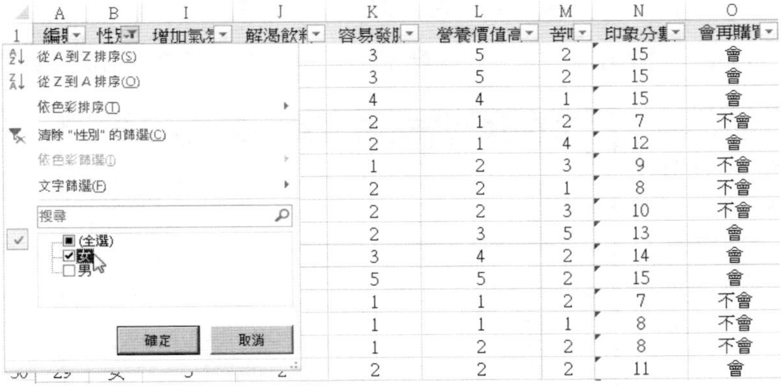

Step2: 篩選出女性資料後，選定 N4 以下的女性印象分數，利用『常用/複製』及『常用/貼上/值』的方式，將女性的啤酒印象分數資料複製到範例檔案「敘述統計」工作表中。(此工作表已經有設定好男女各自放置的位置)

Step3: 重覆上述步驟，以同樣的方式篩選出男性的啤酒印象分數資料，並一樣複製到「敘述統計」工作表中。其結果如圖 10-39。

圖 10-39

複製男、女性
的啤酒印象分
數到新的工作
表中

	A	B
1	女	男
2	15	18
3	15	17
54	16	13
55	17	9
56	10	19
96	17	20
97	18	21
98	18	22
118		22
119		22
120		23

Step4: 於圖 10-39 的工作表中,選擇『資料/資料分析』指令,在「資料分析」對話方塊選取「敘述統計」選項。

Step5: 於出現的「敘述統計」對話方塊進行相關的設定,如圖 10-40 所示。

圖 10-40

男、女性的啤
酒印象分數
「敘述統計」
的設定

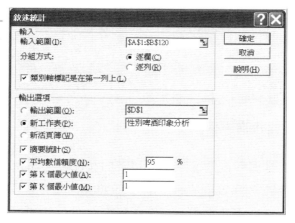

Step6: 於圖 10-40「敘述統計」對話方塊中,除了設定要產生哪些統計項目之外,另外是將統計的結果顯示於獨立的工作表,並賦予一個工作表名稱。完成如圖 10-40 的所有設定,按下「確定」功能鍵,即可出現圖 10-41 的結果。

圖 10-41

男、女性的啤酒印象分數「敘述統計」的結果

	A	B	C	D
1	女		男	
2				
3	平均數	14.09183673	平均數	16.83193277
4	標準誤	0.34511003	標準誤	0.33058914
5	中間值	14	中間值	17
6	眾數	13	眾數	17
7	標準差	3.416414998	標準差	3.606301753
8	變異數	11.67189144	變異數	13.00541233
9	峰度	-0.758579811	峰度	1.222549155
10	偏態	-0.068883283	偏態	-1.015862266
11	範圍	14	範圍	18
12	最小值	7	最小值	6
13	最大值	21	最大值	24
14	總和	1381	總和	2003
15	個數	98	個數	119
16	第 K 個最大值(1)	21	第 K 個最大值(1)	24
17	第 K 個最小值(1)	7	第 K 個最小值(1)	6
18	信賴度(95.0%)	0.684947496	信賴度(95.0%)	0.654655788
19				
20				

◀ ▶ 性別啤酒印象分析 | Sheet6 | 變異數分析 | 相關性 | 相關係數2

10-9-3 消費者態度敘述統計分析之結論

由圖 10-41 的敘述統計分析結果報表中可知，男性對啤酒的平均印象分數高於女性(16.83 > 14.09)。同時，就李克尺度 5 點量表而言，第六題的 5 個問題綜合判斷總分，印象分數「15」是「中間值」，「大於 15」即表示同意對啤酒的正向描述，「小於 15」即表示較不同意對啤酒的正向描述。因此由上述結果亦可得知:男性顯然對啤酒的印象較佳(16.83)，而女性對啤酒的印象稍為負面(14.09)。

從行銷的角度，若發現了上述的事實，但希望增加啤酒的銷售量，則可以考慮只對男生進行廣告促銷，或是藉由廣告與宣傳改變女生對啤酒的負面印象。

使用相同的概念與操作方式，也可以進行有喝過啤酒與未喝過啤酒者對於啤酒印象分數的敘述統計分析，或是使用其他基本資料進行對於啤酒印象的分析，並加以比較其分析結果。究竟要進行哪些項目的分析，則必

須根據一開始問卷設計的目的，也就是問卷希望得到的結果與研究者希望取得的資訊來進行。

以本範例來說，看起來男女生對於啤酒的印象有所不同，也就是性別與啤酒印象似乎有關。但是，到底對整個母體而言，性別對於啤酒印象是否有關，也就是說，以圖 10-41 的統計結果，由抽樣調查中，男生的啤酒印象平均分數高於女生，是否可以推論出性別與印象分數是有關，則必須進一步使用統計推論的工具加以檢定。

推定兩個變數之間是否有關，對行銷研究者來說，具有相當大的意義。而這部分最主要是依賴統計上的推論工具來進行，也是以下章節的重點。

從統計分析的角度來說，可以進行敘述統計分析的標的，不止是能反映出消費者態度的綜合判斷分數項目，只要欄位是屬於「數值」型態，其實都可以使用 Excel 的敘述統計功能來產生相關的統計量。如在「完成」的工作表中，包含有如「年齡」與「飲酒量」兩個數值型態的欄位，此時我們也可以使用「敘述統計」的功能，產生此兩個欄位的敘述統計量，如圖 10-42。

圖 10-42

針對數值型態的問卷資料進行敘述統計分析

	A	B	C	D	E	F	G
1	年齡	飲用量		年齡		飲用量	
2	30	1800					
3	22	1200		平均數	33.663594	平均數	1019.8157
4	20	900		標準誤	0.5799025	標準誤	47.028259
5	42	1600		中間值	33	中間值	1300
6	38	2100		眾數	40	眾數	0
7	34	1300		標準差	8.5424979	標準差	692.76951
8	25	1200		變異數	72.97427	變異數	479929.6
9	24	1100		峰度	-1.112702	峰度	-1.341389
10	22	0		偏態	0.0790871	偏態	-0.456886
11	44	0		範圍	29	範圍	2200
12	20	600		最小值	20	最小值	0
13	27	0		最大值	49	最大值	2200
14	36	0		總和	7305	總和	221300
15	38	0		個數	217	個數	217
16	20	0		第 K 個最	49	第 K 個最	2200
17	37	0		第 K 個最	20	第 K 個最	0
18	33	1600		信賴度(9	1.1429919	信賴度(9	92.693022

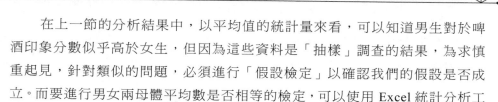

10-10-1 兩母體平均數差異的假設檢定基本概念

10-10-1-1 假設檢定基本概念

從市調的基本目的來看,在設計問卷之前,便會建立相關的懷疑或是假設,並期望透過市調的程序來研究以求證。例如,在進行市調之前,就懷疑性別可能與啤酒的印象有關,因此,在設計問卷時,會於基本資料的部分,調查受訪者的性別,在問卷的主要內容中,以五個問題詢問受訪者的態度,然後加以統計。而所懷疑的「性別可能與啤酒的印象有關」就是一種假設。

經過市調的「抽樣調查」來進行樣本資料的收集,並進行統計分析,可以從樣本中得到如上一節的初步結論,但這樣的結論並不足以確定我們的假設是否正確,而從樣本所得的結果,準備驗證上述假設是否成立的程序,便是所謂的「假設檢定」。

假設檢定是檢定分析者所做的假設是否成立,也稱之為「顯著性檢定」。假設分兩種,分別為虛無假設與對立假設。這兩種假設是具備有周延性質(兩種假設必須涵蓋所有可能),例如,若要檢定對於「性別可能與啤酒的印象有關」的假設,就是要檢定「男生與女生對於啤酒印象分數的平均數是否相等」,因此,可以設定虛無假設

> H_0: 男生與女生的啤酒印象平均分數相等
>
> 相對的，另一個周延性的假設，便是對立假設
>
> H_1: 男生與女生的啤酒印象平均分數不相等
>
> 以統計的寫法，可以直接寫成
>
> H_0: $\mu_{男}=\mu_{女}$ ， H_1: $\mu_{男}\neq\mu_{女}$

一般來說，對立假設通常會設定研究者真正關心的結果(或認為母體可能之真實狀況)。由於認為「性別可能與啤酒的印象有關」，因此進行檢定，所以會將「男生與女生的啤酒印象平均分數不相等」(因為平均數不相等所以性別與啤酒的印象有關)設定於對立假設。

10-10-1-2 問卷之兩母體平均數差異的假設檢定

從統計學的理論來說，要進行兩母體平均數差異的假設檢定，可分為獨立樣本與相依樣本來考慮。在問卷分析中，我們通常會以基本資料中的項目來區隔母體，因此，母體之間多為獨立，抽樣的樣本當然為獨立樣本，因此可以不考慮非獨立樣本。

而在獨立樣本部分，又可以分為母體變異數為已知，或是未知兩種情況。在母體為常態分配或為大樣本(≥ 25)的情況下，母體變異數為已知，則使用 Z 檢定，若母體變異數未知，則使用 T 檢定。其中，使用 T 檢定時，又可以分兩個母體變異數未知的情況下是相等或是不相等，兩者使用不同的檢定統計量公式來作檢定。

針對問卷的分析而言，可以確定的應屬於獨立樣本無誤。在母體為常態分配或大樣本的情況下，但應該使用 Z 檢定或是 T 檢定，則隨母體變異數為已知，或是母體變異數未知來區分。以問卷的個數而言，通常會大於 25 份，因此可以視為大樣本，但因為母體變異數為未知，所以進行問卷分析兩母體平均數差異的假設檢定時，會以 T 檢定來進行。

運用 T 檢定，不論在統計的理論上，或是 Excel 工具的應用上，還必須區分兩個母體未知的變異數是否相等，才能決定使用的工具或是統計的公式。而區分兩個母體未知的變異數是否相等，可以使用假設檢定的方式，從樣本的變異數中，使用 F 檢定以檢定母體變異數是否相等，作為選擇 T 檢定的工具的先行標準。

> **技巧**　簡單的說，問卷之兩母體平均數差異的假設檢定，首先必須使用 F 檢定，先檢定兩母體變異數是否相等，再使用不同的 T 檢定方法來檢定兩母體平均數差異。

10-10-2 問卷分析之兩母體平均數差異的假設檢定

要檢定性別與啤酒印象是否有關，也就是檢定男與女對啤酒印象分數的平均數是否相等，若是相等，表示無關，若是不等，表示有關。因此，可以設立如下之假設，

$H_0: \mu_{男} = \mu_{女}$ ，$H_1: \mu_{男} \neq \mu_{女}$

而要使用 T 檢定來檢定上述假設，還需要使用 F 檢定先檢定兩母體變異數是否相等，所以，首先建立另一假設，

$H_0: \sigma_{男} = \sigma_{女}$ ，$H_1: \sigma_{男} \neq \sigma_{女}$

範例　*檢定性別與啤酒印象是否有關*

▶ 在圖 10-39 中，已經使用自動篩選的功能，將男、女性的啤酒印象分數的資料複製到另一個工作表，也同時使用「敘述統計」的功能，分析男生與女生的平均數，與其他統計量。請繼續利用圖 10-39 的資料，檢定性別與啤酒印象是否有關。

從上一節的說明中，我們知道要進行「兩母體平均數差異的 t 檢定」，會因為母體的變異數是否相等，而會使用不同的檢定方式(公式)。對應於 Excel 中的分析工具，也是根據兩母體的變異數是否相同而提供不同的選項，因此，第一個步驟便是檢定男生與女生兩母體的變異數是否相等。

$$H_0: \sigma_{男} = \sigma_{女} \quad , \quad H_1: \sigma_{男} \neq \sigma_{女}$$

Step1: 首先判斷男女資料的變異數是否相等。因男女印象分數的資料，延續上例，應已分別放置在「敘述統計」工作表的 A1:A99 與 B1:B120，利用『資料/資料分析/F 檢定:兩個常態母體變異數的檢定』指令，進行如圖 10-43 的設定，可得到如圖 10-44 的結果。

圖 10-43

「F 檢定:兩個常態母體變異數的檢定」對話方塊及其設定情形

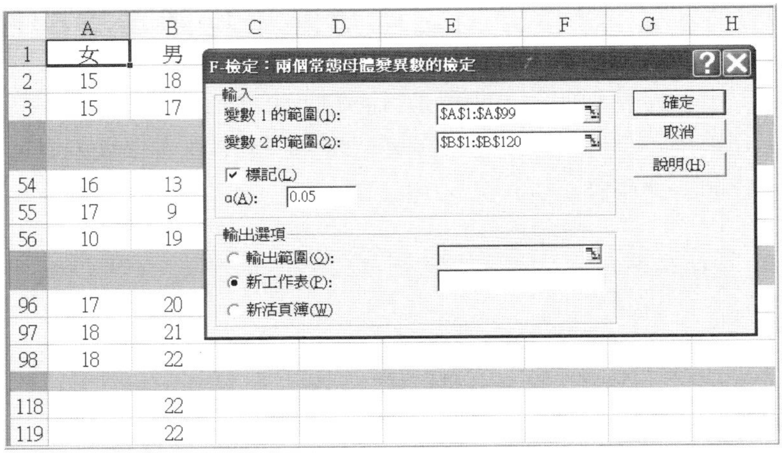

圖 10-44

「F 檢定:兩個常態母體變異數的檢定」的結果

	A	B	C	D
1	F 檢定：兩個常態母體變異數的檢定			
2				
3		女	男	
4	平均數	14.09184	16.83193	
5	變異數	11.67189	13.00541	
6	觀察值個數	98	119	
7	自由度	97	118	
8	F	0.897464		
9	P(F<=f) 單尾	0.291361		
10	臨界值：單尾	0.723864		

F 檢定結論

針對此檢定，虛無假設 H_0: $\sigma_男 = \sigma_女$，但由圖 10-44 中得知，於上一章節的 9-1-3-2F 檢定，因假設檢定為雙尾檢定，故【雙尾 P-Value＝0.29*2＝0.58＞α 值＝0.05】，所以決策結果為接受虛無假設 H_0 的結論。因此，針對男、女性的母體變異數是否相等的檢定結果，在 α＝5% 的顯著水準下，我們接受虛無假設，認為兩者的母體變異數無差異的。

Step2: 接著檢定性別與啤酒印象是否有關。假設如下

H_0: $\mu_男 = \mu_女$ ，$H1$: $\mu_男 \neq \mu_女$

Step3: 利用 Excel 中『資料/資料分析/t 檢定: 兩個母體平均數差的檢定，假設變異數相等』，進行如圖 10-45 的設定，而得到如圖 10-46 的結果。

圖 10-45

「t 檢定：兩個母體平均數差的檢定，假設變異數相等」對話方塊及設定情形

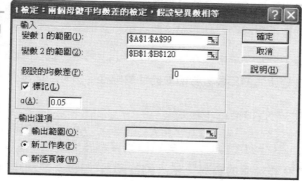

 注意

因為 H_0 設定為 $\mu_男 = \mu_女$，也就是說 $\mu_男 - \mu_女 = 0$，因此，在圖 10-45 的「假設的均數差」可以不設，相當於設為 0。

圖 10-46

「 t 檢定:兩個
母體平均數差
的檢定,假設
變異數相等」
的檢定結果

	A	B	C	D
1	t 檢定:兩個母體平均數差的檢定,假設變異數相等			
2				
3		女	男	
4	平均數	14.09183673	16.83193277	
5	變異數	11.67189144	13.00541233	
6	觀察值個數	98	119	
7	Pooled 變異數	12.40377732		
8	假設的均數差	0		
9	自由度	215		
10	t 統計	-5.703552663		
11	P(T<=t) 單尾	1.92551E-08		
12	臨界值:單尾	1.65197207		
13	P(T<=t) 雙尾	3.85102E-08		
14	臨界值:雙尾	1.971056918		

t 檢定結論

針對此檢定,我們設定的虛無假設 H_0: $\mu_{男} = \mu_{女}$,即假設性別與啤酒印象是獨立的。
由圖 10-46 中得知,【 t 統計值 -5.7036 < 雙尾臨界值 -1.9712】。故在 $\alpha = 5\%$ 的
顯著水準下,我們無法接受男、女性母體平均數差為 0 的虛無假設,而接受男女兩
者對啤酒印象平均數不相同的對立假設,即表示男女性對啤酒的印象分數有差異。

且因【 t 統計值 -5.7036 < 單尾臨界值 -1.6520】,同樣「在 $\alpha = 5\%$」的顯著水準
下,可以推論女性對啤酒的印象分數明顯的低於男性。

▶ 使用排序方法直接進行 T 檢定

在本節中,進行假設檢定,是先將原始資料庫,配合『資料/篩選』指令,
將原始問卷資料庫的資料,依不同的項目(如每一性別)複製到其他工作
表,然後進行分析。

從操作的角度,複製到另一個工作表的好處就是可以進行敘述統計的分
析。但如果只是需要進行檢定,則另一種方法可以直接進行基本資料項目
的排序,然後進行分析。

如本節範例,可以先依性別進行原始資料庫的排序,然後於如圖 10-45
的設定中,選定相對的男與女的印象分數範圍即可進行分析。此一做法的

好處是效率相對於必須複製到另一工作表的方式來得高,但缺點則是,因為沒有標記(欄位名稱),所以最後所得到的報表,是以變數 1 與變數 2 來顯示。如圖 10-47,便是使用直接排序進行檢定的設定,與所得到的結果。讀者可以比較圖 10-46 與圖 10-47,所得結果是一樣的。

圖 10-47

直接將問卷資料庫進行排序後進行檢定

10-11 │ 變異數分析–檢定多個母體的消費行為是否一致

在前一節中,主要分析兩個母體(性別)所呈現出的啤酒印象的差異。利用統計工具中「兩母體平均數差異的 t 檢定」,來檢定兩個母體平均數是否相等,以便檢定性別與啤酒印象兩變數之間是否有關。在上述的分析中,我們的母體以性別區分,因此,只有男生與女生兩個類別,如此便可以使用兩母體平均數差的 t 檢定來進行。

但是,倘若今日我們要分析,「學歷與啤酒印象是否有關」,則相當於檢定不同學歷對於啤酒印象的平均分數是否相等。因為學歷在本範例問卷中有四個選項,因此,無法直接使用前一節的 T 檢定方式來進行。若要分析包含有三個(或三個以上)答案的變數(如學歷)與另一變數(如啤酒印象)的相關

性，也就是要進行兩個以上的平均數是否相等的檢定，在統計上必須使用單因子變異數分析來進行。

要從資料庫中，整理資料以進行單因子變異數分析，與進行兩母體平均數差異的 t 檢定相似，都是必須從資料庫中，以不同的屬性取得相對資料，經過整理再進行分析。

從問卷中可以理解，在學歷的問題中，共有四個選項，因此，要檢定學歷與啤酒印象是否有關，就是要檢定四種不同學歷的啤酒印象平均數是否相等，假設設定如下，

H_0: $\mu_{國中} = \mu_{高中} = \mu_{大專} = \mu_{大專以上}$

H_1: 四種學歷的啤酒印象平均數不完全相等

接著以本書的範例實作。

範例　以單因子變異數分析檢定學歷與啤酒印象是否有關

▶ 以「CH10 市場調查資料庫範例」範例檔案中的「完成結果」工作表為例，該工作表為啤酒消費調查的結果，請利用「單因子變異數分析」，分析不同學歷的受訪者對啤酒的印象分數是否有差異。

Step1: 將游標放置於資料庫中的任何一個儲存格上。

Step2: 使用『資料/篩選』指令，將學歷分別為國中、高中、大專、大專以上的啤酒印象分數資料，複製到「變異數分析」工作表中。其結果如下圖 10-48 所示。

圖 10-48

複製各種學歷
的啤酒印象分
數資料到「變
異數分析」的
工作表中

	A	B	C	D
1	國中	高中	大專	大專以上
2	19	17	18	17
3	13	19	15	8
4	14	12	15	17
13	17	13	12	16
14	16	11	11	21
15	19	10	17	11
16	18	12	10	16
31	15	19	11	20
32	19	10	14	19
33	20	20	14	22
34	17	11	13	
48	23	14	13	

Step3: 於圖 10-48「變異數分析」的工作表中，選擇『資料/資料分析...』
指令，顯示「資料分析」對話方塊，然後再選擇「單因子變異數分
析」後按下「確定」，則會出現如圖 10-49「單因子變異數分析」
對話方塊。

圖 10-49

「單因子變異
數分析」對話
方塊

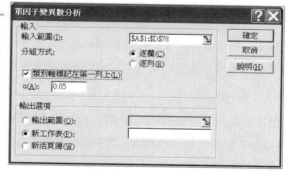

Step4: 於圖 10-49「單因子變異數分析」對話方塊中，設定輸入範圍為
A1:D78，分組方式為逐欄，開啟類別軸標記是在第一列上，顯著水
準 α 為 0.05，輸出範圍可以選定新工作表或是原工作表某一儲存
格，之後按下「確定」，即可得到如圖 10-50 的結果。

圖 10-50

利用「單因子
變異數分
析」，分析不
同學歷者對
啤酒的印象

	A	B	C	D	E	F	G
1	單因子變異數分析						
2							
3	摘要						
4	組	個數	總和	平均	變異數		
5	國中	47	781	16.61702	14.11101		
6	高中	61	939	15.39344	13.54262		
7	大專	77	1139	14.79221	14.06152		
8	大專以上	32	525	16.40625	13.4748		
9							
10							
11	ANOVA						
12	變源	SS	自由度	MS	F	P-值	臨界值
13	組間	122.2555	3	40.75184	2.94436	0.033938	2.646985
14	組內	2948.058	213	13.84065			
15							
16	總和	3070.313	216				

單因子變異數分析檢定結論

在此檢定中，設定虛無假設是 H_0: $\mu_{國中} = \mu_{高中} = \mu_{大專} = \mu_{大專以上}$。也就是如果接受虛無假設是成立的，就是代表學歷與啤酒印象無關。

由圖 10-50 的 ANOVA 摘要表中得知，【F 值為 2.9443 > 臨界值 2.647】，或由【P 值為 0.0339 < α (0.05)】，亦可得知其已達 0.05 的顯著水準。因此，在 95% 的信賴水準之下，拒絕虛無假設，而接受對立假設，也就是說此四種學歷對啤酒印象的平均數有差異，兩者具有相關性。

使用「單因子變異數分析」，也可以分析不同年齡(要先分組設定區段)或其他屬性(如職業別)的受訪者對啤酒的印象分數是否有差異。從操作面上來說，只要分析的標的是數值型態的資料，便可以使用 T 檢定或是變異數分析來進行檢定。

10-12 相關性分析與相關係數

在前面三節的分析中，首先以「敘述統計」的方法，了解男女生對於「啤酒印象」的傾向，接著，就性別對啤酒印象而言，也使用了 t 檢定，檢定性別是否與「印象」有關，甚至以單因子變異數分析來檢定學歷與啤酒印象之間

的關係。這些處理,除了了解選項的分散與集中程度外,另一重點就是討論幾個變項之間彼此是否有關。而找出正確的因果關係,也是制定行銷策略很重要的基礎。

10-12-1 問卷中的相關性分析

基本上,從問卷中所得的資訊,還包含有些問題之間或許有某些相關性,例如對啤酒印象好的人,飲用量是否較高?飲用量高者下次是否會再購買同一品牌啤酒?年齡與飲用量之間是否有關係?從統計學上資料處理的角度,要分析問卷中多個變數之間是否有關,會因為資料的型態不同,而使用不同方法分析,包括我們在前一節所使用的方法。整理如表 10-6。

表 10-6　問卷分析中,針對相關性分析的統計方法

方法	說明
t 檢定與單變數變異數分析	用於某一個非數值型態變數(如性別與學歷)與數值型態變數(如飲酒量或是啤酒印象)之間相關性的檢定。若非數值型態的變數值域為 2 個值(如性別),以 t 檢定來進行。若是超過 2 個值以上(如學歷有四個項目)則使用單變數變異數分析來進行。
相關係數	用於兩個或兩個以上變數都是數值型態的資料,以本書範例而言,若希望分析「年齡」、「每週飲酒量」、「啤酒印象」與「是否購買」四個因素之間是否有關,因為都是屬於數值型態,不論其邏輯上的意義是否合理,都可以使用「相關係數」進行初步的分析。
卡方檢定	用於兩個或兩個以上的變數都是非數值型態的資料。例如,檢定性別與購買地點是否有關,或是學歷與最佳品牌的選擇是否有關等等。在操作上,會使用雙變數樞紐分析表,建立兩變數之間的相對次數統計資料,再利用此資料進行獨立性檢定。

接著,以一範例說明利用 Excel 的統計功能,針對問卷中的數值形態資料,取得各個變量之間的相關係數。

10-12-2 使用相關係數進行問卷分析

範例 相關係數問卷分析

▶ 以「市場調查資料庫範例」中的「完成結果」工作表為例，分析「年齡」、「每週飲酒量」、「啤酒印象」等三個數值型態因素的相關性。

Step5: 由於 Excel「相關係數」分析工具無法處理不相鄰的欄位資料，因此先將要分析的資料複製到新工作表中。首先將年齡、飲用量、啤酒印象等三個欄位資料，由「完成結果」複製到「相關性」工

圖 10-51

將要分析的欄位資料複製到空白工作表

	A	B	C
1	年齡	飲用量	啤酒印象
2	30	1800	18
3	22	1200	17
4	20	900	15
5	42	1600	17
6	38	2100	19
7	34	1300	15
8	25	1200	19
9	24	1100	15

作表中(當然也可以複製到任何可以放置資料的位置)。如圖 10-51 所示。(操作時可以以多重欄位選取的方式，一次選定四個欄位進行複製與貼上)

Step6: 接著在包含三個數值欄位的工作表上，先選擇『資料/資料分析…』指令，產生「資料分析」對話方塊。再於該對話方塊中選擇「相關係數」項目，產生如圖 10-52 的「相關係數」對話方塊。

圖 10-52

使用相關係數對話方塊計算各變數之間的相關係數

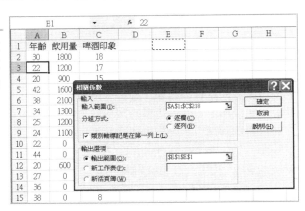

Step7: 於「相關係數」對話方塊中進行如圖 10-52 所示的設定。

Step8: 最後按下「確定」功能鍵即可於我們所設定的輸出範圍 E1 中完成
計算。

圖 10-53

取得各變數間
的相關係數

	E	F	G	H
1		年齡	飲用量	啤酒印象
2	年齡	1		
3	飲用量	0.23089	1	
4	啤酒印象	0.10125	0.75943	1

相關係數結論

由圖 10-53 的結果報表可知，年齡幾乎與其他兩個變數都沒有高度的相關性（相關係數都在 0.23 以下），但其中年齡與飲酒量，還保持正相關，也就是年齡因素雖不顯著，但大致可以說年齡越高飲酒量有越大的趨勢。而啤酒印象分數與飲用量的相關係數高達 0.76，顯示飲酒量越高者，對啤酒的印象越好，也可以說對啤酒印象越好，飲酒量越高。

從本分析中，只能從使用年齡變數進行相關分析，而所得的結果並不顯著，因此，從相關係數分析中，在啤酒的行銷計劃，應以廣告或是教育消費者等不同的方式，提升潛在消費者對啤酒印象，以刺激其購買。

10-12-3 相關係數的延伸應用

從上述的說明中，知道相關係數只能應用於數值變數之間。如在「性別與啤酒印象相關性」分析中，因為性別為文字，則無法直接算兩者的相關係數，而必須使用 t 檢定兩者是否有關。

然而以問卷範例中的資料來分析，因為有兩個文字欄位，其中的值域只有兩個，分別為性別中的男女，與繼續購買中的是否兩種，對於這類的文字資料，處理上可以將文字資料「反取代」成數值，分別以 0 與 1 代替其中的兩種選擇，然後利用此數值與其他的數值型態欄位進行相關係數分析。

從整個問卷資料庫的操作過程中，也會發現，進行編碼的程序中，實際上，是以 1 與 2 兩個不同的數值用來代表男生與女生，以及是否購買，以便輸入資料到資料庫。然後透過如『取代』的方式將數值改成文字項目進行分析。相同的，也可以利用性別或是否購買中原始的編碼(1 與 2)數值，加上其他數字型態的資料(如飲酒量與啤酒印象)，以便進行相關係數的分析。

範例　文字邏輯型資料的相關性分析

(▶) 以「市場調查資料庫範例」中的「相關係數 2」工作表為例，在該表中，已經將「完成結果」中的部分準備進行相關係數分析的欄位複製完成。請將該工作中的性別與是否購買兩個欄位的值，分別以 0 與 1 取代，再進行「性別」、「年齡」、「每週飲酒量」、「啤酒印象」與「是否購買」買等五個項目的相關係數分析。

首先將「相關係數 2」工作表中的文字欄位，「性別」中的男女，以及「會再購買」中的會與不會先以 1 與 0 取代。要進行類似的取代，可以使用編碼時所使用的『常用/尋找與選取/取代』指令，也因為只有兩個值域，也可以使用函數來進行。在此處，我們使用函數來轉換。

Step1:　在「相關係數 2」工作表中，先於 F1 與 G1 儲存格分別填上「性別」與「會再購買」欄位名稱，然後於 F2 儲存格中填上以下函數

　=IF(A2="男",1,0)

因為 A 欄中的原始資料，非男即女，因此可以使用 IF 函數進行最簡單的判斷。

Step2:　相同的，於 G2 儲存格中填上以下函數

　=IF(B2="會",1,0)

用來判斷，當 B2 是"會"時，以 1 取代，否則(不會)以 0 取代。

Step3: 接著選定 F2:G2 後，輕按一下右下角拖曳控點，直接進行公式複製。如圖 10-54。

圖 10-54

以函數進行文字取代，並進行快速複製公式

	A	B	C	D	E	F	G
				F2	▼	f_x	=IF(A2="男",1,0)
1	性別	會再購買	年齡	飲用量	啤酒印象	性別	會再購買
2	男	會	30	1800	18	1	1
3	男	會	22	1200	17		
4	女	會	20	900	15		
5	男	會	42	1600	17		
6	男	會	38	2100	19		
7	女	會	34	1300	15		
8	男	會	25	1200	19		
9	女	會	24	1100	15		
10	女	不會	22	0	7		
11	女	會	44	0	12		
12	男	會	20	600	18		
13	男	不會	27	0	6		
14	女	不會	36	0	9		
15	女	不會	38	0	8		

Step4: 接著重複前一小節的步驟，先選擇『資料/資料分析…』指令，產生「資料分析」對話方塊。再於該對話方塊中選擇「相關係數」項目。進行如圖 10-55 的設定。最後得到如圖 10-55 的上方分析結果。

圖 10-55

相關係數設定與結果

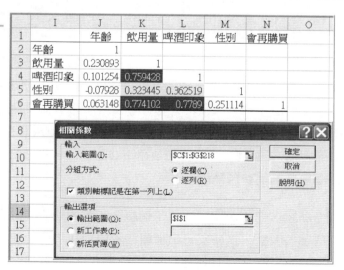

文字邏輯型相關係數結論

從圖 10-55 的分析結果中，仍可發現，年齡與其他幾個因素的相關性，不論是正負相關性都不顯著(當然年齡對性別的相關性不具意義)。

而性別對飲用量、啤酒印象與會再購買同一品牌間的相關係數分別為 0.32、0.36、0.25，雖都不顯著，但也都呈現正相關，表示，男生(1)相較於女生(0)，飲酒量高、對啤酒的印象好，會再購買的機會也稍大。從這些數字來看，我們似乎覺得性別與飲酒量、啤酒印象與是否會再購買間是有關的。而是否可以在一定的顯著水準之下，檢定相關性是否存在，則可以使用 T 檢定來進行。

另外，飲酒量、啤酒印象與是否會再購買等三個因素之間的相關係數都非常高(0.6以上)，表示啤酒印象分數愈高者，會再次購買同品牌啤酒的機會愈大，飲酒量也越高，同時飲酒量越高者也越可能再次購買同品牌啤酒。

從行銷的策略來說，既然性別與飲酒的行為(不論是飲酒量、啤酒印象或是再次購買行為)都有關，則考慮廣告或是促銷策略時，則必須以性別進行不同策略的考量。

10-13 相對次數分配與相關性分析

在分析問卷結果時，常常需要分析不同屬性之間的看法或行為，例如，分析者會想知道，不同學歷對於理想品牌的選擇行為。這些用來區隔的變數，通常來自於問卷的基本資料，因此在進行分析時，常會需要進行交叉編表，此時 Excel 的多變數樞紐分析即可派上用場。以下將以範例問卷之問題 1「請問你是否喝過啤酒?」為例，說明如何使用 Excel 進行多變數的樞紐分析，以了解不同區隔變數的消費行為。

在前面分析中，已經說明如何使用樞紐分析表的功能統計出每一主要問題各個項目的回答人數，以便反應出抽樣樣本中受訪者的消費行為，例如，由單一變數之樞紐分析表，可以得到「是否喝過啤酒」的結果如表 10-7 所示。

由該表可看出受訪者中，有將近八成的人有喝過啤酒，顯示現在人們對於啤酒的接受度高。

表 10-7　「是否喝過啤酒」之樞紐分析表

是否喝啤酒的人數統計		
是否喝啤酒	**小計**	**百分比**
是	167	76.96%
否	50	23.04%
總計	217	100.00%

　　然而對於市場分析者來說，他們更想知道，不同屬性的消費者，對於是否喝啤酒的行為是否有差異，例如，性別或是學歷，對於是否喝啤酒有差異，因此我們將進一步以【基本資料】與【問題 1】進行雙變數樞紐分析，藉以了解影響喝啤酒與否的主要因素為何？

10-13-1　使用雙變數樞紐分析

範例　*以雙變數樞紐分析進行是否喝啤酒的屬性分析*

▶ 開啟「CH10 市場調查資料庫範例」檔案中的「完成結果」工作表，該工作表係啤酒消費調查之結果。利用雙變數樞紐分析，分析不同性別的消費者，是否有飲用啤酒的情況。

Step1:　開啟「CH10 市場調查資料庫範例」檔案中的「完成結果」工作表，並選定消費者調查的資料清單中的任一儲存格。

Step2:　選取『插入/樞紐分析表…』指令，產生「建立樞紐分析表」對話方塊

Step3: 若確定有選取到資料庫中的任一儲存格，請直接按下「確定」功能鍵，以產生空白樞紐分析表畫面。並出現「樞紐分析表欄位」工作窗格。

Step4: 直接以滑鼠自「樞紐分析表欄位」工作窗格中將「性別」拖曳至「列欄位」，將「是否喝啤酒」拖曳至「欄欄位」，同時將「是否喝啤酒」利用滑鼠拖曳至「值欄位」，然後適度修改「名稱」結果如圖 10-56 所示。

圖 10-56

「性別與是否有喝啤酒」的樞紐分析結果

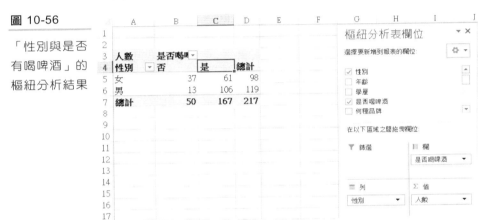

從圖 10-56 的結果來說，似乎男生喝啤酒的人數明顯高過女生，而男生不喝啤酒的人數則明顯低於女生，但若只是從個數來看，我們似乎不能斷定男女對於是否喝啤酒的行為有別。因此，在產生雙變數樞紐分析表之後，通常會以某一行或列的 100% 來呈現資料，以進一步分析資料。

範例　以「百分比」來呈現的資料

接續上例，因本次受訪的男女人數有差異，因此選擇以男女生個別「百分比」來呈現的資料較有意義。依續上例，請將圖 10-56 的分析表，以「性別」個別資料為 100%，來呈現是否有喝啤酒的相對百分比的資料。

Step1: 以滑鼠在圖 10-56 A3 儲存格的資料上按右鍵並選擇「值欄位設定」，以啟動「值欄位設定」對話方塊。

Step2: 因為性別的個別資料位於「列」上，因此請於「值欄位設定」對話
方塊的「值的顯示方式」中選擇「列總和百分比」。如圖 10-57。

圖 10-57

啟動「值欄位
設定」對話方
塊，於「值的
顯示方式」中
選擇「列總和
百分比」

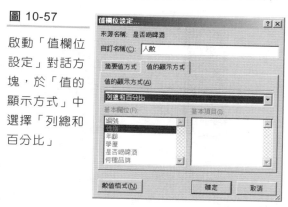

Step3: 完成設定後，則樞紐分析結果變成分別計算男女生中有無喝啤酒所
佔的比例，如圖 10-58 所示。

圖 10-58

改變樞紐分析
結果變成「列
總和百分比」
的顯示結果

	是否喝啤酒		
人數			
性別	否	是	總計
女	37.76%	62.24%	100.00%
男	10.92%	89.08%	100.00%
總計	23.04%	76.96%	100.00%

由圖 10-56 及圖 10-58 的結果發現：分析的 217 個樣本中，男性有 119
人，其中有喝過啤酒者為 106 人，占男性總人數的 89.08%；而女性的樣本人
數為 98 人，其中有喝過啤酒者為 61 人，占女性總人數的 62.24%。

就比例而言，看起來似乎男性有喝過啤酒的比例遠大於女性，但因為所
得的資料是屬於抽樣的結果，並不能就此論定母體中男性有喝過啤酒的比例
就一定大於女性。對於類似的問題，我們可繼續藉由統計的「卡方檢定」
(Chi-square Test)進行變數間是否相關的檢定，此部份的做法將於下一節介紹。

以「列總和」或是「欄總和」百分比所產生如圖 10-58 的分析報表，也
可以使用統計圖表的方式來顯示。當我們在圖 10-58 中，選取『分析/樞紐分

析圖』指令並選擇「百分比堆疊直條圖」就可產生圖表,如圖 10-59。

圖 10-59

以「百分比堆
疊直條圖」更
清晰地表達每
一性別下,是
否喝啤酒的百
分比

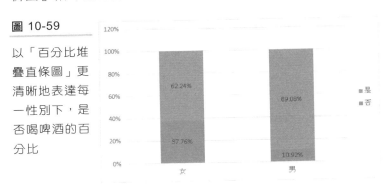

10-13-2 使用多變數樞紐分析

在上述的分析中,主要是以一個基本資料為區隔變數,來分析不同性別是否喝啤酒的行為。但有時候我們會使用兩個或兩個以上的基本資料為區隔,來分析消費行為。例如,想知道不同學歷下,不同性別是否喝啤酒的行為,則可以在圖 10-56 中,將『學歷』欄位拖曳到「列欄位」中『性別』的上面,接著適當的修改名稱、調整配置,即可以形成如圖 10-60 的樞紐分析表。

圖 10-60

以兩個基本資
料變數分析是
否喝啤酒的行
為

	A	B	C	D
3	人數	是否喝啤酒		
4	學歷	否	是	總計
5	⊟大專			
6	女	16	30	46
7	男	8	23	31
8	大專 合計	24	53	77
9	⊟大專以上			
10	女	3	8	11
11	男	3	18	21
12	大專以上 合計	6	26	32
13	⊟高中			
14	女	13	11	24
15	男	1	36	37
16	高中 合計	14	47	61
17	⊟國中			
18	女	5	12	17
19	男	1	29	30
20	國中 合計	6	41	47
21	總計	50	167	217

10-14 以卡方檢定驗證兩變數的關係

　　由前一節的範例，我們使用樞紐分析表與比例分析，得到的結論，似乎男生喝酒的比例遠高過女生，也就是說，性別與是否喝啤酒是有關的(不是獨立)，但從統計的學理來說，要由樣本的資料推論母體的特性，還必須經過檢定才能據以下結論。

　　「卡方檢定」便是來檢定兩個變數之間是否彼此獨立，因此又稱為「獨立性檢定」。從表 10-7 的表列資料知道，若是兩個或兩個以上的變數都是非數值型態的資料，要分析變數之間是否獨立，必須使用「卡方檢定」，從問卷的角度，例如接續前一節的範例來說，分析者或許想了解：性別與喝過啤酒與否之間是否真的有關？或是年齡與喝過啤酒與否之間是否有關？職業與喝過啤酒與否之間是否有關？…等問題，即可使用獨立性檢定。

　　獨立性檢定的理論基礎是在虛無假設中，設定兩變數彼此獨立(對立假設則為兩變數不獨立)。又由於此檢定的資料常以聯立表(Contingency Table)的統計表方式呈現，因此獨立性檢定又稱為「聯立表檢定」。其檢定假設如下：

H_0：兩變數間彼此獨立　　vs.　　H_1：二者有關連

獨立性檢定所用的統計量如下，其分配近似於卡方分配。

$$x^2 = \sum \frac{(f_o - f_e)^2}{f_e}$$

其中：f_0 =實際觀察次數，f_e 理論或預期次數。

檢定法則為：若 $x^2 \geq x^2_{\alpha,(a-1)\times(b-1)}$ 成立，則拒絕 H_0，即表示兩變數彼此不獨立；其中 a=行變數個數，b=列變數個數。

技巧　在統計檢定方法中另有一「P 值」檢定法，其檢定法則為：

【若「P 值」<α，則拒絕 H_0】

其中 α 為檢定的顯著水準，表示型 I 誤差的最大值，通常常用的 α 值為 10%、5%、1%；在本書運用 Excel 進行卡方檢定便是使用此檢定法則。

以上先對統計的「卡方檢定」的概念略作介紹，說明如何利用 Excel 進行「卡方檢定」，針對問卷進行分析。由於 Excel 並不能直接計算出「卡方檢定」的檢定統計值，因此需使用函數來進行，其主要步驟如下：

Step1: 先為兩變數資料的聯立統計表製作出在虛無假設(兩變數彼此獨立)成立時的預期次數表。

Step2: 利用 Excel「函數」功能，計算出卡方檢定的 P 值。

Step3: 若「P 值」<α，則拒絕 H_0。表示兩變數彼此間有關係，並不獨立。

以下便接續前一節的市調分析範例，詳細說明如何利用 Excel 進行「卡方檢定」的方法。

範例　*使用卡方檢定檢定兩變量之間的相關性*

▶ 依續圖 10-56 所產生的結果，使用 Excel 的「卡方檢定」分析功能，以判斷性別與是否有喝過啤酒之間有無相關。如尚未完成圖 10-56 的樞紐分析表，請重新製作。

Step1: 若是圖 10-56 的結果尚未產生，請開啟「CH10 市場調查資料庫範例」檔案中的「完成結果」工作表，利用雙變數樞紐分析方式，分析男女消費者其飲用啤酒的人數，產生如圖 10-56 樞紐分析結果。

注意 倘若使用者是根據本書範例逐一操作，則此時將以前一節圖
10-57 的列百分比呈現資料，使用者必須還原到圖 10-56，或是
重新產生圖 10-56 的結果。

Step2: 於該「性別與是否有喝啤酒」的樞紐分析結果工作表中，安排預期
次數的版面位置(本範例建置於 A10:D13)，首先於 A 欄與第 10 列
中鍵入相關文字資料。

Step3: 以 B11 的儲存格而言，所代表的意義是女性不喝啤酒的個數，因此
如果欄(是否喝啤酒)與列(性別)是獨立的，則 B11 的理論值應該符
合女性的總個數(D5)與不喝酒總個數(B7)相對於全部個數(D7)的比
例。如此，接著於 B11 儲存格，鍵入公式《=D5*B7/D7》以計算假
設性別與是否合啤酒獨立下，預期女生不喝啤酒的次數應為 22.58
次(實際上為 37 次)。依此概念，分別完成 C11、B12 與 C12 的儲存
格公式。最後完成的結果如圖 10-61。其中這四個儲存個的公式為

B11:= D5*B7/D7

C11:= C7*D5/D7

B12: =B7*D6/D7

C12: =C7*D6/D7

圖 10-61

根據原始資料
欄列總合以計
算理論值

3	人數	是否喝啤酒 ▼		
4	性別 ▼	否	是	總計
5	女	37	61	98
6	男	13	106	119
7	總計	50	167	217
8				
9	理論(預期)次數			
10	性別	否	是	總計
11	女	22.58064516	75.41935484	98
12	男	27.41935484	91.58064516	119
13	總計	50	167	217

技巧 B11:C12 的公式完成，除了自行完成以外，也可以使用「混合位址」，配合複製公式來完成。

Step4: 接續以圖 10-61 的結果，進一步利用 Excel 所提供的函數，進行「獨立性檢定」。

Step5: 於圖 10-61 的空白儲存格(如 A15)，選擇『公式/插入函數』指令，則會出現如圖 10-62「插入函數」對話方塊。同時於「函數類別」下選擇「統計」，再選定「CHISQ.TEST」函數(若為 Excel2007 之前的版本，請選擇「CHITEST」函數)，如圖 10-62。

圖 10-62

於「插入函數」對話方塊中選取 CHISQ.TEST 函數

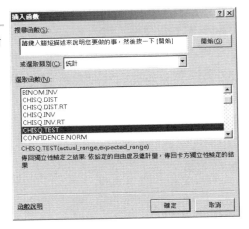

Step6: 按下「確定」功能鍵，顯示「函數引數」對話方塊，並進行如下的設定。

圖 10-63

「CHISQ.TEST」對話方塊及其內容的設定

Step7: 於「CHISQ.TEST」對話方塊中「Actual-range」鍵入原始資料的位址(B5:C6)，「Expected-range」鍵入預期次數的位址(B11:C12)，如圖 10-63 中所示。設定完後選擇「確定」功能鍵，則出現卡方檢定計算完畢的 P 值，如圖 10-64 所示。

圖 10-64

使用 Excel 函數計算卡方檢定的 P 值

	A	B	C	D
	A15		f_x =CHISQ.TEST(B5:C6,B11:C12)	
1				
2				
3	人數	是否喝啤酒		
4	性別	否	是	總計
5	女	37	61	98
6	男	13	106	119
7	總計	50	167	217
8				
9	理論(預期)次數			
10	性別	否	是	總計
11	女	22.58064516	75.41935484	98
12	男	27.41935484	91.58064516	119
13	總計	50	167	217
14				
15	2.99803E-06			

卡方檢定結論

由圖 10-64 可知 P 值為 0.000003(2.998E-06)，是一個幾乎為 "0 "的非常小的數值，很顯然無論使用任何常用的檢定顯著水準 α 都會拒絕 H_0，可知「性別與是否有喝啤酒」二者之間《並不獨立》，即有高度相關。也就是說，性別與是否有喝啤酒具有很高的相關性。

此外在前一節中，也曾經建立「性別與是否有喝啤酒」的「列百分比」樞紐分析。結果發現，男性喝過啤酒者占男性總人數的 89.08％，而女性中有喝過啤酒者占女性總人數的 62.24％；再根據「卡方檢定」達到統計上的「顯著」的結果，表示性別確實與其有無飲用啤酒有關，可知男性有喝過啤酒的比例遠大於女性。因此可確定：大台北地區的消費者飲用啤酒的經驗確實受到性別的影響，以男性的飲用者較多。

範例 利用「CHISQ.INV.RT」函數取得卡方檢定統計值

▶ 依續上例,利用 Excel 內建函數「CHISQ.INV.RT」求上一範例卡方檢定的
統計值,並進行檢定。

Step1: 於圖 10-64 的空白儲存格(如 B15 儲存格)中,選擇『公式/插入函數』
指令,則會出現「插入函數」對話方塊。

Step2: 於「插入函數」對話方塊中,「函數類別」選擇「統計」,「函數
名稱」選擇「CHISQ.INV.RT」,按下「確定」後,於「函數引數」
進行如圖 10-65 的設定。另若為 Excel2007 之前的版本請利用
「CHIINV」函數。

圖 10-65

「CHISQ.INV.RT」
對話方塊及其內容
的設定

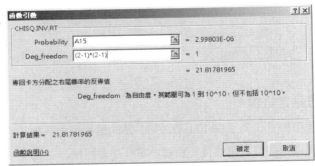

Step3: 於圖 10-65 的「CHISQ.INV.RT 函數」對話方塊中,「Probability」
鍵入前一範例(圖 10-64)求出的 P 值位址(本範例為 A15 儲存格),
「Deg_freedom」鍵入(a-1)*(b-1)的值(本例為(2-1)*(2-1)=1),如圖
10-65 中所示。之後按下「確定」功能鍵,即可以達到計算的結果。

由算出的卡方統計值 21.81 可與卡方分配表所查得的臨界值作比較,一
樣可進行獨立性檢定。

10-15 使用多元迴歸建立消費行為預測模式

　　在前面幾個章節中，分別針對受訪者基本資料與問卷內容，進行多項的分析。在進行問卷分析的過程中，只要樣本的數量足夠，就可以從量化的問題中，透過基本資料與部分的消費行為，建立行為預測模式。

　　在本章中，我們將使用多元迴歸，以性別、年齡、是否喝啤酒、何種品牌、啤酒印象為自變數，分析未來是否會購買啤酒，建立一個簡單有效的預測模型。此部份將利用逐步多元迴歸分析來完成。

10-15-1 多元迴歸預測變項的選擇

　　從問卷本身的題目來看，準備要進行的是利用問卷中大部分的可「量化」項目作為預測是否未來會再購買行為的變量。但是，這些變量是否都與我們最想觀測的行為—【是否會再購買】有關？我們曾在相關係數分析中，將原來已經轉為文字的邏輯項目，利用函數變成數字型態，再利用相關係數分析，取得所有項目彼此間的相關係數，當然也包含，是否會再購買的變項與其他變數的相關性。其中便可以發現，性別與年齡與是否會購買的相關性低，事實上，是可以不納入分析。

　　但是假設我們並沒有針對項目之間進行過相關性分析，那在眾多的變項中，應納入哪些項目於迴歸方程式中，才能更反映出模式的有效性？從統計學的學理上，共有三種方法可以用來選取預測的變項；

- ▶ **反向消除法**：先納入所有變項，逐一消除沒有預測效果的項目(迴歸係數未達顯著水準)

- ▶ **順向選擇法**：先選定最重要的變項(納入後能夠顯著增加預測效果者)，再逐一納入次重要變項，直到有顯著效果的變項都納入。

- **逐步迴歸法**：類似順向選擇法，但是在納入一新變數之時，要檢驗是否降低原有重要變數的顯著性。

而對於哪些變數需要加入或是刪除，主要是考量變項迴歸係數的 t 檢定，如果未達到顯著水準，就予以刪除或是加入。當然，一個變數的加入或是刪除，不應該明顯的降低判定係數(R_a^2)的值，也就是不該影響整個迴歸模式的解釋能力。在本書的操作上以「反向消除法」為主。

10-15-2 五變數多元迴歸分析

在本書的範例中，我們希望以性別、年齡、是否喝啤酒、何種品牌、啤酒印象為自變數，未來是否會購買啤酒為因變數，建立有效迴歸的預測模型。要建立類似的預測模式，最重要的關鍵在於各個變數資料必須是數值型態，因此必須使用最原始、未變更成文字的資料進行分析。

範例　*五變數多元迴歸分析*

- 以「CH10 市場調查資料庫範例」檔案中的「原始資料輸入」工作表中未取代前的資料為分析標的，進行以性別、年齡、是否喝啤酒、何種品牌、啤酒印象為自變數，分析未來是否會購買啤酒的迴歸分析。該工作表是市場調查資料庫的原始資料。

Step1:　開啟「CH10 市場調查資料庫範例」檔案的「原始資料輸入」工作表。如圖 10-66 所示。

圖 10-66

市場調查的原始資料

	A	B	C	D	E	F	G	H	I	J	K	L	M	N
1	編號	性別	年齡	學歷	是否喝啤酒	何種品牌	那裡購買	飲用量	增加氣氛	解渴飲料	容易發胖	營養價值高	苦味	會再購買
2	1	1	30	3	1	1	1	1800	4	3	4	4	3	1
3	2	1	22	2	1	1	1	1200	2	2	5	4	4	1
4	3	2	20	3	1	5	1	900	3	2	3	5	2	1
5	4	1	42	4	1	1	3	1600	4	2	2	5	4	1
6	5	1	38	2	1	3	1	2100	4	4	3	5	3	1
7	6	2	34	3	1	1	1	1300	3	2	3	5	2	1
8	7	1	25	1	1	1	1	1200	4	2	4	5	4	1
9	8	2	24	3	1	1	1	1100	4	2	4	4	1	1
10	9	2	22	3	2			0	1	1	2	1	2	2
11	10	2	44	2	2			0	2	3	2	1	4	1
12	11	1	20	2	1	2	1	600	4	2	2	5	5	1

注意　由於「迴歸分析」所處理的對象必須視量化的資料，因此必須使用啤酒市調問卷的原始資料(未取代成中文的原始工作表)進行分析。

Step2:　原始資料庫因為還沒有利用 SUM() 函數統計 I~M 欄位中的數值以完成「啤酒印象」之綜合判斷分數，因此，首先在 N 欄之前加入一欄，欄位名稱一樣取為「啤酒印象」，接著利用 SUM() 函數統計每一個受訪者的「啤酒印象」分數。

Step3:　將性別、年齡、是否喝啤酒、何種品牌、啤酒印象、會再購買，六個欄位資料複製到「5 變數」工作表中。如圖 10-67 所示。

圖 10-67

將相關資料從原始工作表中複製整理到「5變數」工作表

	A	B	C	D	E	F
1	性別	年齡	是否喝啤酒	何種品牌	啤酒印象	會再購買
2	1	30	1	1	18	1
3	1	22	1	1	17	1
4	2	20	1	5	15	1
5	1	42	1	1	17	1
6	1	38	1	3	19	1
7	2	34	1	1	15	1
8	1	25	1	1	19	1
9	2	24	1	1	15	1
10	2	22	2		7	2
11	2	44	2		12	1
12	1	20	1	2	18	1

Step4:　由於進行迴歸分析時，所有變數的資料不應有非數值形態的資料(包括不應為空白)，因此，我們接著必須將圖 10-67「何種品牌」欄位中的空白資料更改為 0。

 注意　最快速的方式是使用『取代』的功能，選定 D2:D218 後，將空白的資料取代成 0。此時不可以選取 D 整欄進行取代，否則 218 列以下的儲存格都會被更新成 0。

Step5:　選取『資料/資料分析…』指令，產生「資料分析」對話方塊，然後選取「迴歸」選項，產生如圖 10-68「迴歸」對話方塊。

圖 10-68

「迴歸」對話
方塊及其中的
設定情形

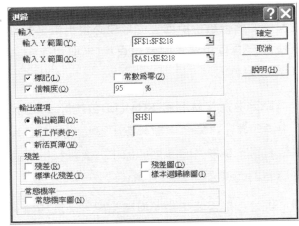

Step6: 在「迴歸」對話方塊中的設定情形如圖 10-68 所示。

Step7: 在「迴歸」對話方塊中完成各項設定後，按下「確定」功能鍵時，
系統經過短暫的處理便會產生如圖 10-69 的彙總報表。

圖 10-69

五個變數的迴
歸分析彙總報
表

	H	I	J	K	L	M	N	O	P
1	摘要輸出								
3		迴歸統計							
4	R 的倍數	0.863035							
5	R 平方	0.744829							
6	調整的 R 平方	0.738782							
7	標準誤	0.215719							
8	觀察值個數	217							
10	ANOVA								
11		自由度	SS	MS	F	顯著值			
12	迴歸	5	28.66045	5.732091	123.179	1.41E-60			
13	殘差	211	9.818808	0.046535					
14	總和	216	38.47926						
16		係數	標準誤	t 統計	P-值	下限 95%	上限 95%	下限 95.0%	上限 95.0%
17	截距	1.344486	0.162105	8.293927	1.29E-14	1.024933	1.664038	1.024933	1.664038
18	性別	-0.05719	0.031909	-1.7922	0.074534	-0.12009	0.005714	-0.12009	0.0057149
19	年齡	-0.00034	0.001748	-0.1945	0.845971	-0.003786	0.003106	-0.003786	0.003106
20	是否喝啤酒	0.555524	0.054841	10.12974	6.61E-20	0.447418	0.663631	0.447418	0.663631
21	何種品牌	0.00713	0.011028	0.646565	0.518616	-0.014609	0.02887	-0.014609	0.02887
22	啤酒印象	-0.04581	0.005896	-7.76957	3.39E-13	-0.057432	-0.034187	-0.057432	-0.034187

五變數多元回歸分析結論

根據圖 10-69 的報表，針對本範例的迴歸分析，有下列各項分析與結論。

▶ 由調整的判定係數(R_a^2)＝0.7388，可知此五項因素與未來會再購買之間存有迴歸關係，而回歸模型之解釋能力為中上(判定係數越接近 1，解釋力越強)。

▶ 再由 F 檢定得知，其 P 值(顯著值)＝1.41E-60 非常小，故此關係強度或解釋能力具有極高的「統計顯著性」，表示五項因素與未來是否會再購買之間具有顯著的統計關係。

▶ 各項係數之檢定：由性別、年齡、是否喝啤酒、何種品牌、啤酒印象五項係數的 P 值來看，是否喝啤酒、啤酒印象兩項因素的 P 值均小於 0.05，均達到統計的顯著水準，且此兩項變數的 P 值相當小，表示此兩因素與未來是否會再購買之間有非常顯著的關係。至於性別、年齡、何種品牌的 P 值均大於 0.05，甚至年齡變數的 P 值接近 1，顯示其未達統計的顯著水準，因此可考慮將這些變數逐一刪除，以使迴歸模型較簡單。刪除順序以 P 值愈大者先刪除。

10-15-3 四變數多元迴歸分析

| **範例** 四個變數多元迴歸分析

▶ 依續上例，繼續使用上一範例「5 變數」工作表，繼續進行四個變數多元迴歸分析。

Step1: 依續上例，首先將「5 變數」工作表中 P 值最大的「年齡」欄位資料刪除，或是將「5 變數」工作表中「年齡」欄位之外的欄位都搬移到新工作表(如「4 變數」工作表)。如圖 10-70 所示。

Step2: 繼續選取『資料/資料分析…』指令，產生「資料分析」對話方塊，然後選取「迴歸」選項，於產生的「迴歸」對話方塊進行相關設定。

Step3: 在「迴歸」對話方塊中完成各項設定後，按下「確定」功能鍵時，系統經過短暫的處理便會產生如圖 10-70 的彙總報表。

圖 10-70

四個變數的
迴歸分析彙
總報表

	A	B	C	D	E	F	G	H	I	J	K	L
1	性別	是否喝啤酒	何種品牌	啤酒印象	會再購買		摘要輸出					
2	1	1	1	18	1							
3	1	1	1	17	1		迴歸統計					
4	2	1	5	15	1		R 的倍數	0.86301				
5	1	1	1	17	1		R 平方	0.74478				
6	1	1	3	19	1		調整的 R 平方	0.73997				
7	2	1	1	15	1		標準誤	0.21523				
8	1	1	1	19	1		觀察值個數	217				
9	2	1	1	15	1							
10	2	2	0	7	2		ANOVA					
11	2	2	0	12	1			自由度	SS	MS	F	顯著值
12	1	1	2	18	1		迴歸	4	28.6587	7.16467	154.666	1.1E-61
13	1	2	0	6	2		殘差	212	9.82057	0.04632		
14	2	2	0	9	2		總和	216	38.4793			
15	2	2	0	8	2							
16	1	2	0	6	2			係數	標準誤	t 統計	P-值	下限 95%
17	2	2	0	10	2		截距	1.3374	0.1576	8.48621	3.7E-15	1.02674
18	1	1	4	17	1		性別	-0.05792	0.03161	-1.83218	0.06833	-0.12024
19	2	2	0	13	1		是否喝啤酒	0.55497	0.05464	10.1563	5.3E-20	0.44726
20	1	2	0	8	2		何種品牌	0.00724	0.01099	0.65934	0.51039	-0.01441
21	2	1	1	14	1		啤酒印象	-0.04599	0.00581	-7.915	1.4E-13	-0.05744

四變數多元迴歸分析結論

根據圖 10-70 的報表中，有下列各項分析與結論

- ▶ 由調整的判定係數(R_a^2)=0.7399 與五個變數的解釋能力(調整的判定係數 =0.7388)相差不大，可知此處刪除年齡變數並不會影響迴歸模型的解釋能力。

- ▶ 再由 F 檢定得知，其 P 值(顯著值)=1.1E-61 比五個變數的 P 值（1.41E-60）還小，故此關係強度或解釋能力具有極高的「統計顯著性」，表示此四項因素與未來是否會再購買之間具有更顯著的統計關係。

- ▶ 各項係數之檢定: 由性別、是否喝啤酒、何種品牌、啤酒印象四項係數的 P 值來看，是否喝啤酒、啤酒印象兩項因素的 P 值仍遠小於 0.05，均達到統計的顯著水準，表示此因素與未來是否會再購買之間有非常顯著的關係。至於性別、何種品牌的 P 值仍大於 0.05，顯示其未達統計的顯著水準，因此可考慮再將性別、何種品牌這兩個變數逐一刪除，以使迴歸模型較簡單。可先刪除 P 值較大的「何種品牌」。

10-15-4 三變數多元迴歸分析

依據前兩個範例的練習，由於執行的工具與步驟均相同，因此，針對三變數的多元迴歸，僅列出簡要的步驟與執行完畢結果的相關分析。

Step1: 依續上例,再將 P 值最大的「何種品牌」欄位資料刪除。

Step2: 仍然重複上述步驟,選取『資料/資料分析…』指令,產生「資料分析」對話方塊,然後選取「迴歸」選項,於產生的「迴歸」對話方塊進行相關設定後,按下「確定」功能鍵,設定即產生如圖 10-71 的彙總報表。相關操作不在贅述。

圖 10-71

三個變數的迴歸分析彙總報表

	A	B	C	D	E	F	G	H	I	J	K
1	性別	是否喝啤酒	啤酒印象	會再購買		摘要輸出					
2	1	1	18	1							
3	1	1	17	1		迴歸統計					
4	2	1	15	1		R 的倍數	0.8627047				
5	1	1	17	1		R 平方	0.7442595				
6	1	1	19	1		調整的 R 平方	0.7406575				
7	2	1	15	1		標準誤	0.214943				
8	1	1	19	1		觀察值個數	217				
9	2	1	15	1							
10	2	2	7	2		ANOVA					
11	2	2	12	1			自由度	SS	MS	F	顯著值
12	1	1	18	1		迴歸	3	28.63856	9.546185	206.6251	8.61E-63
13	1	2	6	2		殘差	213	9.840707	0.046201		
14	2	2	9	2		總和	216	38.47926			
15	2	2	8	2							
16	1	2	6	2			係數	標準誤	t 統計	P-值	下限 95%
17	2	2	10	2		截距	1.3615595	0.153073	8.894817	2.55E-16	1.059826
18	1	1	17			性別	-0.058238	0.031568	-1.84483	0.066451	-0.12046
19	2	2	13	1		是否喝啤酒	0.5418618	0.050829	10.66047	1.53E-21	0.441669
20	1	2	8	2		啤酒印象	-0.045742	0.005791	-7.89941	1.48E-13	-0.05716

三變數多元歸分析結論

根據圖 10-71 的報表中,有下列各項分析與結論

▶ 由調整的判定係數(R_a^2)= 0.7406 與四個變數的解釋能力(調整的判定係數=0.7399)相差不大,可知此處刪除「何種品牌」因素並不會影響迴歸模型的解釋能力。

▶ 再由 F 檢定得知,其 P 值(顯著值)=8.6E-63 比四個變數的 P 值 1.1E-61 還小,故此關係強度或解釋能力具有極高的「統計顯著性」,表示此三項因素與未來是否會再購買之間具有更顯著的統計關係。

▶ 各項係數之檢定: 由性別、是否喝啤酒、啤酒印象三項係數的 P 值來看,是否喝啤酒、啤酒印象兩項因素的 P 值仍遠小於 0.05,達到統計的顯著水準,表示此因素與未來是否會再購買之間有非常顯著的關係。至於性別的 P 值為 0.066,略高於 0.05,倘偌 α 值取 10%,則可以接受性別與是否

會再購買有關,但若是 α 值取 5%,因仍未達統計的顯著水準,因此可考慮再將「性別」變數刪除,以使迴歸模型更具解釋力。

10-15-5 二變數多元迴歸分析

由於執行的工具與步驟均相同,因此,針對二變數的多元迴歸,相同的,僅列出簡要的步驟與執行完畢結果的相關分析。

Step1: 依續上例,再將未達 α =5% 統計顯著水準的「性別」欄位資料刪除。

Step2: 重複上述步驟,產生如圖 10-72 的彙總報表。

圖 10-72

二個變數的
迴歸分析彙
總報表

	A	B	C	D	E	F	G	H	I	J	K
1	是否喝啤酒	啤酒印象	會再購買		摘要輸出						
2	1	18	1								
3	1	17	1			迴歸統計					
4	1	15	1		R 的倍數	0.860333					
5	1	17	1		R 平方	0.740173					
6	1	19	1		調整的 R	0.737745					
7	1	15	1		標準誤	0.216147					
8	1	19	1		觀察值個	217					
9	1	15	1								
10	2	7	2		ANOVA						
11	2	12	1			自由度	SS	MS	F	顯著值	
12	1	18	1		迴歸	2	28.48132	14.24066	304.8127	2.35E-63	
13	2	6	2		殘差	214	9.997945	0.046719			
14	2	9	2		總和	216	38.47926				
15	2	8	2								
16	2	6	2			係數	標準誤	t 統計	P-值	下限 95%	上限 95%
17	2	10	2		截距	1.252853	0.142068	8.818656	4.1E-16	0.97282	1.532885
18	1	17	1		是否喝啤	0.534118	0.050939	10.48541	5.02E-21	0.433711	0.634524
19	2	13	1		啤酒印象	-0.04358	0.005703	-7.64231	7.08E-13	-0.05482	-0.03234

二變數多元迴歸分析結論

根據圖 10-72 的報表中,可以得到下列各項分析與結論

- 由調整的判定係數(R_a^2)=0.7377 與三個變數的解釋能力(調整的判定係數=0.7406)相差不大,可知刪除「性別」因素並不會影響迴歸模型的解釋能力。

- 再由 F 檢定得知,其 P 值(顯著值)=2.35E-63 比三個變數的 P 值 8.6E-63 還小,故此關係強度或解釋能力具有極高的「統計顯著性」,表示此二項因素與未來是否會再購買之間具有更顯著的統計關係。

▶ 各項係數之檢定：由是否喝啤酒、啤酒印象二項係數的 P 值來看，是否喝啤酒、啤酒印象兩項因素的 P 值均小於 0.05，均達到統計的顯著水準，表示此兩因素與未來是否會再購買之間有非常顯著的關係。故此為最簡單也最具解釋立的預測迴歸模型。

▶ 最後，最佳估計迴歸模型為：

未來是否會再購買=-0.0435*(啤酒印象)+ 0.5341*(是否喝啤酒)+ 1.2528

10-16 個案模擬(習題)

　　配合本章所說明的內容，提供此一個案模擬(習題)，讓讀者可以在習得書中的市調技巧後，再利用此習題中的個案，透過市調目的、問卷設計、資料收集到統計分析等四個步驟，得以讓讀者對市調程序有一更深的體認。就讀者親自操作的部份，以第四部份的統計分析為重點。在時間的允許下，讀者可以嘗試從給定的第一部份—【市調目的】，自行設計第二部份的問卷。當然，市調目的影響問卷內容設計，進而影響資料收集與編碼方式，最後所使用的統計技巧也不相同。

　　從第四部份的統計分析說明中，可以知道大概會使用到八種不同的EXCEL 與統計技巧，我們在每一項的說明中，只是列舉其中之一可以分析的項目，讀者在練習時必須能舉一反三。例如，我們既然可以使用獨立性檢定，來檢定性別與購買方式的相關性，當然也可以使用相同的方式，用來檢定學歷與購買管道的相關性。

　　在每一種統計分析項目下，我們也大致會提供可能的方向或是參考答案，但其中的操作步驟則需要讀者自行完成。問卷的主要資料庫，已經附於範例光碟中【CH10 習題資料庫】，讀者若使用第二部份的問卷為練習的標的，則可以使用【CH10 習題資料庫】檔案為操作對象；同時，按照第四部份統計分析的要求，參考答案也同時附於【CH10 習題資料庫參考解答】檔案中。

一、市場調查目的

▶ 針對博碩客戶進行樣本組成分析，我們以性別、學歷與年齡為市場區隔的標準。

▶ 了解博碩文化客戶群中，對於博碩文化消息源、購買原因與購買方式等消費行為分布。

▶ 分析不同消費族群對於可以接受的書籍定價為何。

▶ 分析哪些因素是消費者會繼續購買博碩產品的主因。

▶ 分析哪些因素是消費者會推薦購買博碩產品的主因。

▶ 分析會繼續購買與推薦購買的相關性。

▶ 分析客戶對於博碩文化的普遍印象。

▶ 分析客戶對於博碩印象與購買地點是否有關。

▶ 分析不同性別或是學歷對於博碩印象是否有關。

▶ 分析不同學歷對於於何處購買是否有關。

▶ 分析不同學歷對於是否會繼續購買與是否會推薦購買是否有關。

▶ 分析性別、年齡、博碩印象、是否繼續購買與是否會推薦購買等幾個變量的相關係數。

▶ 建構一迴歸分析模式，以是否會繼續購買為因變數，性別、年齡、合理售價、博碩印象與推薦購買為自變數，建立預測消費者會繼續購買的模式

二、消費行為研究問卷

您好！我們是博碩文化的行銷研究人員。本研究主要是希望能夠了解您對博碩文化產品的消費行為，以及對博碩文化整體的認知，以作為我們日後改進的方針。您的意見將會是我們成長與改進的最大動力，謝謝您的支持！本問卷分兩大部分，希望您能據實填寫，謝謝您的合作。

<壹> 消費行為

1. 請問您從何處知道有博碩文化公司的存在

   □網路 □學校用書 □朋友 □電子/平面媒體 □師長推薦 □其他

2. 您最常由何處購買博碩文化的產品

   □電腦書籍專賣店 □學校統一採購 □一般書店 □網路商店

   □博碩直接購買 □其他

3. 哪一項目是您購買博碩文化書籍的最主要原因

   □價廉物美 □內容充實 □封面設計 □業務或店家推薦 □價格低廉

   □社會形象

4. 您認為一本 500 頁左右的電腦書籍，最合理的定價為多少＿＿＿＿＿＿

5. 您未來會不會繼續購買博碩的產品　　□會 □可能 □不會

6. 您未來會不會像別人推薦博碩的產品　　□會 □可能 □不會

<貳> 認知

7. 請針對以下五個問題，根據您的經驗，勾選您對每一個問題的認知

	非常不同意	不同意	沒意見	同意	非常同意
1. 博碩公司聲譽卓著	□	□	□	□	□
2. 博碩產品不能讓我信賴	□	□	□	□	□
3. 博碩產品無法跟上潮流	□	□	□	□	□
4. 博碩社會形象良好	□	□	□	□	□
5. 買電腦書，博碩是我的優先選擇	□	□	□	□	□

<參> 基本資料

8. 性　　　別：□男 □女

9. 教育程度：□高中（職）以下 □大專 □研究所以上

10. 年　　　齡：＿＿＿＿＿＿＿

三、抽樣與資料輸入

▶ 本研究之問卷，是附於博碩文化出版品中，以抽獎方式鼓勵消費者寄回，回收期間自 2003.7.1~2003.8.31，回收問卷 372 份，扣除重複與無效問卷部分共 300 份。

▶ 問卷回收後，便進行編碼，將相對的答案，轉換成數字，準備輸入於 Excel 資料庫中。

▶ 編碼過程特別需要注意的只有第<7>題。我們分別給予 1~5 分的相對分數。其中的 2 與 3 小題，因為為負面表述，所以回答非常不同意的，必須給 5 分，依此類推。1、4 與 5 題的編碼，則由非常不同意的項目給 1 分，依此類推。

▶ 編碼數字輸入到資料庫中，如「習題資料庫」範例檔案中的「原始資料庫」工作表。

▶ 接著以「取代」的做法，將資料庫中相對答案的數字取代成文字，如「習題資料庫」範例檔案中的「完成資料庫」工作表。

四、統計分析

1. 樣本組成分析

　　樣本組成分析，原本是用來討論我們抽樣的樣本組成，例如男女個數，不同學歷個數，與不同年齡層個數。由於我們樣本的來源是針對購買書籍的回函者，因此上述的分析，可以解讀成購買書籍的組成分析。其中針對年齡部份，因為是開放性問卷，因此，必須使用「群組功能」予以分組。

	A	B	C	D	E	F	G	H
4	性別 ▾	合計		教育程度 ▾	合計		年齡 ▾	合計
5	女	147		大學	155		<20	13
6	男	153		研究所	91		20-29	114
7	總計	300		高中職	54		30-39	109
8				總計	300		40-50	38
9							>50	26
10							總計	300

　　進行類似樞紐分析表分析時，除了可以改變欄位名稱外，我們也可以加入百分比分析，而此功能，也可以用來作為單項答案的統計，例如我們可以針對「購買原因」與「購買地點」的各種答案個數與百分比統計。

	A	B	C	D	E	F	G
15	購買原因 ▼	個數	%		購買來源 ▼	個數	%
16	內容充實	72	24.00%		一般書店	74	24.67%
17	店家推薦	28	9.33%		其他	26	8.67%
18	社會形象	38	12.67%		直接購買	27	9.00%
19	封面設計	63	21.00%		專賣店	73	24.33%
20	價格低廉	33	11.00%		網路商店	33	11.00%
21	價廉物美	66	22.00%		學校採購	67	22.33%
22	總計	300	100.00%		總計	300	100.00%

2. 敘述統計分析

　　針對「博碩印象」、「購買意願」與「推薦意願」這三個變項進行敘述統計分析，如平均數、眾數、中位數、全距、標準差（變異數）與分佈情形等，以便掌握消費者對博碩的普遍印象與持續消費意願。其中，針對「博碩印象」的統計，必須先建立一綜合判斷指標，將第<7>題中的五個小題加總，要特別注意的是，第 2 與 3 小題，是負面表述，因此實作，於輸入資料庫時，要特別注意。

	A	B	C	D	E	F	G	H	I	J
1	繼續購買	推薦	博碩印象		繼續購買		推薦		博碩印象	
2	1	2	18							
3	1	1	17		平均數	1.503226	平均數	1.741935	平均數	16.54839
4	2	2	14		標準誤	0.052082	標準誤	0.059208	標準誤	0.259094
5	1	1	18		中間值	1	中間值	2	中間值	17
6	1	1	23		眾數	1	眾數	1	眾數	18
7	3	3	11		標準差	0.648417	標準差	0.737129	標準差	3.225695
8	3	3	12		變異數	0.420444	變異數	0.54336	變異數	10.40511
9	2	2	15		峰度	-0.22592	峰度	-1.04221	峰度	0.455457
10	1	1	15		偏態	0.928966	偏態	0.450789	偏態	-0.22045
11	1	1	16		範圍	2	範圍	2	範圍	17
12	2	2	15		最小值	1	最小值	1	最小值	7
13	1	1	20		最大值	3	最大值	3	最大值	24
14	1	1	21		總和	233	總和	270	總和	2565
15	1	1	18		個數	155	個數	155	個數	155
16	1	1	23		第 K 個最	3	第 K 個最	3	第 K 個最	24
17	1	1	16		第 K 個最	1	第 K 個最	1	第 K 個最	7
18	3	3	15		信賴度(9	0.102887	信賴度(9	0.116964	信賴度(9	0.511837

進行不同學歷，對於博碩印象的敘述統計分析。在操作過程，必須要使用自動篩選的功能，將各種學歷下的印象分數，複製到新工作表，然後進行分析。

	A	B	C	D	E	F	G	H	I	J
1	高中職	大學	研究所		高中職		大學		研究所	
2	14	23	18							
3	11	15	17		平均數	15.92593	平均數	16.97419	平均數	17.18681
4	12	16	18		標準誤	0.430211	標準誤	0.240086	標準誤	0.30539
5	15	13	15		中間值	16	中間值	17	中間值	18
6	16	14	15		眾數	14	眾數	18	眾數	18
7	18	16	20		標準差	3.161394	標準差	2.989046	標準差	2.913235
8	10	15	21		變異數	9.99441	變異數	8.934395	變異數	8.486935
9	8	10	18		峰度	0.887173	峰度	0.187426	峰度	0.761876
10	16	15	23		偏態	0.089133	偏態	-0.29547	偏態	-0.60822
11	14	16	16		範圍	16	範圍	16	範圍	16
12	16	19	16		最小值	8	最小值	8	最小值	7
13	19	18	14		最大值	24	最大值	24	最大值	23
14	17	19	18		總和	860	總和	2631	總和	1564
15	17	19	22		個數	54	個數	155	個數	91
16	14	18	11		第 K 個最	24	第 K 個最	24	第 K 個最	23
17	15	22	14		第 K 個最	8	第 K 個最	8	第 K 個最	7
18	18	15	20		信賴度(9	0.862894	信賴度(9	0.474286	信賴度(9	0.60671

3. 兩平均數差異的 t 檢定

此一檢定法則通常使用於檢定兩個母體的平均數是否相等。使用前一項分析的技巧中，也可以取得男性和女性對博碩「印象」分數，但若我們希望檢定男女生的印象分數是否相同，或是對於其他如書價的看法是否相同等，(也就是希望能檢定性別與印象分數或是書價是否有關)可以使用「兩平均數差異的 t 檢定」來進行。

在分析的過程中，如我們在本書中提到，必須先確認，兩母體的變異數是否相等，以使用不同的公式或工具來進行。

	A	B	C	D	E	F	G	H	I	J	K	L
1	男	女		F 檢定：兩個常態母體變異數的檢定				t 檢定：兩個母體平均數差的檢定，假設變異數相等				
2	18	14										
3	17	11			男	女			男	女		
4	18	12		平均數	18.5098039	15.12244898		平均數	18.5098039	15.122449		
5	23	15		變異數	5.94891641	6.601341907		變異數	5.94891641	6.60134191		
6	15	16		觀察值個數	153	147		觀察值個數	153	147		
7	15	16		自由度	152	146		Pooled 變異數	6.26856112			
8	20	15		F	0.90116775			假設的均數差	0			
9	21	16		P(F<=f) 單尾	0.26267618			自由度	298			
10	18	13		臨界值：單尾	0.76338402			t 統計	11.714413			
11	23	16						P(T<=t) 單尾	1.2603E-26			
12	14	14						臨界值：單尾	1.64998255			
13	15	16						P(T<=t) 雙尾	2.5206E-26			
14	22	18						臨界值：雙尾	1.96795554			

4. 單因子變異數分析

T 檢定主要用於檢定兩個母體的平均數是否相等。但如<2>的分析中，我們使用敘述統計的分析功能，分析了不同教育程度不同對「博碩印象」的各種統計量。但我們想進一步知道，不同教育程度對「博碩印象」是否會有差異，此時還是需要透過假設檢定。因為在教育程度的變項中，共有三個選項，因此無法使用如性別一般，使用 T 檢定來進行分析，而必須使用單因子變異數分析來進行。

	L	M	N	O	P	Q	R
1	單因子變異數分析						
2							
3	摘要						
4	組	個數	總和	平均	變異數		
5	高中職	54	860	15.92593	9.99441		
6	大學	155	2631	16.97419	8.934395		
7	研究所	91	1564	17.18681	8.486935		
8							
9							
10	ANOVA						
11	變源	SS	自由度	MS	F	P-值	臨界值
12	組間	58.82535	2	29.41267	3.272452	0.039285	3.026159
13	組內	2669.425	297	8.987962			
14							
15	總和	2728.25	299				

5. 樞紐分析

樞紐分析表主要讓我們以不同的角度來分析統計資料。從回收的問卷中，我們可以知道，哪些人購買博碩的書籍(可參考第一項分析)，哪些人會在哪些管道購買書籍等等。這裡的哪些人，就是以我們在基本資料中所詢問的性別、教育程度與年齡。要回答類似的問題，可以使用雙變數樞紐分析表來表達，例如我們可以分析不同教育程度，其購買原因的比例是否不同。當然，以相同的概念與操作方式，也可以用來分析不同的性別，其購買的管道是否有所不同等等。

計數 - 性別	購買原因 ▼						
教育程度 ▼	內容充實	店家推薦	社會形象	封面設計	價格低廉	價廉物美	總計
大學	37	16	18	32	20	32	155
研究所	25	8	13	13	7	25	91
高中職	10	4	7	18	6	9	54
總計	72	28	38	63	33	66	300

計數 - 性別	購買原因 ▼						
教育程度 ▼	內容充實	店家推薦	社會形象	封面設計	價格低廉	價廉物美	總計
大學	23.87%	10.32%	11.61%	20.65%	12.90%	20.65%	100.00%
研究所	27.47%	8.79%	14.29%	14.29%	7.69%	27.47%	100.00%
高中職	18.52%	7.41%	12.96%	33.33%	11.11%	16.67%	100.00%
總計	24.00%	9.33%	12.67%	21.00%	11.00%	22.00%	100.00%

6. 獨立性檢定

雙變數樞紐分析表可以產生如上一分析的百分比和次數顯示，我們並無法確認教育程度與購買原因是否有關。因此，當完成雙變數樞紐分析之後，會更一步以獨立性檢定檢定兩者是否有關。例如檢定教育程度與購買原因是否獨立。

要進行獨立性檢定，必須使用如上一分析所得的次數，配合計算出期望(理論)次數，再利用 CHISQ.TEST(CHITEST)函數進行檢定。而我們在前一分析進行任兩個變數的次數分配分析後，便可以使用獨立性檢定的做法繼續進行檢定。

A15		:	×	✓	f_x	=CHISQ.TEST(B3:G5,B10:G12)	
▲	A	B	C	D	E	F	G	H
1	實際值							
2	教育程度	內容充實	店家推薦	社會形象	封面設計	價格低廉	價廉物美	總計
3	大學	37	16	18	32	20	32	155
4	研究所	25	8	13	13	7	25	91
5	高中職	10	4	7	18	6	9	54
6	總計	72	28	38	63	33	66	300
7								
8	理論值							
9	教育程度	內容充實	店家推薦	社會形象	封面設計	價格低廉	價廉物美	總計
10	大學	37.20	14.47	19.63	32.55	17.05	34.10	155
11	研究所	21.84	8.49	11.53	19.11	10.01	20.02	91
12	高中職	12.96	5.04	6.84	11.34	5.94	11.88	54
13	總計	72	28	38	63	33	66	300
14								
15	0.3402796							

7. 相關係數分析

利用相關係數分析，我們可以分析「書價」、「繼續購買」、「推薦」、「博碩印象」、「性別」、「年齡」等六個變項的相關係數，以便了解這些變數的相關性。相關係數分析主要是分析問卷中，有關數值型態項目間的相關性。

	H	I	J	K	L	M	N
1		書價	繼續購買	推薦	博碩印象	性別	年齡
2	書價	1					
3	繼續購買	0.014	1				
4	推薦	0.044	0.586	1			
5	博碩印象	(0.007)	(0.550)	(0.497)	1		
6	性別	(0.062)	0.236	0.187	(0.562)	1	
7	年齡	(0.136)	0.058	0.015	(0.098)	0.081	1

雖然所有數值型態的變項之間都可以使用相關係數分析取得相關係數，但分析的基本前提是我們對於某些變數間的相關性有所懷疑或是假設。如上圖，雖然我們將問卷中所有數值型態變項都納入分析，但或許我們根本不認為書價與年齡是會影響選擇行為或是印象，則可以不納入。

另一方面，在解讀相關係數時，也應注意數值本身的意義。如繼續購買與博碩印象的相關係數為-0.55，並不能解讀成對博碩印象越好，越不會購買，

因為在繼續購買的項目中，我們以 1、2 與 3 分別代表會、不一定與不會繼續購買，因此，可以解讀對博碩印象越好，繼續購買的分數就越低(當然就是會願意購買)。

8. 多元迴歸分析

以本習題的問卷來看，通常決策者最關心的，莫過於「是否會繼續購買」的行為傾向。從相關係數分析中，我們也知道，是否會購買，可能與「推薦」、「博碩印象」、「性別」、「年齡」、「教育程度」等變項有關。此時，我們可以利用多元回歸分析，使用已知變項來預測「繼續購買」的可能。

	H	I	J	K	L	M	N	O	P
7	標準誤	0.464679							
8	觀察值個	300							
9									
10	ANOVA								
11		自由度	SS	MS	F	顯著值			
12	迴歸	2	48.78648	24.39324	112.9701	3.27E-37			
13	殘差	297	64.13019	0.215927					
14	總和	299	112.9167						
15									
16		係數	標準誤	t 統計	P-值	下限 95%	上限 95%	下限 95.0%	上限 95.0%
17	截距	1.989631	0.220458	9.025009	2.31E-17	1.555775	2.423488	1.555775	2.423488
18	推薦	0.367034	0.044584	8.232329	5.87E-15	0.279293	0.454776	0.279293	0.454776
19	博碩印象	-0.06994	0.010252	-6.8227	5.02E-11	-0.09012	-0.04977	-0.09012	-0.04977

讀者回函

讀者回函

感謝您購買本公司出版的書，您的意見對我們非常重要！由於您寶貴的建議，我們才得以不斷地推陳出新，繼續出版更實用、精緻的圖書。因此，請填妥下列資料(也可直接貼上名片)，寄回本公司(免貼郵票)，您將不定期收到最新的圖書資料！

購買書號：　　　　　**書名：**

姓　　名：_____

職　　業：□上班族　　□教師　　　□學生　　　□工程師　　□其它

學　　歷：□研究所　　□大學　　　□專科　　　□高中職　　□其它

年　　齡：□10~20　　□20~30　　□30~40　　□40~50　　□50~

單　　位：_____　部門科系：_____

職　　稱：_____　聯絡電話：_____

電子郵件：_____

通訊住址：□□□_____
_____

您從何處購買此書：

□書局 _____　□電腦店 _____　□展覽 _____　□其他 _____

您覺得本書的品質：

內容方面：　□很好　　　　□好　　　　□尚可　　　　□差

排版方面：　□很好　　　　□好　　　　□尚可　　　　□差

印刷方面：　□很好　　　　□好　　　　□尚可　　　　□差

紙張方面：　□很好　　　　□好　　　　□尚可　　　　□差

您最喜歡本書的地方：_____

您最不喜歡本書的地方：_____

假如請您對本書評分，您會給(0~100分)：_____ 分

您最希望我們出版那些電腦書籍：

請將您對本書的意見告訴我們：

您有寫作的點子嗎？□無　□有　專長領域：_____

GIVE US A PIECE OF YOUR MIND

Give Us a Piece Of Your Mind

歡迎您加入博碩文化的行列哦！

請沿虛線剪下寄回本公司

博碩文化網站　　http://www.drmaster.com.tw

221

博碩文化股份有限公司　讀者服務部

台北縣汐止市新台五路一段 112 號 10 樓 A 棟

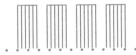

如何購買博碩書籍

全 省書局

請至全省各大書局、連鎖書店、電腦書專賣店直接選購。

（書店地圖可至博碩文化網站查詢，若遇書店架上缺書，可向書店申請代訂）

信 用卡及劃撥訂單（優惠折扣 85 折，未滿 1,000 元請加運費 80 元）

請於劃撥單備註欄註明欲購之書名、數量、金額、運費，劃撥至

帳號：17484299 戶名：博碩文化股份有限公司，並將收據及

訂購人連絡方式傳真至(02)26962867。

線 上訂購

請連線至「博碩文化網站 http://www.drmaster.com.tw」，於網站上查詢

優惠折扣訊息並訂購即可。

信用卡 CREDIT CARD
專用訂購單

※優惠折扣請上博碩網站查詢，或電洽 (02)2696-2869#307
※請填妥此訂單傳真至(02)2696-2867 或直接利用背面回郵直接投遞。謝謝！

一、訂購資料

	書號	書名	數量	單價	小計
1					
2					
3					
4					
5					
6					
7					
8					
9					
10					
			總計 NT$		

總　計：NT$＿＿＿＿＿＿＿＿＿＿　X 0.85= 折扣金額 NT$ ＿＿＿＿＿＿＿＿＿＿

折扣後金額：NT$ ＿＿＿＿＿＿＿＿＿　＋掛號費：NT$ ＿＿＿＿＿＿＿＿＿

＝總支付金額 NT$ ＿＿＿＿＿＿＿＿＿＿　※各項金額若有小數，請四捨五入計算。

「掛號費 80 元，外島縣市 100 元」

二、基本資料

收 件 人：＿＿＿＿＿＿＿＿＿＿＿＿＿　生日：＿＿＿年＿＿＿月＿＿＿日

電　　話：(住家) ＿＿＿＿＿＿＿＿＿　(公司)＿＿＿＿＿＿＿＿分機＿＿＿

收件地址：□□□＿＿＿＿＿＿＿＿＿＿＿＿＿＿＿＿＿＿＿＿＿＿＿

發票資料：□ 個人（二聯式）　□ 公司抬頭 / 統一編號：＿＿＿＿＿＿＿＿

信用卡別：□ MASTER CARD　□ VISA CARD　□ JCB 卡　□ 聯合信用卡

信用卡號：□□□□□□□□□□□□□□□□

身份證號：□□□□□□□□□□

有效期間：＿＿＿＿年＿＿＿＿月止

訂購金額：＿＿＿＿＿＿＿＿（總支付金額）元整

訂購日期：＿＿＿年＿＿＿月＿＿＿日

持卡人簽名：＿＿＿＿＿＿＿＿＿＿＿＿＿＿＿＿（與信用卡簽名同字樣）

黏 貼 處

博碩文化網址
http://www.drmaster.com.tw

請沿虛線剪下寄回本公司

廣 告 回 函
台灣北區郵政管理局登記證
北台字第 4 6 4 7 號
印 刷 品 · 免 貼 郵 票

221

博碩文化股份有限公司　業務部

台北縣汐止市新台五路一段 112 號 10 樓 A 棟

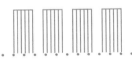

如何購買博碩書籍

全 省書局

　　請至全省各大書局、連鎖書店、電腦書專賣店直接選購。

　　（書店地圖可至博碩文化網站查詢，若遇書店架上缺書，可向書店申請代訂）

信 用卡及劃撥訂單（優惠折扣 85 折，未滿 1,000 元請加運費 80 元）

　　請於劃撥單備註欄註明欲購之書名、數量、金額、運費，劃撥至

　　帳號：17484299 戶名：博碩文化股份有限公司，並將收據及

　　訂購人連絡方式傳真至(02)26962867。

線 上訂購

　　請連線至「博碩文化網站 http://www.drmaster.com.tw」，於網站上查詢

　　優惠折扣訊息並訂購即可。

DrMaster •

深度學習資訊新領域

http://www.drmaster.com.tw

博碩文化

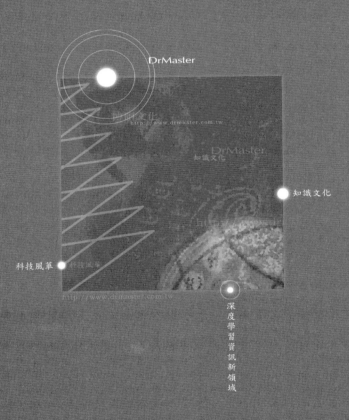

DrMaster

http://www.drmaster.com.tw.

知識文化

科技風華

http://www.drmaster.com.tw

深度學習資訊新領域